大学信息技术

基础模块

唐春林　　　　主　编
肖耀涛 郭 玉　副主编

清華大學出版社
北京

内 容 简 介

本书共分为 7 个任务，分别是信息与信息检索、文档的处理、电子表格的处理、演示文稿的制作、新一代信息技术概述、计算思维与计算机、信息素养与社会责任。这些内容与《高等职业教育专科信息技术课程标准(2021 年版)》基础模块内容相对应，同时本书增加了计算思维的内容并融入课程思政元素，在知识传授的同时努力做到思政教育润物无声。

本书为高等院校的“信息技术”“大学计算机基础”等计算机公共基础课程的教学用书，同时也可作为全国计算机等级考试(二级 WPS Office 高级应用与设计)的参考书，还可作为自学者学习信息技术用书。

图书在版编目(CIP)数据

大学信息技术：基础模块/唐春林主编. —北京：清华大学出版社，2022.8(2024.9 重印)
ISBN 978-7-302-61241-4

Ⅰ. ①大… Ⅱ. ①唐… Ⅲ. ①电子计算机—高等学校—教材 Ⅳ. ①TP3

中国版本图书馆 CIP 数据核字(2022)第 109650 号

责任编辑：聂军来
封面设计：刘　键
责任校对：李　梅
责任印制：曹婉颖

出版发行：清华大学出版社
网　　址：https://www.tup.com.cn，https://www.wqxuetang.com
地　　址：北京清华大学学研大厦 A 座　　**邮　　编：**100084
社 总 机：010-83470000　　**邮　　购：**010-62786544
投稿与读者服务：010-62776969，c-service@tup.tsinghua.edu.cn
质量反馈：010-62772015，zhiliang@tup.tsinghua.edu.cn
课件下载：https://www.tup.com.cn，010-83470410
印 装 者：三河市天利华印刷装订有限公司
经　　销：全国新华书店
开　　本：185mm×260mm　　**印　　张：**18.25　　**字　　数：**454 千字
版　　次：2022 年 9 月第 1 版　　**印　　次：**2024 年 9 月第 5 次印刷
定　　价：52.00 元

产品编号：096384-03

前言

党的二十大报告指出，推动战略性新兴产业融合集群发展，构建新一代信息技术、人工智能、生物技术、新能源、新材料、高端装备、绿色环保等一批新的增长引擎。我们能深刻地感受到以人工智能、云计算、大数据、物联网等为代表的新一代信息技术给我们的工作、学习、生活带来了许多的便利和巨大影响。

2021年4月，教育部发布了《高等职业教育专科信息技术课程标准(2021年版)》(以下简称《课程标准》)。为了在大学计算机公共基础课程教学中执行该课程标准，我们在深入贯彻执行党的二十大报告中提出的“育人的根本在于立德。全面贯彻党的教育方针，落实立德树人根本任务，培养德智体美劳全面发展的社会主义建设者和接班人”的前提下，按照课程标准中的要求编写了本书，以满足教学的要求。本书在编写时注重对学习者信息意识、计算思维、数字化创新与发展、信息社会责任等方面素养的养成。本书的特点概括如下。

(1) 以多种形式融入课程思政元素，在传授知识的同时努力做到思政教育润物无声。如：在教学内容中融入我国信息技术发展的成就；在案例素材中融入我国的重大成就和毛泽东主席的诗词；引导学生进行团队协作；引导学生养成良好的职业习惯；引导学生通过互联网进行学习。

(2) 模拟实际学习情境，以工作任务、项目式组织内容，以一位刚进入大学的学生的学习过程为主线，将全书的内容连接起来。特别是将“信息与信息检索”的内容作为全书的任务1，可以为后续的学习做好铺垫(理解信息、信息技术，能利用本任务学习的方法，在后续的学习过程中，检索需要的练习素材和学习资料)。

(3) 本书在对照《课程标准》中基础模块内容的基础上，增加了“任务6　计算思维与计算机”，所以本书共分为7个任务，分别是：信息与信息检索、文档的处理、电子表格的处理、演示文稿的制作、新一代信息技术概述、计算思维与计算机、信息素养与社会责任。之所以增加任务6，是为了响应《课程标准》中提出的“计算思维”的培养(虽然我们在本书其他部分有意识地融入了计算思维的元素，但我们觉得有必要增加一些内容)。

(4) 书中的内容突出了一个“新”字，增加了大量关于新技术、新业态、新模式、新知识的介绍，力图反映信息技术的最新发展。

(5) 本书的编排体例符合学习的需求。本书通过大一新生王晓红学习信息技术课程的过程将全书内容连接起来；每个任务包括学习情境(以学习情境引出该任务的学习主题)、学习目标(分知识目标、能力目标、素养目标)、若干子任务和综合训练(包括团队协作项目等综合性的练习)。每个子任务包括任务描述(引出一个实际要解决的任务)、任务分析(任务中包含的知识点)、知识讲解(任务中涉及的知识和其他相关知识介绍)、任务实现(对“任务描述”中引出的任务的解决过程)、知识拓展(介绍一个操作技巧)、任务训练(与本子任务相关的练习)。

(6) 引入了思维导图作为学习对象和学习工具,方便学生在日后的学习、工作和生活中应用。

(7) 课程内容与全国计算机等级考试二级 WPS Office 结合,助力有意参加此类考试的非计算机专业的学生获得证书。

本书由唐春林担任主编,负责全书整体构思、润色、协调、审核,肖耀涛、郭玉担任副主编。肖耀涛编写任务1;林锦全编写任务2;郭玉编写任务3;曹芳编写任务4;钟焕康编写任务5;毛振寰编写任务6;唐春林编写任务7。

由于编者水平有限,书中难免存在不妥之处,恳请读者、专家不吝赐教。另外,在本书的编写过程中,参考了很多网上的观点和素材没能在书中一一注明,在此向各位作者表达由衷的感谢。

编　者

2024年7月

本书勘误、更新及
相关配套资料

目录

任务 1

信息与信息检索

学习情境

刚进入大学的王晓红了解到，虽然她是非计算机专业的学生，但当今已经是处在从信息社会向数字社会过渡的时代了，计算机在各个领域的应用已越来越广泛，计算机已经成为工作、学习、生活中必不可少的重要工具，所以掌握信息技术的知识和技能是十分必要的。

虽然，王晓红在小学、初中、高中的学习阶段都有学过“信息技术”，但她只零星地知道一些相关的知识。为更好地了解信息技术，她想了解信息与信息技术的来龙去脉，了解二进制、编码、ASCII码等与信息技术相关的专业词汇的具体含义。

大学时代是人生非常重要的一个阶段，是获取知识、学会学习的宝贵时期。因此，她对自己大学的学习作了近期、中期、远期的规划。她决定将思维导图用于学习中，帮助自己高效地进行学习。

随着信息技术和人类学习、工作、生活的交汇融合，各类信息迅猛增长、海量聚集，对社会的发展、经济的增长、人民的生活都产生了重大而深刻的影响。如何从这海量的信息里找出所需信息就成为信息检索的重任。

王晓红了解到：信息检索能力的训练和培养对于我们适应未来社会极其重要，一个善于从各类海量网络信息和专业数据库中获取信息的人，必定有更多的成功机会。因此，她准备系统地学习信息检索基础知识、搜索引擎使用技巧、专用平台信息检索等内容。

学习目标

➢ **知识目标**

(1) 理解信息、信息技术、信息社会的基本概念，了解数据与信息的关系。

(2) 掌握信息在计算机中的计量单位、理解信息在计算机中的表示方式。

(3) 理解文献的含义及文献的分布规律。

(4) 理解信息检索的基本概念，熟悉信息检索的基本流程。

(5) 掌握布尔逻辑检索、截词检索、位置检索、限制检索等检索方法。

➢ **能力目标**

(1) 能利用思维导图处理学习、工作、生活上的事务。

(2) 能使用常用搜索引擎进行自定义搜索。

(3) 能通过网页、社交媒体等不同信息平台进行信息检索。

(4) 能通过有关专用平台检索期刊、论文、专利、商标等信息。

➢ **素养目标**

(1) 能够主动地寻求恰当的方式捕获、提取和分析信息，并能对信息进行加工和处理。

(2) 能够自觉并充分利用信息解决生活、学习和工作中的实际问题。

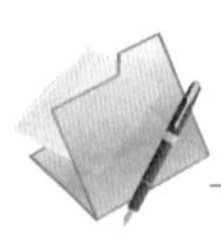

任务1.1 信息、信息技术与数字社会

任务描述

IT行业包含哪些领域?

王晓红听说过这样的说法:信息同能源、材料一起构成了人类生存和社会发展的三大基本资源,也被认为是现代社会文明的三大支柱。可以说信息不仅维系着社会的生存和发展,而且在不断地推动着社会和经济的发展。可见信息之于人类的重要性。

王晓红在日常生活、工作中经常遇到信息、信息科学、信息技术、IT行业等术语,但对这些术语的具体含义和它们的区别不太了解。她听不少同学在说毕业以后想从事IT行业的工作,她想了解IT行业到底是指哪些领域?是不是IT行业就是与计算机、互联网相关的行业?

游戏"猜生肖"与"猜数字"背后的知识

下面我们来玩两个小游戏:"猜生肖"和"猜数字",看你能否知道游戏背后的知识?

"猜生肖"游戏:请你在心中选择一个生肖,选择并观察图1-1中的四组图片,把你所选择的生肖在4组图片中的有无情况告诉老师,老师会猜出你选择的是哪个生肖。如:你选择的是狗,就告诉老师:有、无、有、有。

"猜数字"游戏:请你在心中选择一个数字,选择并观察图1-2中的四张卡片,把你所选择的数字在四张卡片中的有无情况告诉老师,老师会猜出你选择的是哪个数字。

图1-1 游戏"猜生肖"

卡片1	卡片2	卡片3	卡片4
1 3	2 3	4 5	8 9
5 7	6 7	6 7	10 11
9 11	10 11	12 13	12 13
13 15	14 15	14 15	14 15

图1-2 游戏"猜数字"

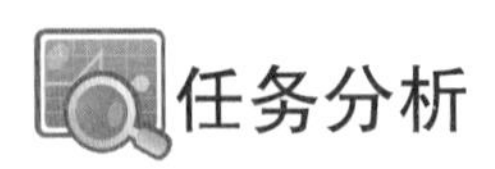

任务分析

本子任务涉及与信息、信息科学、信息技术相关的概念。了解信息技术对学习大国、学

习强国的促进作用;了解信息社会、数字社会、学习型社会、数字经济等概念。知道如何正确面对数字社会(信息社会)。

知识讲解

一、从信息、信息技术到新一代信息技术

(一)信息概念的起源与定义

1. 信息概念的起源

虽然"信息"概念产生于近代,但由于人类是一个群居体,而群居体人类的生活是离不开信息交流的,所以,从远古时代开始,只要有人类活动的地方,就有信息的存在。而语言、文字、电报、电话、互联网都可以看作人类在不同发展时期的信息技术,直到现在出现了以现代通信技术、人工智能、区块链、云计算为代表的新一代信息技术。

一般认为,"信息"作为科学概念最早的出现,是1928年,哈特莱在美国《贝尔系统技术期刊》(*The Bell System Technical Journal*)杂志上发表一篇题为《信息传输》(*Transmission of Information*)的论文。他认为"信息是指有新内容、新知识的消息",并将信息理解为选择通信符号的方式,并用选择的自由度来计算这种信息的大小,但当时并未受到关注。

第二次世界大战后,由于以电子计算机为标志的新科学技术革命的蓬勃开展,科学家们从各个不同的侧面,开始对信息进行认真研究。

1948年,在美国贝尔实验室工作的美国数学家香农相继发表的论文《通信的数学理论》和《噪声下的通信》中,提出了"信息熵"的概念,标志着信息理论基础的形成,为信息论和数字通信奠定了基础,因此香农被称为信息论的创始人。为纪念香农而设立的香农奖是通信理论领域最高奖,也被称为"信息领域的诺贝尔奖"。

注意:贝尔实验室是晶体管、激光器、太阳能电池、数字交换机、通信卫星、C语言、UNIX操作系统、蜂窝移动通信设备、有声电影、立体声录音、通信网等许多重大发明的诞生地。

美国数学家维纳在电子工程方面贡献良多。他是随机过程和噪声过程的先驱,1948年,他在《控制论》中明确提出控制论的两个基本概念——信息和反馈,揭示了信息与控制规律,标志着控制论这门新兴的边缘学科的诞生,所以维纳也被称为控制论的创始人。但维纳在信息论的研究上也具有很大的贡献,他独立于香农,将统计方法引入通信工程,奠定了信息论的理论基础。他阐明了信息定量化的原则和方法,类似地用"熵"定义了连续信号的信息量,提出了度量信息量的"香农-维纳公式":单位信息量就是对具有相等概念的二中择一的事物作单一选择时所传递出去的信息。维纳的这些开创性工作有力地推动了信息论的创立,并为信息论的应用开辟了广阔的前景。

2. 信息概念的定义

对信息概念的定义,多年来国内外学者给出了许多不同的表述。

香农定义:信息是用来减少随机不定性的东西。另外也有逆香农定义,即信息是确定性的增加。

维纳的定义是:信息就是信息,不是物质,也不是能量。另外,还有逆维纳定义:信息就是信息,信息是物质、能量、信息及其属性的标示。

1996 年，我国学者钟义信在《信息科学原理》中给信息下的定义是：信息，就是主体所感知或所表述的事物运动状态和方式的形式化关系。

其他定义还有很多，如：信息是被反映的物质属性；信息是通信传输的内容；信息是人与外界相互作用的过程中所交换的内容的名称；信息是使概率分布发生变动的东西；信息是事物之间的差异；信息是集合的变异度；信息是一种场；信息是负熵；信息是有序性的度量。

在计算机科学领域中的信息通常被认为是能够用计算机处理的有意义的内容或消息，它们以数据的形式出现，如数值、文字、语言、图形、图像等。

（二）信息科学与信息技术

人类要认识事物就必须要取得信息，要变革事物也必须要有信息，所以人们就有必要深入研究信息问题。对信息问题的研究就成为一门独立的学科——信息科学。

1. 信息科学

以信息作为主要研究对象，这是信息科学区别于其他科学的最根本的特点之一，也是信息科学能够独立且跨多学科最根本的前提。

1）信息科学的基础——“老三论”

信息科学的基础是被称为“老三论”（简称为 SCI）的信息论、系统论和控制论。“老三论”是 20 世纪 40 年代先后创立并获得迅猛发展的三门系统理论的分支学科。20 世纪 70 年代以来又陆续确立并发展了新的三门系统理论分支学科，即耗散结构论、协同论、突变论。它们被称为“新三论”，简称 DSC。

(1) 信息论是信息科学的前导，是一门以概率论和数理统计为工具，从量的方面研究信息的度量、传递和交换规律的学科，信息论的研究领域扩大到机器、生物和社会等系统，主要研究通信和控制系统中普遍存在着的信息传递的共同规律，以及建立最佳的解决信息的获取、度量、变换、存储、传递等问题的基础理论。

(2) 控制论是研究动物（包括人类）和机器内部的控制与通信的一般规律的学科，它研究各类系统中共同的控制规律，着重于研究过程中的数学关系；控制论运用信息、反馈等概念，通过黑箱系统辨识与功能模拟仿真等方法，研究系统的状态、功能和行为，调节和控制系统稳定地、最优地达到目标。控制论充分体现了现代科学整体化和综合化的发展趋势，具有十分重要的方法论意义。现代社会的许多新概念和新技术几乎都与控制论有着密切关系。控制论的应用范围覆盖了工程、生物、经济、社会、人口等领域。

(3) 系统论是研究系统的结构、特点、行为、动态、原则、规律以及系统间的联系，并对其功能进行数学描述的新兴学科。系统论的基本思想是把研究和处理的对象看作一个整体系统来对待。系统论的主要任务就是以系统为对象，从整体出发研究系统整体和组成系统整体各要素的相互关系，从本质上说明其结构、功能、行为和动态，以把握系统整体，达到最优的目标。

2）信息科学的定义

关于信息科学的定义也有很多，举例如下。

(1) 信息科学是研究信息的产生、获取、变换、传输、存储、处理、显示、识别和利用的科学，是一门结合了数学、物理、天文、生物和人文等基础学科的新兴与综合性学科。

(2) 信息科学是指以信息为主要研究对象，以信息的运动规律和应用方法为主要研究内容，以计算机等技术为主要研究工具，以扩展人类的信息功能为主要目标的一门综合性学科。

（3）信息科学是研究信息运动规律和应用方法的科学，是由信息论、控制论、计算机理论、人工智能理论和系统论相互渗透、相互结合而成的一门新兴综合性科学。

3）信息科学的研究领域

信息科学的研究领域主要集中在信源理论和信息的获取方法和技术，信息的传输、存储、检索、变换和处理，信号的测量、分析、处理和显示，模式信息处理，知识信息处理，决策和控制等方面。

从信息科学的研究内容来划分，信息科学的基本科学体系可以分为信息哲学、信息基础理论、信息技术应用三个层次。我们常提及的信息技术位于信息技术应用层次。

信息科学研究领域非常广泛，所以没有专门的“信息科学专业”，只有具体的某个领域与信息科学结合的专业，如在《普通高等学校本科专业目录(2020 年版)》中只有类似：“量子信息科学”“地理信息科学”“地球信息科学与技术”“光电信息科学与工程”“电子信息科学与技术”这样的专业。高等职业教育侧重技术应用，所以也没有类似信息科学专业，只有类似信息技术应用专业。

2. 信息技术

1）信息技术与信息科学的关系

信息技术(Information Technology 或 Information Technique，IT)是信息科学研究的内容之一，属于信息科学的技术应用层次。通过信息技术，可以扩展人类的信息器官功能技术，也可以提高人类对信息的接收和处理能力，实质上就是扩展和增强人们认识世界和改造世界的能力。

2）信息技术的定义

（1）联合国教科文组织对信息技术的定义是：应用在信息加工和处理中的科学、技术与工程的训练方法和管理技巧；上述方面的技巧和应用；计算机及其与人、机的相互作用；与之相应的社会、经济和文化等诸种事物。

（2）从广义、中义、狭义三个层面，信息技术的定义如下。

① 广义而言，信息技术是指能充分利用与扩展人类信息器官功能的各种方法、工具与技能的总和。该定义强调的是从哲学上阐述信息技术与人的本质关系。

② 中义而言，信息技术是指对信息进行采集、传输、存储、加工、表达的各种技术之和。该定义强调的是人们对信息技术功能与过程的一般理解。

③ 狭义而言，信息技术是指利用计算机、网络、广播电视等各种硬件设备及软件工具与科学方法，对文、图、声、像各种信息进行获取、加工、存储、传输与使用的技术之和。该定义强调的是信息技术的现代化与高科技含量。

3）信息技术的分类

（1）按表现形态的不同，信息技术可分为硬技术（物化技术）与软技术（非物化技术）。前者指各种信息设备及其功能，如显微镜、电话机、通信卫星、多媒体计算机。后者指有关信息获取与处理的各种知识、方法与技能，如语言文字技术、数据统计分析技术、规划决策技术、计算机软件技术等。

（2）按工作流程中基本环节的不同，信息技术可分为信息获取技术、信息传递技术、信息存储技术、信息加工技术及信息标准化技术。

① 信息获取技术包括信息的搜索、感知、接收、过滤等。如显微镜、望远镜、气象卫星、

温度计、钟表、互联网搜索器中的技术等。

② 信息传递技术指跨越空间共享信息的技术，又可分为不同类型。如单向传递与双向传递技术、单通道传递、多通道传递与广播传递技术。

③ 信息存储技术指跨越时间保存信息的技术，如印刷术、照相术、录音术、录像术、缩微术、磁盘术、光盘术等。信息加工技术是对信息进行描述、分类、排序、转换、浓缩、扩充、创新等的技术。

④ 信息加工技术经过了两次突破性发展：从人脑信息加工到使用机械设备（如算盘、标尺等）进行信息加工，再发展为使用电子计算机与网络进行信息加工。

⑤ 信息标准化技术是指使信息的获取、传递、存储，加工各环节有机衔接，与提高信息交换共享能力的技术。如信息管理标准、字符编码标准、语言文字的规范化等。

(3) 根据技术的功能层次的不同，可将信息技术体系分为：基础层次的信息技术，如新材料技术、新能源技术；支撑层次的信息技术，如机械技术、电子技术、激光技术、生物技术、空间技术等；主体层次的信息技术，如感测技术、通信技术、计算机技术、控制技术；应用层次的信息技术，如文化教育、商业贸易、工农业生产、社会管理中用以提高效率和效益的各种自动化、智能化、信息化应用软件与设备。

由于信息技术的领域非常广泛，所以没有专门的"信息技术专业"，只有具体的某个领域与信息技术结合的专业，如在《职业教育专业目录（2021 年）》高等职业教育专业中只有"林业信息技术应用""测绘地理信息技术""生物信息技术""司法信息技术""地理信息技术"等专业。

（三）从信息技术到新一代信息技术

随着人类文明的演变、进化和发展，人类逐步获得了不同的信息，人类也发明了不同的信息技术，人类通过信息、信息技术演变与发展，得以认识和改造着世界。

从信息、信息技术演变与发展来看，人类经历了五次信息技术革命，即：语言的产生与应用；文字的发明和应用；我国造纸术及活字印刷术的发明和应用；电报、电话、广播及电视的发明和应用；计算机、现代通信技术和互联网的应用。

今天，以人工智能、大数据、区块链、云计算、物联网、量子信息、移动通信等为代表的新一代信息技术，它们既是信息技术的纵向升级，也是信息技术之间及信息技术与相关产业的横向融合的结果。新一代信息技术正推动着世界向更现代化的方向发展。

信息技术，特别是新一代信息技术，已经成为经济社会转型发展的主要驱动力，是我国建设创新型国家、制造强国、质量强国、网络强国、数字中国、智慧社会的基础支撑。

二、信息技术与学习大国

我们党把加强学习作为一项关系党和国家事业兴旺发达的战略任务来对待、来倡导、来坚持，形成了中共中央政治局集体学习的制度。截至 2022 年 7 月 28 日，第十九届中央政治局共组织集体学习 41 次，其中五次与新一代信息技术密切相关。

2021 年 10 月 18 日，中共中央总书记习近平主持第十九届中央政治局第三十四次集体学习，并发表主题讲话："把握数字经济发展趋势和规律，推动我国数字经济健康发展。"

2020 年 10 月 16 日，中共中央总书记习近平主持第十九届中央政治局第二十四次集体学习，并发表主题讲话："深刻认识推进量子科技发展重大意义，加强量子科技发展战略谋划和系统布局。”

2019 年 10 月 24 日，中共中央总书记习近平主持第十九届中央政治局第十八次集体学习，并发表主题讲话：“把区块链作为核心技术自主创新重要突破口，加快推动区块链技术和产业创新发展。”

2018 年 10 月 31 日，中共中央总书记习近平主持第十九届中央政治局第九次集体学习，并发表主题讲话：“加强领导做好规划明确任务夯实基础，推动我国新一代人工智能健康发展。”

2017 年 12 月 8 日，中共中央总书记习近平主持第十九届中央政治局第二次集体学习，并发表主题讲话：“审时度势、精心谋划、超前布局、力争主动，实施国家大数据战略，加快建设数字中国。”

1. 信息技术与学习大国

2015 年 5 月，习近平总书记在致国际教育信息化大会的贺信中强调：“当今世界，科技进步日新月异，互联网、云计算、大数据等现代信息技术深刻改变着人类的思维、生产、生活、学习方式，深刻展示了世界发展的前景。因应信息技术的发展，推动教育变革和创新，构建网络化、数字化、个性化、终身化的教育体系，建设‘人人皆学、处处能学、时时可学’的学习型社会，培养大批创新人才，是人类共同面临的重大课题。”

中央政治局坚持集体学习，就是在构建学习型社会的活动中起到了率先垂范的作用，带动了我国人民不断加强和改善学习。2019 年 2 月，习近平总书记为出版发行的第五批全国干部学习培训教材作序，他强调：“我们党依靠学习创造了历史，更要依靠学习走向未来。要加快推进马克思主义学习型政党、学习大国建设。”

2. “学习强国”App

在这样的学习氛围下，“学习强国”App 为我们提供了一个很好的学习平台。我们大学生要充分地利用好这个平台来进行学习。

“学习强国”学习平台由计算机端、手机客户端两大终端组成，而电视端也已在部分地区上线。平台计算机端有“学习新思想”“学习文化”“环球视野”等板块，手机客户端有“学习”“视频学习”两大板块 38 个频道，聚合了大量可免费阅读的期刊、古籍、公开课、歌曲、戏曲、电影、图书等资料。计算机端用户可登录网址或通过搜索引擎搜索浏览，手机用户可通过各手机应用商店免费下载使用。

三、信息技术与信息社会、数字社会、学习型社会、数字经济

人类经历过农业社会、工业社会、信息社会，如今又处在由信息社会往数字社会转型的时期。

(一) 信息社会

信息社会也称为信息化社会，是脱离工业化社会以后，信息将起主要作用的社会。

在农业社会和工业社会中，物质和能源是主要资源，从事的是大规模的物质生产。而在信息社会中，信息上升为更为重要的资源，以开发和利用信息资源为目的的信息经济活动迅速扩大，逐渐成为国民经济活动的主要内容。

20 世纪 60 年代末 70 年代初，“信息社会”一词在发达国家提出；到了 80 年代，“信息社会”的较为流行的说法是“3C 社会”(通信化、计算机化和自动控制化)、“3A 社会”(工厂

自动化、办公室自动化、家庭自动化）和"4A社会"（"3A"加农业自动化）；到了90年代，"信息社会"的说法又加上多媒体技术和互联网普遍应用。

（二）数字社会

进入21世纪后，全球经历着前所未有的系统化、深层次的社会变革，新的技术社会形态逐渐成形，"信息社会"等概念已经不适用于描述这种新的社会形态，"数字社会"则能对其更准确的概括及表述。当前，加快数字化转型步伐，已成为推动经济复苏、重塑产业结构、推动经济高质量发展的重要抓手。

2021年3月，政府工作报告中提出："加快数字化发展，打造数字经济新优势，协同推进数字产业化和产业数字化转型，加快数字社会建设步伐，提高数字政府建设水平，营造良好数字生态，建设数字中国。"

在2021年3月发布的《中华人民共和国国民经济和社会发展第十四个五年规划和2035年远景目标纲要》共分十九篇，其中的"第五篇 加快数字化发展 建设数字中国"（包括第十五到第十八章）的主题是"迎接数字时代，激活数据要素潜能，推进网络强国建设，加快建设数字经济、数字社会、数字政府，以数字化转型整体驱动生产方式、生活方式和治理方式变革。"

（三）学习型社会

学习型社会是美国学者罗伯特·哈钦斯在1968年首次提出的。所谓学习型社会，就是有相应的机制和手段促进和保障全民学习和终身学习的社会，其基本特征是善于不断学习，形成全民学习、终身学习、积极向上的社会风气。其核心内涵是全民学习、终身学习。

（四）数字经济与数字化转型

数字经济是指以使用数字化的知识和信息作为关键生产要素、以现代信息网络作为重要载体、以信息通信技术的有效使用作为效率提升和以经济结构优化为重要推动力的一系列经济活动。互联网、云计算、大数据、物联网、金融科技与其他新的数字技术使现代经济活动更灵活、更敏捷、更智慧。

数字化转型是基于对数字化技术和数字化支持能力进行开发，对企业和组织的活动、流程、业务模式及员工能力的方面进行重新定义，以新建一种富有活力的数字化商业模式。这是建立在数字化转换、数字化升级基础上，进一步触及公司核心业务，以新建一种商业模式为目标的高层次转型。

2020年5月，国家发展和改革委员会官网发布"数字化转型伙伴行动"倡议。倡议提出，政府和社会各界联合起来，共同构建"政府引导—平台赋能—龙头引领—机构支撑—多元服务"的联合推进机制，以带动中小微企业数字化转型为重点，在更大范围、更深程度推行普惠性"上云用数赋智"服务，提升转型服务供给能力，加快打造数字化企业，构建数字化产业链，培育数字化生态。

2022年1月，《求是》杂志发表习近平总书记的文章《不断做强、做优、做大我国数字经济》，这是习近平总书记2021年10月18日在十九届中央政治局第三十四次集体学习时讲话的主要部分。

《"十四五"数字经济发展规划》部署了八个任务，并且围绕八大任务，《"十四五"数字经济发展规划》明确了信息网络基础设施优化升级等十一个专项工程。

四、如何面对数字社会(信息社会)

我们正处在一个向数字社会转型的时代,信息技术已成为经济社会转型发展的主要驱动力,作为新时代的大学生,我们要积极地面对数字社会(信息社会),向以下四个方面努力。

(一) 成为一个有信息素养的人

我们要对信息具有一定的敏感度,对信息的价值具有一定的判断力。要了解信息在现代社会中的作用与价值,主动地寻求恰当的方式捕获、提取和分析信息,以有效的方法和手段判断信息的可靠性、真实性、准确性和目的性,对信息可能产生的影响进行预期分析,充分利用信息解决生活、学习和工作中的实际问题,具有团队协作精神,善于与他人合作、共享信息,实现信息的更大价值。

(二) 善于使用计算思维的能力

计算思维是指个体在问题求解、系统设计的过程中,运用计算机科学领域的思想与实践方法所产生的一系列思维活动。要能采用计算机等智能化工具可以处理的方式界定问题、抽象特征、建立模型、组织数据,能综合利用各种信息资源、科学方法和信息技术工具解决问题,能将这种解决问题的思维方式迁移运用到职业岗位与生活情境的相关问题解决过程中。

(三) 有数字化创新与发展能力

要能综合利用相关数字化资源与工具,完成学习任务并具备创造性地解决问题的能力。要能理解数字化学习环境的优势和局限,能从信息化角度分析问题的解决路径,并将信息技术与所学专业相融合,通过创新思维、具体实践使问题得以解决;能合理运用数字化资源与工具,养成数字化学习与实践创新的习惯,开展自主学习、协同工作、知识分享与创新创业实践,形成可持续发展能力。

(四) 有信息社会责任

当我们面对信息社会时,要在文化修养、道德规范等方面承担相应的责任。我们在现实世界和虚拟空间中都必须遵守相关法律法规,信守信息社会的道德与伦理准则;具备较强的信息安全意识与防护能力,能有效维护信息活动中个人、他人的合法权益和公共信息安全;关注信息技术创新所带来的社会问题,对信息技术创新所产生的新观念和新事物,能从社会发展、职业发展的视角进行理性的判断和负责的行动。

任务实现

IT 行业包括的领域

IT 行业,即信息技术行业,又称信息技术产业、信息产业,它是运用信息手段和技术,收集、整理、储存、传递信息情报,提供信息服务,并提供相应的信息手段、信息技术等服务的产业。大致来说,IT 行业包含了从事信息的生产、流通、销售以及利用信息提供服务的产业部门。主要包括以下行业。

(1) 信息处理和服务产业:该行业主要是利用现代计算机系统收集、加工、整理、储存信息，为各行业提供各种各样的信息服务，如计算机中心、信息中心和咨询公司等。

（2）信息处理设备行业：该行业主要从事计算机的研究和生产等活动，计算机制造公司、软件开发公司等均为该行业。

（3）信息传递中介行业：该行业主要是运用现代化的信息传递中介，将信息及时、准确、完整地传到目的地点。出版业、新闻广播业、广告业等都可归入其中。

游戏“猜生肖”与“猜数字”背后的知识

这两个小游戏背后的知识是二进制。

“猜生肖”。每一组生肖标识一个二进制位，如果你所选择的生肖出现在该组里，则表示该位为1，否则为0，这样我们就可以得到①组到④组的四个二进制数位，将之拼起来转换成十进制，就是这个生肖的序号。如果你回答的是：有、有、无、有，则其二进制表示为1101，对应的十进制是13，排在第13位（实际是第1位）的生肖是“鼠”。你能制作如图1-1所示的卡片吗？（注意：生肖图可用文字代替，然后按照规律将文字填到卡片的任意位置，不需要与图1-1中的位置一致。）

注意事项

“猜数字”。每一张卡片标识一个二进制位，如果数字在该卡片上，则表示该位为1，否则为0。那为什么是四张卡片呢？因为最大的数是15（二进制表示为1111，最高为4位）。如我们选择的数字是8，则其二进制表示为1000。对应在卡片4至卡片1是：有、无、无、无。你能制作类似图1-2所示的四张卡片吗？请同学们试一试。（注意：先制作出空表，然后按规律填相应数字到某张卡片的任一位置，不需要跟图1-2的位置一致）

两个小游戏的原理是一样的，但表现方式不同，请说出两者的联系与区别。

知识拓展

信息量

信息量是指信息多少的量度。哈特莱认为对信息量选用对数单位进行度量最合适，1928年，他首先提出信息定量化的初步设想，他将消息数的对数定义为信息量，即 $I=\log_2 m$。

1948年，香农指出信源给出的符号是随机的，信源的信息量应是概率的函数，用信源的信息熵表示，如下一行所示，其中 p_i 表示信源不同种类符号的概率，$i=1,2,\cdots,n$。

$$H(U)=-\sum_{i=1}^{n} p_i \log_2 p_i$$

信息量的单位

维纳阐明了信息定量化的原则和方法，类似地用“熵”定义了连续信号的信息量，提出了度量信息量的香农—维纳公式：单位信息量就是对具有相等概念的二中择一的事物作单一选择时所传递出去的信息。

任务训练

（1）什么是信息？什么是信息科学？什么是信息技术？

（2）如何面对数字社会（信息社会）？

（3）什么是数字经济？什么是数字化转型？

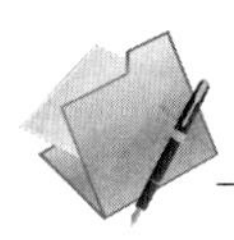

任务 1.2 信息、文献与信息检索

任务描述

图 1-3 检索该图出处

请尝试检索图 1-3 的出处，并挖掘图片背后的传统文化知识，感受传统文化的魅力。

任务分析

本子任务涉及对信息检索的操作。我们将学习文献的概念及其含义、文献的分类、文献的分布规律；信息检索的基本原理和基本要素、信息检索的类型、信息检索的基本技巧。

知识讲解

一、信息与数据、信息、情报、文献、知识

1. 数据

数据就是数值，也就是我们通过观察、实验或计算得出的结果，是对客观事物的符号表示。数据包含数值数据和非数值数据（文字、语言、图形、图像等）。

2. 信息

数据是基本原料，信息是有规律的数据。信息是数据经过加工处理后得到的另一种形式的数据，这种数据在某种程度上影响接收者的行为，它是对各种事物变化和特征的反映，是事物之间相互作用、相互联系的表征。

如前所述，计算机科学领域中的信息通常被认为是能够用计算机处理的有意义的内容或消息，它们以数据的形式出现，如数值、文字、语言、图形、图像等。数据是信息的载体。

3. 情报

我们可以从不同的社会功能、不同的视角、不同的层面对情报作出很多种定义。以下是从军事、信息、知识的角度对情报所做的定义。

（1）军事情报观：如“军中集种种报告，并预见之机兆，定敌情如何，而报于上官者”（1915 年版《辞源》），“战时关于敌情之报告，曰情报”（1939 年版《辞海》），“获得的他方有关情况以及对其分析研究的成果”（1989 年版《辞海》），情报是“以侦查的手段或其他方式获取有关对方的机密情况”（光明日报出版社现代汉语《辞海》）。

（2）信息情报观：如“情报是被人们所利用的信息”“被人们感受并可交流的信息”“情报是指含有最新知识的信息”“某一特定对象所需要的信息，称为这一特定对象的情报”。

（3）知识情报观：如《牛津英语词典》把情报定义为"有教益的知识的传达"和"被传递的有关情报特殊事实、问题或事情的知识"；我国情报学界提出了具有代表性定义是："情报是运动着的知识，这种知识是使用者在得到知识之前是不知道的""情报是传播中的知识""情报就是作为人们传递交流对象的知识"。

情报必须通过一定的传递手段把情报源的有关情报传递给情报的接收者，才能被利用、才能发挥其价值。因此，知识必须经过传递才能成为情报。

4. 文献

简单来说，文献是指有历史意义或研究价值的图书、期刊、典章。其中，图书是一种成熟而稳定的出版物，是对已有的研究成果、生产技术、实践经验或某一知识体系的概括和论述，常见的图书包括各类专著、教科书、科普读物、工具书等；期刊是指定期出版的刊物，是由依法设立的期刊出版单位出版刊物；典章则是制度法令等的统称。

文献是记录、积累、传播和继承知识的有效手段，是人类社会活动中获取情报的最基本、最主要的来源，也是交流传播情报的最基本手段。

1）文献的基本要素

文献的基本要素是：有历史价值和研究价值的知识；一定的载体；一定的方法和手段；一定的意义表达和记录体系。

2）文献的分类

文献根据载体把其分为印刷型、缩微型、机读型和声像型；根据不同出版形式及内容可以分为图书、连续性出版物、特种文献；根据文献内容、性质和加工深度可将文献区分为零次文献、一次文献、二次文献、三次文献。

3）文献的分布规律

（1）专利、标准、档案由一个国家的专门部门管理，它们是国家专利局、国家技术监督局和国家档案局以及各地的相应机构。

（2）学术论文由国家图书馆和中国科技信息研究所和学位授予单位共同收藏。

（3）图书、期刊、会议录和报告等知识面广、数量大的文献主要由国家文献信息系统提供。

（4）国家文献信息系统包括科技信息系统、社会科学院图书馆系统、高校图书馆系统和公共图书馆系统四个系统。

5. 知识

知识是符合文明方向的，人类对物质世界以及精神世界探索的结果总和。关于知识，柏拉图提出过一个经典的定义：一条陈述能称得上是知识必须满足三个条件，它一定是被验证过的，正确的，而且是被人们相信的。

知识是人类通过信息对自然界、人类社会以及思维方式与运动规律的认识，是人的大脑通过思维加工、重新组合的系统化信息的集合。因此，人类不仅要通过信息感知、认识和改造世界，还要将所获得的部分信息升华为知识。也就是人们在认识和改造世界的过程中，对信息认知的那部分内容就是知识。

6. 信息、情报、文献、知识的关系

知识是信息中的一部分，情报是知识中的一部分，文献是知识的一种载体，它们之间的关系如图 1-4 所示。

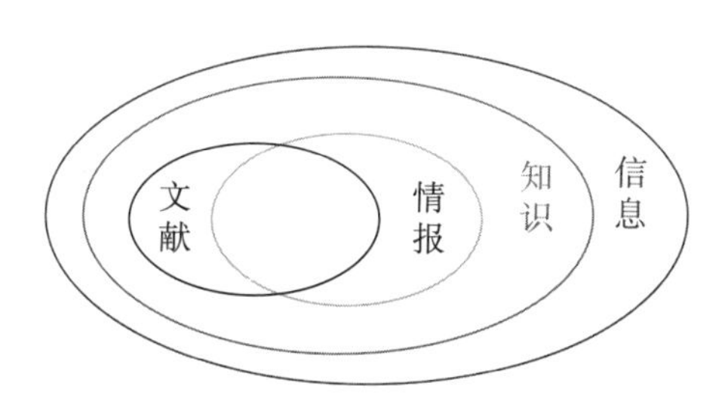

图 1-4 文献、情报、知识、信息关系图

世界是物质的,物质的运动产生了信息;信息是知识的重要组成部分,各种信息经过人们系统化的加工处理后,其中的一部分转化为了知识,信息是知识的重要组成部分;特定的知识经过传递转化为情报;文献是记录、积累、传播和继承知识的最有效手段,是人类社会活动中获取情报的最基本、最主要的来源,也是交流传播情报的最基本手段;情报应用于实践,解决实践中存在的问题,创造出物质财富或精神财富,这时的情报便转化为生产力,产生新的信息。这样就形成了一个无限的循环过程。

二、信息检索的概念与基本流程

(一)信息检索的概念

1. 信息检索的定义

广义的信息检索全称为信息存储与检索,是指将信息按一定的方式组织和存储起来,并根据用户的需要找出有关信息的过程。

狭义的信息检索为“信息存储与检索”的后半部分,常称为“信息查找”或“信息搜索”,是指从信息资源的集合中查找所需文献或查找所需文献中包含的信息内容的过程。狭义的信息检索包括 3 个方面:了解用户的信息需求;信息检索的技术或方法;满足信息用户的需求。

2. 信息检索的基本原理

信息检索的基本原理是,通过对大量的分散无序的文献进行收集、加工、组织、存储,建立各种各样的检索系统,并通过一定的方法和手段使存储与检索这两个过程所采用的特征标识达到一致,以便有效地获得和利用信息源。其中存储是检索的基础,检索是存储的目的。

为了实现信息检索,需要将原始信息(包括文档、数据、图片、视频和音频等)进行计算机格式、编码的转换,并将其存储在数据库中,否则无法进行机器识别。待用户根据意图输入查询请求后,检索系统根据用户的查询请求在数据库中搜索与查询相关的信息,通过一定的匹配机制计算出信息的相似度大小,并按相似度从大到小的顺序将信息转换输出。

(二)信息检索的基本流程

信息检索的基本流程大致如下。

(1) 分析问题,即分析要解决的问题,制定检索信息的策略。

(2) 选择检索工具。检索工具共有以下四种。

① 目录型检索工具,是由信息管理专业人员在广泛搜集网络资源,并进行加工整理的

基础上，按照某种主题分类体系编制的一种可供检索的等级结构式目录（如馆藏目录、联合目录、国家书目、出版社与书店目录）。

② 题录型检索工具，是以单篇文献为基本著录单位来描述文献外表的特征（如文献题名、著者姓名、文献出处等），无内容摘要。这是快速找到文献信息的一类检索工具。

③ 文摘型检索工具，是将大量分散的文献，选择重要的部分，以简练的形式做成摘要，并按一定的方法组织排列起来的检索工具。根据文摘编写人的不同，可分为著者文摘和非著者文摘（如知识型文摘、报道型文摘）。

④ 索引型检索工具，是根据一定的需要，把特定范围内的某些重要文献中的有关款目或知识单元，如书名、刊名、人名、地名、语词等，按照一定的方法编排，并指明出处，为用户提供文献线索的一种检索工具。

（3）使用检索工具进行检索，选择一种检索工具，利用检索策略来进行信息检索。

（4）获取原文，即从检索结果中获取完整的信息。

（5）检索结果的分析，即是对检索获取到的信息进行分析，以确定检索结果是否符合解决问题的要求。

（6）更改检索策略，如果检索结果满足不了要求，就需要更改检索策略，进行新一轮的检索。

三、理解信息检索的类型

（一）按存储与检索对象进行划分

1. 文献检索

文献检索是指根据学习和工作的需要获取文献的过程。近代认为文献是指具有历史价值的文章和图书或与某一学科有关的重要图书资料，但随着现代网络技术的发展，文献检索更多是通过计算机技术来完成。

2. 数据检索

数据检索，即把数据库中存储的数据根据用户的需求提取出来。数据检索的结果会生成一个数据表，既可以放回数据库，也可以作为进一步处理的对象。

3. 事实检索

事实检索是情报检索的一种类型。广义的事实检索既包括数值数据的检索、算术运算、比较和数学推导，也包括非数值数据（如事实、概念、思想、知识等）的检索、比较、演绎和逻辑推理。

以上三种信息检索类型的主要区别在于：数据检索和事实检索是要检索出包含在文献中的信息本身，而文献检索则检索出包含所需要信息的文献即可。

（二）按存储与查找的技术进行划分

1. 手工检索

手工检索是一种传统的检索方法，是以手工翻检的方式，利用工具书（包括图书、期刊、目录卡片等）来检索信息的一种检索手段。手工检索不需要特殊的设备，用户根据所检索的对象，利用相关的检索工具就可进行。手工检索的方法比较简单、灵活，容易掌握。但是，手工检索费时、费力，特别是进行专题检索和回溯性检索时，需要翻检大量的检索工具反复查询，花费大量的人力和时间，而且很容易造成误检和漏检。

2. 计算机检索

计算机检索是以计算机技术为手段，通过光盘和联机等现代检索方式进行文献检索的方法。计算机检索从单机检索已经发展到了联网检索。现在我们经常使用的网络信息搜索就是用户在网络上通过特定的网络搜索工具或是通过浏览的方式，查找并获取信息的行为。

四、信息检索基本技巧

（一）布尔逻辑检索

布尔逻辑检索是指利用布尔逻辑运算符(与、或、非)连接各个检索词，构成一个逻辑检索式，然后由计算机进行相应逻辑运算，以找出所需信息的方法。

1. 逻辑“与”

逻辑“与”用“AND”或“*”表示。用来表示其所连接的两个检索项的交叉部分，也即交集部分。检索式为 A AND B(或 A * B)，表示让系统检索同时包含检索词 A 和检索词 B 的信息集合。

2. 逻辑“或”

逻辑“或”用“OR”或“+”表示。用于连接并列关系的检索词。检索式为 A OR B(或 A+B)，表示让系统查找含有检索词 A、B 之一，或同时包括检索词 A 和检索词 B 的信息。

3. 逻辑“非”

逻辑“非”用“NOT”或“—”号表示。用于连接排除关系的检索词，检索式为 A NOT B (或 A—B)，表示检索含有检索词 A 而不含检索词 B 的信息，即将包含检索词 B 的信息集合排除掉。

（二）截词检索

截词检索就是用截断的词的一个局部进行的检索，并认为只要满足这个词局部中的所有字符(串)的文献，都为命中的文献。截词检索是预防漏检，提高查全率的一种常用检索技术，大多数系统都提供截词检索的功能。

在一般的数据库检索中，截词法常有左截、右截、中间截断和中间屏蔽四种形式。

不同的系统所用的截词符也不同。通常，分为有限截词(即一个截词符只代表一个字符，如?)和无限截词(一个截词符可代表多个字符，如 *)。下面以无限截词举例说明。

(1) 后截词，前方一致。如 comput * 表示 computer，computers，computing 等。

(2) 前截词，后方一致。如 * computer 表示 minicomputer，microcomputer 等。

(3) 中截词，中间一致。如 * comput * 表示 minicomputer，microcomputers 等。

（三）位置检索

位置检索也称为邻近检索，它是用一些特定的算符(位置算符)来表达检索词与检索词之间的邻近关系，并且可以不依赖主题词表，直接使用自由词进行检索的技术方法。

常用的位置算符有：“(W)”“(nw)”“(nN)”等算符。

但是，在搜索引擎中，能提供位置检索的较少。

（四）限制检索与字段检索

字段检索和限制检索常常结合使用，字段检索就是限制检索的一种，因为限制检索往往是对字段的限制。在搜索引擎中，字段检索多表现为限制前缀符的形式。如属于主题字段限制的有：Title、Subject、Keywords、Summary 等。属于非主题字段限制的有：Image、Text 等。搜索引擎提供了许多带有典型网络检索特征的字段限制类型，如主机名、域名、链接、URL、新闻组及邮件限制等。

（五）词组检索

词组检索是将一个词组（通常用双引号引起）当作一个独立运算单元，进行严格匹配，以提高检索的精度和准确度，它也是一般数据库检索中常用的方法。

任务实现

武汉市文化和旅游局在 2020 年 3 月发布的推文《援汉国家医疗队分批踏上返程，武汉感恩有你！》，推文中的感恩海报获得了社会的一致好评，表现出来设计者丰富的知识储备，有评论甚至说：“没有一定的传统文化知识，还看不懂这套海报”，海报的设计也非常简洁大气，值得我们做演示文稿时学习。

海报内容

知识拓展

情报学、图书情报学

1. 情报学

情报学是研究情报的产生、传递以及利用现代化信息技术与手段，使情报流通过程、情报系统保持最佳效能状态的一门科学。它帮助人们充分利用信息技术和手段，提高情报产生、加工、贮存、流通、利用的效率。随着人类社会向信息化、数字化社会的演进，情报学的社会重要性日益增加。它将紧紧地与高新技术结合在一起，逐步形成更加完善的学科体系与研究规范，也将揭示未来信息社会中人们情报活动的规律性。

2. 图书情报学

图书情报学是指图书馆业务学科和情报信息学科结合的一门学科。涉及图书馆学、情报学、档案学等内容，其中既包括“信息”，又涉及“管理”。

任务训练

（1）什么是文献？文献的分类是怎样的？文献的分布规律是怎样的？

（2）什么是信息检索？请谈谈信息检索的基本原理。

（3）信息检索的基本技巧有哪些？

（4）请谈一谈数据、信息、知识、情报与文献的联系与区别。

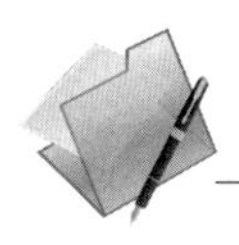

任务 1.3 用搜索引擎检索信息

任务描述

通过搜索引擎识别一条虚假广告

某生态美食文化传播有限公司××店大堂与包厢墙面上贴有“野生的洞庭湖鱼虾，真正的美味野生河鱼河虾”“源于湖湘取材洞庭”“本餐厅鲜鱼虾产自洞庭湖，营养健康，每日采购，限量供应，新鲜原生态”等字样的广告。

当我们来到这家餐厅就餐，就会被这些广告所吸引，当然，菜单上的价格也就会不菲。那么这广告是真实可信的吗？

任务分析

在本子任务中，首先介绍搜索引擎的定义和分类，然后较全面地介绍百度搜索引擎的使用方法和技巧，最后介绍一些国内外常用的搜索引擎。

知识讲解

一、搜索引擎

（一）搜索引擎的定义

搜索引擎就是根据用户需求与一定算法，运用特定策略从互联网检索出用户需要的信息，在对信息进行组织和处理后，反馈给用户的一门检索技术。搜索引擎的功能基于多种技术，如网络爬虫技术、检索排序技术、大数据处理技术、自然语言处理技术等。

（二）搜索引擎的分类

搜索引擎按其工作方式可以分为以下三类：全文搜索引擎（Full Text Search Engine）、目录索引类搜索引擎（Directory Search Engine）和元搜索引擎（Meta Search Engine）。

（1）全文搜索引擎：全文搜索引擎是名副其实的搜索引擎，例如 Google、百度（Baidu）等都属于这类搜索引擎。这类搜索引擎都是从互联网上提取各个网站的相关信息（以网页文字为主）建立一个数据库，然后在数据库中检索与用户查询条件匹配的相关记录，再按一定的排列顺序将结果返回给用户，因此它们是真正的搜索引擎。

（2）目录索引类搜索引擎：目录索引类搜索引擎虽然有搜索功能，但在严格意义上算不上是真正的搜索引擎，仅仅是按目录分类的网站链接列表而已。用户不用进行关键词（Keywords）查询，仅靠分类目录就可找到需要的信息。目录索引类搜索引擎最具代表性的是早期的雅虎、早期的搜狐、新浪、网易等。如今，搜索引擎都已转向全文搜索引擎。

(3)元搜索引擎:用户提交一次搜索请求给元搜索引擎,元搜索引擎负责转换处理后提交给多个预先选定的独立搜索引擎进行搜索,然后将各独立搜索引擎返回的查询结果集中起来处理后再返回给用户。典型的元搜索引擎如 360 综合搜索等。

二、百度搜索引擎的使用方法

(一)百度搜索的一般方法

在搜索框输入搜索关键词后,会出现"搜索工具"选项,如图 1-5 所示。单击"搜索工具",进入搜索结果筛选界面,如图 1-6 所示。

图 1-5　百度搜索工具

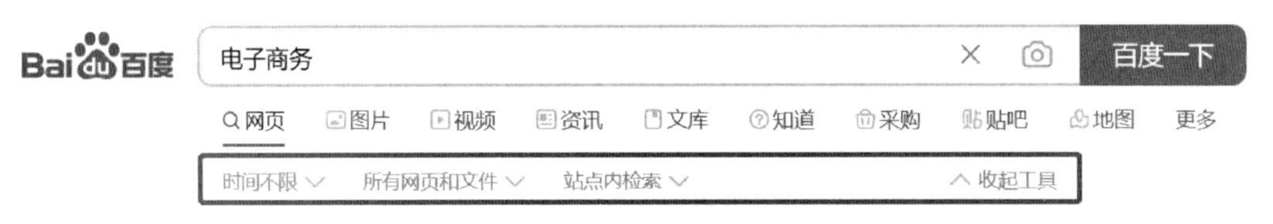

图 1-6　搜索结果筛选界面

其实这也就是进入了"高级搜索"选项。当然,我们也可以直接进入"高级搜索"选项。方法是:单击百度首页右上角的"设置",出现图 1-7 所示的百度搜索设置界面。

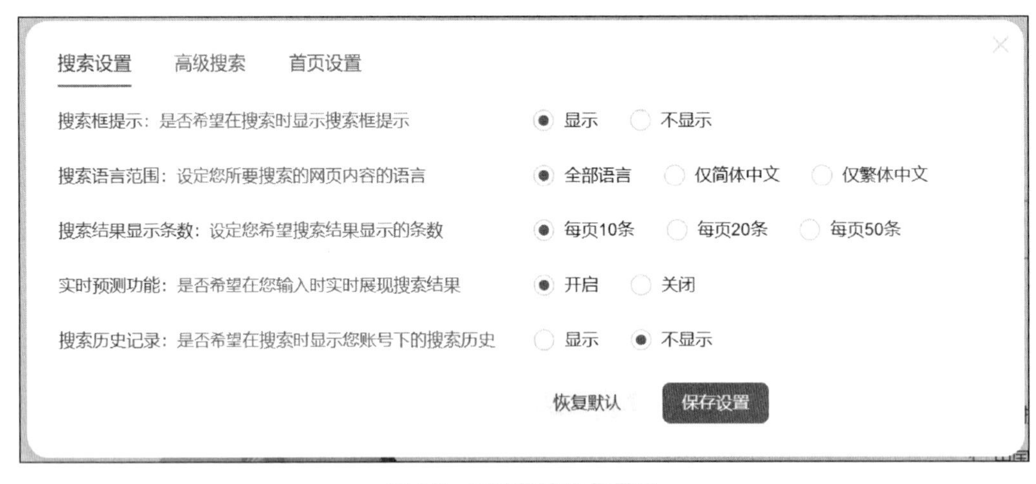

图 1-7　百度搜索设置界面

单击图 1-7 中的"高级搜索"选项,就进入了是百度高级搜索界面,如图 1-8 所示。

图 1-8 百度"高级搜索"选项

（二）百度搜索高级搜索方法

这里介绍的高级搜索方法，是前述的高级搜索选项的语法式表现，也是信息检索基本技巧的具体表现。

1. ""——精确匹配

如果给查询词加上双引号，就可以达到不拆分的效果。如："网络零售"，搜索结果中的网络零售四个字是不分开的。

2. (-)——消除无关性

逻辑"非"的操作，用于删除某些无关网页，语法是"A-B"。如：要搜寻关于"电子商务"，但不含"百度百科"的资料，可使用：电子商务-百度百科。注意，前一个关键词，和减号之间必须有空格。

3. (|)——并行搜索

逻辑"或"的操作，使用"A|B"来搜索或者包含关键词"A"，或者包含关键词"B"的网页。如搜索"计算机|电脑"。

4. intitle——把搜索范围限定在网页标题中

网页标题通常是网页内容的主题归纳。把查询内容范围限定在网页标题中，就会得到和输入的关键字匹配度更高的检索结果。如：intitle：电子商务。注意，intitle：和后面的关键词之间无空格。

5. site——把搜索范围限定在特定站点中

有时候，如果知道某个站点中有自己需要找的信息，就可以把搜索范围限定在这个站点中，以提高查询效率。如：site：sina. com. cn。注意，"site："后面跟的站点域名，不要带"http：//"；另外，site：和站点名之间，不要带空格。

6. inurl——把搜索范围限定在 url 链接中

网页 url 中的某些信息，常常有某种特殊的含义。如果希望获得更加匹配的检索结果，可以在"inurl："前面或后面写上需要在 url 中出现的关键词对搜索结果给出某种限定。如：

photoshop inurl:jiqiao 可以查找关于 photoshop 的使用技巧。查询串中的“photoshop”可以出现在网页的任何位置，而“jiqiao”则必须出现在网页 url 中。注意，inurl:语法和后面所跟的关键词之间不要有空格。

7. “filetype:”——特定格式的文档检索

百度以“filetype:”来对搜索对象做限制，冒号后是文档格式，如 PDF、DOC、XLS 等。其实就是转到了百度文库，如：经济信息学 filetype:PDF。

8. 《》——精确匹配/电影或小说

在百度中，中文书名号是可被查询的。加上书名号的查询词，有两层特殊功能，一是书名号会出现在搜索结果中；二是被书名号括起来的内容，不会被拆分。比如，查电影“地球”，如果不加书名号，搜索出来的结果是地球的相关知识，而加上书名号后，《地球》结果主要是《地球》杂志、电影等。

9. 百度快照

百度快照是百度在其服务器上保存的网站的页面，当不能链接所需网站时，百度快照可用来应急。百度快照的服务稳定，下载速度快，不会被断网或网络堵塞所影响。在快照中，搜索的关键词已用不同颜色在网页中标明，一目了然。单击快照中的关键词，可以直接跳到它在文中首次出现的位置，使浏览网页更方便。

三、其他常用搜索引擎简介

（一）搜狗搜索

搜狗搜索引擎是搜狐公司第三代互动式搜索引擎，它可以使网站用户不离开网页就能进行搜索，使用户能借助“搜狗”搜索找到他们真正需要的信息。既方便用户使用，提升用户体验，又提高了网站的黏度。

（二）神马搜索

神马搜索是 UC 公司和阿里公司联合成立的公司推出的移动搜索引擎。神马搜索的创新方向在于以下三个。

（1）神马搜索关注输入的移动特性，比如语音输入、拍照输入、单击输入的方式。

（2）神马搜索关注搜索结果的“准”，也就是搜索结果的高质量。

（3）神马搜索关注从“一致性搜索”逐渐向“个性化搜索”过渡，会按照用户的特点展现不同的搜索结果。

（三）360 综合搜索和 360 搜索＋

360 综合搜索是一种元搜索引擎，是通过一个统一的用户界面帮助用户在多个搜索引擎中选择和利用合适的（甚至是同时利用若干个）搜索引擎来实现检索操作，是对分布于网络的多种检索工具的全局控制机制。360 搜索＋是全文搜索引擎，是基于机器学习技术的第三代搜索引擎，具备“自学习、自进化”能力和发现用户最需要的搜索结果。

（四）必应搜索

必应（Bing）是微软公司于 2009 年推出、用以取代 LiveSearch 的全新搜索引擎。为符合中国用户使用习惯，Bing 中文品牌名为“必应”。在 WindowsPhone 系统中，微软公司深度整合了必应搜索，通过触摸搜索键引出。必应搜索改变了传统搜索引擎首页单调的风格，通过将来自世界各地的高质量图片设置为首页背景，并加上与图片紧密相关的热点搜索提示，使用户在访问必应搜索的同时获得愉悦体验和丰富资讯。

（五）中国搜索

中国搜索是“搜索国家队”——中国搜索信息科技股份有限公司推出的产品，和普通商业搜索相比增加了国情、理论等垂直搜索内容。中国搜索由盘古搜索和即刻搜索合并而成。中国搜索信息科技股份有限公司是由人民日报社、新华通讯社、中央电视台、光明日报社、经济日报社、中国日报社、中国新闻社联合设立的互联网企业。

中国搜索于 2013 年 10 月开始筹建，2014 年 3 月 1 日上线测试，首批推出新闻、报刊、网页、图片、视频、地图、网址导航七大类综合搜索服务，以及国情、社科、理论、法规、时政、地方、国际、军事、体育、财经等 16 个垂直频道和“中国新闻”等移动客户端产品和服务。

（六）谷歌搜索引擎

谷歌搜索引擎是谷歌公司的主要产品，是世界上最大的搜索引擎之一，于 1996 年发布。谷歌搜索引擎拥有网站、图像、新闻组和目录服务四个功能模块，提供常规搜索和高级搜索两种功能。

（七）花漾搜索

花漾搜索是中国搜索信息科技股份有限公司 2019 年推出的中国第一款专为青少年定制的搜索引擎 App。花漾搜索主要功能如下。

（1）阻断暴力、色情、赌博等不良信息。

（2）应用人工智能技术筛选屏蔽涉及青少年的不良信息，基于大数据和深度学习技术研发的“主流算法”，适应分众化、差异化传播格局。

（3）推出智能机器人全程陪伴式搜索，可一键搜索全网适龄内容，随时随地答疑解惑。根据青少年年龄、性别、兴趣的不同，“花漾搜索”也可以智能推荐精品课堂、趣味视频、动画动漫、运动才艺等多个领域的优质内容。此外，“花漾搜索”还通过提供智能工具，管理阅读时长，保护青少年视力，并通过推出家长、教师标注工具，为青少年提供个性化内容过滤。

任务实现

（1）打开百度搜索引擎，以“野生的洞庭湖鱼虾”为关键词进行搜索。

（2）打开链接，看到一条新闻：“上长江、下洞庭，进市场、入餐馆。6 月 26 日，岳阳市副市长率该市农业农村局、市场监管局等部门负责人，检查中心城区是否存在洞庭湖野生鱼贩卖行为，查看野生鱼招牌广告整治情况。岳阳楼区副区长介绍：现在，我们岳阳城的餐桌上，基本看不到、吃不到洞庭湖和长江的野生鱼了！”

（3）更换关键词为“洞庭湖野生鱼贩卖”，进一步搜索，出现一系列的关于打击捕捞、销售“长江野生鱼”“野生江鲜”的信息。

（4）我们想得到权威机构、准确的关于洞庭湖野生鱼虾捕捞、贩卖的规定，转换关键词“洞庭湖野生鱼捕捞公告 inrul:gov”进行搜索。

（5）再以“农业农村部关于长江流域重点水域禁捕范围和时间的通告”搜索。

至此，我们可以确定：该公司烹饪中实际使用的原材料为人工养殖鱼，该公司为吸引客源，提升餐馆档次，于2019年开始以“长江、洞庭湖野生鱼”为噱头，宣传店内销售的鱼类菜品为长江、洞庭湖野生鱼。当事人的行为违反《中华人民共和国广告法》相关规定，是虚假广告。

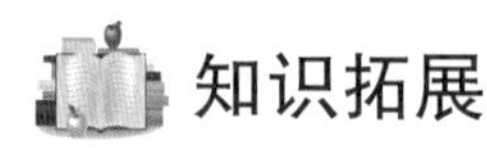

知识拓展

搜索引擎的发展简史

20世纪60年代，人们开始研究Internet，到1989年采用Internet这个名称，没有人能搜索Internet。搜索引擎的起源是1990年发明的Archie。当时World Wide Web还未出现。Archie是一个可搜索的FTP文件名列表，用户输入精确的文件名后，Archie会告诉用户哪个FTP地址可以下载该文件。

1993年，第一个Spider程序——World Wide Web Wanderer出现，刚开始它只用来统计互联网上的服务器数量，后来发展为也能够捕获网址（URL）。Spider程序是搜索引擎的Robot程序，它像蜘蛛（Spider）一样在网络间爬来爬去。

1994年，美籍华人杨致远与合伙人创办了可搜索目录的雅虎（Yahoo）；1994年，第一个支持搜索文件全部文字的全文搜索引擎Web Crawler出现；1995年，开始出现元搜索引擎；1998年，美国斯坦福大学的博士生Larry Page制作的谷歌（Google）搜索引擎发布；2001年，前Infoseek工程师李彦宏与合伙人发布百度（Baidu）搜索引擎。

任务训练

（1）什么是搜索引擎？常用的搜索引擎有哪些？

（2）利用百度搜索引擎完成以下检索。

① 检索出你所学专业的一个人才培养方案，了解其中的专业课程，将相关信息填入下面的空行中。

专业名称：________________

使用的搜索引擎：________________

检索词（检索表达式）：________________

人才培养方案地址：________________

专业课程：________________

② 选择目前你正在学习的一门专业课程，检索该课程的教学大纲及教学课件，将相关信息填入下面的空行中。

课程名称：________________

教学大纲检索：检索词（检索表达式）________________

教学大纲地址：________________

教学课件检索：检索词（检索表达式）________________

教学课件地址________________

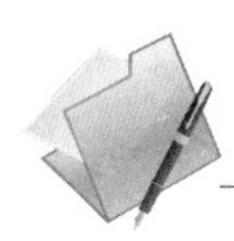

任务 1.4 专用平台信息检索

任务描述

应聘前怎样了解企业

王晓红在学习、工作、生活中经常有一些需求,例如:希望在自己学校就能听国内外重点大学的课程;在图书馆快速准确地找到想借的图书;不想去图书馆时,在家里、宿舍就可以通过计算机和手机阅读图书馆提供的电子版图书;撰写毕业论文可快速检索期刊、学位论文、科技会议论文等文献,了解本课题在国内外的研究动态,以利于寻找课题研究的方向;在为撰写论文做实验的过程中,有了独特的技术和工艺,希望为此申请专利,很想知道是否有人申请过这项专利以及如何申请和查询;还有商标、企业信息、招聘信息、办理签证和护照、办理住房公积金等。

王晓红撰写完毕业论文后,就开始找实习单位,为了避免上当受骗,她想在投递简历和应聘前,多了解应聘企业的一些情况,她该怎样进行这项工作呢?

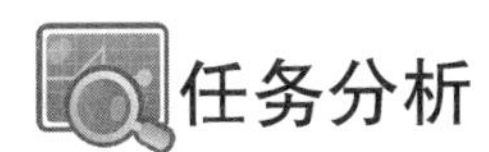

任务分析

互联网已经为我们提供了各种便捷的服务,提供了相关的信息平台,我们要学会利用这些平台进行各类信息资源的检索,为我们的学习、工作、生活等提供便利。在本子任务中,我们来了解互联网上的一些信息资源平台,如网络课程平台等。

知识讲解

一、网络课程资源检索

(一) 网络课程

网络课程是通过互联网来表现课程教学内容及实施的教学活动的,是它包括按一定的教学目标、教学策略组织起来的教学内容和网络教学支撑环境。其中网络教学支撑环境特指支持网络教学的软件工具、教学资源以及在网络教学平台上实施的教学活动。网络课程具有交互性、共享性、开放性、协作性和自主性等基本特征。

(二) 网易公开课

网易公开课汇集清华大学、北京大学、哈佛大学、耶鲁大学等世界名校的课程,覆盖科学、经济、人文、哲学等领域,如图 1-9 所示。

网易公开课里翻译了不少国外名校、机构的课程,是学习英语和开阔视野的互联网平台,如:TED。TED 是 Technology、Entertainment 和 Design 的三个单词的首字母缩写,是一家私有非营利机构,该机构以它组织的 TED 大会著称,其宗旨是“用思想的力量来改变世

图 1-9　网易公开课首页

界”。每年 3 月，TED 大会在美国召集众多科学、设计、文学、音乐等领域的杰出人物，分享他们关于技术、社会、人的思考和探索。

（三）中国大学 MOOC

MOOC 是 Massive Open Online Course（大规模在线开放课程）的缩写，是一种任何人都能免费注册使用的在线教育模式。

中国大学 MOOC 是由网易与高等教育出版有限公司携手推出的在线教育平台，承接教育部国家精品开放课程任务，向大众提供中国知名高校的 MOOC 课程，如图 1-10 所示。在这里，每一个有意愿提升自己的人都可以免费获得更优质的高等教育。

图 1-10　中国大学 MOOC 首页

二、图书检索

（一）图书与图书检索

图书，即书籍，是以传播文化为目的，用文字或者其他信息符号记录于一定形式的材料之上的著作物。图书是人类思想的产物，是一种特定的不断发展的知识传播工具。

人类关于自然界、社会以及对人类自身认识的知识，都蕴藏在图书之中。图书可以帮助人们全面、系统地了解某一特定领域的知识，指引人们进入自己所不熟悉的领域。

纸质图书的查找，可通过图书馆的联机书目查询系统获取。用于图书的检索项主要包括：书名、著者、内容提要、图书分类号、出版社、出版时间、国际标准书号(International Standard Book Number，ISBN)。其中，图书分类号著录的是《中国图书馆分类法》(原称《中国图书馆图书分类法》，简称《中图法》)中的分类号，它是目前国内通用的图书分类标准。于1971年北京图书馆(现中国国家图书馆)等36个单位组成编辑组开始编制，2010年9月出版第5版。《中图法》把图书分成了22个大类，具体如下。

A. 马克思主义、列宁主义、毛泽东思想、邓小平理论
B. 哲学、宗教
C. 社会科学总论
D. 政治、法律
E. 军事
F. 经济
G. 文化、科学、教育、体育
H. 语言、文字
I. 文学
J. 艺术
K. 历史、地理
N. 自然科学总论
O. 数理科学和化学
P. 天文学、地球科学
Q. 生物科学
R. 医药、卫生
S. 农业科学
T. 工业技术
U. 交通运输
V. 航空、航天
X. 环境科学、劳动保护科学(安全科学)
Z. 综合性图书

《中图法》已普遍应用于全国各类型的图书馆，国内主要大型书目、检索刊物、机读数据库，以及《中国国家标准书号》等都著录《中图法》分类号。

(二) 图书馆举例：广州图书馆

图书馆是搜集、整理、收藏图书资料以供人阅览、参考的机构，具有保存人类文化遗产、开发信息资源、参与社会教育的职能。我国的图书馆历史悠久，只是起初并不称作"图书馆"，而是称为府、阁、观、台、殿、院、堂、斋、楼等，如西周的盟府，两汉的石渠阁等。

我国各级政府都有设置图书馆，分别有国家级、省(市)级、市级、区县级、乡镇级、村和社区级等，各级各类学校也设有图书馆。目前，我国最有名的图书馆主要有：中国国家图书馆、上海图书馆、中国科学院图书馆、北京大学图书馆、广东省立中山图书馆。

广州图书馆作为一家省会级市立图书馆，以其现代化的建筑和舒适的阅读环境，每天引来大量的求知者。它是由广州市政府设立的公益性公共文化机构，面向社会公众免费开放，以纸质文献、音像制品、数字资源等文献信息资源的收集、整理和存储为基础，提供资源借阅与传递、信息咨询、展览讲座、艺术鉴赏、文化展示和数字化网络服务及公众学习、研究、交流空间，开展社会阅读推广活动。

广州图书馆藏量1068万册(件)，阅览座位4500个，公用计算机740台，有线网络节点4000个，无线网络全覆盖，实现藏、借、阅、咨一体化。

在网络环境下，每个图书馆都有自己的馆藏目录与查询系统，广州图书馆也不例外。如图1-11所示的广州数字图书馆首页，提供了题名(书名)、著者、主题、图书分类号、出版社、

ISBN 等的检索途径。例如：输入关键词“电子商务”后，得到图 1-12 所示的搜索结果界面。

图 1-11 广州数字图书馆首页

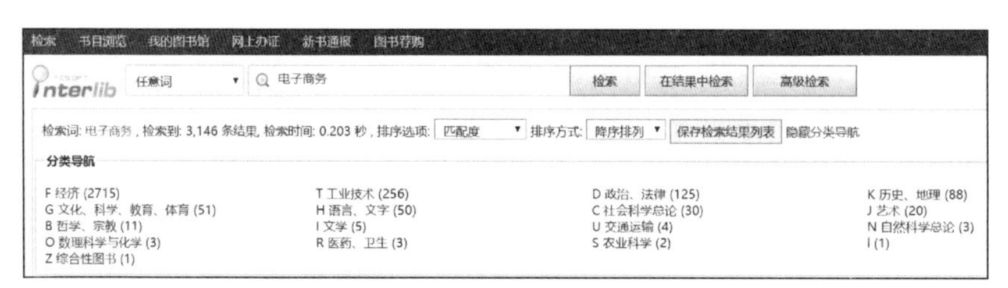

图 1-12 搜索结果界面

然后单击“高级检索”，进入如图 1-13 所示界面，可以更进一步精确检索。

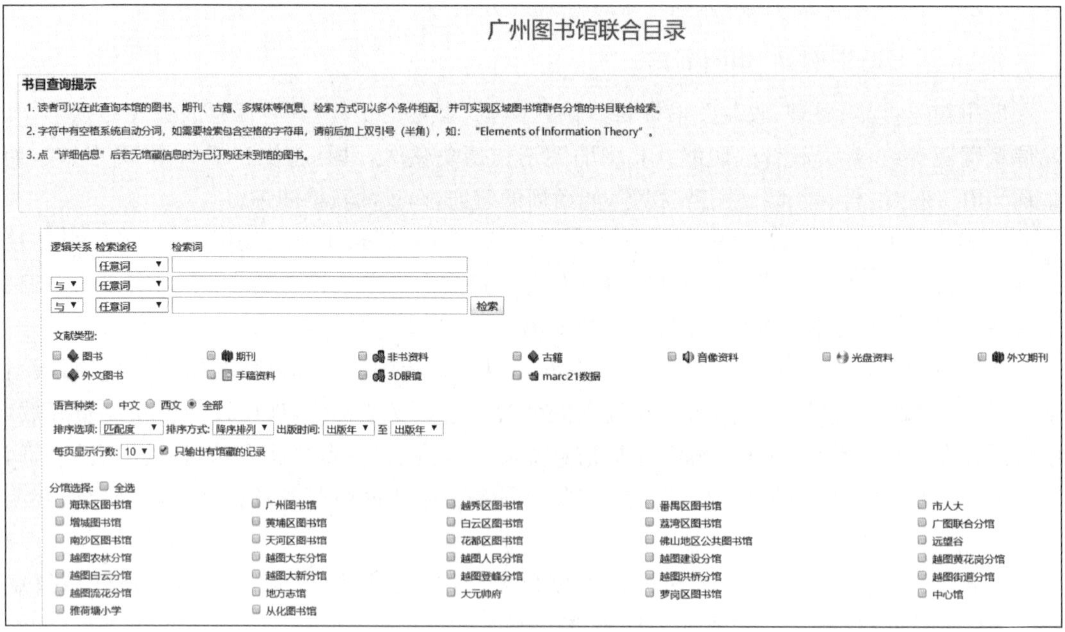

广州图书馆联合目录

书目查询提示

1. 读者可以在此查询本馆的图书、期刊、古籍、多媒体等信息。检索方式可以多个条件组配，并可实现区域图书馆群各分馆的书目联合检索。

2. 字符中有空格系统自动分词，如需要检索包含空格的字符串，请前后加上双引号（半角），如：“Elements of Information Theory”。

3. 点“详细信息”后若无馆藏信息时为已订购还未到馆的图书。

逻辑关系 检索途径 检索词

任意词

与 任意词

与 任意词 检索

文献类型:

图书 期刊 非书资料 古籍 音像资料 光盘资料 外文期刊

外文图书 手稿资料 3D眼镜 marc21数据

语言种类: 中文 西文 全部

排序选项: 匹配度 排序方式: 降序排列 出版时间: 出版年 至 出版年

每页显示行数: 10 只输出有馆藏的记录

分馆选择: 全选

海珠区图书馆 广州图书馆 越秀区图书馆 番禺区图书馆 市人大

增城图书馆 黄埔区图书馆 白云区图书馆 荔湾区图书馆 广图联合分馆

南沙区图书馆 天河区图书馆 花都区图书馆 佛山地区公共图书馆 远望谷

越图农林分馆 越图大东分馆 越图人民分馆 越图建设分馆 越图黄花岗分馆

越图白云分馆 越图大新分馆 越图登峰分馆 越图洪桥分馆 越图街道分馆

越图流花分馆 地方志馆 大元帅府 萝岗区图书馆 中心馆

雅荷塘小学 从化图书馆

图 1-13 “高级检索”界面

（三）CALIS 联合书目

高等教育文献保障系统（China Academic Library & Information System，CALIS）是教育部投资建设的面向所有高校图书馆的公共服务基础设施，通过构建基于互联网的“共建共享”云服务平台——中国高等教育数字图书馆、制定图书馆协同工作的相关技术标准和协作工作流程、培训图书馆专业馆员、为各成员馆提供各类应用系统等，支撑着高校成员馆间的“文献、数据、设备、软件、知识、人员”等多层次共享，已成为高校图书馆基础业务一日不可或缺的公共服务基础平台，如图 1-14 所示。

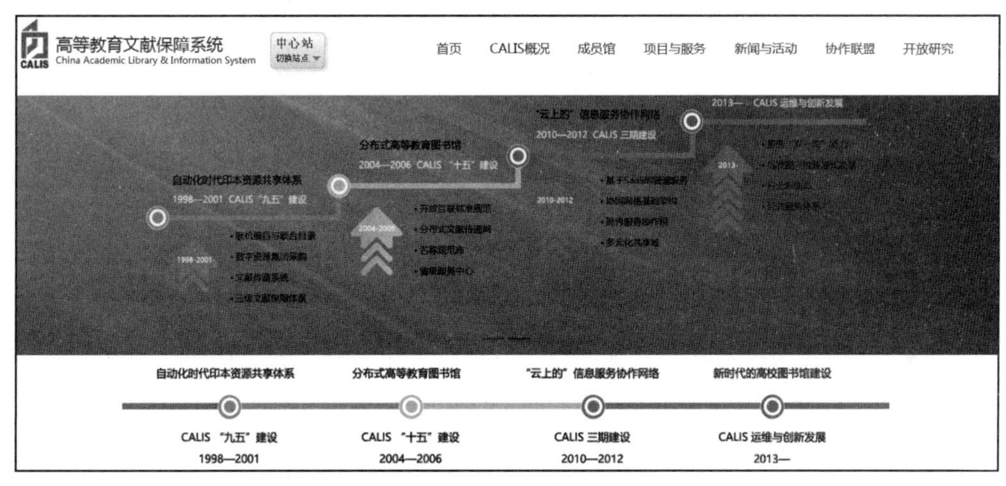

图 1-14 CALIS 联合书目首页

三、电子图书检索

（一）电子图书检索的定义

电子图书是指以数字化形式存放、展示的包括文本、图像、音频等格式的图书，它们通过磁盘、光盘、网络等电子媒体出版发行，并需要借助于计算机、手机、iPad 等电子设备进行阅读、下载、保存、传递。电子图书拥有与传统书籍许多相同的特点。

与纸质书相比，电子图书的优点在于：制作方便，不需要大型印刷设备；不占空间；方便在光线较弱的环境下阅读；文字大小颜色可以调节；可以使用外置的语音软件进行朗诵。但缺点在于容易被非法复制，损害原作者利益；长期注视电子屏幕有害视力；有些受技术保护的电子书无法转移给第二个人阅读。

（二）超星数字图书馆

超星数字图书馆成立于 1993 年，是国内专业的数字图书馆解决方案提供商和数字图书资源供应商。超星数字图书馆是国家“863”计划中国数字图书馆示范工程项目，2000 年 1 月，在互联网上正式开通。它由北京世纪超星信息技术发展有限责任公司投资兴建，目前拥有数字图书 80 多万种。

超星数字图书馆的首页如图 1-15 所示。

图 1-15　超星数字图书馆的首页

（三）畅想之星电子书

畅想之星电子书目前仅提供学校（研究机构）或团体单位图书馆使用，需成为畅想之星的采购客户或试用客户之后才可获得使用权。

（四）读秀学术搜索

“读秀”是由海量全文数据及资料基本信息组成的超大型数据库，为用户提供深入图书章节和内容的全文检索，部分文献的原文试读，以及高效查找、获取各种类型学术文献资料的一站式检索，是学术搜索引擎及文献资料服务平台。“读秀”只对单位进行开通。

四、期刊文献检索

（一）期刊文献及其分类

期刊文献是指刊登在期刊上的论文、综述、通信、书评等类型的资料。期刊大致核心期刊和普通期刊两类。

（1）核心期刊是指某学科（专业或专题）所涉及期刊中刊载相关论文较多、能反映本学科最新研究成果及本学科前沿研究状况和发展趋势、得到该学科读者普遍重视的期刊。核心期刊的确立是基于一定的理论基础和科学统计的，不同学科会有不同的核心期刊表。而且核心期刊是一个动态的概念（是指核心期刊表一般每年或隔几年会有修订，也就是说，某个期刊遴选入这一版核心期刊目录，并不代表就一直是核心期刊，可能下版遴选就不再是核心期刊了）。目前，国内常用的核心期刊表主要有以下几种：中文核心期刊（即北大核心）、中文社会科学引文索引（简称南大核心、CSSCI）、中国科技核心期刊（即统计源核心期刊）、中国科学引文数据库（CSCD）。

（2）普通期刊，是指核心期刊目录以外的期刊。

（二）世界三大检索系统

1. 科学引文索引

科学引文索引（Science Citation Index，SCI）是由美国科学信息研究所于 1961 年创办出版的引文数据库，其覆盖生命科学、临床医学、物理化学、农业、生物、兽医学、工程技术等方面的综合性检索刊物，尤其能反映自然科学研究的学术水平，是目前国际上三大检索系统中最著名的一种，收录范围是当年国际上的重要期刊，尤其是它的引文索引表现出独特的科学参考价值，在学术界占有重要地位。许多国家和地区均以被 SCI 收录及引证的论文情况来作为评价学术水平的一个重要指标。

2. 工程索引

工程索引(Engineering Index，EI)由美国工程信息公司出版于 1884 年创办，是工程技术领域内的一部综合性检索工具，主要收录工程技术领域的论文，学科领域包括核技术、生物工程、交通运输、化学和工艺工程、照明和光学技术、农业工程和食品技术、计算机和数据处理、电子和通信、土木工程、材料工程、石油、宇航、汽车工程等。

3. 科学技术会议录索引

科学技术会议录索引(Index to Scientific & Technical Proceedings，ISTP)由美国科学情报研究所编制、ISI 出版，创刊于 1978 年，专门收录世界各种重要的自然科学及技术方面的会议，包括一般性会议、座谈会、研究会、讨论会、发表会等的会议文献，其中工程技术与应用科学类文献约占 35%，其他涉及学科基本与 SCI 相同。

(三) 我国三大文献检索网站

1. 中国知网

国家知识基础设施(National Knowledge Infrastructure，NKI)的概念由世界银行《1998 年度世界发展报告》提出。1999 年 3 月，为全面打通知识生产、传播、扩散与利用各环节信息通道，打造支持全国各行业知识创新、学习和应用的交流合作平台为总目标，有关单位提出建设中国知识基础设施工程(China National Knowledge Infrastructure，CNKI)，并被列为清华大学重点项目。

2. 万方数据知识服务平台

1993 年，万方数据(集团)公司成立。2000 年，在其基础上，由中国科学技术信息研究所联合中国文化产业投资基金、中国科技出版传媒有限公司、北京知金科技投资有限公司、四川省科技信息研究所和科技文献出版社等五家单位共同发起成立——北京万方数据股份有限公司。

3. 维普资讯

重庆维普资讯有限公司的前身为中国科技情报研究所重庆分所数据库研究中心，是一家进行中文期刊数据库研究的机构。维普资讯数据库研究中心自主研发并推出了《中文科技期刊篇名数据库》，是我国第一个中文期刊文献数据库，也是中国最大的自建中文文献数据库。它的问世标志着我国中文期刊检索在实现计算机自动化方面达到了一个领先的水平，也结束了我国中文科技期刊检索难的历史。

(四) 学位论文检索

我国学位论文数据库有：清华同方中国优秀博硕士学位论文全文数据库、中国科学院学位论文数据库、国家科技图书文献中心的中文学位论文数据库、CALIS 高校学位论文库、中国科技信息所万方数据集团的中国学位论文全文库、国家图书馆学位论文。

五、专利检索

（一）专利文献

专利文献是记载专利申请、审查、批准过程中所产生的各种有关文件的文件资料。

狭义的专利文献指包括专利请求书、说明书、权利要求书、摘要在内的专利申请说明书和已经批准的专利说明书的文件资料。

广义的专利文献还包括专利公报、专利文摘以及各种索引与供检索用的工具书等。专利文献是一种集技术、经济、法律三种情报于一体的文件资料。

根据设置的专利种类，专利文献分为：发明专利说明书、实用新型专利说明书和外观设计专利说明书三大类。根据其法律性，专利文献可分为：专利申请公开说明书和专利授权公告说明书两大类。

专利文献的检索可依如下途径进行：专利性检索、避免侵权的检索、专利状况检索、技术预测检索、具体技术方案检索。

（二）国家知识产权局

国家知识产权局是国务院部委管理的国家局，由国家市场监督管理总局管理。负责保护知识产权工作，推动知识产权保护体系建设，负责商标、专利、原产地地理标志的注册登记和行政裁决，指导商标、专利执法工作等。国家知识产权局官网如图 1-16 所示。

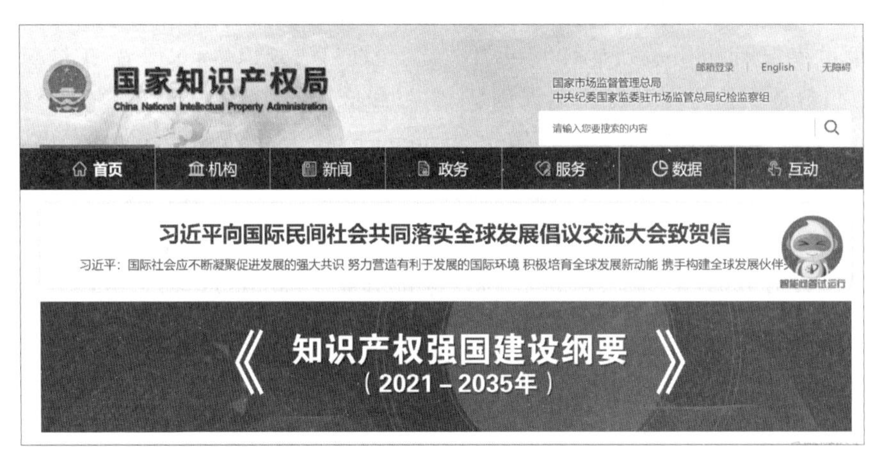

图 1-16 国家知识产权局官网

国家知识产权局网站首页中部的政务服务以专利、商标、地理标志、集成电路布图设计顺序排列四个板块，如图 1-17 所示。

图 1-17 国家知识产权局网站的四个板块

（三）中国专利信息网

国家知识产权局专利检索咨询中心成立于1993年，前身是中国专利局专利检索咨询中心，2001年5月更名为国家知识产权局专利检索咨询中心，是国家知识产权局直属单位，是目前国内科技及知识产权领域提供专利信息检索分析、专利事务咨询、专利及科技文献翻译、非专利文献数据加工等服务的权威机构。

六、商标检索

（一）商标

世界知识产权组织（World Intellectual Property Organization，WIPO）对商标的定义：商标是将某商品或服务标明是某具体个人或企业所生产或提供的商品或服务的显著标志。

《中华人民共和国商标法（2013修正）》中提到，“任何能够将自然人、法人或者其他组织的商品与他人的商品区别开的标志，包括文字、图形、字母、数字、三维标志、颜色组合和声音等，以及上述要素的组合，均可以作为商标申请注册。”

我国商标法规定，经商标局核准注册的商标，包括商品商标、服务商标和集体商标、证明商标，商标注册人享有商标专用权，受法律保护。

（二）国家知识产权局商标局的中国商标网

在国家知识产权局商标局的中国商标网中，我们可以进行商标申请、商标查询等操作。

七、企业信息与招聘信息检索

当我们去应聘一家企业前，首先要了解企业的背景，了解企业是否是合法企业、是否有不良记录，这时，我们可以通过国家正式的相关网站进行查询了解。

（一）企业信息检索

1. 国家企业信用信息公示系统

国家企业信用信息公示系统由国家市场监督管理总局主办，系统上公示的信息来自市场监督管理部门、其他政府部门及市场主体。系统提供全国企业、农民专业合作社、个体工商户等市场主体信用信息的填报、公示、查询和异议等功能。国家企业信用信息公示系统如图1-18所示。

图1-18 国家企业信用信息公示系统

2. 信用中国

“信用中国”网站由国家发展改革委、中国人民银行指导，国家公共信用信息中心主办，是政府褒扬诚信、惩戒失信的窗口，主要承担信用宣传、信息发布等工作，是政府相关单位对社会公开的信用信息。如图 1-19 所示是个人信用查询界面。

图 1-19 个人信用查询界面

3. 中国裁判文书网

中国裁判文书网由中华人民共和国最高人民法院主办，统一公布各级人民法院的生效裁判文书。可以借此了解应聘企业是否有不良记录。中国判决文书网如图 1-20 所示。

图 1-20 中国裁判文书网

4. 爱企查

爱企查(图 1-21)是百度旗下企业信息垂直搜索引擎与展示平台。该平台依托百度 AI 和大数据技术，为用户提供企业信息查询服务。其数据来源于国家企业信用信息公示系统、信用中国、中国裁判文书网、中国执行信息公开网、国家知识产权局商标局、版权局、民政部等网站。

（二）招聘信息检索

网络招聘是指通过互联网技术手段的运用，帮助企业人事部门完成招聘的过程。企业可以通过公司自己的网站、第三方招聘网站等机构，来完成招聘过程。

图 1-21 爱企查官网

在信息时代的今天，网络招聘的方式已经深入人心，成为大学毕业生和职员求职的首选方式之一，上网找工作已经成为自然的事情。机遇与挑战并存，网络的高速度与巨大的信息量赋予了网络招聘得天独厚的优势。常见的招聘网站有：智联招聘、前程无忧、猎聘网、58 同城等。

八、生活信息检索

（一）生活信息检索举例

外出旅游前，如果需要预订酒店、预订机票、了解目的地的旅游资讯、了解游客对旅游目的地的感受，了解一下旅游目的地的景点、历史、美食、文化和现场环境，在出发前上相关的网站进行办理和熟悉。还有一些网站具有多媒体的网页、3D 虚拟的仿真场景、摄像头在线直播的真实现场，让你如亲临其境，其乐无穷。常用的中文的网站有：磨坊、穷游、马蜂窝、远方网、游多多、携程、酷讯等。

（二）国家政务服务平台

国家政务服务平台由国务院办公厅主办，如图 1-22 所示。

国家政务服务平台是全国政务服务的总枢纽，发挥着公共入口、公共通道、公共支撑的作用，为全国各地区各部门政务服务平台提供统一身份认证、统一证照服务、统一事项服务、统一投诉建议、统一好差评、统一用户服务和统一搜索服务“七个统一”服务，实现支撑一网通办、汇聚数据信息、实现交换共享、强化动态监管四大功能，解决跨地区、跨部门、跨层级政务服务中信息难以共享、业务难以协同、基础支撑不足等突出问题。

图 1-22 国家政务服务平台

任务实现

（1）在面试前，使用网络搜索一下该公司的有关信息。

（2）国家企业信用信息公示系统中查询该企业是否有不良的信用记录。

（3）可以到“中国裁判文书网”查询该企业是否有负面的纠纷。

（4）可以到“企查查”查询企业工商信息、法院判决信息、关联企业信息、法律诉讼、失信信息、被执行人信息等；公司是否是正规的国家备案的公司。

（5）也可以线下到本地区的工商局查询该公司的信息。

（6）如果是上市公司，网络上一定有相关信息，因为上市公司的信息是要公开的。

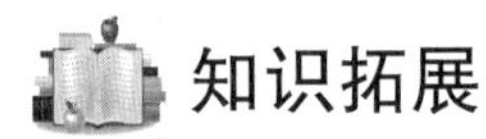

知识拓展

“粤省事”政务服务平台的功能

“粤省事”是我国首个集成民生服务微信小程序，也是广东省“数字政府”改革建设的重要成果，用户通过“实人+实名”身份认证核验，即可在小程序通办多项民生服务事项。

“粤省事”小程序由“数字政府”改革建设领导小组直接指导，广东省信息中心牵头，会同广东省公安厅、民政厅、人社厅、残联等省直单位，以及广州、深圳、肇庆、江门四个试点地市共同开展建设，数字广东网络建设有限公司提供技术支持。2022 年 6 月“粤省事”App 正式上线。

2018 年 12 月，广东省警方 77 项民生服务事项上线微信小程序“粤省事”，全年上线“粤省事”公安民生服务事项已有 228 项。

任务训练

（1）请在“中国大学 MOOC”查找两门跟自己专业相关的专业课，用于辅助专业课程的学习。

（2）请到所在的市立图书馆办理一张读者证，并访问该图书馆的网络资源。

（3）请访问国家政务服务平台，了解国家的数字政府行动。

（4）请访问招聘网站：智联招聘、前程无忧、boss 直聘等，了解本专业的招聘要求。

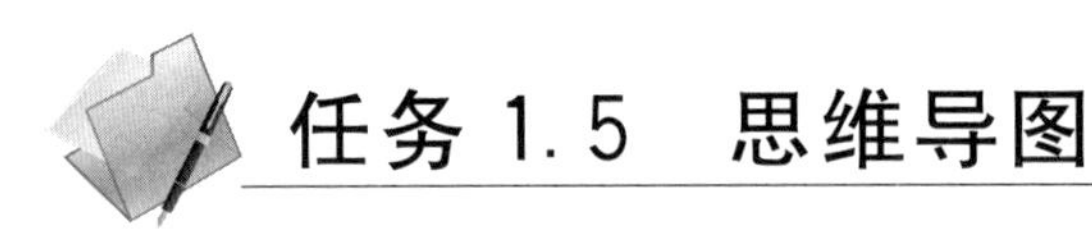

任务 1.5　思维导图

任务描述

用思维导图来帮助记忆石门水库相关内容

王晓红听说，思维导图是表达发散性思维有效的图形思维工具，是一种将发散性思考具体化的方法，在学习、生活、工作里都有思维导图的用武之地，特别将思维导图用于学习中，对高效学习很有帮助。碰巧她读到下面一段文字，想记忆其中的内容，她想尝试制作一个思维导图来帮助自己记忆。

石门水库位于我国台湾岛的大汉溪中游，其建造的主要原因是大汉溪上游陡峻，无法含蓄水源，下游各地区常遭水旱之苦；于是自1956年动工兴建石门水库，并于1964年完工，历时八载。石门水库的规模总长度为十六点五千米，面积八平方千米，有效蓄水量约两亿七百万立方米，是一个多功能水利工程。工程完工后的功能包括了灌溉、发电、给水、防洪、观光等。自营运以来，最主要的贡献在于改良农业生产与防止水旱灾，同时也带动了工业发展。

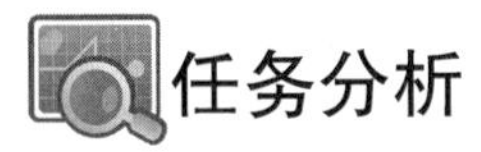

任务分析

本子任务中，我们将学习：思维导图的产生、概念；思维导图的核心——关键词和层次；熟悉思维导图在学习上的用法；绘制思维导图（手绘思维导图、用相关软件绘制思维导图）。

知识讲解

一、思维导图及其在学习上的用法

（一）思维导图的产生、概念、核心

1. 思维导图的产生

思维导图产生于20世纪70年代，之后诸多企业要求员工学习思维导图。思维导图的发明者是东尼·巴赞，他在读大学时，遇到了信息吸收、整理及记忆的困难，因此，他开始研究心理学、神经生理学等科学。东尼·巴赞开始应用一种以放射性思考为基础的思维方式，类似渔网、河流、树、树叶、人和动物的神经系统等的架构形式。他用此方法训练一些被称为“学习障碍者”“阅读能力丧失”的人群，使他们的学习取得了很大的进步。

1971年东尼·巴赞将其研究成果集结成书，形成了思维导图法（Mind Mapping）。

2. 思维导图的概念

思维导图又称心智图，是表达发射性思维的有效的图形思维工具，它用图文并重的技巧，把各级主题的关系用相互隶属与相关的层级图表现出来，把主题关键词与图像、颜色等建立记忆链接。思维导图充分运用左右脑的机能，利用记忆、阅读、思维的规律，协助人们在科学与艺术、逻辑与想象之间平衡发展，充分挖掘了人类思维的功能。

3. 思维导图的核心——关键词和层次

思维导图的核心是提炼一篇文章、一个计划、一个总结等的关键词，把各级关键词置于相关的层级，用图形表现出来。下面，我们来分析一个实例，首先请阅读图1-23所示的一段有145个字的文字。

很长时间以来，人们已经知道人类大脑可以被分为两个部分：左脑和右脑。人们也知道左脑控制人的右半边身体而右脑则控制着人的左半边身体。人们还发现当左脑受到损坏的时候，人的右半边身体就会瘫痪。同样的，如果右脑受到损坏，人的左半边身体就会瘫痪。换句话说，一边大脑受到损伤将会导致相对应的一边身体瘫痪。

图1-23 关于大脑的说明

接着请再阅读图1-24所示的关键词。这里浓缩出的关键词，只有63个字。可以说，仅仅阅读这些关键词，我们就能获得同样的信息。

下面我们来尝试着把这些关键词放到思维导图里去，就把原始段落简略到 320 个字，如图 1-25 所示。

人类大脑分为两部分：左脑和右脑。
左脑控制右半边身体，右脑控制左半边身体
左脑受损坏，右半边身体会瘫痪
右脑受损坏，左半边身体会瘫痪

图 1-24　提炼出的关键词

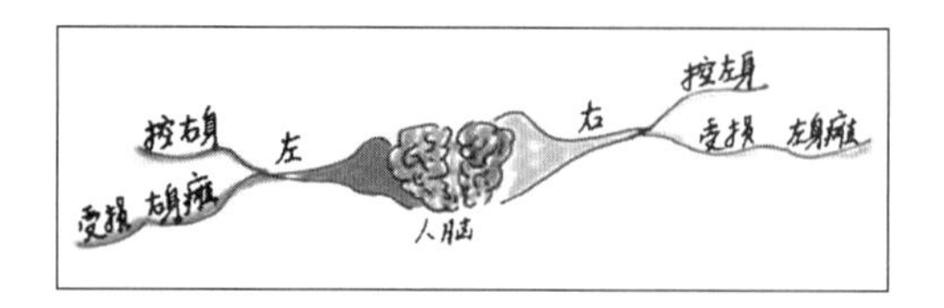

图 1-25　人的大脑思维导图

思维导图最重要的一点就是：关键词。因为思维导图只记录关键词，如果关键词选择不正确，思维导图所要表达的信息就不准确了，要想学会全面总体分析信息，需要学会观察出信息当中哪部分是它们的关键部分，并搜索到它们的关键点，也就是关键词。

（二）熟悉思维导图在学习上的用法

思维导图可以用于工作、学习和生活中的任何一个领域里。思维导图可以极大地提高我们的效率，增强我们思考的有效性和准确性，提升我们的注意力和工作乐趣。

作为学生，我们可以通过思维导图进行发散性思考、集中学习注意力，帮助我们记忆、做笔记、写报告、写论文、准备演讲、准备考试；通过制作思维导图，还能帮助我们明确学习任务，从面到点、直观地找到问题，加深对知识的理解、逻辑地集合知识。

我们可以把用于学习上的思维导图分为以下三类。

（1）提纲思维导图。这种思维导图是根据我们课本的目录绘制的。这可以使我们在复习的时候对要复习多少内容，复习侧重于哪些要点都很有帮助。

（2）章节思维导图。我们可以为每本课本的每一个独立章节做一张。如图 1-26 所示的思维导图。

（3）段落思维导图。把课本中的各个小段落绘制成思维导图。可以帮助我们总结一个段落或一个部分。我们还可以把这种段落思维导图画成便条贴到我们的课本里。

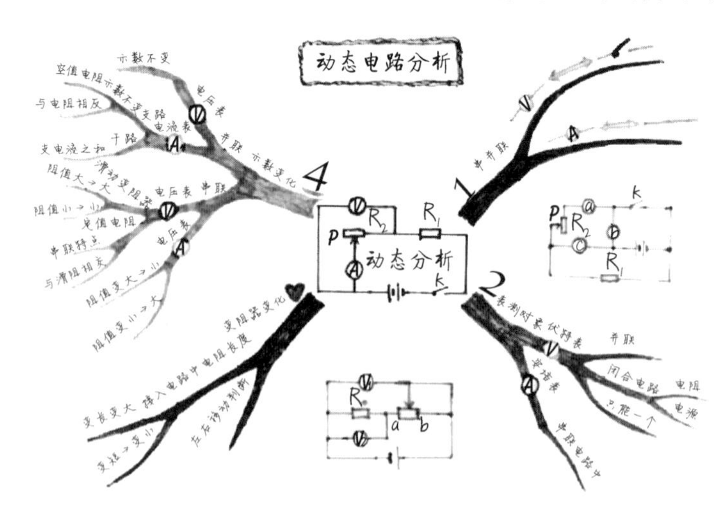

图 1-26　章节思维导图

二、绘制思维导图

（一）手绘思维导图

在计算机普及之前，人们是用彩笔在纸上绘制思维导图的。制作纸质思维导图需准备的制作工具是：白纸（常用的是 A3 或 A4 纸）和彩笔（12 色或更多）。

（二）用相关软件绘制思维导图

自计算机普及以后，人们开始用软件在计算机上绘制思维导图。广泛使用的有亿图图示、Mindmanager、Xmind、iMindMap、FreeMind、MindMapper 等。Mindmanager 与同类思维导图软件相比的优势是：软件同 Microsoft Office 无缝集成，可快速将数据导入或导出到 Word、Excel、PowerPoint 等办公组件中。下面介绍 MindManager 的基本术语和基本操作。

1. MindManager 思维导图的基本术语

（1）中心主题：中心主题是思维导图最为核心的内容，位于整个导图的最中心，掌控着全局。中心主题是整个导图的核心，所有的分支都围绕着中心主题展开。

（2）主题分支：主题分支围绕在中心主题的周围，由中心主题第一次放射而出，也被称为一级分支。主题分支是对中心主题第一次系统地阐述，是最重要的细节。

（3）浮动主题：与主题分支没有隶属关系，位于导图的外部，用户可以根据自己的安排随意设定浮动主题的位置。

（4）附注主题：附注主题用于对分支的注释，起解释说明的作用。

（5）层次：表示分支与主题的关联程度，层次越少，与主题的关联越近。

（6）节点：节点位于两个分支之间，＋表示下级分支处于隐藏状态，减号则表示分支之间呈展开状态。

2. MindManager 的基本操作

（1）新建 MindManager 项目。启动软件后，将自动新建一个导图项目，导图的中心主题为 CentralTopic，单击主题直接输入想要创建思维导图的名称。如图 1-27 所示。另外，也可以选择文件/新建选项，新建一个空白导图，或者从现有导图或者预设模板创建一个导图。

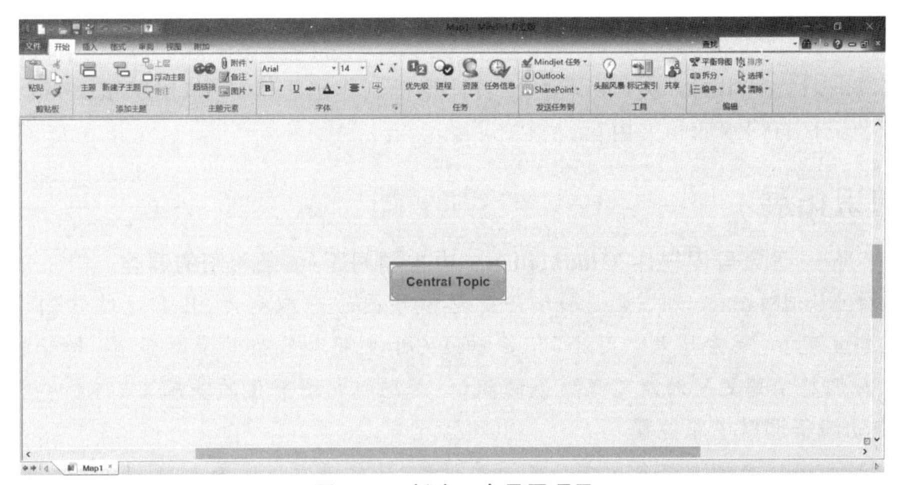

图 1-27　新建一个导图项目

（2）添加主题。按 Enter 键可迅速添加主题，也可以双击屏幕或者通过左上角“开始”功能区中的“添加主题”功能组中的图标添加主题，还可以右击中心主题，通过快捷菜单来添加。如果主题下还需要添加下一级内容，可以再创建子主题，方法同上；也可以使用快捷键 Ctrl+Enter 键或 Insert 键。如果不需要某个主题，可以选中主题，按 Delete 键删除即可。

（3）添加主题信息的可视化关系。通过功能区插入/导图对象或者标记完成，如图 1-28 所示。此操作可以为主题添加特殊标记来对主题进行编码和分类、使用关联展现主题之间的关系、使用分界线功能环绕主题组或者使用图像说明导图。

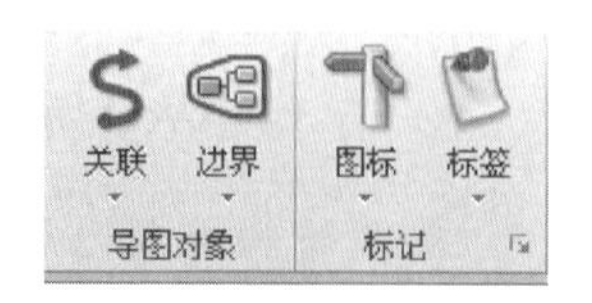

图 1-28　插入对象

（4）添加背景。空白区单击右键/背景，然后选择背景图片。

（5）添加主题元素。通过功能区“插入/主题元素工具”，可以为主题添加超链接、附件、备注、图片、标签、提醒以及指定任务信息等信息。也可以通过右击主题，选择需要的主题元素添加到思维导图中，可以更好地找到需要的信息，如图 1-29 所示。

（6）调整导图格式。单击“格式”功能选项卡，可以使用样式、格式及字体调整整个导图的格式，不论是整体样式风格或者单独主题的格式，都可以根据需要来自行调整，如图 1-30 所示。

图 1-29　添加主题元素

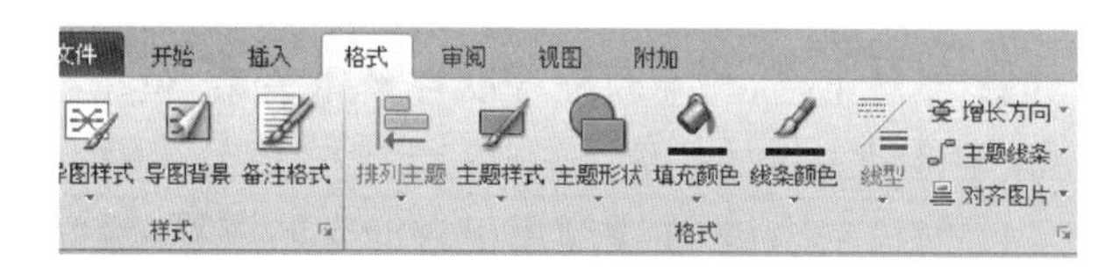

图 1-30　调整导图格式

（7）导图检查与保存。单击“审阅”功能选项卡，可以进行导图内容的拼写检查、检查导图中的链接及编辑导图属性等。

（8）使用与分享思维导图。可以将定稿的导图作为原始文件发给项目的其他成员，也可以演示、打印导图或者以其他格式导出导图（如保存为图片，这是一个比较好的方法，能够在没装思维导图软件的计算机上查看），或者创建一套 PPT、一组网页。

任务实现

根据“知识讲解”中的方法，分别用纸笔、计算机制作出思维导图，用思维导图来帮助记忆石门水库相关内容。

思维导图

知识拓展

思维导图软件 MindManager 中主题间距/线条粗细的调整

在软件 MindManager 中，主题和线条是思维导图的基本元素，只有通过它们才能将要表达的思想呈现、并联系起来。因此，有多方面关于主题和线条的属性设置，如颜色、宽度、位置等。而调整主题之间的距离及线条的粗细，是思维导图美化的基础。

1. 拖动线条调整主题位置

MindManager 支持调整分支主题之间的距离，鼠标停留在线条上的“点”位置，出现十字图标，即可拖动线条调整主题位置，以调整主题之间的距离。如图 1-31 所示。

2. 使用“更改主题格式”对话框调整“间距”等格式

(1) 选中中心主题,右击选择“格式化主题”,打开“更改主题格式”对话框,如图1-32所示。

图1-31 拖动线条调整

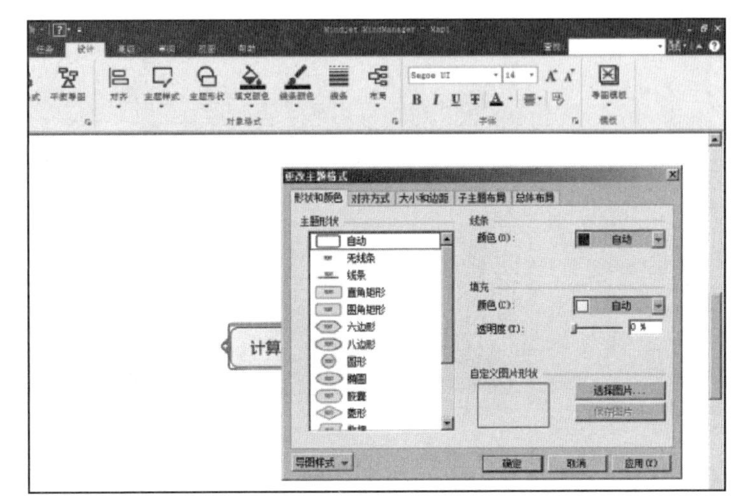

图1-32 更改主题格式

(2) 在“更改主题格式”对话框的“形状和颜色”选项卡中,可以设置主题形状样式、线条颜色、填充颜色。单击“应用”按钮即可完成。

(3) 在“更改主题格式”对话框的“子主题布局”选项卡的“间距”一栏中,可以精确设置主题到上层级主题的距离以及同层级主题之间的距离,如图1-33所示。

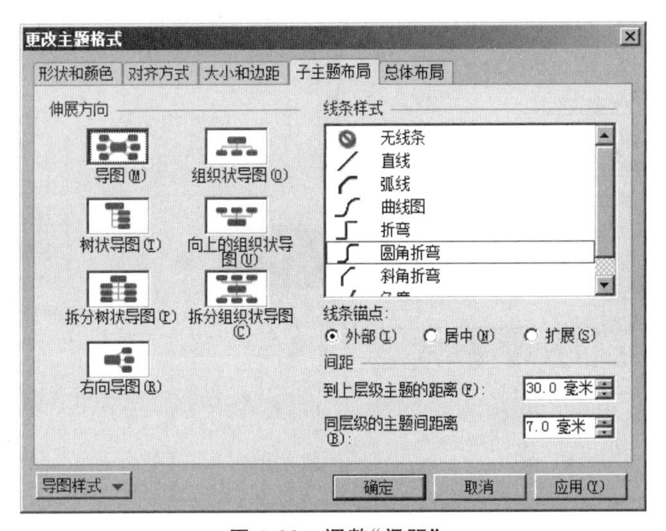

图1-33 调整“间距”

(4) 在“更改主题格式”对话框的“总体布局”选项卡中,通过滑动调整“主题间距”,更改中心主题与下层主题间的间距;通过滑动调整“重要主题线宽”,即可自由调整线条的粗细;勾选“简洁的视觉效果”使导图的界面清洁干净、淡化阴影等;勾选“显示阴影”为导图的所有线条主题等元素都加上阴影,如图1-34所示。

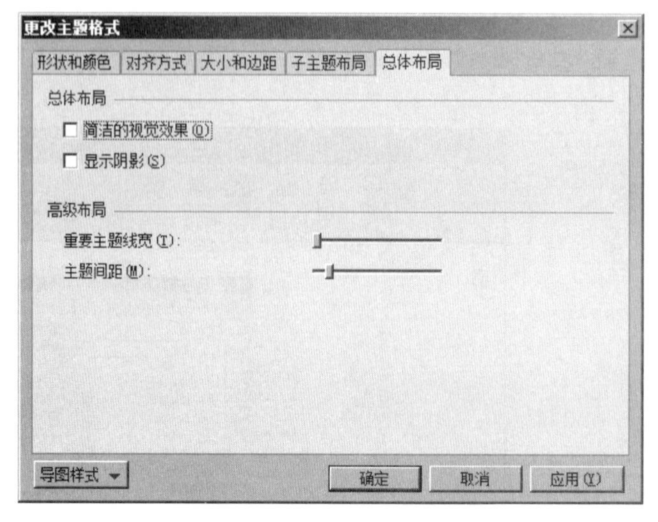

图 1-34 “总体布局”选项卡

任务训练

参照本书目录，制作如图 1-35 所示的思维导图，以掌握本课程的知识架构。

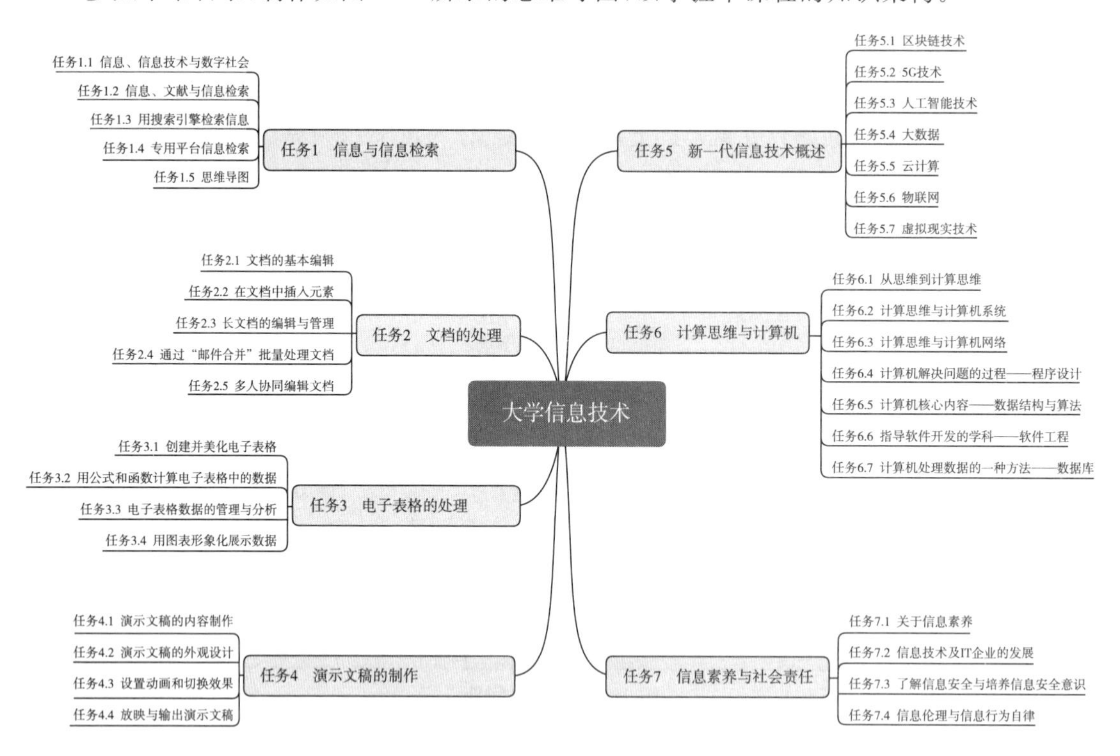

图 1-35 本课程的知识框架思维导图

综合训练

综合训练 1-1 了解“学习强国”App

安装“学习强国”App，检索与本课程相关的内容。

综合训练 1-2 为做毕业论文进行文献检索

(1) 训练说明

在撰写毕业论文的过程中,有一个非常重要的环节,就是对所选课题进行课题调研。课题调研涉及研究的多个方面,最主要的目的是尽可能多地搜索到全面、准确的相关文献资料(包括中文文献、外文文献和其他参考信息资源)。这样才能够对课题领域进行有效把握,从而进行研究、实践,完成毕业论文。

(2) 训练内容

某同学的毕业论文选题是——乡村振兴战略背景下农村电商模式研究。

该同学在做开题报告时,要检索相关文献。

(3) 训练要求

从以下方面进行训练,并形成一个 WPS 文字文档的检索报告。

① 分析课题。

② 选择数据库。

③ 选择检索词。

④ 确定检索式。

⑤ 检索结果优化。

⑥ 获取文献全文。

综合训练 1-3 简答题

(1) 什么是数据? 什么是信息? 什么是信息技术?

(2) 请谈谈数据与信息的区别和联系。

(3) 信息在计算机中的计量单位有哪些? 它们之间的换算关系是怎样的?

(4) 我们应该如何面对数字社会(信息社会)?

综合训练 1-4 制作思维导图

认真学习本任务所学习的内容,制作本任务的思维导图。要求如下。

(1) 提炼关键词,尽可能用关键词表达知识点、学习体会、注意事项、学习方法。

(2) 进一步个性化地修饰所绘制的思维导图(如插入图片、超链接、设置背景等)。

(3) 至少要有四层主题(包括中心主题)。

任务 2

文档的处理

学习情境

通过任务1的学习，王晓红对信息与信息技术的发展历程、信息技术相关的专业知识有了一些了解，同时也熟悉了思维导图在学习中的应用。作为应具备的基本信息能力，办公软件的应用是所有职场人都应该具备的，而这需要大量的操作进行积累，需要通过不断的应用了解、掌握办公软件的操作技巧，所以这些内容需要提早接触。其中，文档处理是重要的组成部分，广泛应用于人们日常生活、学习和工作的方方面面。

王晓红作为学生会的宣传干事，经常要处理文档。如她最近接到了一个任务，就是要用WPS文字制作简报，以便向同学们介绍我国航天事业；另外，学院学生经常要举办一些讲座、活动，也需要制作通信稿，于是王晓红学习WPS文字的使用。

本任务包含文档的基本编辑、图片的开始插入和编辑、表格的插入和编辑、样式与模板的创建和使用、多人协同编辑文档等内容。

学习目标

➢ **知识目标**

(1) 了解WPS套件；掌握新建、保存文档、打开文档等操作。

(2) 掌握文本编辑、插入和编辑图片等对象的操作；掌握在文档中插入和编辑表格。

(3) 熟悉分页符和分节符的插入，掌握页眉、页脚、页码的插入和编辑等操作。

(4) 掌握样式与模板的创建和使用，掌握目录的制作和编辑操作。

➢ **能力目标**

能利用WPS文字制作简单的文档，包括宣传单和通信稿等。

➢ **素养目标**

(1) 激发学生学习兴趣。

(2) 自觉使用WPS文字处理生活、学习和工作中的实际问题。

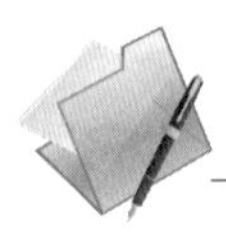

任务2.1　文档的基本编辑

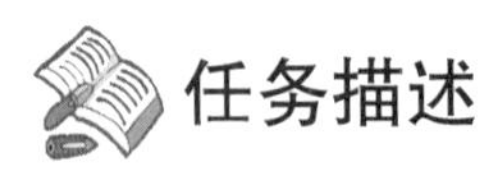

任务描述

制作“神舟十二号”宣传手册初稿

王晓红想根据下面神舟十二号的资料（最后用省略号表示省略了大量文字），制作“神舟十二号”宣传手册，效果如图 2-1 所示。（注：此效果图是任务 2.1、任务 2.2、任务 2.3 连续做完后的效果。）

神舟十二号，简称“神十二”，为中国载人航天工程发射的第十二艘飞船，是空间站关键技术验证阶段第四次飞行任务，也是空间站阶段首次载人飞行任务。

2021 年 4 月，神舟十二号载人航天飞行任务船箭分批安全运抵酒泉卫星发射中心。6 月报道，根据规划神舟十二号载人飞行任务，3 名航天员将成为“天和”核心舱的首批“入住人员”，并在轨驻留 3 个月，开展舱外维修维护、设备更换、科学应用载荷等一系列操作。6 月15 日，神舟十二号载人飞行任务标识正式发布。

……

编辑者：张三
2021 年 10 月

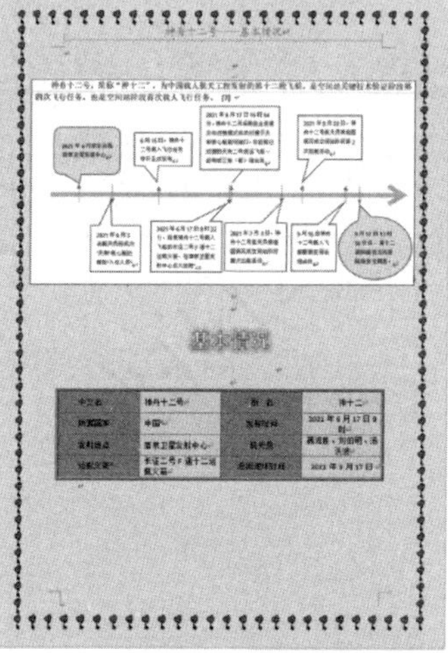

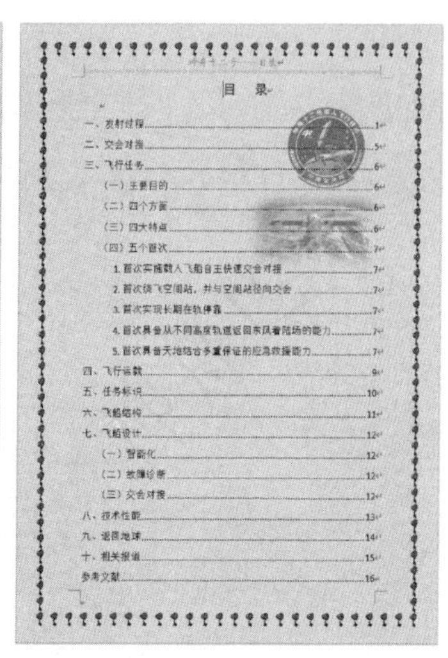
目 录

一、发射过程

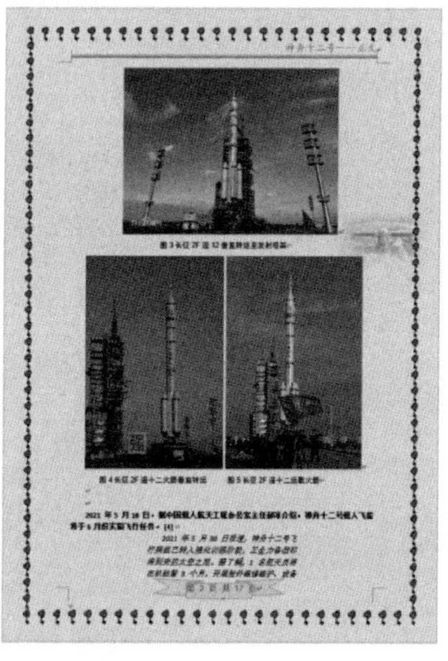

图 2-1 “神舟十二号”宣传手册效果图

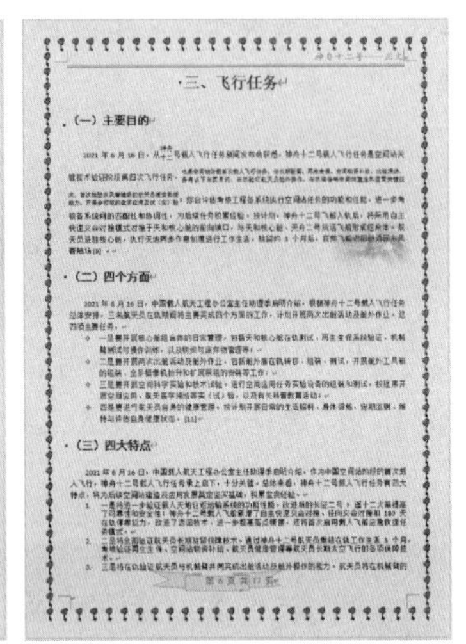

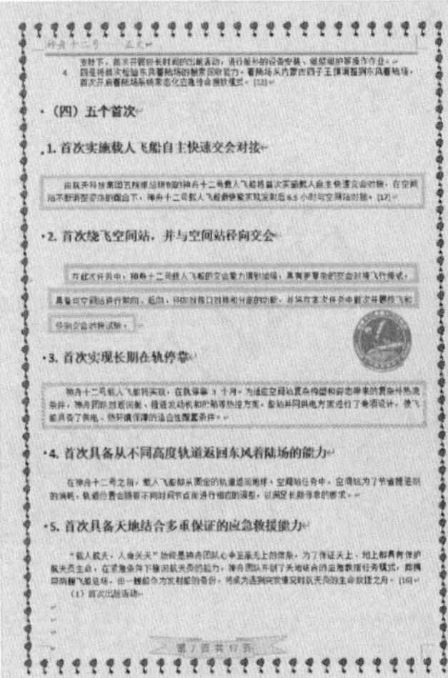

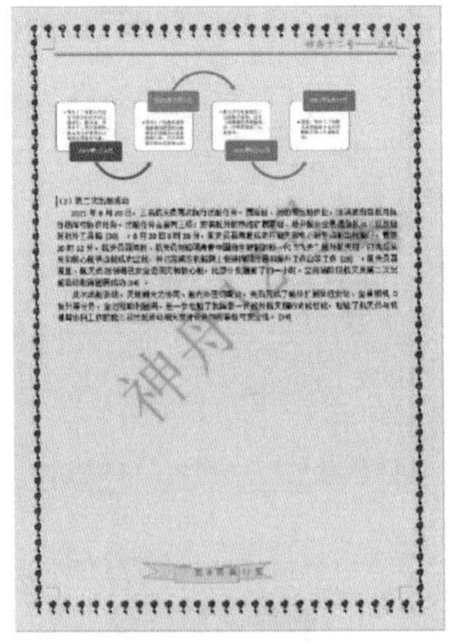

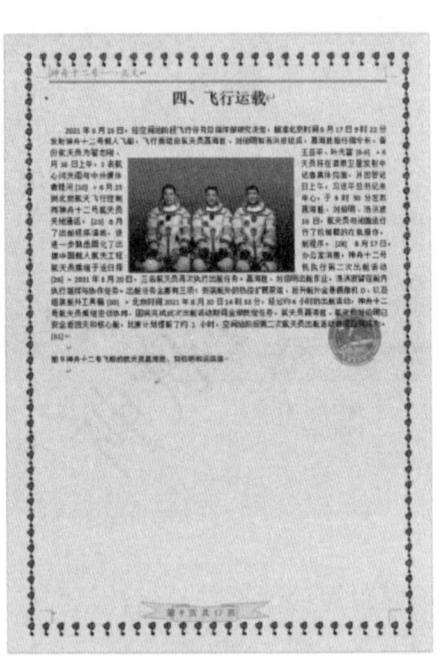

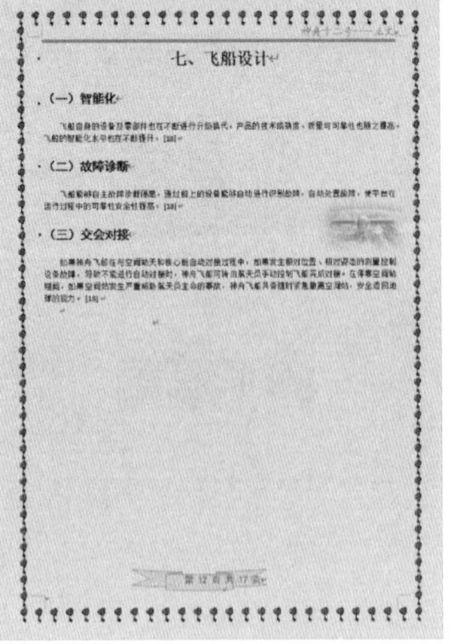

图 2-1(续)

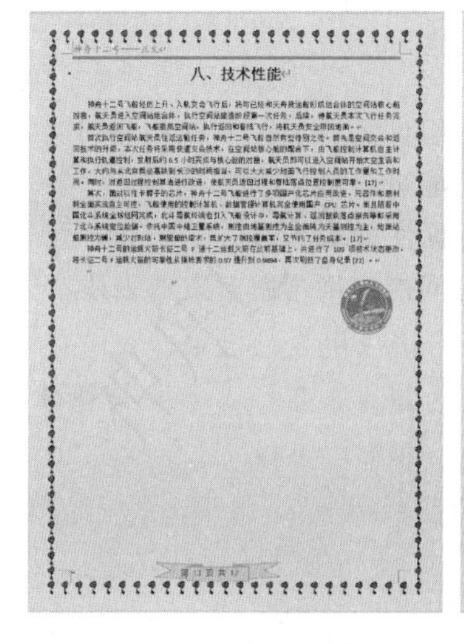
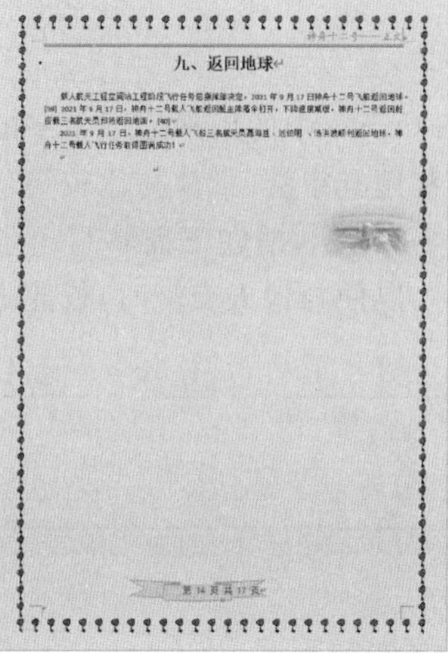
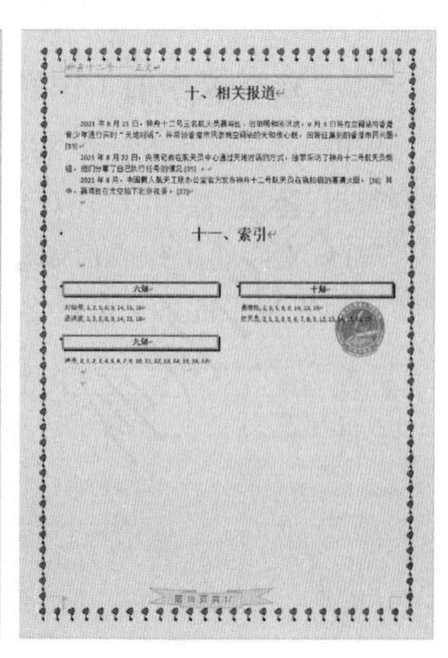
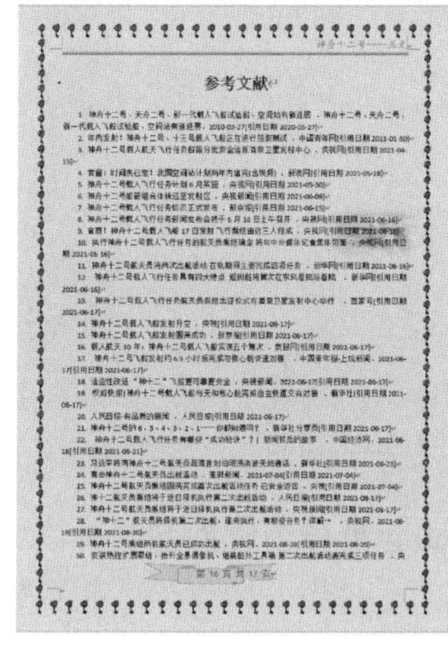
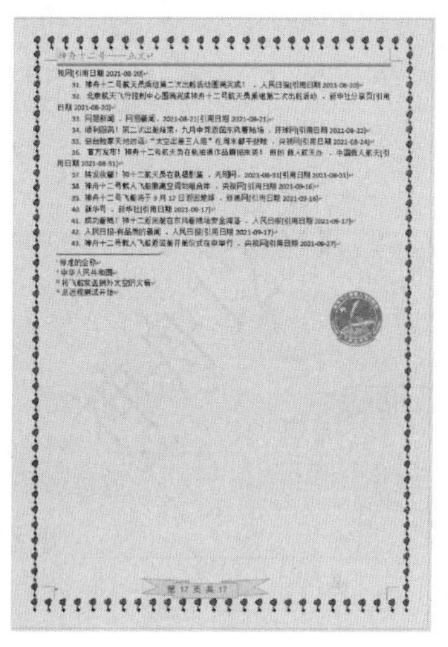

图 2-1(续)

任务分析

本子任务涉及文档的基本编辑。将通过制作案例文档，帮助同学们熟悉文本的输入编辑、文本格式设置、文本查找和替换、段落格式设置、打印预览和打印设置等操作。

知识讲解

一、熟悉 WPS Office

（一）WPS Office 简介

WPS Office 是由北京金山办公软件股份有限公司研发的一款办公软件套装，可以实现办公软件最常用的文字、表格、演示、PDF 阅读等多种功能；全面兼容微软 Office 格式；支持桌面和移动办公。WPS 移动版已覆盖超 50 多个国家和地区。2020 年 12 月，教育部考试中心宣布 WPS Office 作为全国计算机等级考试(NCRE)的二级考试科目之一。

（二）WPS 文字的工作界面

WPS 文字是办公套件 WPS Office 中的用来处理文字的组件。我们可以使用它对文本进行编辑、排版、打印等，还可以利用其审阅、批注与比较等功能进行协作办公。

WPS 文字的工作界面如图 2-2 所示，请在下面填写出各标注处的名称。（注：请尽可能记住界面组成中的各部分的名称，以便与他人交流时，彼此之间能准确理解对方的表述。）

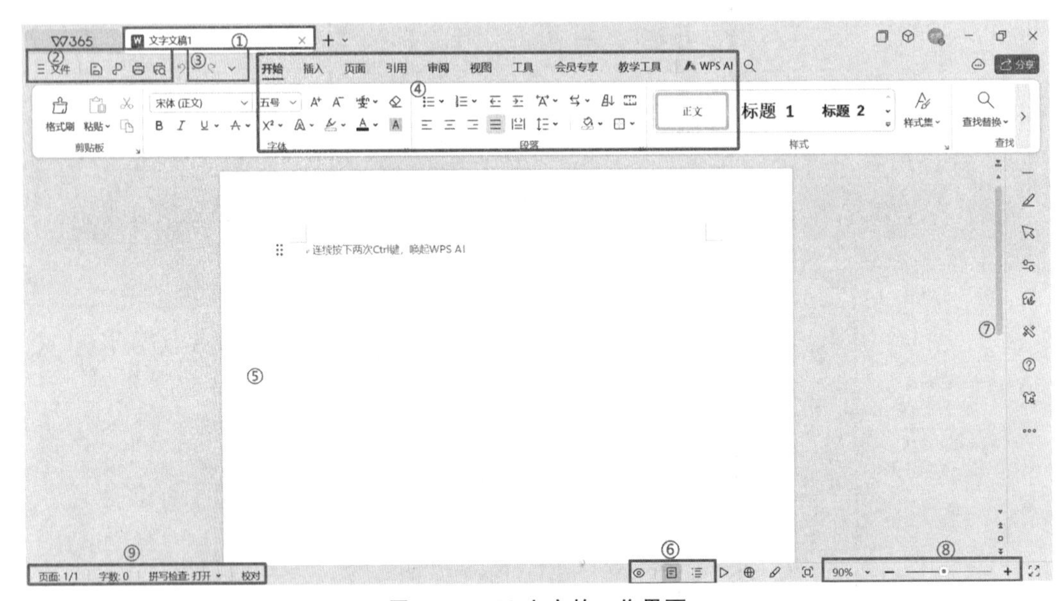

图 2-2　WPS 文字的工作界面

标注①处是____________________：显示正在编辑的文档的文件名以及所使用的软件名。

标注②处是____________________：基本命令，如“新建”“打开”“关闭”“另存为…”和“打印”位于此处。

标注③处是____________________：常用命令位于此处，例如“保存”和“撤销”。也可以添加个人常用命令。

标注④处是____________________：工作时需要用到的命令位于此处。它与其他软件中的“菜单”或“工具栏”相同。

标注⑤处是____________________：显示正在编辑的文档。

标注⑥处是____________________：可用于更改正在编辑的文档的显示模式以符合用户的要求。

标注⑦处是____________________：可用于更改正在编辑的文档的显示位置。

标注⑧处是____________________：可用于更改正在编辑的文档的显示比例设置。

标注⑨处是____________________：显示正在编辑的文档的相关信息。

（三）WPS 文字的功能区

WPS 文字功能区是指 WPS 文字窗口的上半部分，单击不同的功能区的名称，能切换到与之相对应的功能区面板，如图 2-3 所示。每个功能区根据功能的不同又分为若干个组，单击每个功能组右下角的对话框启动器，可以打开相应的对话框以进行更详细的操作。

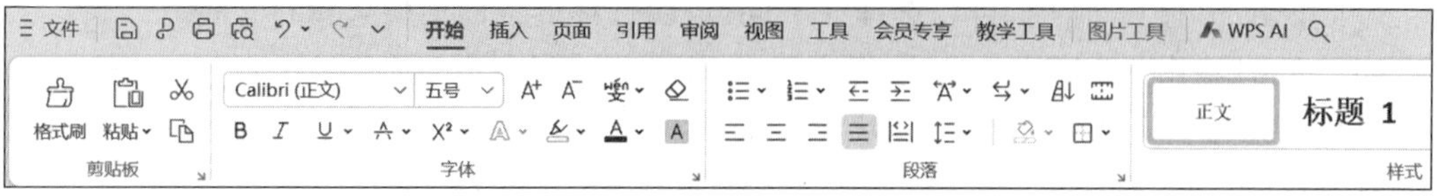

图 2-3 “开始”功能区

请根据各功能区所拥有的功能，在相应空白处填写功能区名称和功能组名称。

(1) __________功能区。主要用于对 WPS 文字文档进行文字编辑和格式设置，是用户最常用的功能区。该功能区中包括______________________________等几个功能组。

(2) __________功能区。用于在 WPS 文字文档中插入各种元素。该功能区包括______________________________等几个功能组。

(3) __________功能区。用于帮助用户设置 WPS 文字文档页面样式。该功能区包括______________________________等几个功能组。

(4) __________功能区。用于实现在 WPS 文字文档中插入目录等比较高级的功能。该功能区包括______________________________等几个功能组。

(5) __________功能区。专门用于在 WPS 文字文档中进行邮件合并方面的操作。该功能区包括______________________________等几个组。该功能区需在“引用”功能区中触发。

(6) __________功能区。用于对 WPS 文字文档进行校对和修订等操作，适用于多人协作处理长文档。该功能区包括______________________________等几个功能组。

(7) __________功能区。用于帮助用户设置 WPS 文字操作窗口的视图类型，以方便操作。该功能区包括______________________________等几个功能组。

(8) __________功能区。用于在 WPS 文字中添加或删除加载项、录制宏、使用控件等。(加载项是可以为 WPS 文字安装的附加属性，如自定义的工具栏或其他命令扩展。)该功能区包括______________________________等几个功能组。

该功能区默认是隐藏的，请写出至少两种方法，以便在界面中显示出该功能选项卡。

方法 1：____

方法 2：____

(四) WPS 文字的“文件”按钮

“文件”按钮能触发类似于菜单的“文件”面板，位于 WPS 文字窗口左上角。单击它可以打开“文件”面板，如图 2-4 所示。请在以下空白处填写从上至下依次包含的命令：________、________、________、________、________、________、__________、________、________、________、________、________、________、________。以下是几个主要命令的解释。

(1) 单击“新建”命令，打开“新建”命令面板，用户可以基于 WPS 文字文档面板创建新文档，这些模板包括“空文档”“稿纸打印版”“笔记”等 WPS 文字内置的文档模板。用户还可以通过单击“新建连线文字文档”提供的模板新建实用文档。

(2) 单击“打开”命令，可以打开不同位置的文档。

(3) 单击“文档加密”命令，用户可以保护文档(包含设置 WPS 文字文档密码)、修改文档属性。

（4）单击“保存”命令，保存对文档所做的修改。对应快捷键 Ctrl+S。

（5）单击“另存为”命令，可以选择在不同位置、选择以不同的格式保存文档。

（6）单击“输出为 PDF”命令，可将文档以 PDF 格式保存为一个新文件。

（7）单击“打印”命令，打开“打印”命令面板，在该面板中可以详细设置多种打印参数，例如双面打印、指定打印页等参数，从而有效控制 WPS 文字文档的打印结果。

（8）单击“共享”命令，打开“共享”命令面板，有多种与他人共享文档的方式，包括与他人一起编辑、发送文件等，如图 2-5 所示。

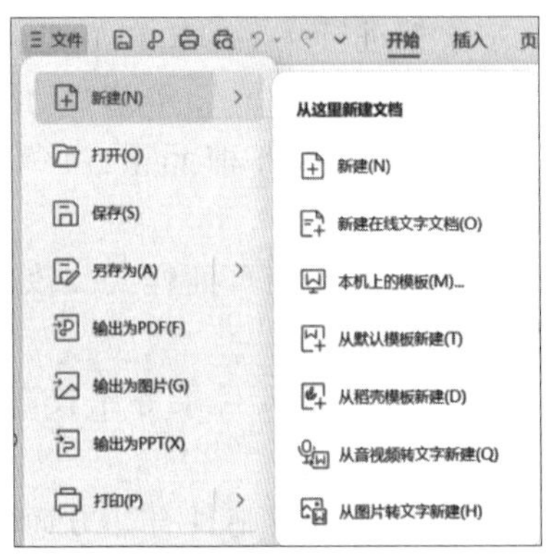

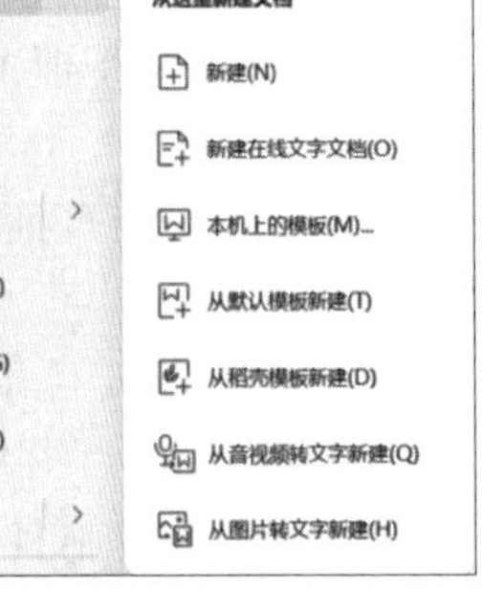

图 2-4　单击文件按钮后

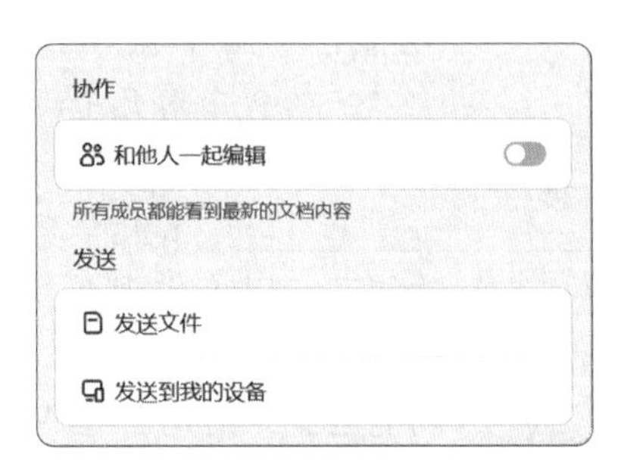

图 2-5　单击“分享文档”命令后

（9）选择“文件”面板中的“选项”命令，可以打开“WPS 文字选项”对话框。在“WPS 文字选项”对话框中可以开启或关闭 WPS 文字中的许多功能或设置参数。以便个性化显示和操作文档。

二、WPS 套件的通用操作

（一）WPS 的启动与退出（以 WPS 文字为例）

方法 1：右击桌面，在弹出的快捷菜单中选择“新建”—“DOCX 文档”命令，即创建一个名为“新建 DOCX 文档”的文档；双击该文档，即可启动 WPS。

方法 2：单击“开始”按钮，选择“所有应用”“WPS Office”选项，即启动 WPS。

方法 3：双击桌面上的“WPS 快捷方式”，即可启动 WPS。

退出 WPS 文字：在左上角的“文件”菜单上，单击下端的“退出”。

（二）文档的创建、保存、打开、关闭

1. 文档的创建

创建文档常用的方法有：启动 WPS 后，单击“新建—文字”，将自动打开一个新的空文档并暂时命名为“文字文稿 1”（工作簿 1、演示文稿 1）；单击“文件/新建”；快捷键为 Ctrl+N。

2. 文档的保存

文档保存的常用方法有：单击“文件”菜单中的“保存”命令；快捷键为 Ctrl+S。

3. 文档的打开。

文档打开的常用方法有：双击要打开的文档；单击“文件”菜单中的“打开”命令；快捷键为 Ctrl+O。

4. 文档的关闭

文档关闭常用的方法有：单击“文件”菜单中的“关闭”命令；快捷键为 Ctrl+W。

（三）自动保存文档

有时编辑、修改一份内容很多的 WPS 文档，操作过程中可能不记得及时保存，而让努力白费。对此我们可以启用 WPS 的自动保存功能，操作步骤如下。

（1）单击工作界面左上角的“文件”按钮，打开文件菜单列表。

（2）单击文件菜单列表中的“备份与恢复”，打开“备份与恢复”面板。

（3）出现“备份中心”对话框，就可以看到我们备份的文件了，需要哪个，双击打开即可，如图 2-6 所示。

图 2-6　备份中心

（4）备份设置。单击“备份中心”对话框右上角“本地备份设置”，在打开的对话框中，我们可以设置定时备份间隔时间和本地备份存放位置，如图 2-7 所示。

（四）检查文档与保护文档

在 WPS 中有自动校对功能，有时候在 WPS 文字文档中出现红色或蓝色波浪线，就是系统自动检查出拼写和语法错误，设置方法：单击“文件—选项”，在弹出的“WPS 文字选项”对话框中选择“拼写检查”，然后根据需要，勾选相关的复选框，如图 2-8 所示。

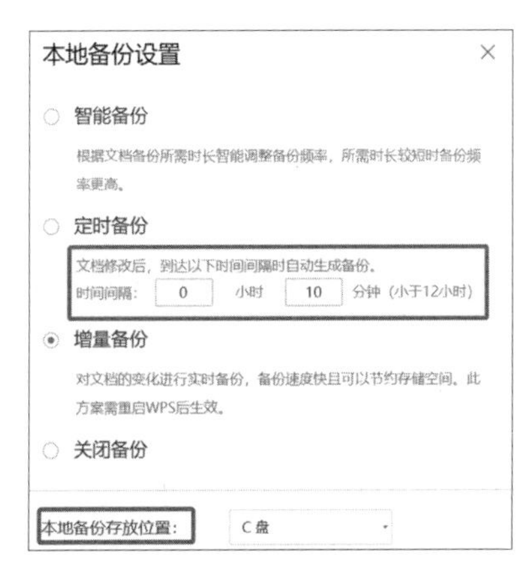

图 2-7　本地备份设置

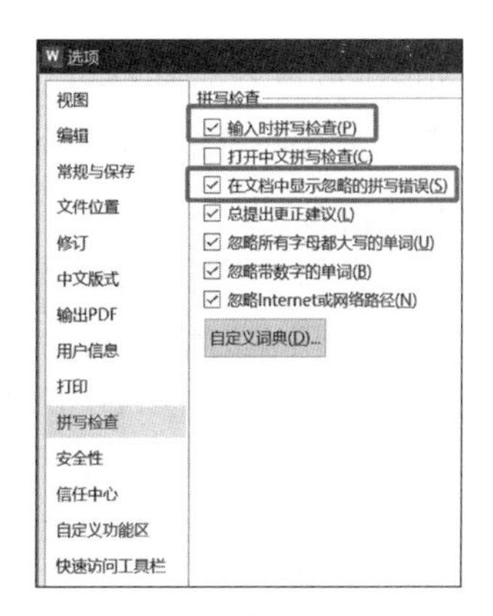

图 2-8　拼写检查

一个文档除了页面上的文本内容外，往往还包含了许多其他信息，在将文档发送给他人前应对文档进行全面检查，以免泄露某些不想分享的信息。这时，可以利用文档检查功能，进入方法：单击“文件”—“信息”—“检查演示文稿”—“检查文档”，然后根据需要进行设置，如图 2-9 所示。

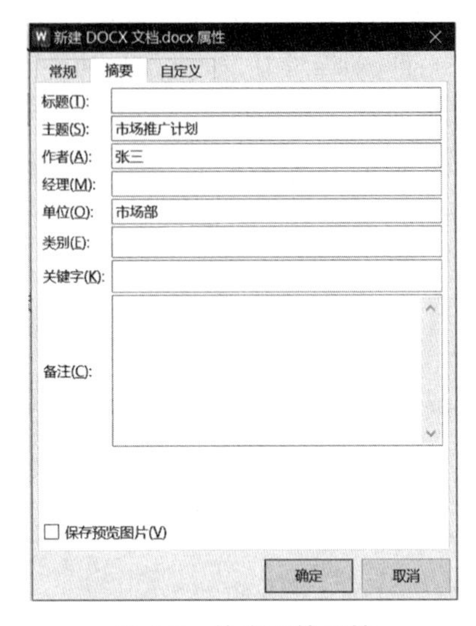

图 2-9　检查文档属性

三、在 WPS 文字中输入并编辑文本

（一）文本与特殊符号的输入

1. 文本的输入

首先打开 WPS 文字文档，然后单击文档中需要添加文字的地方；使用 Ctrl＋Shift 快捷键，选择输入法，然后在键盘上输入需要添加的文字即可。

2. 段落标记与换行标记

段落的换行有两种方式：一种是按回车的硬换行，会形成新的段落；另一种是手工使用 Shift＋Enter 的软换行，这种方式实际并没有形成新段落，还是行的性质。

3. 文本对齐方式

利用段落功能组或段落对话框可以设置文本对齐方式。文本的行对齐方式有如下几种：左对齐、右对齐、居中对齐、分散对齐。还可以用制表符或表格控制列对齐方式。

4. 特殊符号的输入

在日常应用中，我们经常要用到各种各样的特殊符号，下面介绍快速输入这些符号的方法。①输入法。现在的输入法比较智能，如在搜狗输入法中，直接输入特殊符号的名称即可出现这个符号。②Office 中自带的插入符号。单击“插入”—“符号”，选择相应的符号即可。选择符号界面会给出一些常用符号，也可以选择“其他符号”进行更多选择。选择符号界面中可以选择子集，查看对应类型的字符；还可以选择字体，不同字体下的符号可能会不同。

（二）文本的选定

如果要复制和移动文本的某一部分，则首先应选定这部分文本。主要方法如下。

（1）用鼠标选定文本。请在以下空白处填写操作名称。

① ________________。将“I”形指针移到所要选定的文本区域的开始处并单击，按住鼠标左键并拖曳鼠标直到所选的文本区域的最后一个字再松开鼠标左键。

② ________________。用鼠标指针单击所选定区域的开始处，然后按住 Shift 键，再通过拖曳滚动条找到选定区域的右下角，单击选定区域的末尾，则两次单击范围中所包括的文本就被选定。

③ ________________。将鼠标指针移到所要选定的文本区域的左上角并单击，按住 Alt 键，拖动鼠标直到区域的右下角，松开鼠标左键。

④ ________________。按住 Ctrl 键，将光标移到所要选定的句子的任意处单击。

⑤ ________________。将鼠标指针移到所要选定段落的任意行连击 3 下。或将鼠标指针移到所要选定段落的左侧选定区，当鼠标指针变成向右上方指向的箭头时再双击。

⑥ ________________。将“I”形鼠标指针移到这一行左端的选定区，当鼠标指针变成向右上方指向的箭头时。单击即可选定一行文本。若拖曳鼠标，则可选定若干行文本。

⑦ ________________。按住 Ctrl 键，将鼠标指针移到文本左侧的选定区单击一下；或将鼠标指针移到文档左侧的选定区并连续快速单击 3 次；或直接按快捷键 Ctrl＋A。

（2）用键盘选定文本。当用键盘选定文本时，注意应首先将插入点移到所选文本的开始处，然后根据需要使用以下组合键的功能。

Shift＋→(Shift＋←)：选定插入点右(左)边一个字符或汉字。

Shift＋↑(Shift＋↓)：选定到上(下)一行同一位置之间的所有字符或汉字。

Shift＋Home(Shift＋End)：从插入点选定到它所在行的开始(末尾)处。

Shift＋PageUp(Shift＋PageDown)：选定上(下)一屏。

（三）文本的插入与删除

（1）插入文本。在插入方式下，只要将插入点移动到需要插入文本的位置，输入新的文本就可以了。插入时，插入点右边的文字随着新文字的输入逐一向右移动。

（2）删除文本。将插入点移到此字符或汉字的左边，然后按 Delete 键，或者将插入点移到此字符右边，然后按 Backspace 键。

（四）文本的移动

（1）使用剪贴板移动文本。在“开始”功能区的“剪贴板”分组中，单击“剪切”按钮，可将选定文本剪切并保存到剪贴板中，然后在需要粘贴文本的位置使用“粘贴”菜单命令即可。

（2）使用快捷菜单移动文本。右击选定文本的区域，在弹出的快捷菜单中选择“剪切”命令，然后在需要粘贴文本的位置使用“粘贴”命令。

（3）使用鼠标左键拖动文本。利用鼠标左键直接拖曳选定的文本到文档的新位置，即可完成移动文本的操作。

（4）使用鼠标右键拖动文本。利用鼠标右键拖曳选定的文本到文档中的新位置，在弹出的快捷菜单中选择“移动到此位置”命令，即可完成移动文本的操作。

（五）复制文本

（1）使用剪贴板复制文本。在“开始”功能区的“剪贴板”分组中，单击“复制”按钮，将选定文本的副本保存到剪贴板中，然后在需要粘贴文本的位置使用“粘贴”按钮即可。

（2）使用快捷菜单复制文本。右击选定文本的区域，在弹出的快捷菜单中选择“复制”命令，然后在需要粘贴文本的位置使用“粘贴”命令。

（3）使用鼠标右键拖动文本。利用鼠标右键拖曳选定文本到文档中的新位置，在弹出的快捷菜单中选择“复制到此位置”命令即可。

（六）查找与替换

（1）查找文本：在“开始”功能区的“查找”分组中，单击“查找替换”下拉按钮，选择“查找”选项，或按快捷键 Ctrl＋F，打开“查找和替换”对话框，如图 2-10 所示。输入要查找的文本，单击按钮开始查找。

（2）替换文本：“替换”的操作与“查找”的操作类似，操作步骤如下。

① 在“开始”功能区的“查找”分组中，单击“查找替换”按钮，选择“替换”选项或按快捷键 Ctrl＋H，弹出“查找与替换”对话框中的“替换”。如图 2-11 所示。

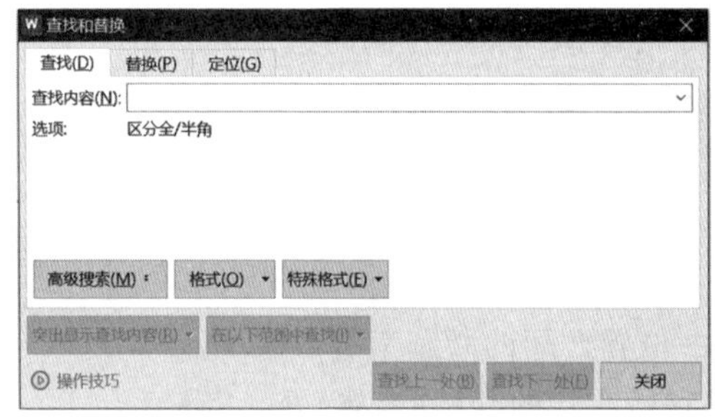

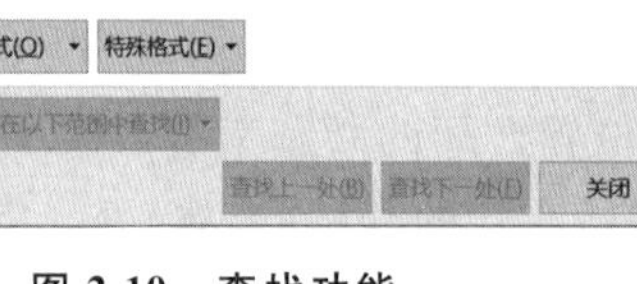

图 2-10 查找功能

图 2-11 替换功能

② 在“查找内容”中输入要查找的内容，在“替换为”列表中输入要替换的内容。

③ 单击“查找下一处”按钮开始查找，找到目标后反白显示。

④ 如果确定要替换，则单击“替换”按钮，否则继续单击“查找下一处”按钮，直到查找完毕。如果要全部替换，则只需单击“全部替换”按钮。同样，通过单击“更多”按钮设置所查找和替换文字的格式，直接将替换文字设置成指定的格式。

（七）撤销与恢复

在快速访问工具栏有“撤销”和“恢复”两个按钮。“撤销”是指取消上一步所做的操作，“恢复”是指恢复刚才已撤销的操作。

（八）格式刷——格式的复制

格式刷的使用方法为：①选定要设置格式的文本。②单击“开始”功能区的“剪贴板”分组中的“格式刷”按钮。③将鼠标指针移到要复制格式的文本开始处，拖曳到要复制格式文本的结束处，松开鼠标。

注意：上述方法的格式刷只能使用一次；如果要多次使用，则要双击“格式刷”按钮，取消则再单击“格式刷”按钮或按 Esc 键。

四、WPS 文字中格式的设置

（一）文本格式的设置

文本格式的设置主要包括：设置字体、字形、字号和颜色；改变字符间距、字宽度和水平位置；下划线、着重号等效果；边框和底纹。设置的方法有以下三种。

方法 1：选中要设置格式的文本，单击“开始”功能选项卡，利用其中的“字体”功能组的命令按钮。

方法 2：选中要设置格式的文本，单击“开始”功能选项卡，然后单击“字体”功能组右下角的对话框指针，在弹出的对话框中进行设置。

方法 3：选中要设置格式的文本，右击，在弹出的快捷菜单中选择“字体”，在弹出的对话框中进行设置。

（二）段落格式的设置

段落格式的设置主要包括：段落左右边界的设定；设置段落对齐方式；设置段间距与行间距；设置段落边框和底纹；项目符号和段落编号。设置的方法有以下三种。

方法 1：将光标置于某段落任意位置或选中要设置格式的多段文本，单击“开始”功能选项卡，利用其中的“段落”功能组的命令按钮进行设置。

方法 2：将光标置于某段落任意位置或选中要设置格式的多段文本，单击“开始”功能选项卡，然后单击“段落”功能组右下角的对话框指针，在弹出的对话框中进行设置。

方法 3：将光标置于某段落任意位置或选中要设置格式的多段文本，鼠标右击，在弹出的快捷菜单中选择“段落”，在弹出的对话框中进行设置。

（三）页面的设置

页面的设置方法如下。

（1）页面布局设置。单击“页面”功能按钮，弹出如图 2-12 所示的对话框。

（2）文字环绕。右击图片或其他文档对象，执行“文字环绕”可选择环绕方式或单击“其他布局选项”，出现图 2-13 所示对话框，进行设置即可。

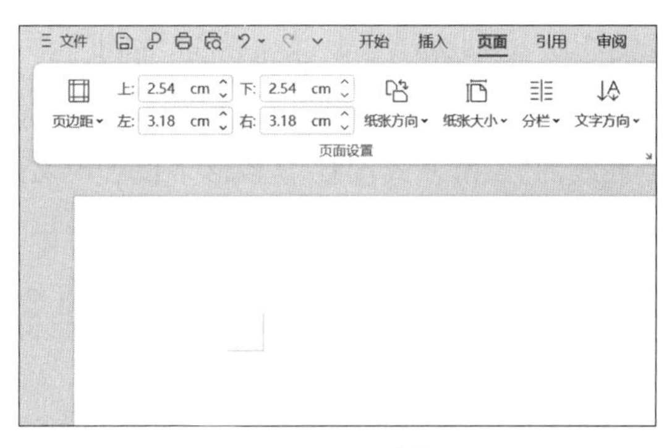

图 2-12 页面功能区

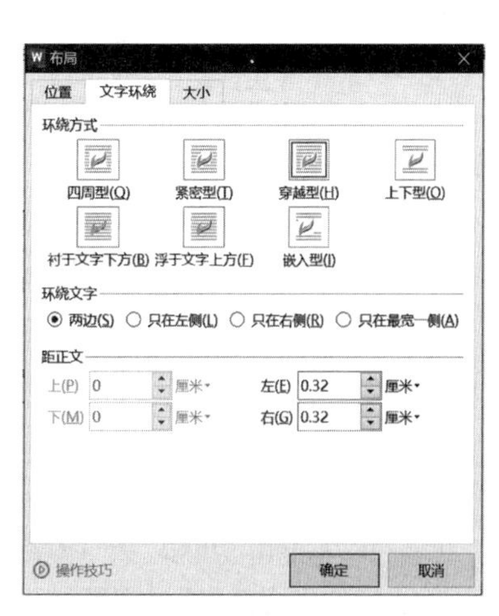

图 2-13 文字环绕设置

(3) 背景和水印。①背景:执行“页面”—“背景”;②水印:执行“页面”—“水印”即可。

(4) 边框与底纹。执行“页面”—“页面边框”,进行设置即可。

(5) 分栏排版。执行“页面”—“页面设置—分栏”,进行设置即可。

(6) 首字下沉。执行“插入”—“首字下沉”,进行设置即可。

任务实现

打开任务 2.1 的任务描述(原始)文件,制作“神舟十二号”宣传手册初稿.docx。

(1) 标题“神舟十二号”设置:黑体、三号字。

方法:利用“开始”功能区中的“字体”功能组。

(2) 设置所有段落:首行缩进 2 字符。

方法:全选整篇文档(如按快捷键 Ctrl+A),单击“开始”功能区的“段落”功能组对话框启动按钮,弹出“段落”对话框,单击缩进组的“特殊”下的“首行”—“缩进值”,输入 2 字符。

(3) 小标题:“基本情况”设置黑体小四号字。

方法:利用“字体”功能组。

(4) 设置这些标题与“基本情况”相同的格式。

方法:将指针定在“基本情况”中,双击利用格式刷,然后分别单击“一、发射过程”“二、交会对接”……“十、相关报道”“参考文献”。

(5) 将第 1、2、3、4 段这四个段落放在一个方框内,并设置边框(单线、0.5 磅、颜色自动)和底纹(橙色)。

方法:选中四个段落,依次单击“开始”—“段落”—“边框和底纹”,在弹出的对话框中选中“边框”“底纹”两个选项卡进行设置。注意在对话框“边框”“底纹”两个选项卡中的“应用于”下选“段落”。

(6) “一、发射过程” 中的第 1、2 段设置文字底纹。

方法:利用“字体”功能组(或“边框与底纹”对话框)进行设置。

(7) “一、发射过程” 中的标有带框黄色底纹的“格式设置 1”“格式设置 2”……“格式设置 5”几个段落分别设置加粗;倾斜字体左缩进、右缩进 10 字符;加波浪线型下画线、右对齐、左缩进 6 字符、右缩进 2 字符;加波浪线型下画线、悬挂缩进 10 字符。“格式设置 6”中的“聂海胜、刘伯明、汤洪波”加黄颜色底纹、着重号、宋体四号字。

方法:选中相应的段落(或将光标定在段落中即可),然后分别利用“字体”功能组和“段落”功能组进行设置。

(8) “二、交会对接” 中的第 1 段标有带框黄色底纹的“分栏”,请设置为三栏分栏。

方法:选中该段落,依次单击“布局”—“栏”—“更多栏”,在弹出的对话框中进行设置。

(9) “三、飞行任务” 中的标有带框黄色底纹的“段落格式设置 1”段落中设置中文版式:双行合一。

方法:依次单击“开始”—“段落”—“中文版式”—“双行合一”即可。

(10) “三、飞行任务” 中的标有带框黄色底纹的两个“项目符号”段落中设置星形项目符号。

方法:依次单击“开始”—“段落”—“项目符号”即可。

(11) “三、飞行任务” 中的标有带框黄色底纹的“编号”段落中设置“1.2.……”格式的编号。

方法:依次单击“开始”—“段落”—“编号”即可。

(12) "三、飞行任务" 中的标有带框黄色底纹的"设置文字边框和底纹"段落中设置文字边框和底纹。

方法:依次单击"开始"—"段落"—"边框和底纹",在弹出的对话框中选中"边框""底纹"两个选项卡进行设置。注意:在对话框"边框""底纹"两个选项卡中的"应用于"下选"文字"。

(13) "三、飞行任务" 中的标有带框黄色底纹的"设置双波浪线段落边框"段落中设置双波浪线段落边框。

方法:依次单击"开始"—"段落"—"边框和底纹"即可。

(14) 为文档添加艺术型页面边框。

方法:依次单击"开始"—"段落"—"边框和底纹",单击"页面边框",在该选项卡下选中心型艺术边框。

(15) 为文档添加文字水印:神舟十二号,宋体、红色、96 号字体。

方法:依次单击"布局"—"页面背景"中的"水印"即可。

知识拓展

求伯君、雷军与 WPS

MS Office 2016 套件有多个版本,如初级版、家庭版、商业版、标准版、专业版等。该套件包含了应用于各个领域的多个组件,组件又分为集成组件和独立组件两类。

(1) 集成组件(集成在 Office 2016 的安装包中)主要包括以下组件。

① Access 2016——数据库管理系统:用来创建数据库和程序来跟踪与管理信息。

② Excel 2016——电子表格处理:用于计算、管理、分析、可视化表格中的数据。

③ InfoPath Designer 2016——设计动态表单:在整个组织中收集和重用信息。

④ OneNote 2016——笔记:用于搜集、组织、查找和共享笔记和信息。

⑤ Outlook 2016——电子邮件客户端:用于发送和接收电子邮件、管理日程、记录活动。

⑥ PowerPoint 2016——演示文稿制作:用于创建、编辑、播放演示文稿。

⑦ Publisher 2016——出版物制作:用于创建新闻稿等专业品质出版物及营销素材。

⑧ WPS 文字——文字处理软件:用于创建和编辑具有专业外观的文档。

(2) 独立组件(需要单独的安装包)主要包括两个。

① Visio 2016——绘图:用于创建、编辑和共享图表。

② Project 2016——项目管理:用于计划、跟踪和管理项目以及与工作组交流。

任务训练

请根据效果图,只使用指定的功能区的命令或对话框来编辑文档"毛主席诗词",以得到不同的排版效果。通过这个练习,使我们可以集中认识功能区的命令。请严格限制自己使用指定的功能区的命令或对话框来操作(可以配以格式刷和方向键、回车键、空格键等进行操作,字体、字号等参数设置,都由自己根据效果图决定),不能用快捷菜单和其他方便使用的功能区中的命令。通过这个练习,督促我们深入了解 WPS 文字的细节,便于我们今后工作时,更轻松地使用各种方式获取的功能以完成工作任务。以下各练习中所需毛主席诗词原文,请同学们自行在网络搜索并以"只保留文本"的方式复制粘贴到空白 WPS 文字文档中,然后进行练习。

（1）利用“开始”功能区中“字体”功能组，如图 2-14 所示。对《沁园春·雪》进行字体格式设置。设置后的效果如图 2-15 所示（字体、字号等参数，请根据效果图自行确定）。

图 2-14 “字体”功能组

沁园春·雪[1]

作者：毛泽东 创作年代：①9③⑥年

北国风光，千里冰封，万里雪飘。

望长城内外，惟余莽莽[2]；大河上下，顿失滔滔[3]。

山舞银蛇，原驰蜡象[4]，欲与天公试比高。

须晴日[5]，看红妆素裹，分外妖娆[6]。

江山如此多娇，引无数英雄竞折腰[7]。

惜秦皇汉武，略输文采[8]；唐宗宋祖[9]，稍逊风骚。

一代天骄，成吉思汗，只识弯弓射大雕。

俱往矣，数风流人物，还看今朝。

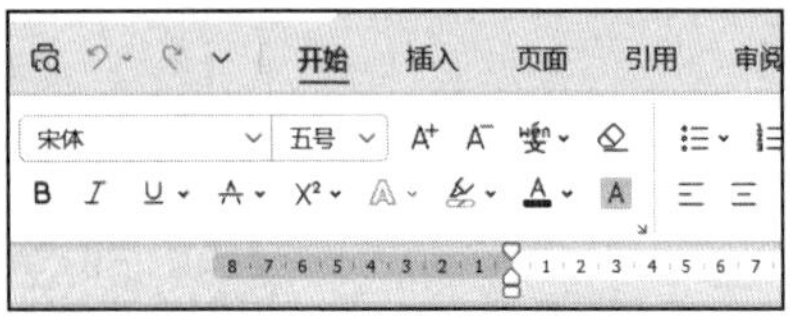

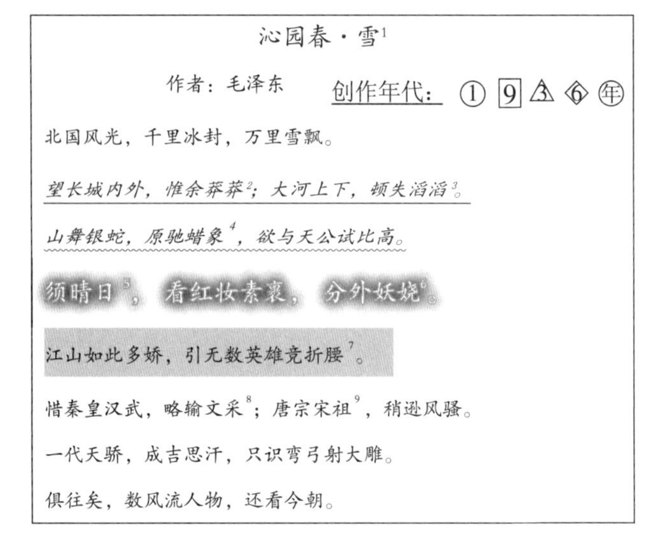

图 2-15 沁园春·雪

（2）利用“字体”对话框，如图 2-16 所示。对《七律·长征》进行字体格式设置。设置后的效果如图 2-17 所示（字体、字号等参数，请根据效果图自行确定）。

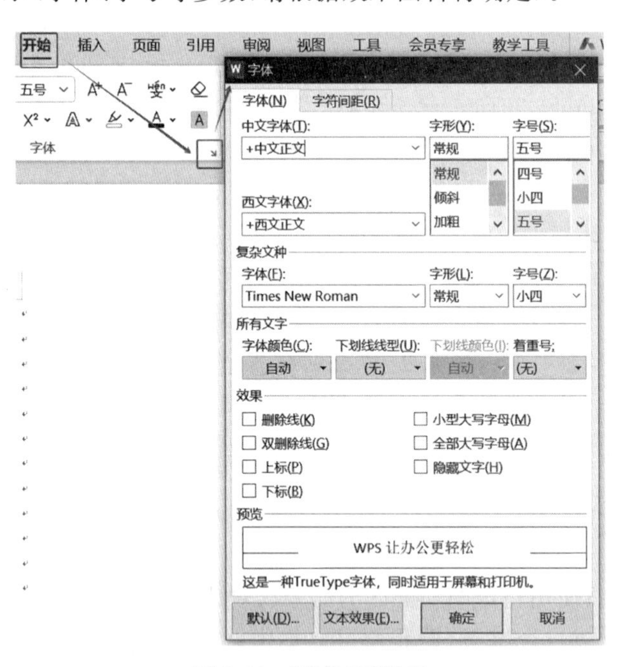

图 2-16 “字体”对话框

（3）利用“开始”功能区中“段落”功能组（如图 2-18 所示），对《水调歌头· 游泳》进行段落格式设置。设置后的效果如图 2-19 所示（相关参数，请根据效果图自行确定）。

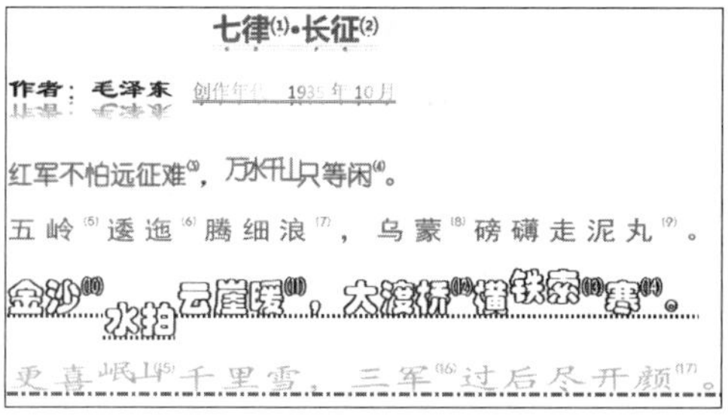

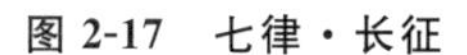

七律(1)·长征(2)
作者：毛泽东 创作年代：1935年10月
红军不怕远征难(3)，万水千山只等闲(4)。
五岭(5)逶迤(6)腾细浪(7)，乌蒙(8)磅礴走泥丸(9)。
金沙(10)水拍云崖暖(11)，大渡桥(12)横铁索(13)寒(14)。
更喜岷山(15)千里雪，三军(16)过后尽开颜(17)。

图 2-17 七律·长征

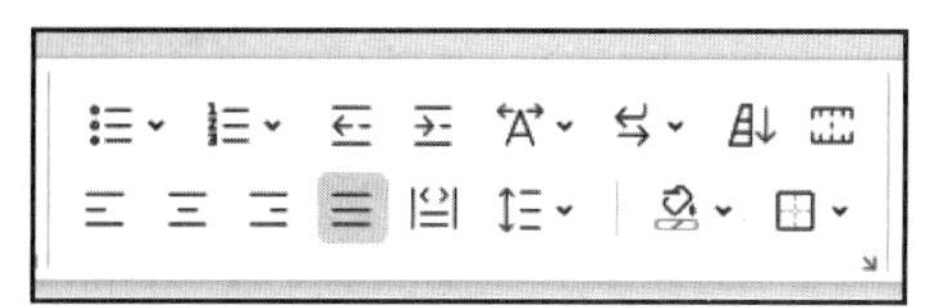

图 2-18 “段落”功能组

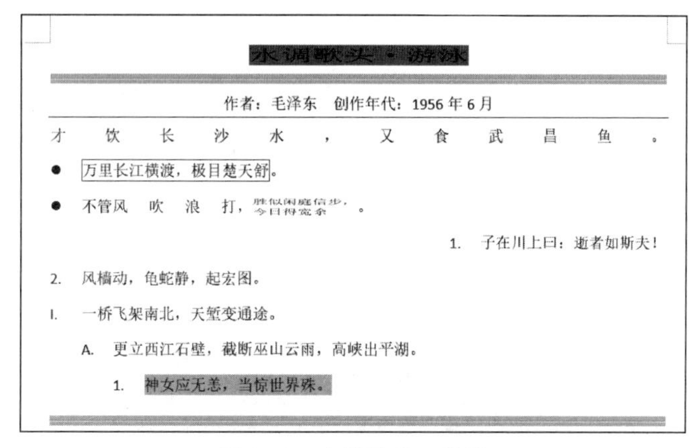

水调歌头·游泳
作者：毛泽东 创作年代：1956年6月
才 饮 长 沙 水 ， 又 食 武 昌 鱼 。
万里长江横渡，极目楚天舒。
不管风 吹 浪 打，胜似闲庭信步，今日得宽余 。
1. 子在川上曰：逝者如斯夫！
2. 风樯动，龟蛇静，起宏图。
I. 一桥飞架南北，天堑变通途。
A. 更立西江石壁，截断巫山云雨，高峡出平湖。
1. 神女应无恙，当惊世界殊。

图 2-19 水调歌头·游泳

（4）利用如图 2-20 所示“段落”对话框，对《沁园春·长沙》进行段落格式设置。设置后的效果如图 2-21 所示（未制定的参数用默认值，或请根据效果图自行确定）。

段落
缩进和间距(I)
换行和分页(P)
常规
对齐方式(G): 两端对齐
大纲级别(O): 正文文本
方向: 从右向左(F) 从左向右(L)
缩进
文本之前(R): 0 字符
特殊格式(S):
度量值(Y):
文本之后(X): 0 字符
(无)
字符
如果定义了文档网格，则自动调整右缩进(D)
间距
段前(B): 0 行
行距(N):
设置值(A):
段后(E): 0 行
单倍行距
1 倍
如果定义了文档网格，则与网格对齐(W)
预览
制表位(T)...
操作技巧
确定
取消

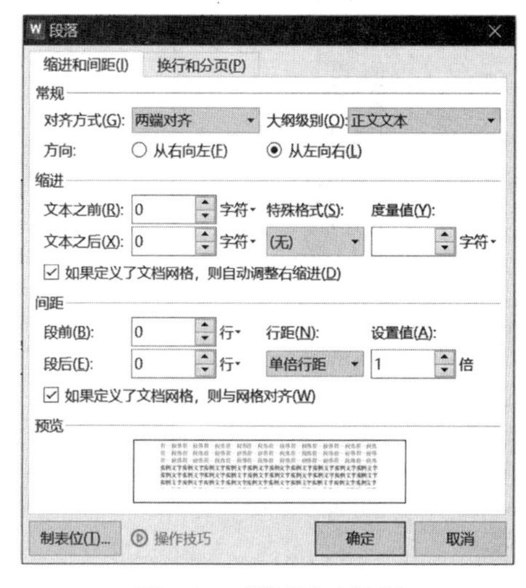

图 2-20 “段落”对话框

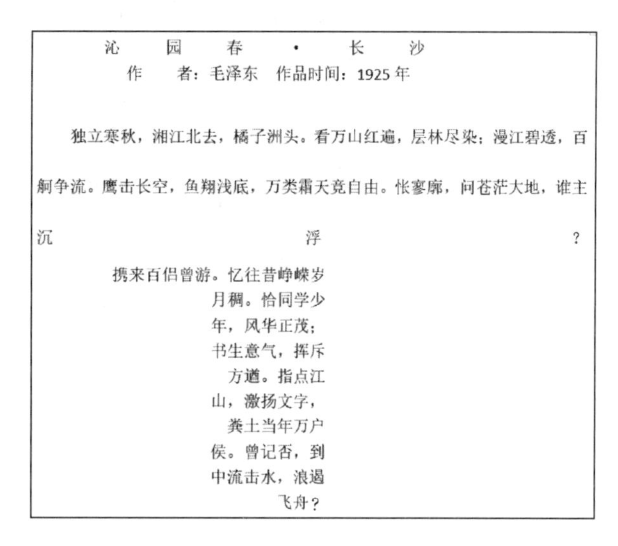

沁 园 春 · 长 沙
作 者：毛泽东 作品时间：1925年
独立寒秋，湘江北去，橘子洲头。看万山红遍，层林尽染；漫江碧透，百舸争流。鹰击长空，鱼翔浅底，万类霜天竞自由。怅寥廓，问苍茫大地，谁主沉 浮 ？
携来百侣曾游。忆往昔峥嵘岁月稠。恰同学少年，风华正茂；书生意气，挥斥方遒。指点江山，激扬文字，粪土当年万户侯。曾记否，到中流击水，浪遏飞舟？

图 2-21 沁园春·长沙

（5）利用“边框和底纹”对话框对《西江月·井冈山》进行设置，如图 2-22 和图 2-23 所示。

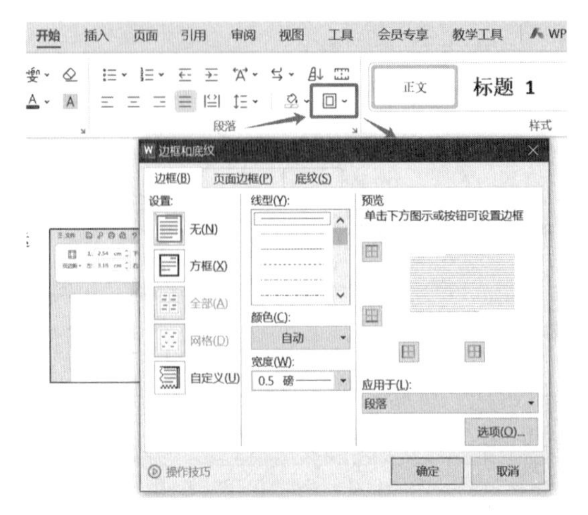

图 2-22 “边框和底纹”对话框

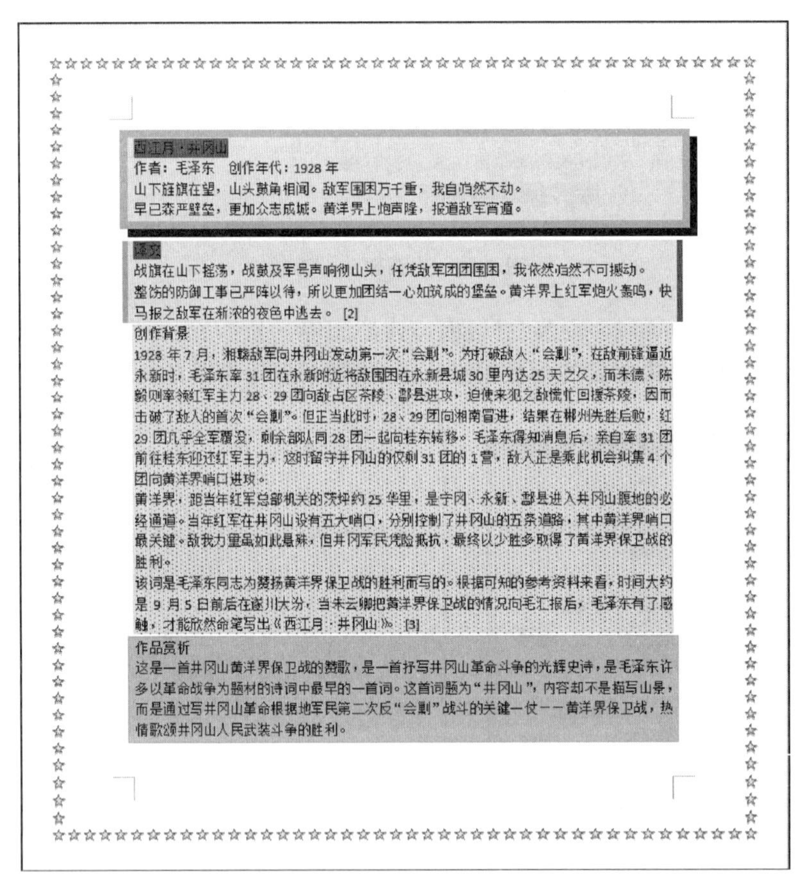
西江月·井冈山
作者：毛泽东　创作年代：1928 年
山下旌旗在望，山头鼓角相闻。敌军围困万千重，我自岿然不动。
早已森严壁垒，更加众志成城。黄洋界上炮声隆，报道敌军宵遁。

译文
战旗在山下摇荡，战鼓及军号声响彻山头，任凭敌军团团围困，我依然岿然不可撼动。
整饬的防御工事已严阵以待，所以更加团结一心如筑成的堡垒。黄洋界上红军炮火轰鸣，快马报之敌军在渐浓的夜色中逃去。 [2]

创作背景
1928 年 7 月，湘赣敌军向井冈山发动第一次“会剿”。为打破敌人“会剿”，在敌前锋逼近永新时，毛泽东率 31 团在永新附近将敌围困在永新县城 30 里内达 25 天之久，而朱德、陈毅则率领红军主力 28、29 团向敌占区茶陵、酃县进攻，迫使来犯之敌慌忙回援茶陵，因而击破了敌人的首次“会剿”。但正当此时，28、29 团向湘南冒进，结果在郴州先胜后败，红 29 团几乎全军覆没，剩余部队同 28 团一起向桂东转移。毛泽东得知消息后，亲自率 31 团前往桂东迎还红军主力，这时留守井冈山的仅剩 31 团的 1 营，敌人正是乘此机会纠集 4 个团向黄洋界哨口进攻。
黄洋界，距当年红军总部机关的茨坪约 25 华里，是宁冈、永新、酃县进入井冈山腹地的必经通道。当年红军在井冈山设有五大哨口，分别控制了井冈山的五条道路，其中黄洋界哨口最关键。敌我力量虽如此悬殊，但井冈军民凭险抵抗，最终以少胜多取得了黄洋界保卫战的胜利。
该词是毛泽东同志为赞扬黄洋界保卫战的胜利而写的。根据可知的参考资料来看，时间大约是 9 月 5 日前后在遂川大汾，当朱云卿把黄洋界保卫战的情况向毛汇报后，毛泽东有了感触，才能欣然命笔写出《西江月·井冈山》。[3]

作品赏析
这是一首井冈山黄洋界保卫战的赞歌，是一首抒写井冈山革命斗争的光辉史诗，是毛泽东许多以革命战争为题材的诗词中最早的一首词。这首词题为“井冈山”，内容却不是描写山景，而是通过写井冈山革命根据地军民第二次反“会剿”战斗的关键一仗——黄洋界保卫战，热情歌颂井冈山人民武装斗争的胜利。

图 2-23 西江月·井冈山

（6）利用“插入”功能区（图 2-24）和“页面”功能区（图 2-25）中的相关功能组，对《清平乐·六盘山》进行版面设置。设置后的效果如图 2-26 所示（相关参数，请根据效果图自行确定）。图中标记圆圈的表示在此练习中用到的功能。详细操作自行对照效果图完成，操作要点如下。

① 页面设置：页边距，上下左右均为 2 厘米。
② 作者简介、创作背景两段往前移动到相应位置(见图 2-26)。
③ 从“文学赏析”处开始分节，第二页设置为横向(页面设置)。
④ 设置尾注。
⑤ 分栏：分成三栏，加分隔线。
⑥ 插入行号(由于分栏后自动进行了分节，所以在分栏后设置的行号，只有这块区域有)。
⑦ 插入图片，图片样式为环绕文字。
⑧ 插入封面，修改封面。
⑨ 插入页眉，在页眉中插入图片；在页脚插入页码，将页码修改为数字。
⑩ 插入水印。
⑪ 插入竖排文本框。

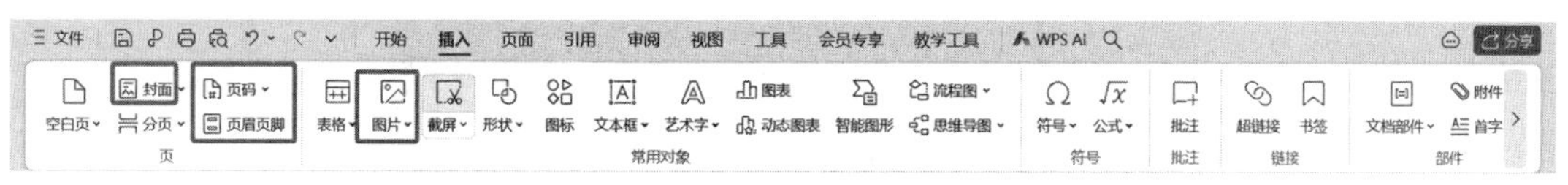

图 2-24 “插入”功能区

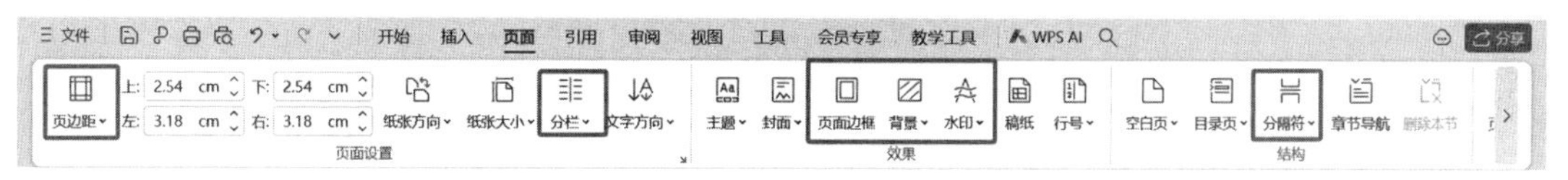

图 2-25 “页面”功能区

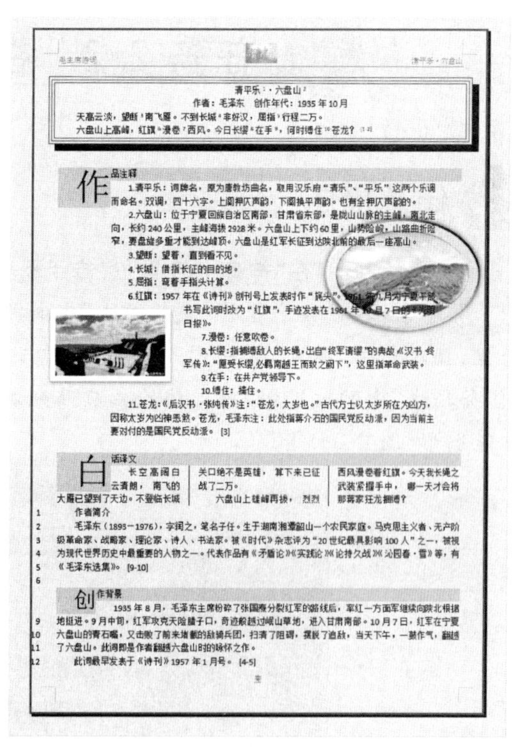

图 2-26 清平乐·六盘山

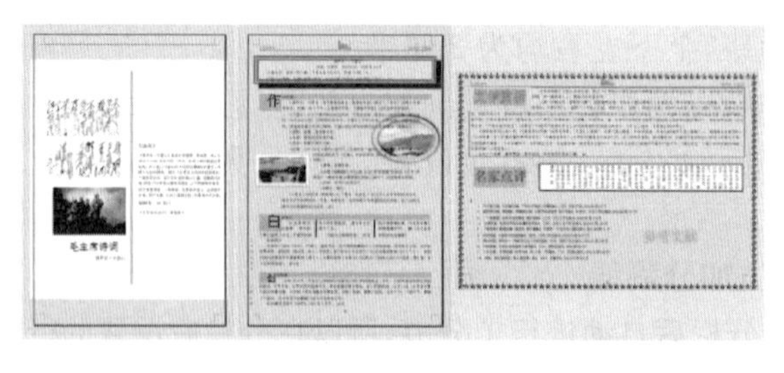

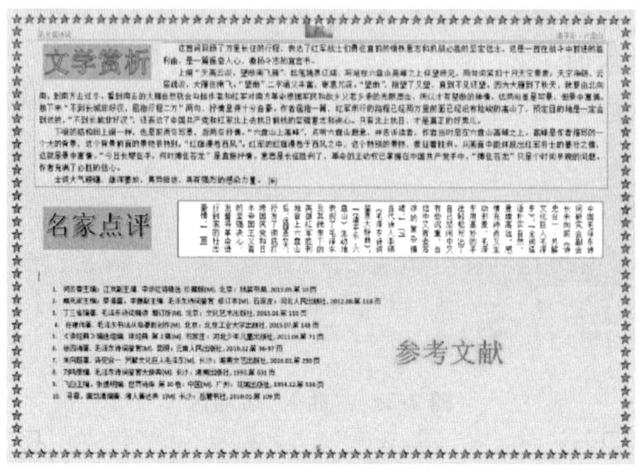

图 2-26（续）

⑫ 插入艺术字。

⑬ 设置页面颜色。

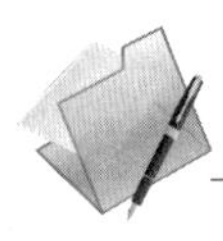

任务 2.2 在文档中插入元素

任务描述

在“神舟十二号”宣传手册里插入表格、图片等各种元素

接下来，在任务 2.1 的“任务描述”完成效果的基础上，王晓红想在“神舟十二号”宣传手册里，插入表格、图片、智能图形等元素，以增加文档表现的多样性。请对照任务 2.1 中的“任务描述”中的效果图，将文档的相应部分制作成表格（图 2-27）、时间轴（图 2-28）、艺术字、智能图形（图 2-29）等。

基本情况

中文名	神舟十二号	别　名	神十二
所属国家	中国	发射时间	2021 年 6 月 17 日 9 时
发射地点	酒泉卫星发射中心	航天员	聂海胜、刘伯明、汤洪波
运载火箭	长征二号 F 遥十二运载火箭	返回地球时间	2021 年 9 月 17 日

图 2-27　插入表格

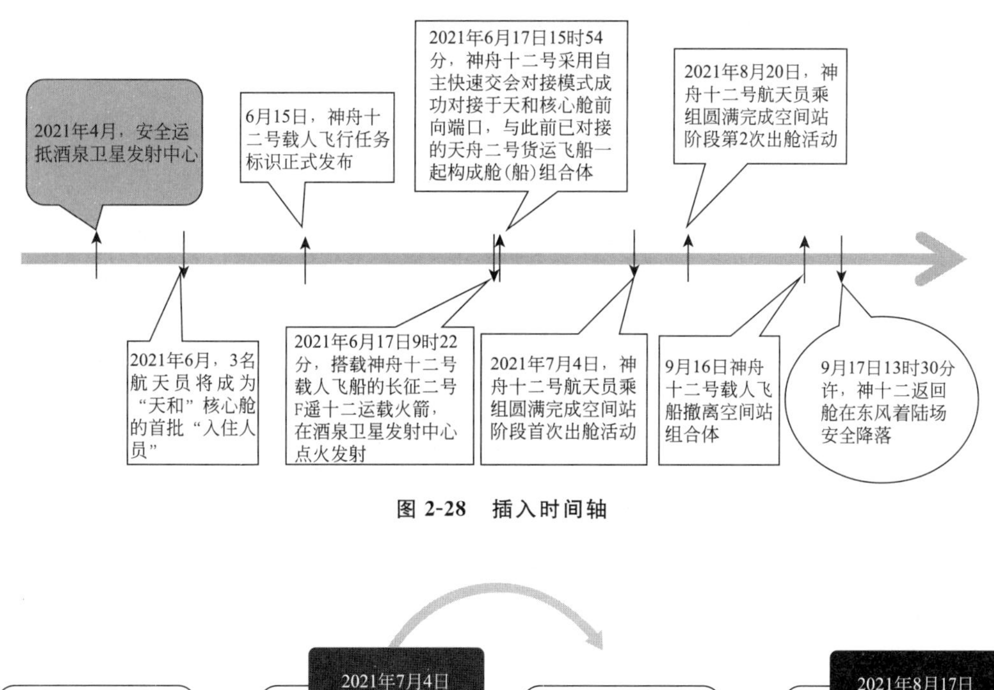

图 2-28 插入时间轴

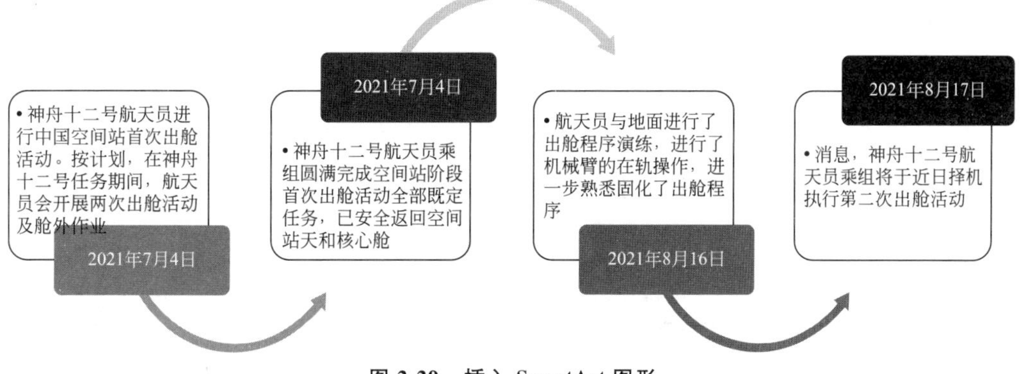

图 2-29 插入 SmartArt 图形

任务分析

本子任务涉及在文档中插入表格、图片、形状、关系图、图表等知识。我们将通过制作案例，使同学们熟悉图片的插入和编辑，熟悉自选图形、图片编辑、图文混排等操作；使同学们熟悉表格的插入和编辑，包括表格和文本之间转换、表格边框和底纹的设置；合并或拆分单元格等。

知识讲解

一、在文档中插入艺术字并进行格式设置

插入艺术字的方法：执行“插入”—“艺术字”。用艺术字工具设置格式：选中插入好的艺术字，即出现“形状格式”功能区，如图 2-30 所示，可以对艺术字进行各方面的格式设置。

图 2-30 插入艺术字

二、在文档中绘制图形

在文档中绘制图形的步骤如下。

（1）单击文档中要创建绘图的位置。

（2）在“插入”选项卡上的“常用对象”组中，单击“形状”，选择某种形状，再拉选画出形状。

（3）选中已经绘制完成的形状时，会出现的“绘图工具”功能选项卡，如图 2-31 所示，可以执行以下任意操作。

图 2-31 绘图工具功能区

① 插入形状：在“绘图工具”选项卡上的“插入形状”组中，单击一个形状，然后单击文档中的任意位置。

② 更改形状：单击要更改的形状，在“绘图工具”选项卡上的“插入形状”组中，单击“编辑形状”，指向“更改形状”，然后选择其他形状。

③ 向形状中添加文本：单击要向其中添加文本的形状，然后输入文本。

④ 组合所选形状：一次选择多个形状，方法是在按住 Ctrl 键的同时单击要包括到组中的每个形状。在“绘图工具”选项卡上的“排列”组中，单击“组合”，以便将所有形状作为单个对象来处理。

⑤ 调整形状的大小：选择要调整大小的一个或多个形状。在“绘图工具”选项卡上的“大小”中，单击箭头或者在“高度”或“宽度”框中输入数值。

⑥ 对形状应用样式：在“形状格式”选项卡的“形状样式”组中，将指针停留在某一样式上以查看并应用该样式。或者单击“形状填充”或“形状轮廓”并选择所需的选项。

⑦ 添加带有连接符的流程图：在“插入”选项卡中，单击“常用对象”组中的“形状”，然后单击“新建画布”，来添加绘图画布。在“格式”选项卡上的“插入形状”组中，选择插入流程图

形状。最后，选择连接符线条连接各图形。

⑧ 对齐画布上的对象：按住 Ctrl 键并选择要对齐的对象。在“排列”组中，单击“对齐”后从各种对齐命令中进行选择。

三、在文档中插入并编辑表格

（一）创建表格

1. 自动创建简单表格

（1）使用“插入表格”命令。将插入点移到文档中要插入表格的位置。在“插入”功能区的“常用功能”分组中，单击“表格”下拉按钮，选择“插入表格”选项，弹出“插入表格”对话框，在“行数”和“列数”框中分别输入所需的行、列数。

（2）表格和文本之间转换。选定用制表符分隔的文本，在“插入”功能区的“表格”分组中，单击“表格”下拉按钮，选择“文本转换成表格”选项，弹出“将文字转换成表格”对话框。

2. 手工绘制复杂表格

在“插入”功能区的“常用功能”分组中，单击“表格”下拉按钮，选择“绘制表格”选项，同时鼠标指针变成笔形。用铅笔形状的鼠标指针绘出表格。使用“表格工具”菜单下的“设计”功能区中的“擦除”按钮，鼠标指针变成橡皮形，可擦除选定的线段。

使用“边框”“底纹”等按钮设置表格样式。

（二）表格的编辑

选定表格后，利用“表格工具”功能区（图 2-32），可以对表格进行编辑。表的编辑包括插入行、插入列、修改行高和列宽、合并单元格、拆分单元格、拆分表格等。

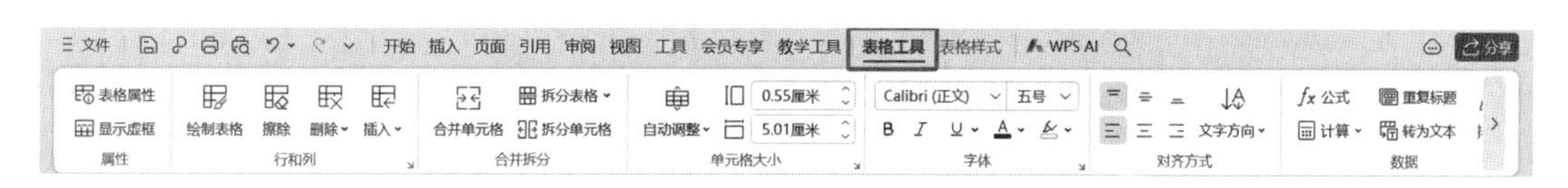

图 2-32 “表格工具”菜单

（三）标题行跨页重复

一个表格占用多页时，要求每一页的表格都具有同样的标题行（表头）。选定第一页表格中的一行或多行标题行，在“表格工具”功能区“数据”分组中，单击“重复标题”按钮即可。

（四）对表格进行修饰

选定表格后，利用“表格样式”功能区，可以对表格进行修饰，如图 2-33 所示。对表进行修饰包括表格样式选项、表格样式、绘图边框等操作。

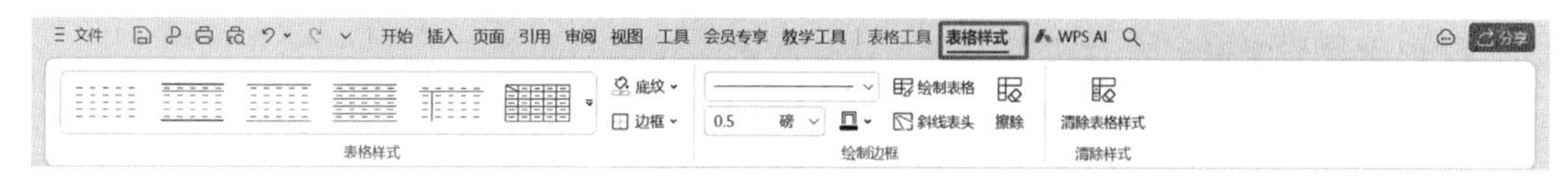

图 2-33 “表格样式”菜单

（五）用公式计算表格中的数据

1. 排序表格

在“表格工具”功能区“数据”分组中，单击“排序”按钮，弹出“排序”对话框。在该对话框中设置排序关键字和排序方式。

2. 计算表格中的数据

（1）将插入点移到要保存计算结果的单元格中。

（2）在“表格工具”功能区“数据”分组中，单击“公式”按钮，弹出“公式”对话框。

（3）在“公式”文本框中输入计算公式，或从“粘贴函数”列表中选定，并在公式的圆括号中输入计算数据的范围。例如：计算表格中某行数据总和，则其公式是“＝SUM(LEFT)”。

四、在文档中插入图片

（一）插入图片

在文档中插入图片的方法有以下两个。

方法1：在文档中单击要插入图片的位置；在“插入”选项卡上的“常用对象”组中，单击“图片”；找到要插入的图片文件，双击要插入的图片。

方法2：找到要插入的图片文件，右击文件名，在弹出的快捷菜单中选择“复制”命令，在文档中右击要插入图片的位置，在弹出的快捷菜单中选择“粘贴”命令。

（二）用图片工具设置图片格式

用图片工具设置格式：选中插入好的图片，即出现“图片工具”菜单及“图片格式”功能区（图2-34），通过它，可以对图片进行各方面的格式设置。设置图片格式包括删除背景、设置图片边框、效果、版式等。

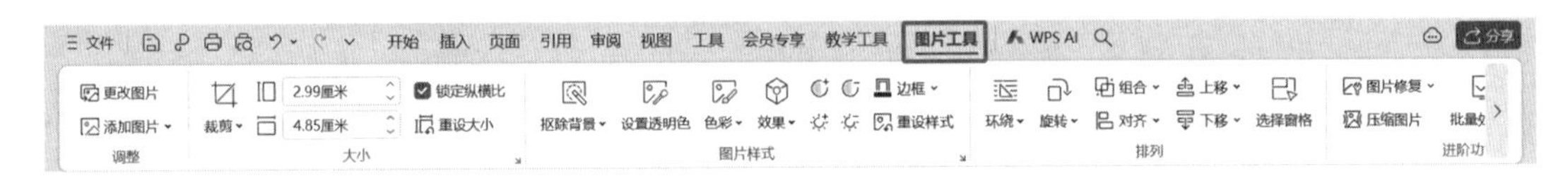

图 2-34 “图片工具”菜单

五、在文档中插入智能图形

（一）插入智能图形

1. 关于智能图形

智能图形是信息和观点的视觉表示形式，它可以将所阐述的内容之间的逻辑关系，如列表、进程等，用图表示出来。可以通过从多种表达不同逻辑关系的版式中进行选择来创建智能图形，从而快速、轻松、有效地传达信息。

2. 创建智能图形

创建智能图形的操作步骤如下。

（1）在“插入”功能区的“常用功能”组中，单击“智能”。

（2）在“选择智能图形”对话框中，单击所需的类型和布局。

(3) 执行下列操作之一以便输入文字。

① 单击“文本”窗格中的“[文本]”,然后输入文本。

② 从其他位置或程序复制文本,单击“文本”窗格中的“[文本]”,然后粘贴文本。

3. 在智能图形中添加或删除形状

在智能图形中添加形状的步骤如下。

(1) 单击要向其中添加形状的智能图形。

(2) 单击右上角的“灯泡”形式的小按钮。

(3)可以选择更改“项目个数”和“更改颜色”。

(二) 用绘图工具设置格式

选中已插入的智能图形,单击“绘图工具”功能区(图 2-35),通过它,可以对智能图形进行格式设置。智能图形工具设置格式包括:智能图形中的形状添加、删除、调整,更改智能图形版式,更改智能图形样式,重置智能图形。

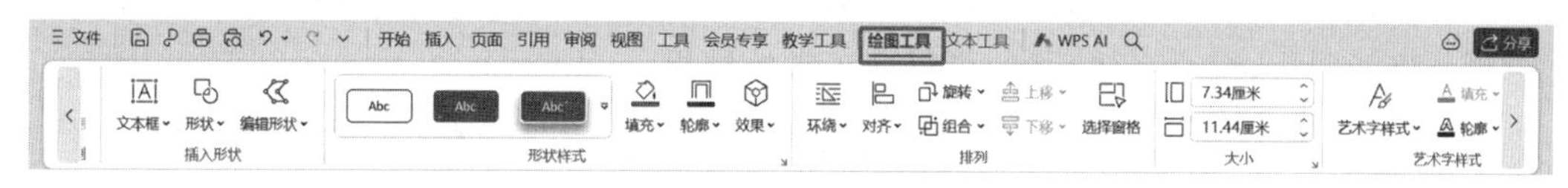

图 2-35 绘图工具功能区

任务实现

1. 制作表格

方法:由于“基本情况”下的文字已经用逗号隔开了各单元格的内容,所以只需要执行:“插入”—“表格”—“文本转换成表格”,即可自动生成四行四列的表格。选中表格,在“表格工具”中的“表设计”功能选项卡中的“表格样式”列表中选“网格表 2—粗边框”,勾选“隔列”,如图 2-36 所示。

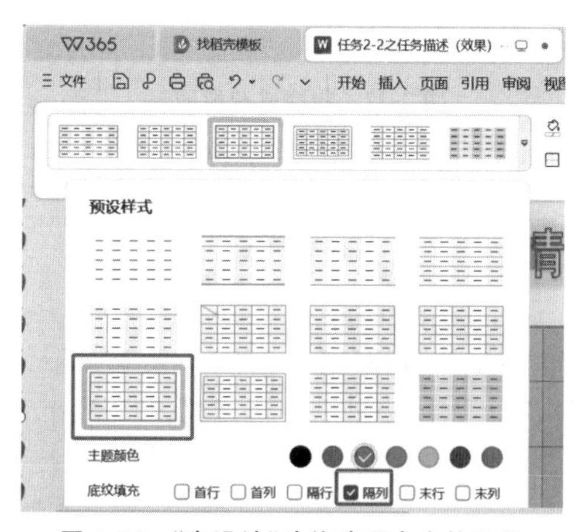

图 2-36 “表设计”功能选项卡中的设置

2. 为“基本情况”设置艺术字

选中“基本情况”,将字体改为“黑体”,依次单击“插入”—“艺术字”,选择艺术字样式为填充—白色，轮廓—着色 5，阴影；选中艺术字，单击“文本工具”—“效果”，在其下选择发光效果为发光：巧克力黄 18pt；发光，着色 2。

3. 绘制时间轴

单击“插入”—“形状”，在其下选中所需形状，并从素材文档中复制相应文字到形状中，拼接成效果图所示情形。

4. 制作智能图形

在 WPS 文字中，当已有的文字大纲无法直接转换为智能图形时，我们可以在 WPS 演示中制作完成，再复制到 WPS 文字中。方法是：在 WPS 文字中选中要制作智能图形的四个段落并复制，然后打开 WPS 演示，新建一张版式为“标题和内容”的幻灯片，将复制的内容粘贴到这张幻灯片中。设置好标题层次，如图 2-37 所示。在弹出的对话框中的“流程”类中选择“交替流”。然后，选择生成的 SmartArt 图形，在功能区出现“设计”和“格式”功能区，选择其中的“设计”选项卡，单击“更改颜色”，从彩色组里选“彩色”中的第 1 个，得到结果如图 2-38 所示。最后，从 WPS 演示中复制智能图形到 WPS 文字中，直接复制过来后，字体会比较大，选中整个智能图形，缩小字体后，即可得到正常的结果。

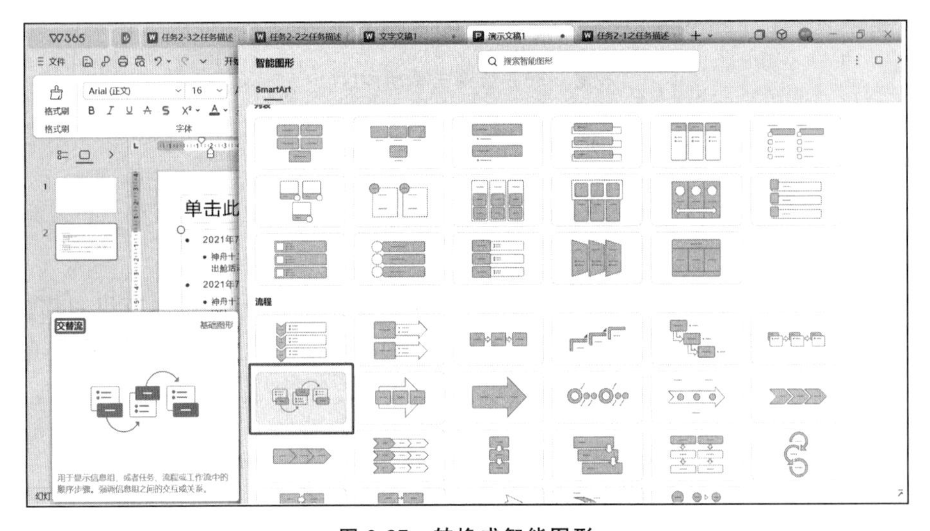

图 2-37 转换成智能图形

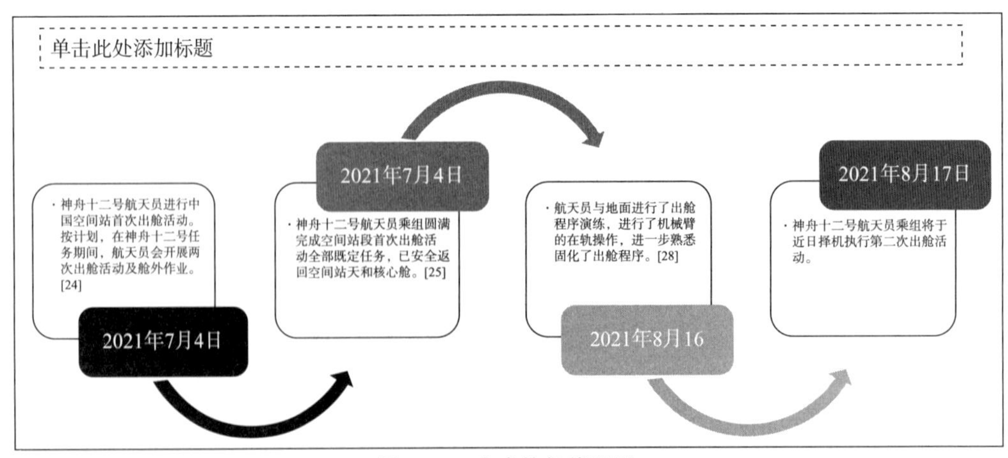

图 2-38 生成的智能图形

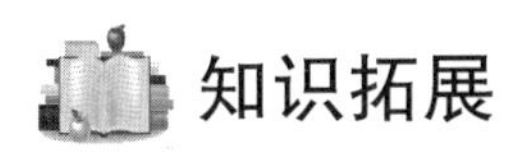

知识拓展

排版术语

页眉和页脚：通常显示文档的附加信息，常用来插入时间、日期、页码、单位名称、徽标等。其中，页眉在页面的顶部，页脚在页面的底部。

脚注尾注：可以附在文章页面的最底端，对某些东西加以说明，印在书页下端的注文。脚注和尾注是对文本的补充说明。脚注一般位于页面的底部，可以作为文档某处内容的注释；尾注一般位于文档的末尾，列出引文的出处等。

国家公文格式标准

交叉引用：交叉引用是对 WPS 文字文档中其他位置的内容的引用。例如，可为标题、脚注、书签、题注、编号段落等创建交叉引用。创建交叉引用之后，可以改变交叉引用的引用内容。例如，可将引用的内容从页码改为段落编号。

题注：一幅图片的题注是指出现在图片下方的一段简短描述。大部分题注都是用简短的话语叙述关于该图片的一些重要的信息。

任务训练

校学生处将于 2018 年 4 月 26 日(星期四)19:30～21:30 在校国际会议中心举办题为“领慧讲堂——大学生人生规划”就业讲座，特别邀请资深媒体人、著名艺术评论家马先生担任演讲嘉宾。王晓红要制作一份宣传海报，如图 2-39 所示。具体要求如下。

图 2-39 就业讲座海报

(1) 新建 WPS 文字文档，录入下图所示文字，以文件名“就业讲座海报.docx”保存。调整文档版面，要求页面高度 35 厘米，页面宽度 27 厘米，页边距(上、下)为 5 厘米，页边距(左、右)为 3 厘米，并将图片“海报背景图片.jpg”设置为海报背景。

(2) 根据图 2-39 所示的效果图片，调整海报内容文字的字号、字体和颜色。

(3) 根据页面布局需要，调整海报内容中“报告题目”“报告人”“报告日期”“报告时间”“报告地点”信息的段落间距。

(4) 在“报告人：”位置后面输入报告人姓名(马先生)。

(5) 在“主办:校学生处”位置后另起一页,并设置第 2 页的页面纸张大小为 A4 篇幅,纸张方向设置为“横向”,页边距为“普通”页边距定义。

(6) 在新页面的“日程安排”段落下面,制作效果图所示的表格。

(7) 在新页面的“报名流程”段落下面,利用智能图形,制作本次活动的报名流程(学生处报名、确认座席、领取资料、领取门票)。

(8) 设置“报告人介绍”段落下面的文字排版布局为上面效果图所示的样式。

(9) 插入图片“报告人照片.jpg”,将该照片调整到适当位置,要求不要遮挡文档中的文字内容,并设置成上面效果图所示的样式。

(10) 保存本次活动的宣传海报设计为“就业讲座海报.docx”。

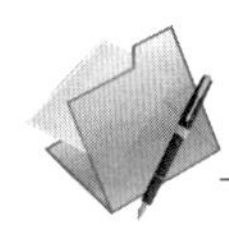

任务 2.3　长文档的编辑与管理

任务描述

为“神舟十二号”宣传手册增加封面、页眉页脚、页码

最后,王晓红想给制作的“神舟十二号”宣传手册制作封面,插入页眉、页脚、页码、目录、题注、图脚注,对题注进行交叉引用,还要为某些关键词生成索引。封面不需要设置页眉、页脚和页码,神舟十二号—基本情况、神舟十二号—目录、神舟十二号—正文,分别用不同的下画线标注,在目录页中间添加图案。请对照任务 2.1 中的“任务描述”中的效果图,完成以上任务。

任务分析

本子任务涉及长文档的编辑与管理,将介绍文档的目录、样式、模板等内容,通过制作案例,分析、演示并使同学们动手实践页眉、页脚、页码的插入,熟悉样式与模板的创建和编辑、目录的制作和编辑等操作。

知识讲解

一、文档分页与分节

(一) 分页

当到达页面末尾时,WPS 文字会自动插入分页符。如果想要在其他位置分页,可以插入手动分页符。方法是:单击要开始新页的位置,在“页面”选项卡上的“结构”组中,单击“分隔符”—“分页符”。删除分页符的步骤可以为单击“大纲”视图,通过单击虚线旁边的空白,选择分页符,按 Delete 键。

（二）分节

使用分节符可以改变文档中一个或多个页面的版式或格式。例如为文档的某节创建不同的页眉或页脚。

（1）插入分节符的方法：在“页面”选项卡上的“结构”组中，单击“分隔符”，选择要使用的分节符类型。

（2）在某一节中更改页眉或页脚：添加分节符时，WPS 文字会继续使用上一节中的页眉和页脚。若要在某一节使用不同的页眉和页脚，需要断开各节之间链接。步骤如下。

① 在“插入”选项卡上的“页眉和页脚”组中单击“页眉”或“页脚”。

② 单击“编辑页眉”或“编辑页脚”。

③ 在“设计”选项卡(位于“页眉和页脚工具”下)的“导航”组中，单击“链接到前一节”以将其关闭。

（3）删除分节符：可以单击“大纲”视图，以便可以看到双虚线分节符，选择要删除的分节符，按 Delete 键。

二、设置页码与页眉、页脚

（一）插入页码

（1）在“插入”选项卡上的“页眉和页脚”组中，单击“页码”。

（2）单击选择所需的页码位置。

（3）滚动浏览库中的选项，然后单击所需的页码格式。

（4）若要修改起始页码，可以单击“页眉和页脚”组中的“页码”，再单击“设置页码格式”，然后单击“起始编号”并输入“1”。

（5）若要返回至文档正文，可以单击“设计”选项卡上的“关闭页眉和页脚”。

（二）插入与删除页眉或页脚

页眉或页脚是在文档顶部或底部添加的图形或文本。可以从库中快速添加页眉或页脚，也可以添加自定义页眉或页脚。

（1）在“插入”选项卡上的“页眉和页脚”组中，单击“页眉”或“页脚”。

（2）选择要添加到文档中的页眉或页脚格式，输入要在页眉或页脚中包含的信息。

（3）若要返回至文档正文，可以单击“设计”选项卡上的“关闭页眉和页脚”。

三、创建文档目录

可通过对要包括在目录中的文本应用标题样式(如标题 1、标题 2 和标题 3)来创建目录。WPS 文字搜索这些标题，然后在文档中插入目录。

用这种方式创建目录时，如果在文档中进行了更改，可以自动更新目录。

四、使用项目符号和编号

我们只需要在每个段落前单击“开始”功能选项卡，单击“项目符号”或“编号”按钮就可以自动插入项目符号或编号了，如图 2-40 所示。

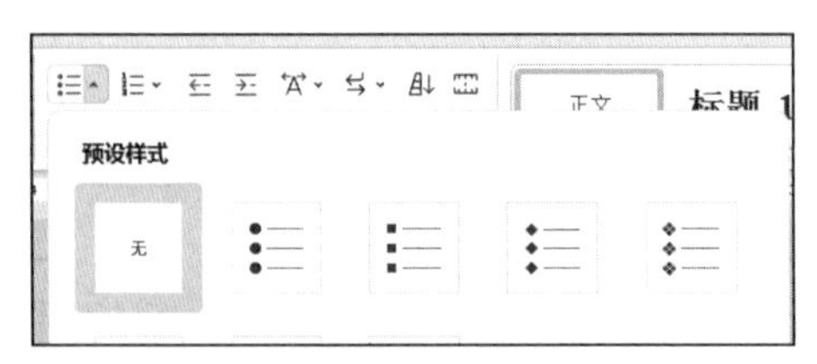

图 2-40 使用项目符号和编号

五、定义并使用样式

（一）在文档中应用样式

（1）选择要设置格式的文本（如果将光标放置在段落中，样式会应用于整个段落；如果选择特定文本，则只会设置所选文本的样式）。

（2）在“开始”选项卡上的“样式”功能组（图 2-41）中，指向一个样式可预览并应用该样式的文本外观（如果没看到所需的样式，可单击旁边的“其他”按钮，展开库）。

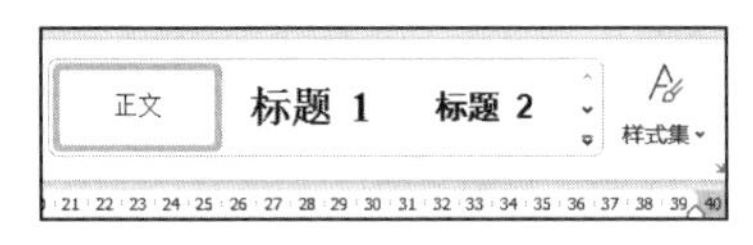

图 2-41 “样式”功能组

（二）修改样式

在“开始”选项卡上，右击样式库中的任何样式，然后单击“修改”。

（三）创建新样式

如果需要保存已设置的样式，可以选择带样式的文本，右击出现快捷菜单，然后单击“将所选内容保存为新快速样式……”。

（四）应用或更改样式集

样式集包含多个标题级别、正文文本等一套样式。在“开始”选项卡的样式功能组中，单击“样式集”，然后指向样式集，如图 2-42 所示。

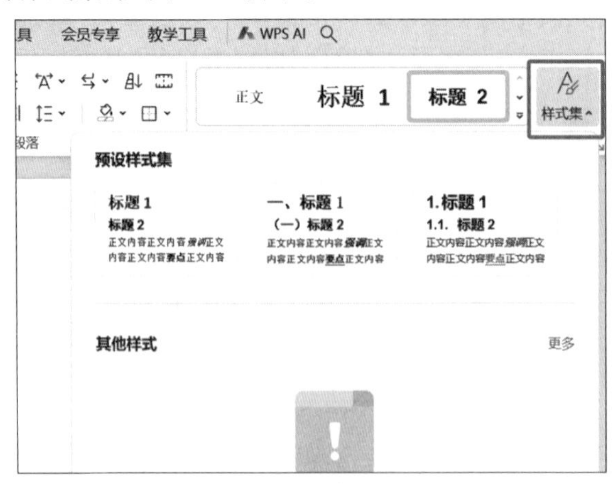

图 2-42 样式集

如果想要将快速样式另存为默认设置的所有空白文档，那就可以在“开始”选项卡，在样式组中，单击更改样式，然后单击设为默认值。

（五）复制并管理样式

在“开始”选项卡上的样式功能组中，单击右下角的“对话框启动器”按钮，打开“样式和格式”对话框进行操作，如图 2-43 所示。

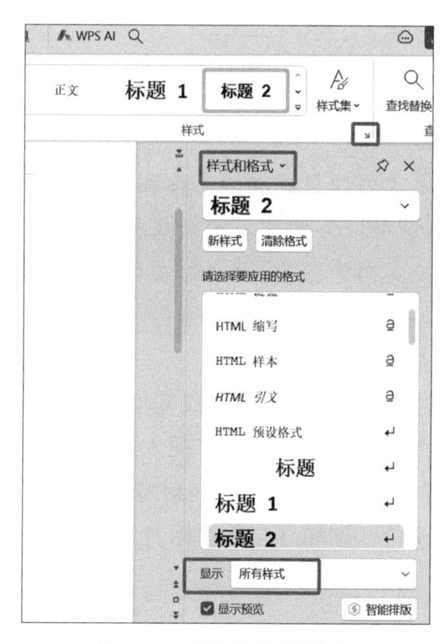

图 2-43 “管理样式”按钮

（六）在大纲视图中管理文档

在“视图”选项卡上，单击“文档视图”功能组中的“大纲”，切换到“大纲”视图。在出现的“大纲”功能区中按照提示进行相关操作，如图 2-44 所示。

图 2-44 “大纲”视图按钮

六、在文档中添加引用内容

利用“引用”选项卡，如图 2-45 所示，可以实现长文档的目录、脚注尾注、引文、题注、索引等的插入。

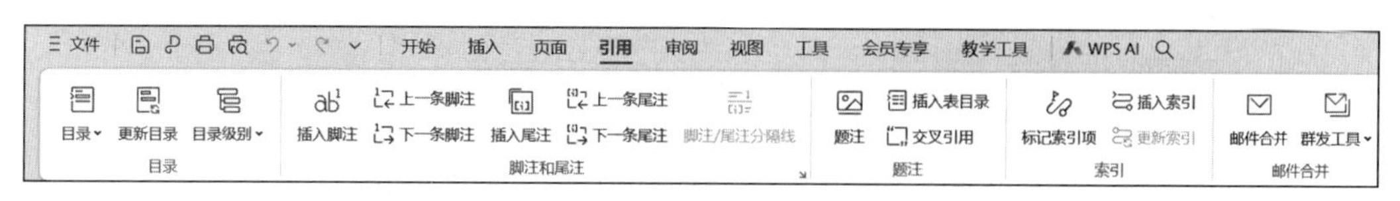

图 2-45 “引用”功能区

（一）插入脚注和尾注

脚注和尾注是对文本的补充说明。脚注一般位于页面的底部，可以作为文档某处内容的注释；尾注一般位于文档的末尾，列出引文的出处等。插入脚注和尾注的步骤如下。

（1）单击要引用的脚注或尾注的位置。

（2）在引用选项卡上，选择“插入脚注”或“插入尾注”。

（3）输入脚注或尾注的内容。

（4）通过双击数字或符号开头的注释，返回到文档中的位置。

（二）插入题注并在文中引用

题注就是给图片、表格、公式等项目添加的名称和编号。例如，在本书的图片中，就在图片下面输入了图编号和图题，这可以方便读者的查找和阅读。

使用题注功能可以保证长文档中图片、表格等项目能够顺序地自动编号。如果移动、插入或删除带题注的项目时，可以自动更新题注的编号。而且一旦某一项目带有题注，还可以对其进行交叉引用。

（1）选择要添加题注的对象（表、公式、图表或其他对象）。

（2）在“引用”选项卡上的“题注”组中，单击“插入题注”。

（3）在“标签”列表中，选择能最贴切描述该对象的标签，例如图表或公式，如图 2-46 所示。如果列表未提供所需标签，则单击“新建标签”，在“标签”框中键入新标签，然后单击“确定”按钮。

（三）标记并创建索引

通常，索引列出文档中讨论的术语和主题及其出现的页码。

1. 标记索引项

（1）选择要使用作索引项的内容。

（2）在引用选项卡上的索引组中，单击标记索引项。

（3）编辑标记索引项对话框中的文本，如图 2-47 所示。

图 2-46 “题注”对话框

图 2-47 “标记索引项”对话框

还可以在“次索引项”框中添加第二级索引，如果需要第三级索引，可以在次索引项文本后输入冒号；若要创建对另一个索引项的交叉引用，可以单击“选项”下的“交叉引用”，然后在框中输入另一个索引项的文本；若要设置索引中将显示的页码的格式，可以选中“页码格式”下方的“加粗”复选框或“倾斜”复选框。

单击“标记”以标记索引项。若要对文档中显示该文本的各处都进行标记，可以单击“标记全部”。

2. 创建索引

标记索引项之后，就可以将索引插入到文档中。创建索引的步骤如下。

(1) 单击要添加索引的位置。

(2) 在引用选项卡上的索引组中，单击插入索引，如图 2-48 所示。

(3) 在索引对话框中，可以选择文本项、页码、制表符和前导符的格式，如图 2-49 所示。

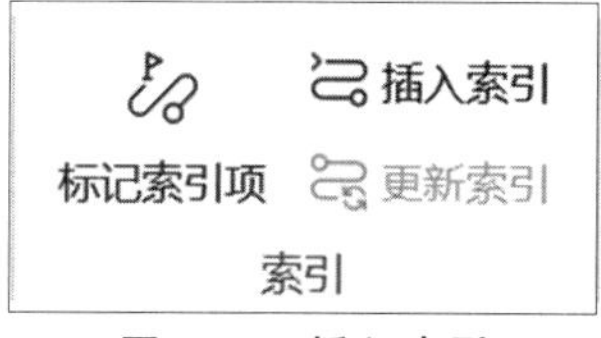

图 2-48 插入索引

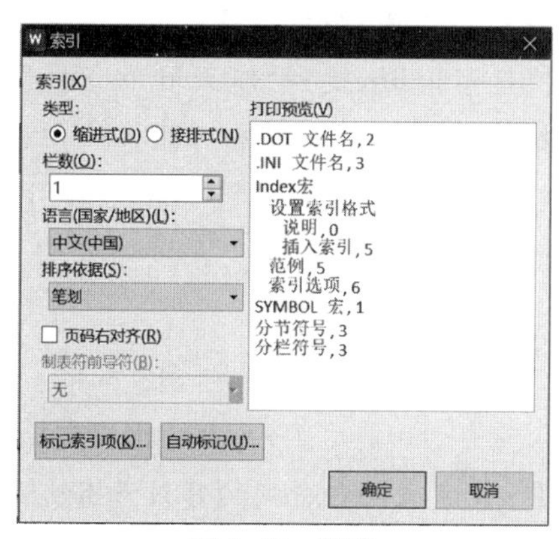

图 2-49 预览

任务实现

1. 制作封面

(1) 在文档第一行的“神舟十二号”后、“目录”两字前、“一、发射过程”前插入“分节符(下一页)”(将光标定在相应位置，单击布局—分隔符—分节符—下一页)，这样文档一共分成了四节，分别是：封面、基本情况、目录、正文。在正文这一节里，对“二、交会对接”“三、飞行任务”……“十、相关报道”“参考文献”前插入“分页符”。

(2) 文档第一行的“神舟十二号”那一页中，按图 2-1 所示的效果图插入图片、插入文字、修改图片的层叠顺序，尽可能做到效果图所示的样子。

2. 插入页眉页脚

双击页眉区域，出现“页眉页脚”功能区，在“导航”组中输入相应的页眉内容。注意，如果每节需生成不同的页眉页脚，不要按下“导航”组中“链接到前一节”按钮，否则前后几节的页眉页脚都是相同的，修改了前一节的内容，后面几节的内容也会随之改动，反之亦然。

注意：封面没有页眉、页脚和页码，神舟十二号—基本情况、神舟十二号—目录、神舟十二号—正文，分别用不同的下画线，在目录页中间添加图案。

3. 插入页码

前面三节(封面、基本情况、目录)没有页码，只有在正文一节中的页面底端中部插入“第×页共×页”的页码，注意修改起始页码为1，另外插入一个“卷形:水平”的形状，将其置于页码的下一层。

4. 插入目录

将各级标题分别设置为“标题1”“标题2”的样式，单击“引用”—“目录”—“自定义目录”，在弹出的目录对话框中，使用默认值，单击“确定”按钮即可。

5. 题注、脚注、尾注，对题注进行交叉引用

单击“引用”功能区，分别通过“脚注”和“题注”功能组来完成操作。

6. 为关键词生成索引

在文档任意位置，找到“航天员”一词，选中改词，单击“引用”功能区，在“索引”功能组中，单击“标记条目”，在弹出的对话框中单击“标记全部”。用同样的方法标记聂海胜、刘伯明、汤洪波、神舟。最后单击“插入索引”按钮，选中“流行”格式，生成所需索引，如图2-1所示。

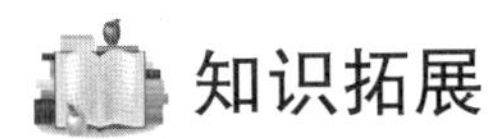

知识拓展

“比较文档”功能的使用

当WPS文字文档包含的内容过多且部分内容又被修改过时，可以使用“比较”功能在众多的内容中发现被修改的部分。下面介绍比较文档功能的使用方法。

(1) 打开一个空白的WPS文字文档，切换至“审阅”选项卡，单击“比较”组中的“比较”按钮，在展开的列表中单击“比较”选项。

(2) 弹出“比较文档”对话框，单击“原文档”列表框右侧的“浏览”按钮。

(3) 弹出“打开”对话框，找到目标文件的保存路径，选中文件，单击“打开”按钮。

(4) 返回“比较文档”对话框，在“原文档”列表框中出现所选文件，按照同样的方法，在“修订的文档”列表框中选择目标文件，单击“确定”按钮。

(5) 此时新建了一个“比较的文档”，用于显示原文档和修订的文档的比较结果。

任务训练

1963年3月，《中国青年》杂志中刊登了毛泽东“向雷锋同志学习”的题词。3月，《人民日报》《解放军报》《光明日报》《中国青年报》等都刊登了毛主席的题词手迹。之后，《解放军报》又首次刊登了刘少奇、周恩来、朱德、邓小平等同志的题词手迹，《中国青年报》随即转载，以后，陈云、叶剑英等同志也为雷锋题了词。号召全国人民学习雷锋的共产主义精神品质。王晓红找了很多资料，准备编辑长文档来介绍毛主席题词背后的故事。请帮助她按下列要求对该文档进行排版操作并按指定的文件名进行保存。

(1) 打开素材文件夹下的文档“向雷锋同志学习(素材).docx”，将其另存为“向雷锋同志学习(结果).docx”，后续操作均基于此文件。

（2）按下列要求进行页面设置：纸张大小为A4，上、下边距各2.5厘米，内侧边距2.5厘米、外侧边距2厘米，装订线1厘米，页眉、页脚均距边界1.1厘米。

（3）文稿中包含3个级别的标题，其文字分别用不同的颜色显示，按表2-1所示要求对文稿应用样式、并对样式格式进行修改。

（4）为书稿中用黄色底纹标出的文字“向雷锋同志学习”添加脚注，脚注位于页面底部，编号格式为①、②……。内容为：1963年3月2日，《中国青年》杂志中首先刊登了“向雷锋同志学习”的题词。

表2-1　标题要求表

文字颜色	样式	格式
红色（章标题）	标题1	小二号字、华文中宋、不加粗，标准深蓝色，段前1.5行、段后1行，行距最小值12磅，居中，与下段同页
蓝色【用一、二、三、……标示的段落】	标题2	小三号字、华文中宋、不加粗、标准深蓝色，段前1行、段后0.5行，行距最小值12磅
绿色【用（一）、（二）、（三）、……标示的段落】	标题3	小四号字、宋体、加粗，标准深蓝色，段前12磅、段后6磅，行距最小值12磅
除上述三个级别标题外的所有正文（不含表格、图表及题注）	正文	仿宋体，首行缩进2字符、1.25倍行距、段后6磅、两端对齐

（5）将素材文件夹下的图片“雷锋.jpg”插入书稿中用浅绿色底纹标出的文字“雷锋和主席的题词”上方的空行中，并对图片应用适当的图片样式；在说明文字“雷锋和主席的题词”左侧添加格式如“图1”“图2”的题注，添加完毕，将样式“题注”的格式修改为楷体、小五号字、居中。在图片上方用浅绿色底纹标出的文字的适当位置引用该题注。

（6）根据第三章中的表1内容生成一张如示例文件“图表.jpg”所示的图表，插入到表格后的空行中，并居中显示。要求图表的标题、纵坐标轴和折线图的格式和位置与示例图相同。

（7）参照示例文件“封面和前言.jpg”，为文档设计封面，并对前言进行适当的排版。封面和前言必须位于同一节中，且无页眉、页脚和页码。封面上的图片可取自素材文件下的文件。

（8）在前言内容和报告摘要之间插入自动目录，要求包含标题第1～3级及对应页码，目录的页眉、页脚按下列格式设计：页脚居中显示大写罗马数字Ⅰ、Ⅱ……格式的页码，起始页码为Ⅰ，且自奇数页码开始；页眉居中插入文档标题属性信息。

（9）自报告摘要开始为正文。为正文设计页码格式如下。自奇数页码开始，起始页码为1，页码格式为阿拉伯数字1、2、3……。偶数页页眉内容依次显示：页码、一个全角空格、文档属性中的作者信息，居左显示。奇数页页眉内容依次显示：章标题、一个全角空格、页码，居右显示。在页眉内容下添加横线。

（10）将文稿中所有的英文空格删除，然后对目录进行更新。

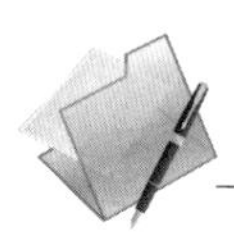

任务 2.4　通过“邮件合并”批量处理文档

任务描述

制作“人工智能会议通知”

中国人工智能学术研究会拟举办“第十六届全球华人人工智能科技研讨会”，张明是会议组织者，他将向参会嘉宾发送邀请参会的通知。该通知需要下发至有关人员，并请参会嘉宾填写回执。请在图 2-50 所示会议通知的基础上，按下列要求帮助张明编排会议通知及回执。

【要求一】 在素材文件夹下，将“人工智能会议通知(素材).docx”文件另存为“人工智能会议通知(结果).docx”(“.docx”为扩展名)，后续操作均基于此文件。

【要求二】 进行页面设置，纸张方向为横向、纸张大小 A3(宽 42 厘米×高 29.7 厘米)，上、下边距均为 2.5 厘米，左、右边距均为 2.0 厘米，页眉、页脚分别距边界 1.2 厘米。要求每张 A3 纸上从左到右按顺序打印两页内容，左右两页均于页面底部中间位置显示格式为“—1—、—2—”类型的页码，页码自 1 开始。

【要求三】 插入“空白(三栏)”型页眉，在左侧的内容控件中输入单位名称“中国人工智能学术研究会”，删除中间的内容控件，在右侧插入素材文件夹下的图片 rgzn.jpg 代替原来的内容控件，适当缩小图片，使其与研讨会名称高度匹配。将页眉下方的分隔线设为标准蓝色、0.75 磅、双波浪线型。

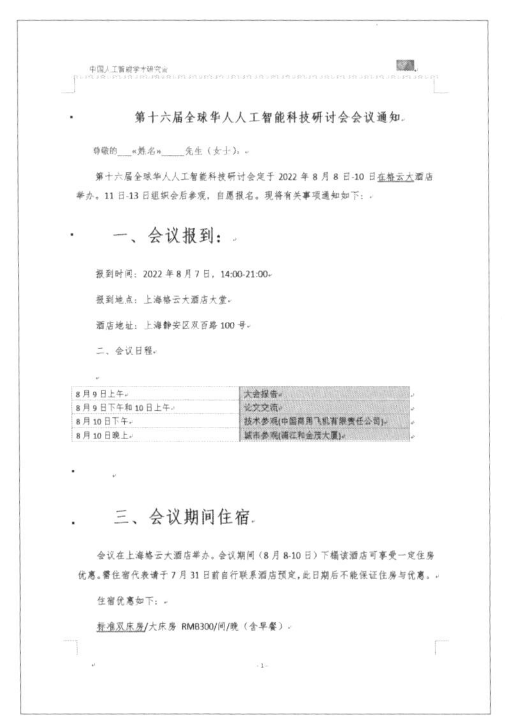

中国人工智能学术研究会

第十六届全球华人人工智能科技研讨会会议通知

尊敬的___«姓名»_____先生（女士）：

第十六届全球华人人工智能科技研讨会定于 2022 年 8 月 8 日-10 日在格云大酒店举办。11 日-13 日组织会后参观，自愿报名。现将有关事项通知如下：

一、会议报到：

报到时间：2022 年 8 月 7 日，14:00-21:00

报到地点：上海格云大酒店大堂

酒店地址：上海静安区双百路 100 号

二、会议日程

8 月 9 日上午	大会报告
8 月 9 日下午和 10 日上午	论文交流
8 月 10 日下午	技术参观(中国商用飞机有限责任公司)
8 月 10 日晚上	城市参观(浦江和金茂大厦)

三、会议期间住宿

会议在上海格云大酒店举办。会议期间（8 月 8-10 日）下榻该酒店可享受一定住房优惠。需住宿代表请于 7 月 31 日前自行联系酒店预定，此日期后不能保证住房与优惠。

住宿优惠如下：

标准双床房/大床房 RMB300/间/晚（含早餐）

-1-

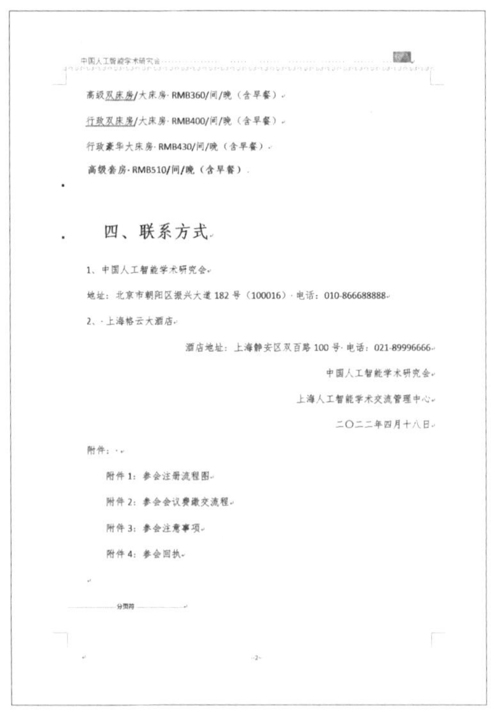

中国人工智能学术研究会

高级双床房/大床房 RMB360/间/晚（含早餐）

行政双床房/大床房 RMB400/间/晚（含早餐）

行政豪华大床房 RMB430/间/晚（含早餐）

高级套房 RMB510/间/晚（含早餐）

四、联系方式

1、中国人工智能学术研究会

地址：北京市朝阳区振兴大道 182 号（100016）电话：010-866688888

2、上海格云大酒店

酒店地址：上海静安区双百路 100 号 电话：021-89996666

中国人工智能学术研究会

上海人工智能学术交流管理中心

二〇二二年四月十八日

附件：

附件 1：参会注册流程图

附件 2：参会会议费缴交流程

附件 3：参会注意事项

附件 4：参会回执

分页符

-2-

图 2-50　人工智能会议通知

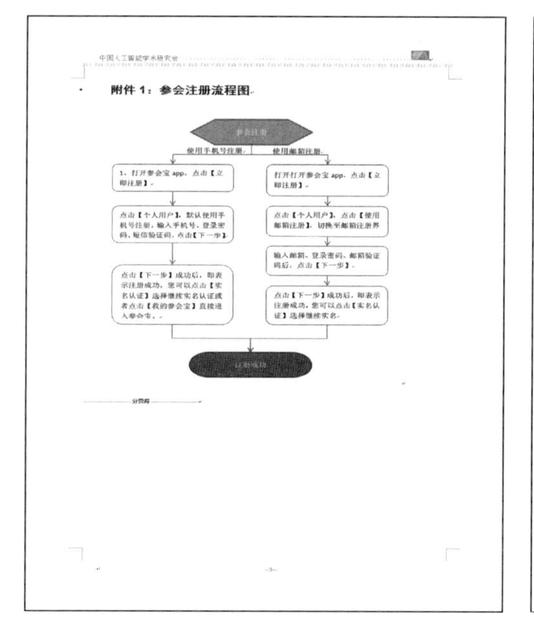
中国人工智能学术研究会

附件 1：参会注册流程图

分页符

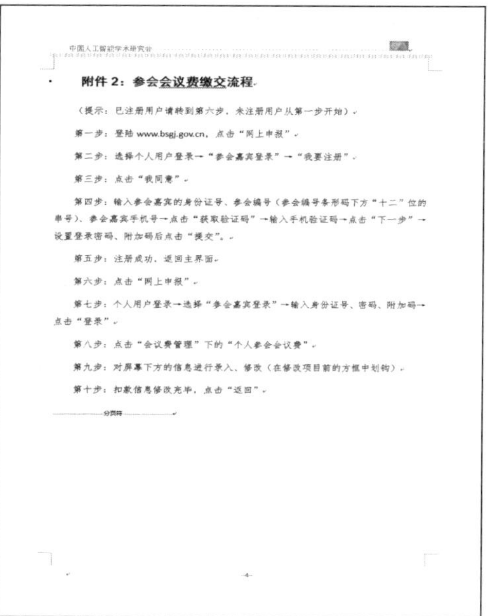
中国人工智能学术研究会

附件 2：参会会议费缴交流程

（提示：已注册用户请转到第六步，未注册用户从第一步开始）

第一步：登陆 www.bsgj.gov.cn，点击“网上申报”

第二步：选择个人用户登录→“参会嘉宾登录”→“我要注册”

第三步：点击“我同意”

第四步：输入参会嘉宾的身份证号、参会编号（参会编号条形码下方“十二”位的串号）、参会嘉宾手机号→点击“获取验证码”→输入手机验证码→点击“下一步”→设置登录密码、附加码后点击“提交”。

第五步：注册成功，返回主界面

第六步：点击“网上申报”

第七步：个人用户登录→选择“参会嘉宾登录”→输入身份证号、密码、附加码→点击“登录”

第八步：点击“会议费管理”下的“个人参会会议费”

第九步：对屏幕下方的信息进行录入、修改（在修改项目前的方框中划钩）

第十步：扣款信息修改完毕，点击“返回”

分页符

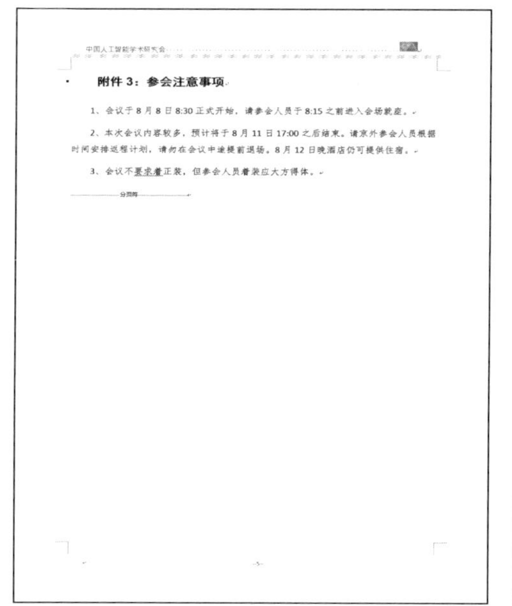
中国人工智能学术研究会

附件 3：参会注意事项

1、会议于 8 月 8 日 8:30 正式开始，请参会人员于 8:15 之前进入会场就座。

2、本次会议内容较多，预计将于 8 月 11 日 17:00 之后结束。请京外参会人员根据时间安排返程计划，请勿在会议中途提前退场。8 月 12 日晚酒店仍可提供住宿。

3、会议不要求着正装，但参会人员着装应大方得体。

分页符

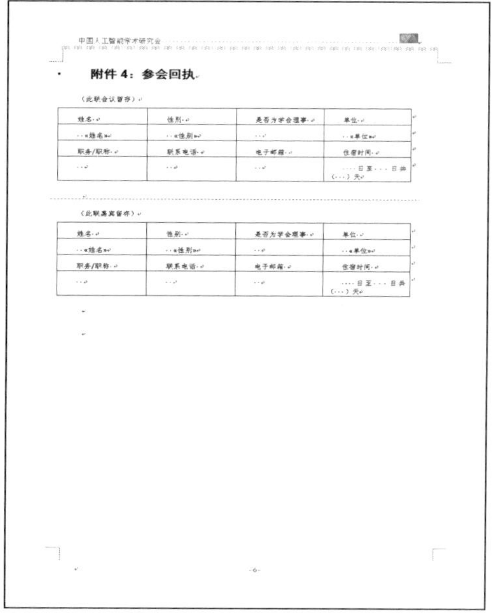
中国人工智能学术研究会

附件 4：参会回执

（此联会议留存）

姓名	性别	是否为学会理事	单位
«姓名»	«性别»		«单位»
职务/职称	联系电话	电子邮箱	住宿时间
			日至　日共（　）天

（此联嘉宾留存）

姓名	性别	是否为学会理事	单位
«姓名»	«性别»		«单位»
职务/职称	联系电话	电子邮箱	住宿时间
			日至　日共（　）天

图　2-50(续)

【要求四】　将文中所有的空白段落删除，然后按表 2-2 所示要求为指定段落应用相应格式。

表 2-2　指定段落格式表

段　　落	样式或格式
通知标题“第十六届全球华人人工智能科技研讨会会议通知”	标题
“一、二、三、四”所示标题段落	标题 1
“附件 1、附件 2、附件 3、附件 4”所示标题段落	标题 2
除上述标题行及绿色的会议抬头段外，其他正文格式	仿宋、小四号，首行缩进 2 字符，段前距 1 行，行间距 1.5 行
会议的落款	居右显示

【要求五】 利用“附件1：参会注册流程图”下面用灰色底纹标出的文字、参考样例图绘制相关的流程图，要求除右侧的两个图形之外其他各个图形之间使用连接线，连接线将会随图形的移动而自动伸缩，中间的图形应沿垂直方向左右居中。

【要求六】 将“二、会议日程”下的文本转换为表格，并参照素材中的样例图片进行版式设置，调整其字体、字号、颜色、对齐方式和缩进方式，使其有别于正文。套用一个合适的表格样式，然后将表格整体居中。

【要求七】 令每个附件标题所在的段落前自动分页，调整流程图使其与附件1标题行合计占用一页。然后在信件正文之后（黄色底纹标示处）插入有关附件的目录，不显示页码，且目录内容能够随文章变化而更新。最后删除素材中用于提示的多余文字。

【要求八】 在信件抬头的“尊敬的”和“先生（女士）”之间插入嘉宾姓名；在“附件4：会议回执”下方的“单位”“姓名”“性别”“职称”后分别插入相关单位、姓名、性别、职称等信息存放在素材文件夹下的Excel文档“通讯录.xlsx”中。在下方将制作好的回执复制一份，将其中“（此联会议留存）”改为“（此联嘉宾留存）”，在两份回执之间绘制一条剪裁线、并保证两份回执在一页上。

【要求九】 邮件仅发给职称为“高级工程师”的男嘉宾，通知包含通知的主体、所有附件、回执。要求每封信中只能包含1位嘉宾信息。将所有通知页面另外以文件名“会议正式通知.docx”保存在素材文件夹下（如果有必要，应删除文档中的空白页面）。

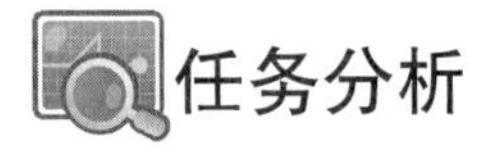

任务分析

本子任务涉及通过“邮件合并”批量处理文档。通过案例，我们将了解邮件合并的功能，熟悉邮件合并操作，包括进入邮件合并、打开主文档、打开数据源、选择收件人、插入合并域、预览合并结果、完成合并文档等。

知识讲解

一、关于邮件合并

有些文书，像座位表、准考证、录取通知书之类的，一次性要做很多份，可以使用WPS文字中的邮件合并功能。邮件合并用于一次性创建多个文档，这些文档具有相同的布局、格式设置、文本和图形。每个文档只有某些特定部分有所不同，具有个性化内容。邮件合并过程中涉及主文档、数据源、合并后文档三个文件。

1. 主文档

主文档是指邮件合并内容的固定不变的部分，如信函中的通用部分、信封上的落款等。建立主文档的过程就和新建一个WPS文字文档的过程一样，就是一个普通的文档。

2. 数据源

数据源就是数据记录表，如通信录，其中包含着相关的字段和记录内容。一般情况下，我们使用邮件合并来提高效率正是因为我们已经有了相关的数据源，如WPS文字的表格、WPS表格的数据表等。如果没有现成的，我们也可以重新建立一个数据源。

需要特别提醒的是，在实际工作中，我们可能会在WPS表格的数据表上加一行标题。

如果要用作数据源，应该先将其删除，得到以标题行（字段名）开始的一张 WPS 表格数据表，因为我们将使用这些字段名来引用数据表中的记录。

3. 合并后的文档

利用邮件合并工具，我们可以将数据源合并到主文档中，得到我们的合并后的文档（信函、目录等）。合并完成的文档的份数取决于数据表中记录的条数。

二、邮件合并的基本步骤

（一）进入邮件合并

打开主文档，单击“引用”—“邮件合并”功能区，如图 2-51 所示，利用该功能区的命令来完成邮件合并。

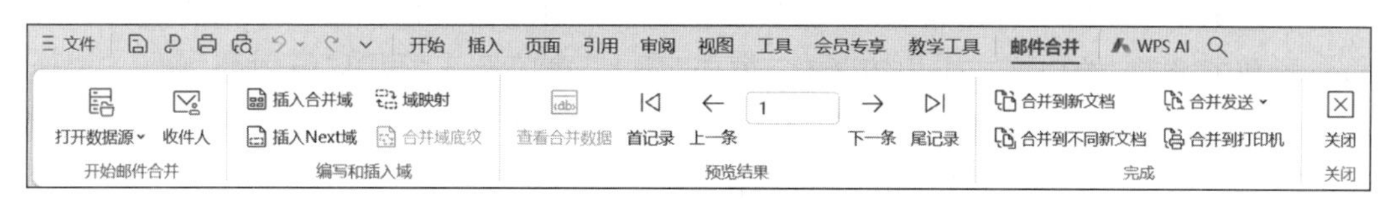

图 2-51 “邮件”功能区

（二）邮件合并操作步骤

首先打开主文档，然后按以下步骤进行操作（这里 MS-office 的 WPS 文字中的操作步骤 WPS 文字用其中的步骤(2)至(6)，但文字表述有不同）。

(1) 在“邮件”功能区中，单击“开始邮件合并”，选择“信函”。

(2) 单击“选择收件人”，然后单击“使用现有列表”，然后找到并打开数据源。

(3) 如果需要选择数据源中的部分记录进行合并，则单击“编辑收件人列表”进行筛选。

(4) 单击某字段内容所在的位置，然后单击“插入合并域”，选择并插入相应字段的合并域。

(5) 重复步骤(4)，直到把所需的合并域都添加至主文档为止。

(6) 单击“完成并合并”下的“编辑单个文档”，并单击“全部”，最后单击“确定”。

(7) 稍等片刻，就会看到数据源筛选出的人合并后的文档（信函）就制作好了。

任务实现

【要求一】

(1) 打开素材文件夹下的“人工智能会议通知(素材).docx”文件。

(2) 单击“文件”选项卡下的“另存为”按钮，在弹出的“另存为”对话框中将“文件名”设为“人工智能会议通知(结果)”，将其保存于素材文件夹下。

【要求二】

(1) 单击“页面”选项卡下“页面设置”组中的对话框启动器按钮，弹出“页面设置”对话框，在“页边距”选项卡中将“纸张方向”设为“横向”，将“页码范围”的“多页”设为“拼页”；在“页边距”组中将“上”“下”设为“2.5 厘米”，“左”“右”（此时变为“外侧”和“内侧”）设为“2 厘米”。

(2) 切换至“纸张”选项卡，在“纸张大小”列表框中选择“A3”。切换至“版式”选项卡，在“距边界”区域设置页眉、页脚分别距边界“1.2 厘米”，单击“确定”按钮。

（3）单击“插入”选项卡下“页眉和页脚”组中的“页码”按钮，在弹出的快捷菜单中选择“设置页码格式”，弹出“页码格式”对话框，将“编号格式”下拉列表中选择“－1－，－2－，－3－……”，在“页码编号”选项组中勾选“起始页码”选项，并设置起始页码为“－1－”，单击“确定”按钮。

（4）单击“插入”选项卡下“页眉和页脚”组中的“页码”按钮，在弹出的快捷菜单中选择“页面底端”，在右侧出现的级联菜单中选择“普通数字 2”。

（5）单击“页眉和页脚工具”—“设计”选项卡下“关闭”组中的“关闭页眉和页脚”按钮。

【要求三】

（1）单击“插入”选项卡下“页眉和页脚”组中“页眉”按钮，在弹出的快捷菜单中选择“空白(三栏)”样式。

（2）在第一个内容控件中输入“中国人工智能学术研究会”；选中第二个内容控件，使用 Delete 键将其删除；选中第三个内容控件，单击“插入”选项卡下“插图”组中的“图片”按钮，打开“插入图片”对话框，在素材文件夹中选择“rgzn.png”文件，单击“插入”按钮。适当调整图片的大小及位置，使其与学校名称高度匹配。

（3）单击“开始”选项卡下“段落”组中的“边框”按钮，在弹出的快捷菜单中选择“边框和底纹”命令，弹出“边框和底纹”对话框。在“边框”选项卡中，将“应用于”选项选择为“段落”，在“样式”列表框中选择“双波浪线型”样式，在“颜色”下拉列表中选择标准色的“蓝色”，在“宽度”下拉列表框中选择“0.75 磅”，在右侧“预览”界面中单击“下边框”按钮，最后单击“确定”按钮。

（4）单击“页眉和页脚工具”—“设计”选项卡下“关闭”组的“关闭页眉和页脚”按钮。

【要求四】

（1）单击“开始”选项卡下“查找”组中的“替换”按钮，弹出“查找和替换”对话框。

（2）将光标置于“查找内容”列表框中，单击“特殊格式”按钮，在弹出的级联菜单中选择“段落标记”，继续单击“特殊格式”按钮，再次选择“段落标记”。

（3）将光标置于“替换为”列表框中，单击“特殊格式”按钮，在弹出的级联菜单中选择“段落标记”，单击“全部替换”按钮，在弹出的对话框中选择“确定”按钮。

（4）单击“关闭”按钮。

（5）选中通知标题“第十六届全球华人人工智能科技研讨会会议通知”，单击“开始”选项卡下“样式”组中样式列表框中的“标题”样式。

（6）分别选中正文中“一、二、三、四”所示标题，单击“开始”选项卡下“样式”组中样式列表框中的“标题 1”样式。

（7）分别选中正文中“附件 1、附件 2、附件 3、附件 4”所示标题，单击“开始”选项卡下“样式”组中样式列表框中的“标题 2”样式。

（8）单击“开始”选项卡下“样式”组中右侧的对话框启动器按钮，在样式窗格中单击“正文”样式右侧的下拉三角形按钮，在弹出的快捷菜单中选择“修改”命令。

（9）弹出“修改样式”对话框，在“格式”组中设置字体为“仿宋”、字号为“小四”；单击下方“格式”按钮，在弹出的下拉列表框中选择“段落”命令，打开“段落”对话框，在“缩进和间距”选项卡的“缩进”选项组中设置“特殊格式”为“首行缩进”，将对应的“磅值”设置为“2 字符”，单击“确定”按钮。

(10) 选中文档结尾处信件的落款(三行),单击“开始”选项卡“段落”组中的“右对齐”按钮,使最后三行文本右对齐。

【要求五】

(1) 将光标置于“附件1:参会注册流程图”文字的最后一行结尾处,单击“页面”选项卡下“页面设置”组下的“分隔符”按钮,在下拉列表框中选择“分页符”命令,插入新的一页。

(2) 参照素材中绘图的样例图片,首先单击“插入”选项卡下“常用对象”组中的“形状”按钮,在下拉列表中选择“新建画布”,拖动控制点放大画布到正好与标题在同一页,后续的形状都绘制在画布中。然后单击“插入”选项卡下“常用对象”组中的“形状”按钮,在下拉列表中选择“流程图:准备”,在页面起始位置添加一个“准备”图形;选择该图形,单击“绘图工具”—“形状样式”组中的“形状填充”按钮,在下拉列表中选择“无填充颜色”按钮,单击“形状轮廓”按钮,在下拉列表中选择“标准色”—“浅绿”,将“粗细”设置为“1磅”;选中该图形,右击,在弹出的快捷菜单中选择“添加文字”,将“参会注册”输入到形状图形中。

(3) 在箭头图形下方,单击“插入”选项卡下“常用对象”组中的“形状”按钮,在下拉列表中选择“矩形”,在箭头形状下方绘制一个矩形框,选中该图形,单击“绘图工具”选项卡下“形状样式”组中的“形状填充”按钮,在下拉列表中选择“无填充颜色”按钮,单击“形状轮廓”按钮,在下拉列表中选择“标准色”—“浅蓝”,将“粗细”设置为“1磅”;选中该图形,右击,在弹出的快捷菜单中选择“添加文本”,将“附件1”中的第二行文本复制、粘贴到形状图形中(具体文本内容参考素材中的样例图片)。

(4) 参照素材中的样例图片,依次添加矩形形状,设置方法同上述步骤。

(5) 选择需要的形状,利用“绘图工具”下的“排列”组中的“对齐”功能来调整、对齐形状。

(6) 在流程图的结束位置添加一个“流程图:终止”图形。单击“插入”选项卡下“常用对象”组中的“形状”按钮,在下拉列表中选择“流程图”—“终止”,根据样例图片添加相应的文本信息。

(7) 参照素材中的样例图片,在第一个图形下方添加一个“箭头”形状,单击“插入”选项卡下“常用对象”组中的“形状”按钮,在下拉列表中选择“箭头”图形,使用鼠标在图形下方绘制一个箭头图形。

(8) 重复上述操作,参照素材中的样例图片,将所有的形状连接好。

(9) 选中所有图形,单击“绘图工具”选项卡下“排列”组中的“组合”按钮,使所选图形组合成一个整体。

【要求六】

(1) 选中“二、会议日程”下的绿色文本,单击“插入”选项卡下“常用对象”组中的“表格”按钮,在弹出的列表框中选择“文本转换成表格”命令,弹出“将文字转换成表格”对话框,采用默认设置,单击“确定”按钮。

(2) 参照表格下方的样例图片,在“开始”选项卡下“字体”组中将“字体”设置为“黑体”,“字号”设置为“五号”,“字体颜色”设置为“蓝色”,并将左侧和上方表头设置为加粗。

(3) 选中整个表格,单击“表格样式”中的“预设样式”为“网格表2—粗边框”。

(4) 在“开始”选项卡下“段落”组中,参考示例设置表格内容的对齐方式。

(5) 选择表格中内容相同的单元格,右击,在弹出的快捷菜单中选择“合并单元格”命令，删除合并后单元格中重复的文字信息。

（6）选中所有合并单元格，单击“开始”选项卡下“段落”组中的“居中”按钮。

（7）选中整个表格对象，单击“开始”选项卡下“段落”组中的“居中”按钮。

（8）拖动表格右下角的控制柄工具，适当缩小表格列宽，具体大小可参考示例图。

【要求七】

（1）将光标置于每个附件标题的开始位置，单击“页面”选项卡下“页面设置”组中的“分隔符”按钮，在下拉列表中选择“分页符”。

（2）调整“附件1:参会注册流程图”标题，使其与流程图在一页上。

（3）将光标置于素材正文最后位置（黄底文字“在这里插入有关附件的目录”）处，单击“引用”选项卡下“目录”组中的“目录”下拉按钮，在下拉列表中选择“插入目录”。

（4）弹出“目录”对话框，取消勾选“显示页码”复选框；单击“选项”按钮，在弹出的“目录选项”对话框中，将“标题”“标题1”和“标题3”后面的数字均删除，只保留“标题2”，单击“确定”按钮。返回“目录”对话框中单击“确定”按钮，即可插入目录。

（5）选中素材中用于提示的文字（带特定底纹的文字信息），按Delete键删除。

【要求八】

（1）将光标置于信件抬头的“尊敬的”和“先生（女士）”之间。

（2）单击“引用”选项卡下“邮件合并”按钮，启动“邮件合并”功能区。

（3）单击“打开数据源”，在弹出的“选取数据源”对话框中，选择素材文件夹下的“通讯录.xlsx”文件，单击“打开”按钮。

（4）在弹出的“选取表格”对话框中，默认选择“Sheet1”工作表，单击“确定”按钮。

（5）弹出“邮件合并收件人”对话框，采用默认设置，单击“确定”按钮。

（6）单击“插入合并域”对话框，在“域”列表框中选择“姓名”，单击“插入”按钮，然后单击“关闭”按钮，此时“姓名”域插入到文档的指定位置。

（7）在“附件4”页面中，将光标置于“单位”标题后，单击“邮件合并”对话框中的“其他项目”超链接，弹出“插入合并域”对话框，在“域”列表框中选择“单位”，单击“插入”按钮，单击“关闭”按钮。

（8）按照上述同样操作方法，分别插入“姓名”域、“性别”域、“职称”域。

（9）将设计好的“附件4”内容，参照效果图片内容，复制一份放在文档下半页位置，将标题下方“此联会议留存”更改为“此联嘉宾留存”。

（10）删除文档中的提示文字，单击“插入”选项卡下“插图”组中的“形状”按钮，从下拉列表中选择“直线”形状。按住Shift键，在页面中间位置绘制一条直线，选中该直线，单击“格式”选项卡下“形状样式”组中的“形状轮廓”按钮，从下拉列表中选择“虚线”，在右侧的级联菜单中选择“圆点”。

【要求九】

（1）单击“邮件合并”功能区中的“收件人”按钮，在弹出的“邮件合并收件人”对话框中，单击“调整收件人列表”选项组中的“筛选”超链接，弹出“筛选和排序”对话框，在“筛选记录”选项卡下，在“域”下方第一个列表框中，单击选择“职称”，在“比较关系”列表框中选择“等于”，在“比较对象”列表框中输入“高级工程师”；在第2行列表框中分别设置值为“与”，“性别”，“等于”，“男”；最后单击“确定”按钮。

(2) 单击“查看合并数据”,查看符合条件的人员信息。

(3) 单击“合并到新文档”,在弹出的对话框中,选择“全部”,最后单击“确定”按钮。

(4) 单击快速工具栏中的“保存”按钮,弹出“另存为”对话框,将“保存位置”选择为素材文件夹路径,在文件名中输入“会议正式通知”,单击“保存”按钮。

(5) 关闭“会议正式通知.docx”文档,在 “人工智能会议通知(结果).docx”主文档中单击“保存”按钮,然后关闭文档。

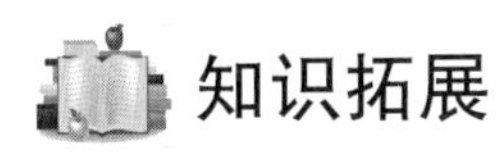

知识拓展

图片中文字的提取

你有没有遇到过这样的情况?外出旅游时,有的景点的介绍文字比较多,时间紧,不能全部仔细阅读,就拍照保存下来了,但当回到家想整理游记时,想将照片中的文字输入到计算机中;阅读时,书上的文字,想录入到计算机里进行编辑处理……这时,我们可以将这些文字用手机拍下来,然后利用软件将图片中的文字提取出来,拷贝到文字处理软件中进行编辑处理。以下是几种从图片中提取文字的方法。

(1) 利用手机自带的“提取图片中的文字”功能。有些手机在查看手机相册时,会自动弹出“提取图中文字”之类的功能,单击该功能即可提取图片中的文字。

(2) 利用手机 QQ。首先找到一张需要提取图片中文字的图片,然后单击这张图片,让这样图片最大化显示,然后长按这张图片,在弹出的菜单中选择“提取图中文字”即可完成对图片中文字的提取。

(3) 利用微信小程序中图片识别文字的功能。第一步,在手机中找到微信并打开微信。第二步,点击发现,然后找到底部的小程序,点击右上角的搜索,搜索图片文字识别,在搜索的结果中选择其中一个图片提取文字的小程序。点击进入小程序里面,然后授权登录小程序,按提示操作,选择一张需要提取文字的图片即可,然后就可以把图片中提取的文字进行复制、分享了。

(4) 利用搜狗输入法。单击搜狗输入法状态条右侧的智能输入助手,选择其中的“图片转文字”功能,如图 2-52 所示。按照提示选择图片后转换即可得到结果。

注意:此功能必须在连通互联网的前提下才能完成。除以上几种文字方法外,还有语音输入。

图 2-52 搜狗的“智能输入助手”

语音输入简介

任务训练

本公司定于 2022 年 9 月 30 日上午 10:00，在秀南区跃进大厦六层多功能厅举办联谊会。重要客人名录保存在名为“重要客户名录.docx”的 WPS 文字文档中，公司联系电话为 020-6666666。

王晓红必须根据上述内容制作一份请柬，具体要求如下。

(1) 制作一份请柬，以“董事长张大进”名义发出邀请，请柬中需要包含标题、收件人、联谊会时间、联谊会地点和被邀请人。

(2) 对请柬进行适当的排版，具体要求：改变字体、加大字号；标题部分与正文部分采用不同的字体和字号；增大行间距和段间距；对必要的段落改变对齐方式，适当设置左右及首行缩进，以符合中国人阅读习惯为准。

(3) 在请柬的左下角插入一幅图片（图片自选）并调整其大小及位置，要求不影响文字排列，不遮挡文字内容。

(4) 进行页面设置，增大文档的上边距；为文档添加页眉，要求页眉内容包含本公司的联系电话。

(5) 运用邮件合并功能制作内容相同、收件人不同（收件人为“重要客户名录.docx”中的每个人，采用导入方式）的多份请柬。要求先将合并主文档以“请柬 1.docx”为文件名进行保存，再进行效果预览后生成可以单独编辑的单个文档“请柬 2.docx”。

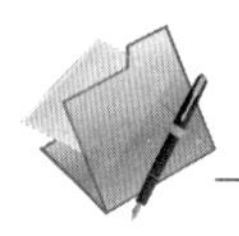

任务 2.5　多人协同编辑文档

任务描述

多人协同编辑培训教材《计算机病毒防治》

某公司要开展计算机安全方面的培训，王晓红要组织多人协同来编辑培训教材《计算机病毒防治》，王晓红决定采用化整为零的办法，就是把 190 页的培训教材按章分成 5 个文件，每个人负责一章，这样每个文件的页数减少了、文件容量小了，编辑起来比较方便，更重要的是不要分节了，每个文件就是独立的一节。

但又有一个新问题了，怎么把每章的目录合到一个单独的文件中？（你肯定会想到这样的方法：每章自行生成目录后，剪切到一个文件中。但这样是不行的，你知道为什么吗？）不过，最后王晓红还是找到了解决的方法。

任务分析

本子任务涉及多人协同编辑文档的操作。我们通过编制公司培训教材案例，分析、演示并使同学们动手实践将主文档快速拆分成多个子文档和将多个子文档合并成一个文档，使用协同编辑工具金山文档、腾讯文档进行多人在线编辑等操作。

知识讲解

一、批注、修订、审阅

（一）插入批注

使用批注让别人明白文档中某些内容的含义。设置方法：单击“审阅”—“插入批注”即可。

（二）修订与审阅

修订功能可以非常方便地帮助我们对文档进行校对。WPS 文字文档的修订功能可以将文档中插入的文本、删除的文本、修改过的文本以特殊的颜色显示或加上一些特殊标记，便于以后审阅。

1. 使文档处于修订状态

单击功能区的“审阅”—“修订”—“修订(G)”按钮，选择“所有标记”，“显示标记”中选择“批注框”中的“在批注框中显示修订”，这时候我们的文档已经处于修订的模式，我们对文档的任意一处的修改都会有修订的信息。

2. 对文档进行修订

文档处于修订状态之后，就可以对文档进行修改，比如对文档中的“他人”进行删除并替换为“他们”，我们会发现在文档的右侧会有一个批注框，该批注框显示的就是修订的信息，显示了，修订的内容，例如这里显示的是“删除的内容：他人”，这样在后面的校正当中就很轻松了，从而大大提高了工作效率。

另外，修订信息的显示样式是可以改变的，修改信息的显示样式既可以是批注框，也可以选择其他样式，例如“嵌入式”的显示样式。

二、管理与共享文档

WPS 文字可以利用“插入”—“附件”实现以下为 WPS 文字中的操作。

（一）主文档快速拆分成多个子文档

WPS 文字文档中的文本内容过多有时不仅不方便阅读查看，而且很难进行详细的编辑处理。为了应对这一种情况，最佳的方法是将文档快速拆分出多个文档，再来进行阅读、编辑等详细操作。主文档快速拆分成多个子文档步骤如下。

(1) 设置标题级别：设置标题级别是为了在进行文档拆分操作时，系统能够快速识别出文档拆分的节点，也就是详细标注文档拆分的每一段内容。

方法：单击菜单栏“视图”，选择“大纲视图”，选择所需拆分的具体标题或段落点，随后单击左上方的“大纲级别”，将选择的标题或段落点设置为“1 级”即可。

(2) 创建显示文档：这是在再进一步的基础上，确定文档的拆分内容。

方法：单击标题前方的“＋”号，单击上方显示“主控文档”，单击创建。需要将文档中所有拆分片段都进行这一操作。

(3) 保存文档：在创建显示文档之后，直接保存就会自动生成多个对应文档。

方法：单击“保存”按钮，即可在对应文件夹中找到多个拆分文档。

(二) 多个子文档合并成一个文档

既然有拆分文档的操作,自然也有合并文档的操作。多个子文档合并成一个文档的具体方法如下。

单击“插入”,选择“文本”,然后单击“对象”的下箭头,选择“文件中的文字”,找到需要合并的文件,选中后单击“插入”,即可直接合并。

三、支持多人协作编辑的在线文档

支持多人协作编辑的在线文档有两个:一个是金山文档;另一个是腾讯文档。

(一) 金山文档的功能与使用

金山文档(图 2-53)是由珠海金山办公软件有限公司发布的一款可多人实时协作编辑的文档创作工具软件。

图 2-53 金山文档

1. 金山文档的功能

金山文档的主要功能和特点如下。

(1) 多人协作:生成文档链接后,其他人即可通过链接实时查看或编辑;所有协同文档和沟通的历史版本都可恢复。

(2) 安全控制:云端文件可加密存储;发起者可指定协作人,还可以设置使用权限、文档查看期限以及查看次数等控制方式,确保数据流转不丢失。

(3) 完全免费:免费试用 Office 功能,包括幻灯片、电子表格、电子文档等。

(4) 多格式兼容:直接编辑 Office 文件不需要转换格式流程,内容确保不会丢失;与 WPS Office 2019 电脑版、WPS 手机版无缝整合,随时切换。

(5) 支持大型文件:支持最大 60MB 的 Office 文件。

(6) 多平台可使用:通过浏览器即可使用;计算机、手机皆可使用,支持 Windows、Mac、Android、iOS、网页和微信小程序等平台;一个账号即可在多个平台上管理文档。

(7) 智能识别:智能识别文件来源,可管理多台设备上打开的文件;搜索文件类型或者关键字,即可在海量文件中找到所需。

2. 金山文档的使用

使用金山文档，可多人实时在线查看和编辑，一个文档，多人同时在线修改。用户可以通过以下方式与他人协作。

（1）创建允许编辑的公开分享链接，与他人协作。方法如下。

①登录金山文档官网；②右击文档，并单击“分享”，或打开文档后，单击右上角“分享”；③在文档权限中，选择“可编辑”，单击“创建并分享”；④复制分享链接，发给微信或QQ好友，获得链接的任何人即可参与协作。

（2）创建仅指定人可访问的分享链接，与指定人协作。

如果用户希望指定参与协作的成员，可添加并设置指定的文档协作者。即使他人转发分享链接，没有权限的人也将无法查看。方法如下。

①登录金山文档官网；②右击文档，然后单击“协作”，或打开文档后，单击右上角“协作”；③单击“邀请QQ、微信好友加入”，复制链接并发给好友，邀请指定好友参与协作；④单击“从联系人中选择”，在已有联系人中选择需要协作的成员，如果暂无联系人，可单击“添加联系人”，成功添加联系人后，下次可直接指定对方参与协作。

（二）腾讯文档的功能与使用

腾讯文档是一款支持随时随地创建、编辑的多人协作式在线文档工具，拥有一键翻译、实时股票函数和浏览权限安全可控等功能以及具有打通QQ、微信等多个平台编辑和分享的特点。

1. 腾讯文档的基本功能

1）在线编辑

（1）快捷编辑：支持云端直接编辑。

（2）实时保存：编辑文档时系统自动保存，不受网络信号影响。

（3）多种模板：支持会议纪要、日报、项目管理信息表等各类文档/表格模板。

2）快捷登录

支持QQ、TIM、微信直接登录，无须单独注册；QQ/TIM内的在线文档信息，自动实时同步至腾讯文档App。

3）多人协作

（1）多人编辑：支持多人同时在线编辑，可查看编辑记录。

（2）多端同步：多类型设备皆可顺畅访问，随时随地轻松使用。

（3）文档分享：分享链接给QQ、TIM、微信好友，或分享至微博及朋友圈。

4）数据安全

（1）权限控制：可自主设置查看及编辑权限。

（2）技术保障：云端存储加密技术。

（3）版权保护：文档支持展示水印。

2. 腾讯文档的特色功能

1）数据收集

数据收集包括个人资料收集、通讯录收集、活动报名、培训报名、销售进度收集等。方法为：单击“在线表格的智能工具”—“创建收集表”—“基于工作表内容创建”，即自动生成收集表，然后可发布并分享给其他人填写。

收集表和在线表格自动关联，收集结果实时自动汇总到在线表格，会自动新建一个工作表存放，并可将在线表格分享给其他人查看，实时了解收集进展和收集结果。

2）特色函数

（1）STOCK 股票函数：可以通过股票代码从互联网中直接调用股票信息。

（2）ID 身份证函数：可实现用函数提取身份证号码中隐藏的信息，如年龄、性别等。

3）AI 智能分列

在线表格 AI 智能分列功能：粘贴姓名、电话号码、地址或文本间带有分隔符的大段文字到在线表格后，可智能识别粘贴内容，一键快速分列。

4）智能翻译

自动识别语言，快速实现全文翻译，译文支持一键生成文档，方便保存和查看。

5）Markdown

标题是每一篇文章最常用的格式，用 Markdown 书写时，只需要在文本前面加上“#”和“空格”即可创建一级标题。同理，创建二级标题、三级标题等只需要增加“#”个数即可。腾讯文档 Markdown 共支持六级标题。

3. 进入“腾讯文档”的方法

（1）计算机 web 端：进入腾讯文档网站，单击“立即使用”，可以使用 QQ、微信、企业微信中的任何一种方式登录即可，如图 2-54 所示。

（2）计算机客户端：通过官方网站即可下载使用，如图 2-55 所示。

图 2-54　腾讯文档

图 2-55　腾讯文档的计算机客户端

（3）手机端：①微信：打开微信—发现—小程序，搜索“腾讯文档”后，即可直接使用微信登录，进入腾讯文档，如图 2-56 所示。②“腾讯文档”App：进入页面后，点击使用 QQ、TIM、微信，登录即可，如图 2-57 所示。

图 2-56　腾讯文档小程序

图 2-57　腾讯文档 App

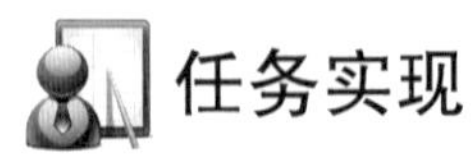

任务实现

多人合作编辑培训教材的难点在于生成一个共同的目录，解决这一问题的方法如下。

在每章应用“标题 1”“标题 2”等样式：对各级标题分别应用“标题 1”“标题 2”等样式，这是生成目录的前提。

为了简单，防止出错，我们这样做：将 5 章的 5 个文件拷贝到 C 盘的根目录，分别改名为“1.doc”……“5.doc”。同样在 C 盘的根目录下，建立一个空的文件“目录.doc”，在其中输入相关内容。输入完成后，右击“toc”，选择“更新域”，即可生成合并的目录，如图 2-58 所示。

注意：大括号是按功能键 F9 产生的；当输入 rd 时，有可能所输入的内容消失了，这时应该按图 2-59 操作。单击“显示/隐藏标记”按钮，或按快捷键“Ctrl+ *”，如图 2-60 所示。

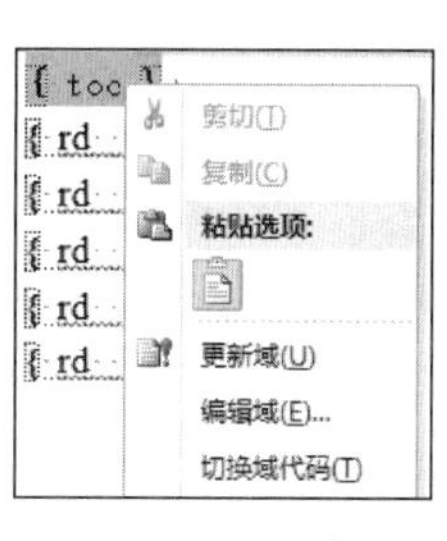

图 2-58　更新域

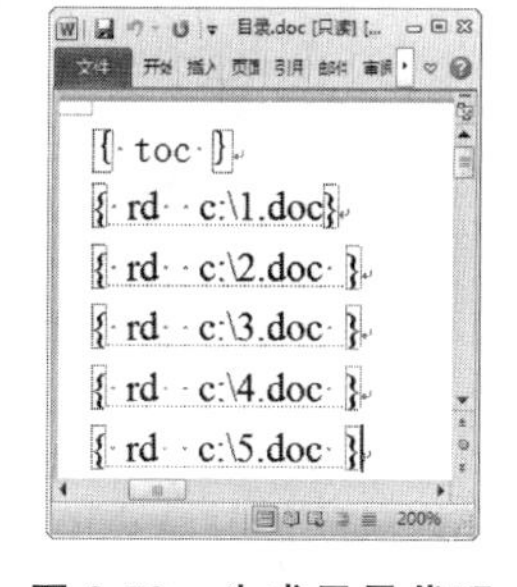

图 2-59　生成目录代码

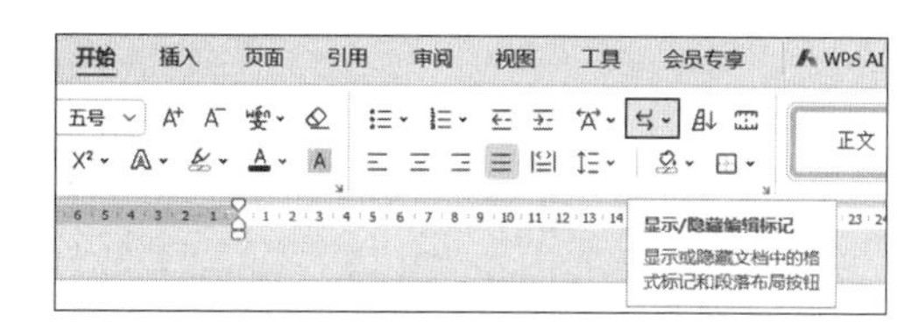

图 2-60　“显示/隐藏标记”按钮

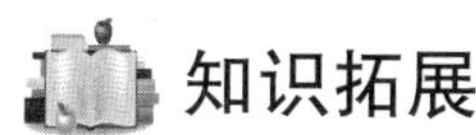 知识拓展

用 WPS 生成二维码

二维码的用途非常广泛，我们可以用 WPS 生成二维码作为名片、网址等。方法如下。

(1) 新建一个 WPS 文字文档，然后用 WPS 打开，或者使用 WPS 打开现有的 WPS 文字文档。

(2) 在菜单栏依次单击“插入”—“更多”—“二维码”，如图 2-61 所示。

(3) 之后会弹出“插入二维码”对话框，如图 2-62 所示，即可以进行生成条码操作。

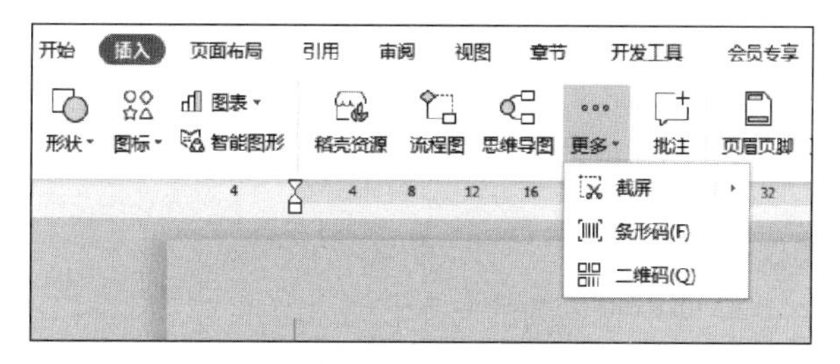

图 2-61　插入二维码

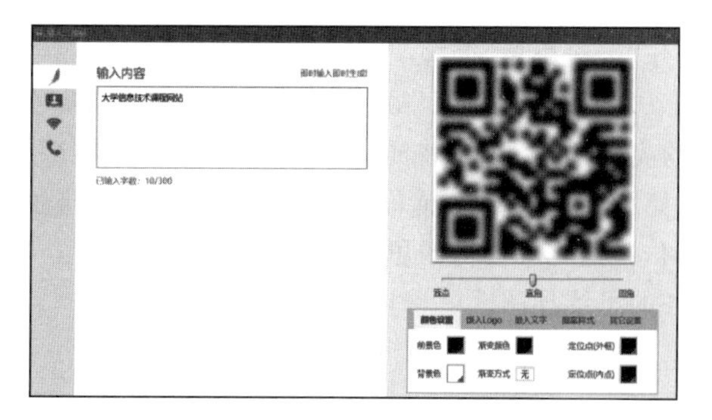

图 2-62　“插入二维码”对话框

(4) 根据实际情况，在左侧输入内容框内输入内容，如“大学信息技术课程网站”，可以看到右侧区域同步生成了相应的条码。我们可以更改条码显示方式、颜色，可以根据需要添加 Logo、嵌入文字等，如图 2-63 所示。我们也可以将二维码作为名片或者 Wi-Fi 密码的载体，只需要在上图中左侧区域选择相应功能进行填写即可。

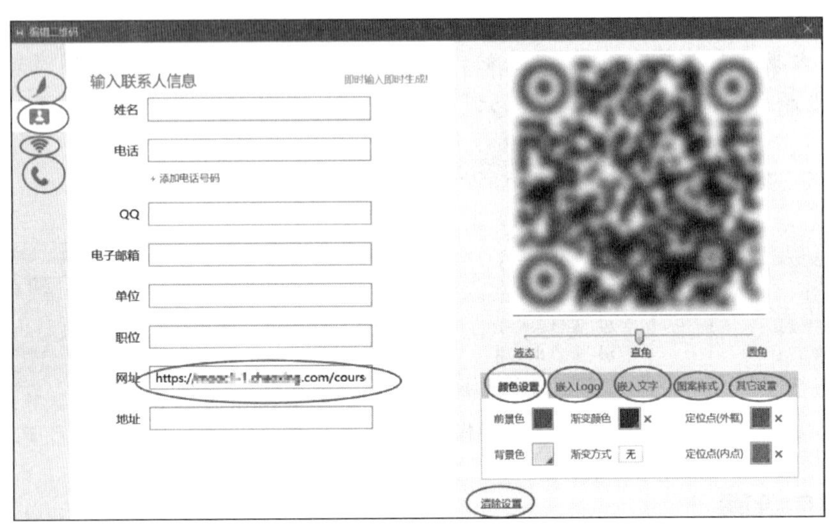

图 2-63　编辑二维码

之后我们用手机或者其他设备进行扫描二维码，可以看到相应的显示结果。如果需要重新生成条码，只需要单击最下方的“清除设置”即可。

任务训练

以小组为单位，通过各种不同的方式登录金山文档、腾讯文档，模拟团队协作进行协调办公的情境，体验金山文档、腾讯文档的各种功能。

综合训练

综合训练 2-1　团队作业

(1) 分小组介绍在互联网中收集到的与本任务相关的学习材料。

(2) 在互联网中，搜索某主题内容、图片，以小组为单位，通过腾讯文档（或金山文档）在线协作来共同制作一个长文档，介绍制作过程并且录屏、上传到校内课程网站。

综合训练 2-2　制作“七一勋章”简报

2021 年 6 月 29 日 10 时，“七一勋章”颁授仪式在人民大会堂隆重举行；根据《中共中央关于授予“七一勋章”的决定》，授予 29 名同志“七一勋章”。王晓红准备为其中四位战斗英雄制作一份宣传简报，如图 2-64 所示。请你协助王晓红完成编辑排版的工作。

综合训练 2-3　制作并美化本任务的思维导图

制作并美化本任务的思维导图。

七一勋章
七一勋章，中共中央用于表彰全国优秀共产党员、全国优秀党务工作者和全国先进基层党组织的荣誉。2021年3月，中共中央办公厅印发《通知》以中共中央名义首次颁授“七一勋章”。2021年6月29日10时，“七一勋章”颁授仪式在人民大会堂隆重举行，根据《中共中央关于授予“七一勋章”的决定》授予29名同志“七一勋章”。
七一勋章
计算机学院
移动通信学院
学生会
战斗英雄篇
2015年12月25日，中共中央印发了《关于建立健全党和国家功勋荣誉表彰制度的意见》。2015年12月27日，十二届全国人大常委会第十八次会议表决通过了《中华人民共和国国家勋章和国家荣誉称号法》。2016年4月，党中央决定成立党和国家功勋荣誉表彰工作委员会，负责统筹协调党和国家功勋荣誉表彰工作。委员会成立后，加强总体谋划，创造性开展工作，多次召开委员会会议，以及地方、部门和专家学者座谈会，深入研究论证，广泛征求意见，起草制定了党内、国家、军队3个功勋荣誉
战斗英雄篇
分节符(连续)
柴云振
柴云振（1926年10月—2018年12月26日），男，汉族，四川省岳池县大佛乡人，四川省岳池县财政局原副县级离休干部。曾任志愿军十五军四十五师一三四团八连七班班长。
1950年10月，柴云振随志愿军开赴朝鲜前线作战，1951年5月，柴云振在朝鲜金化西南三十千米江原道芝浦地区的朴达峰，担负阻击北上敌军的任务中负伤，后转移至包头市部队医院。伤愈回到家乡隐姓埋名，与部队失去联系。经过33年艰苦寻找，1984年在广安市岳池县找到他，1985年受邀访问朝鲜并被授勋。
王占山
王占山，男，汉族，1929年12月生，河北唐山丰南人，1948年8月入党。河南省安阳军分区原副师职顾问，第四、五届全国人大代表。战功赫赫的百战老兵，先后参加辽沈、平津、衡宝、两广、抗美援朝、中越边境自卫还击作战，出生入死、英勇杀敌，4次受到毛主席亲切接见。
在抗美援朝金城战役中，带领战友坚守阵地4天4夜，打退敌人38次进攻，歼敌400余人。离休后，情系国防事业，倾心传播红色革命基因。
孙景坤
孙景坤，男，汉族，1924年10月20日生，1949年1月加入中国共产党，辽宁庄河人，1948年1月参加中国人民解放军，1955年1月复员回乡务农。
在解放战争中，他先后参加四平战役、辽沈战役、平津战役、解放长沙战役和解放海南岛战役，荣立二等功两次、三等功一次，被授予解放东北纪念章、解放华北纪念章、解放华中南纪念章和解放海南岛纪念章。在抗美援朝战争中，荣获一等功一次、三等功一次，1953年被授予抗美援朝一级战士荣誉勋章。
郭瑞祥
郭瑞祥，男，汉族，1920年12月生，1937年3月入党，河北魏县人。16岁投身革命，抗日战争时期，参加冀南战斗、反扫荡战役、肖渠战斗、曹县东南反顽战役等，作战英勇。解放战争时期，在情况非常危急、部队成分不纯的情况下，及时整顿健全组织、加强党的领导，有效挽救危局。离休后生活简朴，始终保持红军的政治本色。荣获三级独立自由勋章、三级解放勋章、独立功勋荣誉章。

图 2-64 “七一勋章”简报

任务 3

电子表格的处理

学习情境

学期考试结束了，班主任老师需要对全班同学的考试成绩进行统计分析，以便从多个角度了解同学们的学习情况。老师请王晓红来帮忙，并且提出了一些要求，如统计每个同学的总分、平均分、排名及班级各科平均分；对不及格的同学需要特别标注出来；按照给定条件挑出相应的同学；将某些科目的分数转换为等级；用图表直观地显示数据。

王晓红决定用 WPS 表格来处理。在应用 WPS 表格的过程中，王晓红深深地体会到 WPS 表格功能强大、应用技巧繁多，需要花很多的时间研究和学习，甚至还可以用 VBA 进行编程，使 WPS 表格的应用更加自动化。

然而，不管电子表格的应用是简单还是复杂，都会涉及工作表和工作簿操作、公式和函数的使用、图表分析展示数据、数据处理等内容，这些也是层层深入的，所以我们的学习也从四个子任务层层深入来展开，对应着以上四个方面的内容。

学习目标

➢ **知识目标**

(1) 掌握新建、保存、打开和关闭工作簿，掌握单元格、行和列的相关操作。

(2) 掌握数据录入的技巧，如快速输入特殊数据、使用自定义序列填充单元格等。

(3) 熟悉工作簿的保护、撤销保护和共享，掌握相对引用、绝对引用、混合引用。

(4) 熟悉公式和函数的使用，掌握平均值、最大值/最小值、求和、计数等常见函数的使用。

➢ **能力目标**

(1) 了解常见的图表类型，掌握利用表格数据制作常用图表的方法。

(2) 掌握自动筛选、自定义筛选、高级筛选、排序和分类汇总等操作。

(3) 理解数据透视表的概念，能利用数据透视表创建数据透视图。

(4) 掌握页面布局、打印预览和打印操作的相关设置。

➢ **素养目标**

(1) 能了解电子表格的应用场景，熟悉相关工具的功能和操作界面。

(2) 能够利用 WPS 表格解决生活、学习和工作中的实际问题。

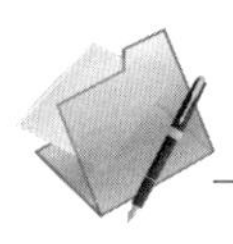

任务 3.1 创建并美化电子表格

任务描述

制作并修饰 21 级软件专业成绩表

请将“1 班期末成绩统计.xlsx”“2 班期末成绩统计.xlsx”“3 班期末成绩统计.xlsx”整理成一个文件“软件技术专业 21 级成绩统计.xlsx”，如图 3-1 所示。修改并修饰表格，如图 3-2～图 3-4 所示。

软件技术专业2021级第二学期成绩统计

编号	姓名	入学日期	班级	性别	大学信息技术	数据结构	数据库原	网页前端	计算机网络	总分	平均分	成绩等级	年级
001	王一兰	2021/9/1	1班	女	76	64	62	83	79				
002	曾雪依	2021/9/1	1班	女	70	66	80	80	68			优秀	
003	陈嵩昤	2021/9/1	1班	女	74	72	74	79	63			良好	
004	吴心怡	2021/9/1	1班	女	85	62	65	75	46			中等	
005	赵艺萱	2021/9/1	1班	女	91	96	98	94	86			及格	
006	丁雪飞	2021/9/1	1班	女	55	62	28	57	60			不及格	
007	钱思雨	2021/9/1	1班	女	79	72	65	74	71				
008	范丁玉	2021/9/1	1班	男	76	37	37	68	73				
009	李梦琪	2021/9/1	1班	男	49	73	60	74	68				
010	李超	2021/9/1	1班	男	79	69	30	80	68				
011	汤永昌	2021/9/1	1班	男	77	73	75	82	38				
012	柯亚红	2021/9/1	1班	女	85	76	78	78	81				
013	刘文杰	2021/9/1	1班	男	77	71	40	81	78				
014	蔡晨	2021/9/1	1班	男	81	68	80	80	62				
015	刘瑜	2021/9/1	1班	男	81	74	78	70	79				
016	管志权	2021/9/1	1班	男	50	82	90	85	84				
017	黄李	2021/9/1	1班	女	93	77	60	80	67				
018	周琪	2021/9/1	1班	女	64	72	75	76	60				
019	肖广	2021/9/1	1班	男	92	50	32	64	60				
020	蔡迪嘉	2021/9/1	2班	男	67	75	86	89	87				
021	常援琪	2021/9/1	2班	男	80	82	81	90	73				
022	陈贝一	2021/9/1	2班	女	59	80	62	77	73				
023	孙润祺	2021/9/1	2班	男	53	81	42	75	63				
024	程晓洁	2021/9/1	2班	男	58	67	71	70	63				
025	崔梦鑫	2021/9/1	2班	男	72	71	75	78	87				
026	邓智航	2021/9/1	2班	男	81	75	82	83	71				
027	杜格格	2021/9/1	2班	男	80	69	61	83	73				
028	段雨佳	2021/9/1	2班	男	80	81	89	91	73				
029	樊佳磊	2021/9/1	2班	女	79	68	75	74	77				

全年级成绩 1班成绩 2班成绩 3班成绩

图 3-1 软件技术专业 21 级成绩

软件技术专业2021级第二学期成绩统计

编号	姓名	入学日期	班级	性别	大学信息技术	数据结构	数据库原理	网页前端设计	计算机网络	总分	平
001	王一兰	2021年9月1日	1班	女	76	64	62	83	79		
002	曾雪依	2021年9月1日	1班	女	70	66	80	80	68		
003	陈嵩昤	2021年9月1日	1班	女	74	72	74	79	63		
004	吴心怡	2021年9月1日	1班	女	85	62	65	75	46		
005	赵艺萱	2021年9月1日	1班	女	91	96	98	94	86		
006	丁雪飞	2021年9月1日	1班	女	55	62	28	57	60		
007	钱思雨	2021年9月1日	1班	女	79	72	65	74	71		
008	范丁玉	2021年9月1日	1班	男	76	37	37	68	73		
009	李梦琪	2021年9月1日	1班	男	49	73	60	74	68		
010	李超	2021年9月1日	1班	男	79	69	30	80	68		
011	汤永昌	2021年9月1日	1班	男	77	73	75	82	38		
012	柯亚红	2021年9月1日	1班	女	85	76	78	78	81		
013	刘文杰	2021年9月1日	1班	男	77	71	40	81	78		
014	蔡晨	2021年9月1日	1班	男	81	68	80	80	62		
015	刘瑜	2021年9月1日	1班	男	81	74	78	70	79		
016	管志权	2021年9月1日	1班	男	50	82	90	85	84		
017	黄李	2021年9月1日	1班	女	93	77	60	80	67		
018	周琪	2021年9月1日	1班	女	64	72	75	76	60		

全年级成绩-手动美化 全年级成绩-用表格样式美化 全年级成绩-用插入表格汇总、美化

图 3-2 手工修饰后的工作表

软件技术专业2021级第二学期成绩统计

编号	姓名	入学日期	班级	性别	大学信息技术	数据结构	数据库原	网页前端	计算机网络	总分
001	王一兰	2021/9/1	1班	女	76	64	62	83	79	
002	曾雪依	2021/9/1	1班	女	70	66	80	80	68	
003	陈嵩吟	2021/9/1	1班	女	74	72	74	79	63	
004	吴心怡	2021/9/1	1班	女	85	62	65	75	46	
005	赵艺萱	2021/9/1	1班	女	91	96	98	94	86	
006	丁雪飞	2021/9/1	1班	女	55	62	28	57	60	
007	钱思雨	2021/9/1	1班	女	79	72	65	74	71	
008	范丁玉	2021/9/1	1班	男	76	37	37	68	73	
009	李梦琪	2021/9/1	1班	男	49	73	60	74	68	
010	李超	2021/9/1	1班	男	79	69	30	80	68	
011	汤永昌	2021/9/1	1班	男	77	73	75	82	38	
012	柯亚红	2021/9/1	1班	女	85	76	78	78	81	
013	刘文杰	2021/9/1	1班	男	77	71	40	81	78	
014	蔡晨	2021/9/1	1班	男	81	68	80	80	62	
015	刘瑜	2021/9/1	1班	男	81	74	78	70	79	
016	管志权	2021/9/1	1班	男	50	82	90	85	84	
017	黄李	2021/9/1	1班	女	93	77	60	80	67	
018	周琪	2021/9/1	1班	女	64	72	75	76	60	
019	肖广	2021/9/1	1班	男	92	50	32	64	60	
020	蔡迪嘉	2021/9/1	2班	男	67	75	86	89	87	
021	常援琪	2021/9/1	2班	男	80	82	81	90	73	
022	陈贝一	2021/9/1	2班	女	59	80	62	77	73	
023	孙润祺	2021/9/1	2班	男	53	81	42	75	63	
024	程晓洁	2021/9/1	2班	男	58	67	71	70	63	
025	崔梦鑫	2021/9/1	2班	男	72	71	75	78	87	
026	邓智航	2021/9/1	2班	男	81	75	82	83	71	
027	杜格格	2021/9/1	2班	男	80	69	61	83	73	
028	段雨佳	2021/9/1	2班	男	80	81	89	91	73	
029	樊佳磊	2021/9/1	2班	女	79	68	75	74	77	

全年级成绩-手动美化　全年级成绩-用表格样式美化　全年级成绩-用插入表格汇总、美化

图 3-3　用表格样式修饰后的工作表

软件技术专业2021级第二学期成绩统计

编号	姓名	入学日	班级	性别	大学信息技	数据结	数据库	网页前	计算机网	总分
001	王一兰	2021/9/1	1班	女	76	64	62	83	79	
002	曾雪依	2021/9/1	1班	女	70	66	80	80	68	
003	陈嵩吟	2021/9/1	1班	女	74	72	74	79	63	
004	吴心怡	2021/9/1	1班	女	85	62	65	75	46	
005	赵艺萱	2021/9/1	1班	女	91	96	98	94	86	
006	丁雪飞	2021/9/1	1班	女	55	62	28	57	60	
007	钱思雨	2021/9/1	1班	女	79	72	65	74	71	
008	范丁玉	2021/9/1	1班	男	76	37	37	68	73	
009	李梦琪	2021/9/1	1班	男	49	73	60	74	68	
010	李超	2021/9/1	1班	男	79	69	30	80	68	
011	汤永昌	2021/9/1	1班	男	77	73	75	82	38	
012	柯亚红	2021/9/1	1班	女	85	76	78	78	81	
013	刘文杰	2021/9/1	1班	男	77	71	40	81	78	
014	蔡晨	2021/9/1	1班	男	81	68	80	80	62	
015	刘瑜	2021/9/1	1班	男	81	74	78	70	79	
016	管志权	2021/9/1	1班	男	50	82	90	85	84	
017	黄李	2021/9/1	1班	女	93	77	60	80	67	
018	周琪	2021/9/1	1班	女	64	72	75	76	60	
019	肖广	2021/9/1	1班	男	92	50	32	64	60	
020	蔡迪嘉	2021/9/1	2班	男	67	75	86	89	87	
021	常援琪	2021/9/1	2班	男	80	82	81	90	73	
022	陈贝一	2021/9/1	2班	女	59	80	62	77	73	
023	孙润祺	2021/9/1	2班	男	53	81	42	75	63	
024	程晓洁	2021/9/1	2班	男	58	67	71	70	63	
025	崔梦鑫	2021/9/1	2班	男	72	71	75	78	87	
026	邓智航	2021/9/1	2班	男	81	75	82	83	71	
027	杜格格	2021/9/1	2班	男	80	69	61	83	73	
028	段雨佳	2021/9/1	2班	男	80	81	89	91	73	
029	樊佳磊	2021/9/1	2班	女	79	68	75	74	77	

全年级成绩-手动美化　全年级成绩-用表格样式美化　全年级成绩-用插入表格汇总、美化

图 3-4　插入表格美化后的工作表

任务分析

本子任务涉及用 WPS 表格制作并修饰电子表格的操作。首先让同学们熟悉 WPS 表格的几个基本概念：工作簿、工作表、单元格，然后通过制作上述案例，分析、演示并使同学们一起动手实践工作表和工作簿的基本操作。

知识讲解

一、熟悉 WPS 表格

（一）熟悉 WPS 表格的主要功能

请根据以下功能描述，在空白处填写出 WPS 表格各功能的名字。

________________：WPS 表格最基本的功能便是记录和整理数据，从而制作出各式各样的表格，如员工工资表、员工考勤记录表、学生成绩统计表、销售业绩登记表等。

________________：WPS 表格最大的特点之一就是可以使用强大的公式和函数系统对表格中复杂的数据进行计算，大大提高工作效率，如计算各个企业每月的实发工资、统计学校各班每位同学的总成绩和名次等。

________________：WPS 表格的强大功能还表现在对数据的管理与分析上，如对数据进行排序、筛选和分类汇总等，另外还有功能强大的数据透视表。

________________：在 WPS 表格中还可以利用电子表格中的数据快速创建各种类型的图表，通过图表可以形象地了解工作表中各项数据之间的关系，对数据信息进行比较和分析。

（二）工作簿、工作表、单元格

1. 工作簿

一个电子表格文件称为一个工作簿，它的扩展名是.xlsx（老版本的工作簿扩展名是.xls），一个工作簿中可以包含若干工作表。

2. 工作表

工作簿中的每一张表称为工作表。每个工作表下面都会有一个标签，第一张工作表默认的标签为 Sheet1，第二张工作表默认的标签为 Sheet2，依此类推。

用户可以根据自己的需要进行增加或删除工作表。

每张工作表由 1048576 行和 16384 列（2^20＝行，2^14＝列）所构成，行号的编号自上而下从“1”到“1048576”，16384 个列标则由左到右采用字母表示，其编号规则如下。

（1）A、B、…、Z。

（2）AA、AB、…、AZ；BA、BB、…、BZ；……；ZA、ZB、…、ZZ。

（3）AAA、AAB、…、AAZ、BBA、BBB、…、BBZ；……；XFA、…、XFD。

3. 单元格

工作表中的行和列的交叉的每个格子称为单元格，是电子表格用于保存数据的最小单位。单元格的默认命名方法是：列标＋行号，如 B3、F4 等。一个空白的 WPS 表格工作表中最后一个单元格（右下角）的单元格是 XFD1048576。

（三）熟悉 WPS 表格的工作界面

WPS 表格的其工作界面如图 3-5 所示。最好记住界面组成中的各部分规范的名字，以便与他人交流时，彼此之间能准确理解对方的表述。

请根据以下组成部分的描述，在空白处填写出各组成部分的名字。

（1）________________：显示当前工作簿的名称，右侧与操作系统的窗口相似，包含“最

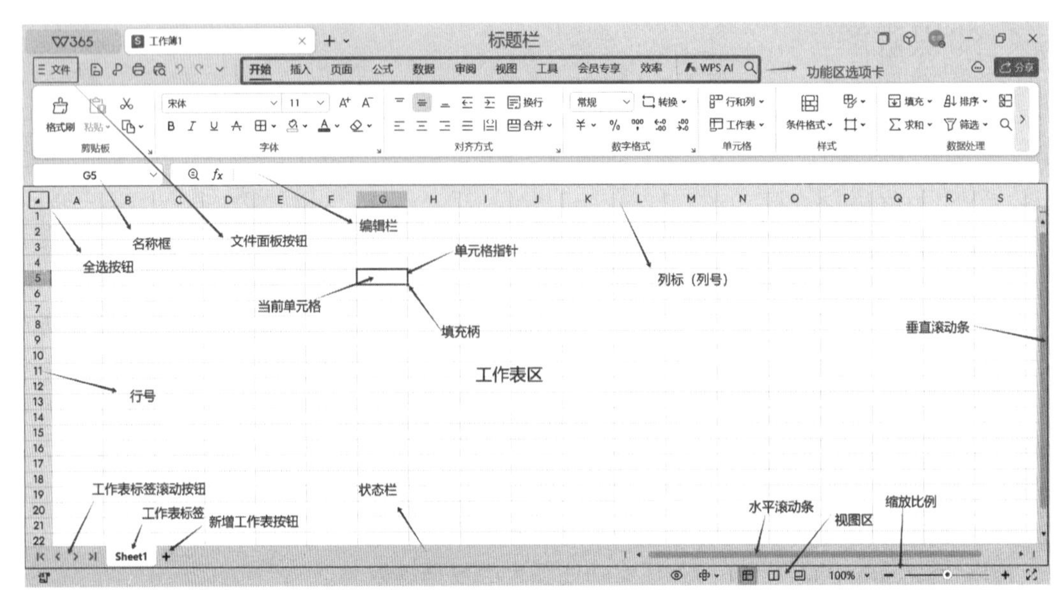

图 3-5 WPS 表格的工作界面

小化"按钮 、"最大化/还原"按钮 / 和"关闭"按钮 ，用于控制工作界面的大小。

(2) ________________：将常用功能和命令以按钮、图标或下拉列表的形式分门别类地显示出来，选择某一选项卡即可展开对应的功能面板，然后进行具体操作。除此之外，WPS 表格将文件的保存、打开、关闭、新建以及打印等功能全部整合在"文件"菜单中，方便用户对文件的操作。

(3) ________________：其主要元素包括列标、行号、单元格、水平滚动条、垂直滚动条、工作表标签以及快速切换工作表标签的按钮组。

(4) ________________：用于显示当前单元格的地址和名称。

(5) ________________：用于显示和编辑当前活动单元格中的数据或公式。

(6) ________________：显示工作簿的工作状态，右下角包含用于控制页面显示的按钮组和控制工作区显示比例的滑块按钮。

(7) ________________：当前单元格的框线变为粗黑线，粗黑框线就称为单元格指针。单元格指针移动到某单元格，则该单元格就成为当前单元格。

(8) ________________：位于选定区域右下角的小黑方块。当鼠标指针移动到该小黑方块上时，鼠标的指针更改为黑十字。用于复制公式和自动填充数据。

二、操作工作表

工作表是 WPS 表格存放数据的容器，我们要熟悉操作工作表的方法。

（一）选择工作表

选择单个工作表：直接单击工作簿中需选择工作表的工作表标签。

选择不连续的工作表：借助 Ctrl 键，操作方法与 Windows 中选择文件相同。

选择连续的工作表：借助 Shift 键，操作方法与 Windows 中选择文件相同。

（二）插入工作表

插入工作表的方法很多，举例如下。

方法 1：快捷插入。在 WPS 表格工作界面中，单击状态栏中的“插入工作表”按钮，将在选择工作表的后面插入一张工作表；按“Shift＋F11”组合键，可在前面插入一张工作表。

方法 2：通过功能区。依次单击选择“开始”—“单元格”—“插入”—“插入工作表”按钮。

（三）重命名工作表

在工作簿中默认或新建的工作表都是以 Sheet＋数字（1、2、3、4……）的方式进行命名，在实际应用中为了方便记忆和管理，通常会将工作表命名为与其所展示的内容相关联的名称。重命名工作表的方法举例如下。

方法 1：右击工作表标签，在弹出的快捷菜单中选择“重命名”命令。

方法 2：双击工作表标签。

（四）移动和复制工作表

移动和复制工作表的方法有以下几种。

方法 1：在同一工作簿中移动或复制工作表。打开“移动或复制工作表”对话框，在“下列选定工作表之前”列表框中设置移动或复制（选中 ☑建立副本(C) 复选框）后的位置，单击 确定 按钮，如图 3-6 所示。

在不同工作簿中移动或复制工作表的方法类似前述，如图 3-7 所示。

图 3-6 同一工作簿中移动或复制

图 3-7 不同工作簿中移动或复制

方法 2：选择工作表，按住 Ctrl 键同时按住鼠标左键不放拖动可复制所选工作表。

（五）设置工作表标签颜色

WPS 表格中默认的工作表标签颜色是统一的白色，为了区别工作簿中的各个工作表，除了对工作表进行重命名外，还可以为工作表的标签设置不同颜色。常用方法是：右击工作表标签，选择“工作表标签颜色”选项，再在弹出的子列表中选择一种颜色即可。

（六）拆分和冻结工作表窗口

1. 拆分窗口与取消拆分

一个工作表窗口可以拆分为“两个窗口”或“四个窗口”，方便我们同时浏览一个较大工作表的不同部分。基本方法是：拆分窗口，单击要拆分的行或列的位置（或其中的某个单元格），单击功能区“视图”—“拆分”命令，即可拆分成两个（或四个）窗口；取消拆分，将拆分条拖回到原来的位置或双击拆分条。

2. 冻结窗口与取消冻结

工作表较大时，在向下或向右滚动浏览时将无法始终在窗口中显示前几行或前几列，此时，采用“冻结”行或列的方法可以始终显示表的前几行或前几列。基本方法是：选定要冻结的位置（行、列或单元格），单击功能区“视图”—“窗口”功能组—“冻结窗格”—“冻结窗格”（注：在“窗口”功能组的“冻结窗口”里，还可以选择“冻结首行”或“冻结首列”）。取消冻结的方法为：依次单击“视图”—“窗口”功能组—“冻结窗口”—“取消冻结窗格”。

三、开始制作电子表格

（一）在单元格中输入数据

WPS 表格数据输入和编辑须先选定某单元格使其成为当前单元格，输入和编辑数据要在当前单元格中进行，也可以在数据编辑区进行。

(1) 输入文本：文本数据可由汉字、字母、数字、特殊符号、空格等组合而成。在当前单元格输入文本后，按 Enter 键或移动光标到其他单元格即可完成文本输入。

(2) 输入数值：数值数据一般由数字、+、-、小数点、¥、$、%等组成。输入数值时，默认形式为常规表示法。当数值长度超过单元格宽度时，自动转换成科学表示法。

(3) 输入日期和时间：在单元格中输入 WPS 表格可识别的日期或时间数据时，单元格的格式自动转换为相应的“日期”或“时间”格式。

(4) 自动填充单元格数据序列：对于一些有规律或相同的数据，可以采用自动填充功能高效输入。

① 利用对话框填充数据序列：利用“开始”选项卡“编辑”命令组内的“填充”命令。

② 利用填充柄填充数据序列。选择起始单元格，输入序列中的一个值，如：“星期一”，按住该单元格的填充柄往下或往右拉，即可自动填充“星期一”到“星期日”的序列。

如果默认的数据序列没有想要的，可以添加新的数据序列：首先选择“文件”选项卡下的“选项”命令，打开“选项”对话框，单击左侧的“自定义序列”，打开“自定义序列”对话框，在对话框中选择“自定义序列”标签所对应的选项卡，在右侧“输入序列”下输入用户自定义的数据序列，单击“添加”和“确定”按钮即可，或利用右下方的折叠按钮，选中工作表中已定义的数据序列，按“导入”按钮即可。

（二）删除或修改单元格内容

1. 删除单元格内容

选定要删除内容的单元格，按 Delete 键可删除单元格内容。使用 Delete 键时，只有数据从单元格中被删除，单元格的其他属性，如格式等仍然保留。如果想要删除单元格的内容和其他属性，可选择“开始”选项卡“编辑”命令组的“清除”命令，进行“全部清除”“清除格式”“清除内容”“清除批注”“清除超链接”等操作。

2. 修改单元格内容

(1) 单击单元格，输入数据后按 Enter 键即完成单元格内容的修改。

(2) 双击单元格，可以对单元格中的内容进行编辑修改。

(3) 单击单元格，然后单击数据编辑区，在编辑区内修改或编辑内容。

（三）关于单元格、行、列的操作

（1）移动或复制单元格。可使用功能选项卡命令、快捷菜单命令、也可以通过鼠标拖动。

（2）插入行、列与单元格。单击“开始”选项卡“单元格”命令组的“插入”命令，或用快捷菜单命令。

（3）删除行、列与单元格。选定要删除的行或列或单元格，选择“开始”选项卡，单击“单元格”命令组内的“删除”命令，单元格的内容和单元格将一起从工作表中消失。

四、修饰工作表

工作表建立后，还可以对表格进行格式化操作，使表格更加直观和美观。WPS 表格可利用“开始”功能区选项卡内的命令组对表格字体、对齐方式和数据格式等进行设置。“开始”功能区的功能如图 3-8 所示。

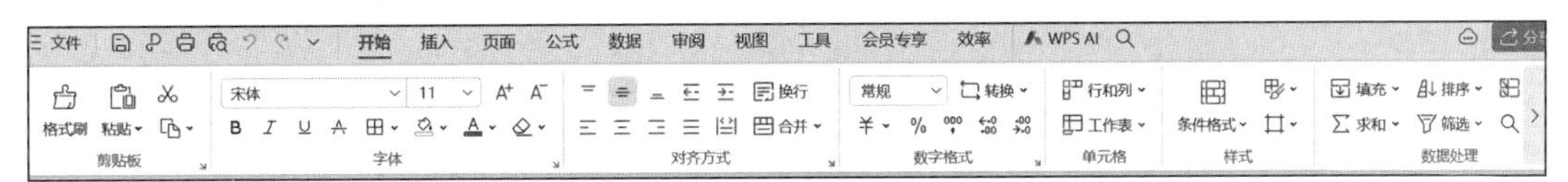

图 3-8 “开始”功能区选项卡

（一）设置单元格格式

选择“开始”选项卡的“字体”等命令组右下的小按钮，在弹出的对话框中有“数字”“对齐”“字体”“边框”“图案”和“保护”共 6 个选项卡，可以设置单元格的格式，如图 3-9 所示。

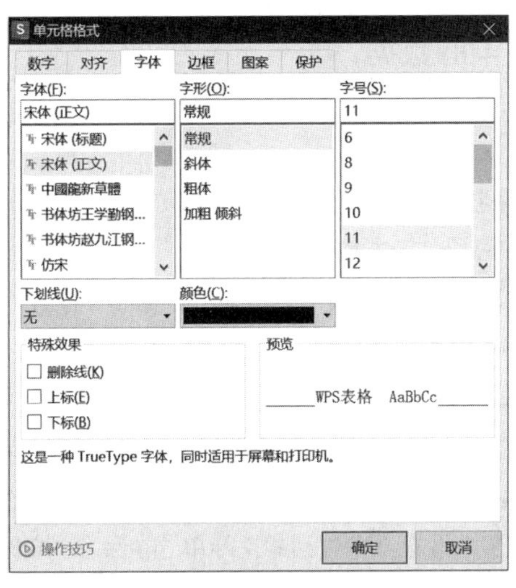

图 3-9 “单元格格式”对话框

（二）设置列宽和行高

单元格具有默认的列宽和行高，用户可以根据需要自行设置列宽和行高。

（1）使用鼠标粗略设置列宽（行高）：将鼠标指针指向要改变列宽的列标（行号）之间的分隔线上，鼠标指针变成水平双向箭头形状，然后按住鼠标左键并拖动鼠标，调整到合适宽度(高度),放开鼠标即可;也可双击,单元格会自动调整到适合的列宽(行高)。

(2) 使用"列宽""行高"命令精确设置列宽(行高):选定需要调整列宽的区域,选择"开始"选项卡内的"单元格"命令组的"格式"命令即可。

(三) 设置条件格式

可以利用"开始"选项卡内的"条件格式"命令,如图 3-10所示。

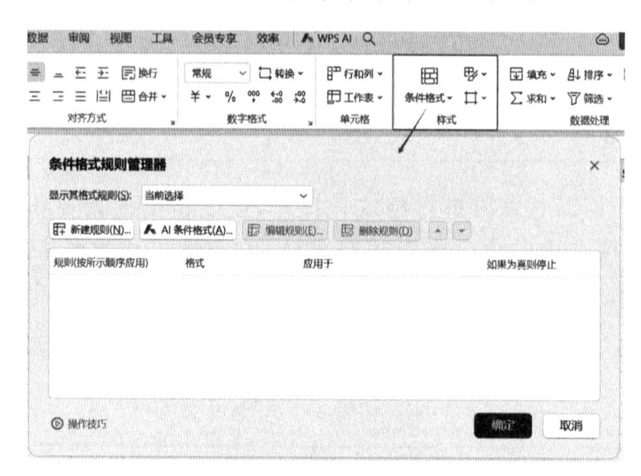

图 3-10 条件格式命令和弹出来的对话框

(四) 自动套用格式

自动套用格式是把 WPS 表格提供的显示格式自动套用到用户指定的单元格区域,可以使表格更加美观。利用"开始"选项卡内的"样式"命令组的"套用表格格式"命令。

五、保护 WPS 表格中的数据

(一) 保护工作簿

1. 访问工作簿的权限保护

(1) 为工作簿设置打开密码,方法如下。

① 打开工作簿,选择"文件"选项卡下的"另存为"命令,打开"另存为"对话框。

② 单击"另存为"对话框的"工具"下拉列表框,并在出现的下拉列表中单击"常规选项",出现"常规选项"对话框。

③ 在"常规选项"对话框的"打开权限密码"框中输入密码,单击"确定"按钮后,要求用户再输入一次密码,以便确认。

④ 单击"确定"按钮,退到"另存为"对话框,再单击"保存"按钮即可。

打开设置了密码的工作簿时,将出现"密码"对话框,只有正确地输入了密码后才能打开工作簿,密码是区分大小写字母的。

(2) 为工作簿设置"修改权限密码",方法与上述类似。

(3) 修改或取消密码,方法与上述类似。

2. 对工作簿工作表和窗口的保护

如果不允许对工作簿中的工作表进行移动、删除、插入、隐藏、取消隐藏、重新命名或禁止对工作簿窗口的移动、缩放、隐藏、取消隐藏等操作。可如下设置:选择“审阅”选项卡下的“更改”命令组,选择“保护工作簿”命令,然后按实际需要进行操作。

(二) 保护工作表

在 WPS 表格中,我们可以保护工作簿中指定的工作表。具体操作如下。

(1) 使要保护的工作表成为当前工作表。

(2) 选择“审阅”选项卡下的“更改”功能组,选择“保护工作表”命令。

(三) 隐藏工作表、行、列

除了上述密码保护外,也可以对工作表赋予“隐藏”特性,使之可以使用,但其内容不可见。从而得到一定程度的保护。

利用“审阅”选项卡下的“窗口”命令组的“隐藏”命令可以隐藏工作簿工作表的窗口。

使用“隐藏命令”还可以隐藏工作表的某行或某列。选定需要隐藏的行(列),右击,在弹出的菜单中选择“隐藏”命令,则隐藏的行(列)将不显示,但可以引用其中单元格的数据,行或列隐藏处出现一条黑线。选定已隐藏行(列)的相邻行(列),右击,在弹出的菜单中选择“取消隐藏”命令,即可显示隐藏的行或列。

六、利用数据验证规范数据的输入

(一) 数据验证的设置

数据验证的功能是用于定义可以在单元格中输入或应该在单元格中输入的数据。它可以配置数据验证以防止用户输入无效数据。也可以允许用户输入无效数据,但当用户尝试在单元格中键入无效数据时会向其发出警告。此外,还可以提供一些消息,以定义期望在单元格中输入的内容,以及帮助用户更正错误的说明。

数据验证选项位于“数据”选项卡上的“有效性”组中,用户可以在“数据有效性”对话框中配置数据验证,如图 3-11 所示。

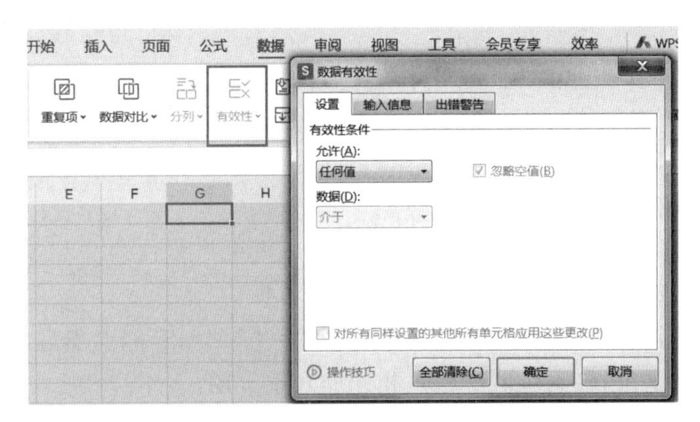

图 3-11 数据验证命令和数据验证对话框

(二) 数据验证的清除

选择要清除数据验证的单元格或单元格区域,在功能区,依次单击“数据”—“数据验证”—“数据验证”—“全部清除”即可。

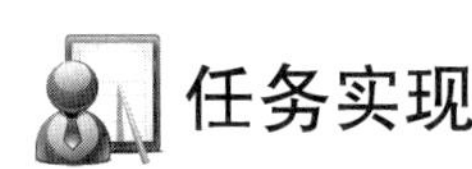

任务实现

1. 制作

(1) 将 1 班～3 班的数据合并到一起。

先将要合并的三个电子表格文件（“1 班期末成绩统计.xlsx”“2 班期末成绩统计.xlsx”“3 班期末成绩统计.xlsx”）都打开，新建一个工作簿，并以“软件技术专业 21 级成绩统计.xlsx”为文件名保存，然后打开该工作簿，将其工作表“sheet 1”重命名为“全年级成绩”，然后选中的 A2 单元格，在 A1 单元格中输入“软件技术专业 21 级成绩”，然后执行以下两种方法之一。

方法 1：用合并计算的方法。单击数据功能区中的“合并计算”按钮，单击引用按钮后依次添加合并区域，单击“确定”按钮即可，如图 3-12 所示。

方法 2：依次用复制、粘贴的方法，将三个班的分数依次复制到新建工作簿的工作表“全年级成绩”中，更改工作表标签颜色为红色。

(2) 将三个电子表格文件（“1 班期末成绩统计.xlsx”“2 班期末成绩统计.xlsx”“3 班期末成绩统计.xlsx”）的 Sheet1 中各班的成绩都复制到“软件技术专业 21 级成绩统计.xlsx”中，并重命名为“1 班成绩”“2 班成绩”“3 班成绩”。操作方法如图 3-13 所示。

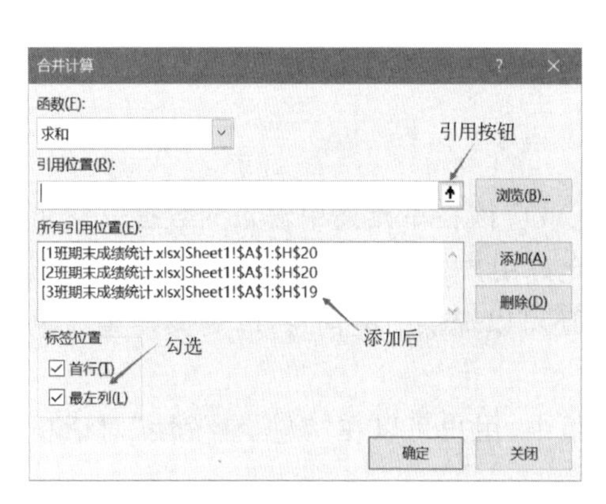

图 3-12　合并计算对话框

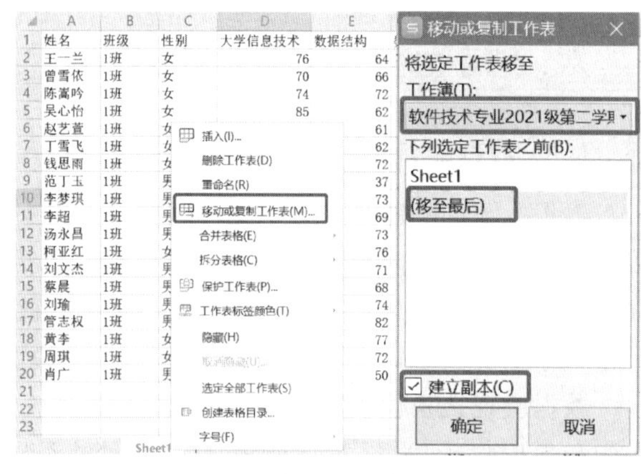

图 3-13　复制工作表的过程

(3) 在工作表“全年级成绩”中，标题行增加以下字段：“总分、平均分、成绩等级、年级排名”，a 列前插入 1 列，输入字段名“编号”、班级字段前插入 1 列，字段名为“入学日期”。

(4) 在工作表“全年级成绩”中的单元格 E60、E61、E62、E63 中分别输入各科平均分、各科最高分、各科最低分、各科参加考试人数。

(5) 在工作表“全年级成绩”中的 A3 单元格输入“001”，然后将光标移动到填充柄，按住鼠标左键往下拉，给每位同学输入编号。

(6) 在工作表“全年级成绩”中，在 C3 单元格输入“2021-09-01”，然后将光标移动到填充柄，按住鼠标左键往下拉，给每位同学输入相同的入学日期。

(7) 在工作表“全年级成绩”中，选中 M2-M58 区域，单击“数据—有效性”，在弹出的“数据有效性”对话框里如图 3-14 设置后，得到效果如图 3-15 所示，可以通过下拉列表输入成绩等级。

(8) 插入批注。选择字段“成绩等级”，然后单击“审阅”—“批注”即可。

2. 修改

(1) 为了防止干扰，隐藏其他三个工作表，隐藏“1 班”“2 班”“3 班”工作表。方法是：按

Ctrl 键，单击“工作表标签”，选中三个工作表，然后右击，选择隐藏即可。

（2）复制两份工作表“全年级成绩”，两个工作表分别更名为“全年级成绩—手动美化”“全年级成绩—用表格样式美化”“全年级成绩—用插入表格汇总、美化”，并更改工作表标签颜色分别为红色、绿色、蓝色。

图 3-14 “数据有效性”对话框里设置及结果

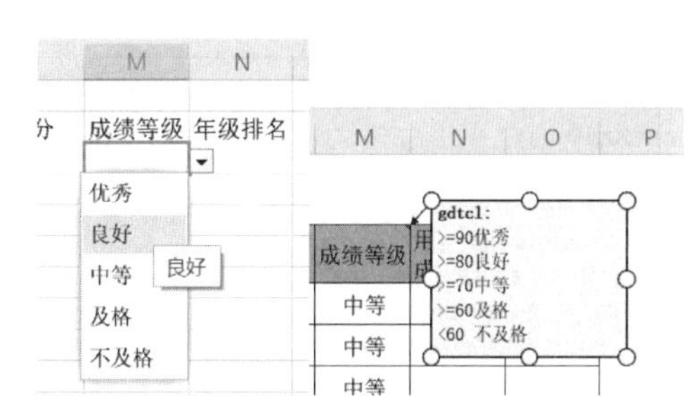

图 3-15 插入批注

3. 手动修饰工作表

在顶端插入一个空行作为标题行，在该行 A1 单元格中输入“21 级软件技术专业成绩统计”。以下操作是在工作表“全年级成绩—手动美化”中进行。效果请参考图 3-1。

（1）标题行跨列居中。选中标题行中 A1:N1 区域，单击“设置单元格格式”指针，弹出对话框，按图 3-16 所示设置。

（2）隐藏网格线，如图 3-17 所示设置。

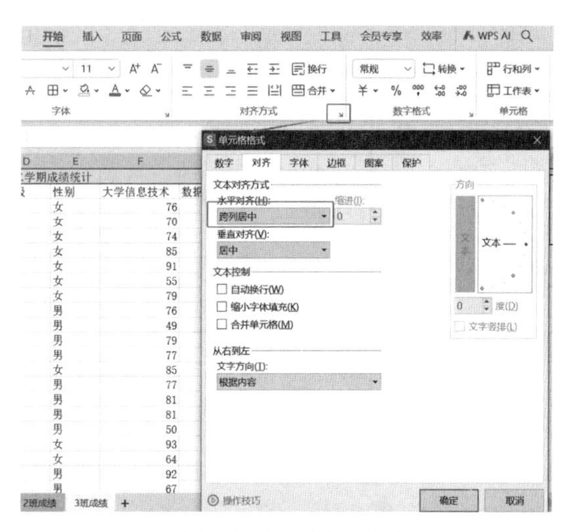

图 3-16 设置跨列居中

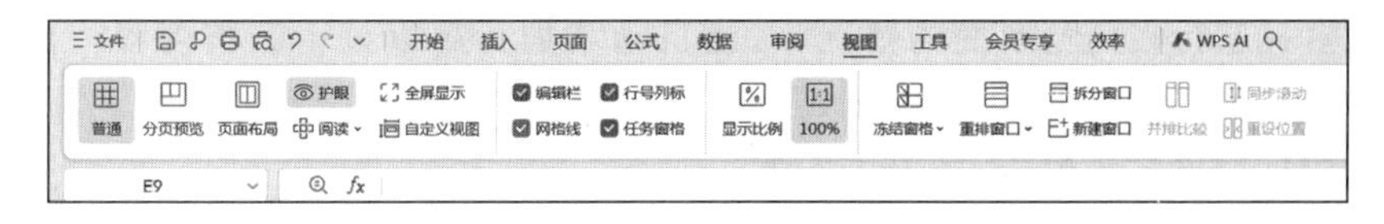

图 3-17 隐藏网格线

（3）通过条件格式设置成绩低于 60 分的分数以红色显示。方法是：先选中成绩区域，然后依次单击“开始”—“条件格式”—“新建规则”，如图 3-18 所示设置即可。

(4) 设置日期格式，如图 3-19 所示设置。

(5) 调整行高和列宽。依次单击“开始”—“单元格”组—“行和列”，出现如图 3-20 所示界面，然后在弹出的对话框中输入行高值 20 磅；用同样的方法设置列宽 8 字符。

(6) 如果出现图 3-21 所示的符号“#”，表明单元格列宽不够，可以修改 C 列列宽得到合适的列宽。

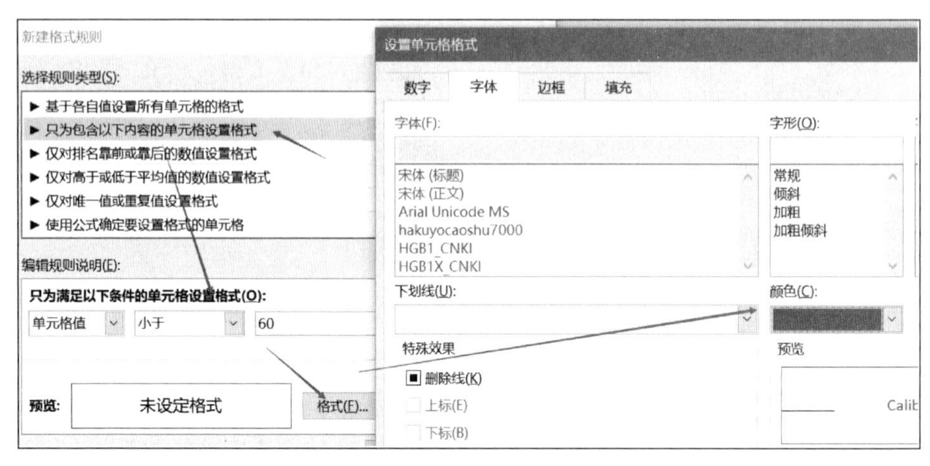

图 3-18　条件格式的新建规则

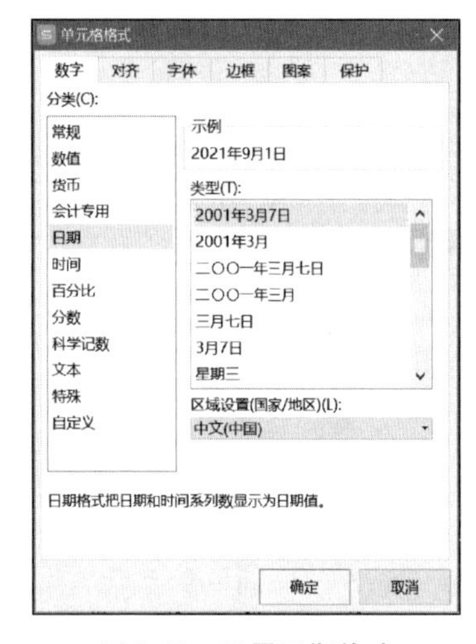

图 3-19　设置日期格式

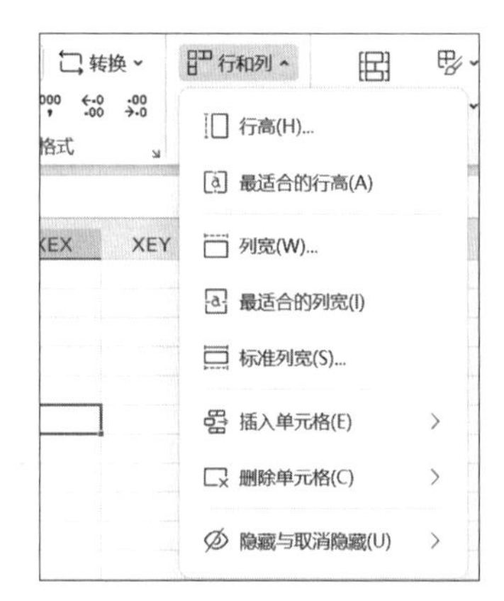

图 3-20　调整行高和列宽

(7) 设置表格内容居中对齐：先选中表格，然后单击“开始”，在“对齐方式”组中单击“水平居中”或“垂直居中”即可。

(8) 设置标题行在列宽不变的情况下，能自动增加行高以显示完整内容。操作为选中首行，依次单击“开始”—“自动换行”即可。

(9) 设置标题格式为黑体、16 磅、蓝色。

(10) 设置表格框线：选中表格，依次单击“开始”—“边框”(字体功能组中)—“其他边框”，弹出“单元格格式”对话框，按图 3-22 所示设置。

(11) 选中 A3:E59，填充浅绿，选中标题行，填充浅蓝。

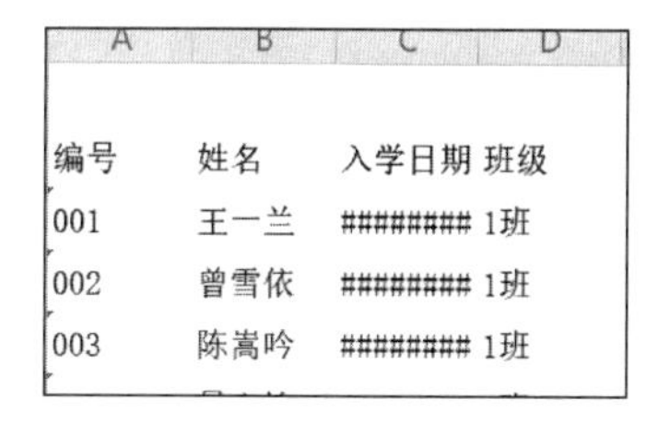

图 3-21 列宽不够

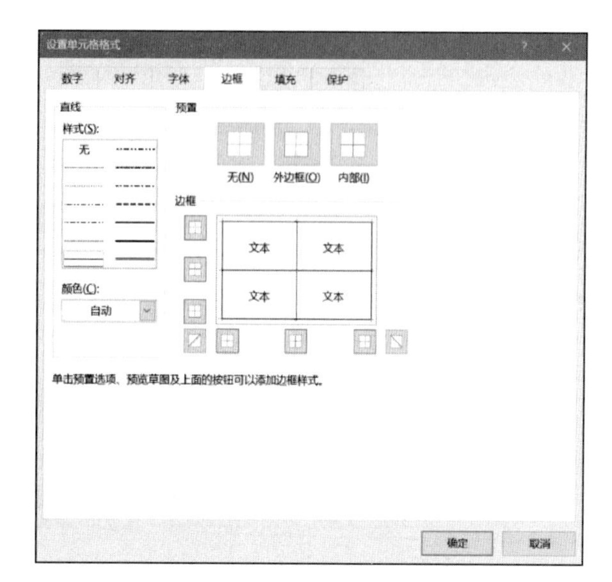

图 3-22 设置表格边框线

（12）冻结至第 3 行。选择第 4 行，依次单击“视图”—“冻结窗格”—“冻结窗格”。冻结窗格可以方便大型表格的浏览。

4. 套用表格格式美化工作表

以下操作是在“全年级成绩—用表格样式美化”中进行。首先选中表格，依次单击“开始”—“套用表格格式”按钮，然后选择某种表格格式，弹出对话框，如图 3-23 所示，单击“确定”按钮。

然后，单击“视图”—去掉勾选“网格线”，这样可以隐藏网格线。

5. 用插入表格美化工作表

以下操作是在“全年级成绩—用插入表格美化”中进行。

首先单击“插入”—“表格”，如图 3-24 所示。弹出与图 3-23 相同的对话框，在单元格区域输入“＄A＄2:＄N＄58”，然后单击“确定”按钮。单击“视图”—去掉勾选“网格线”，这样可以隐藏网格线。勾选表格工具中的汇总行，表格最后一行下增加“汇总”行，通过它可以汇总计算，如图 3-25 所示。

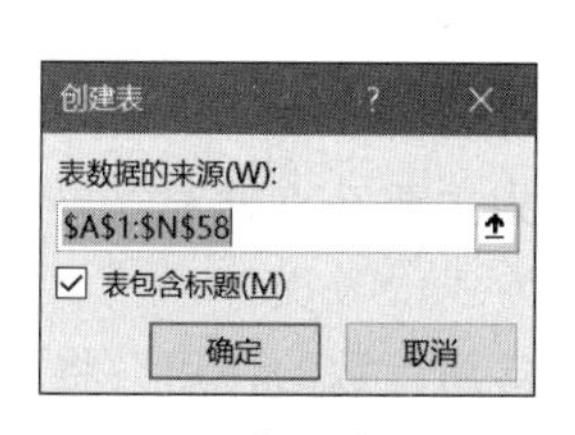

图 3-23 套用表格格式

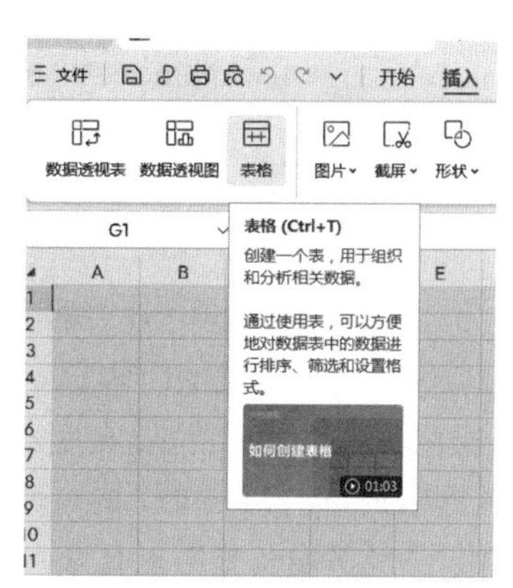

图 3-24 插入—表格

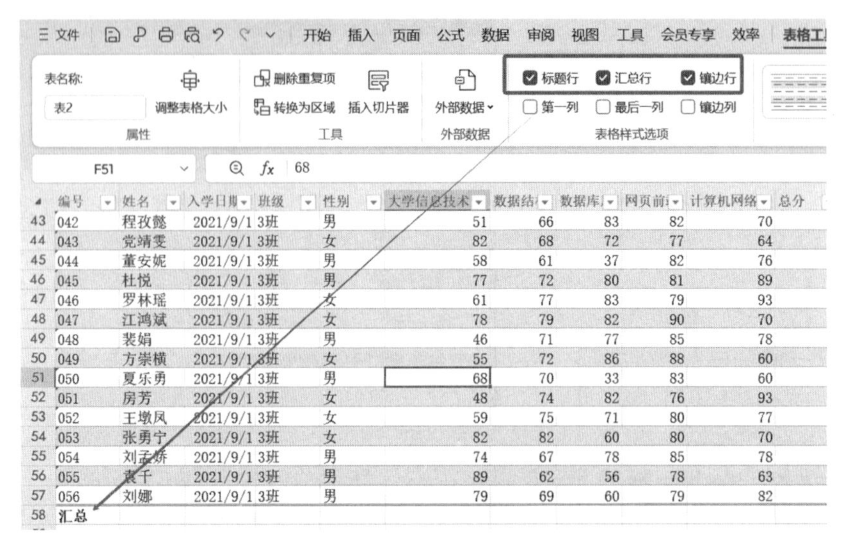

	编号	姓名	入学日期	班级	性别	大学信息技术	数据结	数据库	网页前	计算机网络	总分
43	042	程孜懿	2021/9/1	3班	男	51	66	83	82	70	
44	043	党靖雯	2021/9/1	3班	女	82	68	72	77	64	
45	044	董安妮	2021/9/1	3班	男	58	61	37	82	76	
46	045	杜悦	2021/9/1	3班	男	77	72	80	81	89	
47	046	罗林瑶	2021/9/1	3班	女	61	77	83	79	93	
48	047	江鸿斌	2021/9/1	3班	女	78	79	82	90	70	
49	048	裴娟	2021/9/1	3班	男	46	71	77	85	78	
50	049	方崇横	2021/9/1	3班	女	55	72	86	88	60	
51	050	夏乐勇	2021/9/1	3班	男	68	70	33	83	60	
52	051	房芳	2021/9/1	3班	女	48	74	82	76	93	
53	052	王墩凤	2021/9/1	3班	女	59	75	71	80	77	
54	053	张勇宁	2021/9/1	3班	女	82	82	60	80	70	
55	054	刘孟娇	2021/9/1	3班	男	74	67	78	85	78	
56	055	袁千	2021/9/1	3班	男	89	62	56	78	63	
57	056	刘娜	2021/9/1	3班	男	79	69	60	79	82	
58	汇总										

图 3-25 增加"汇总"行

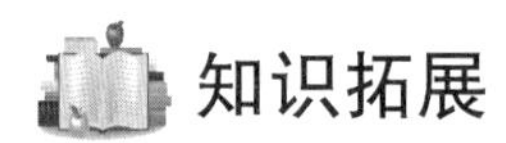

知识拓展

你能想象 WPS 表格管理的数据量有多大吗

我们来看一组数据，感觉一下 WPS 表格能管理多大的数据量。WPS 表格中公式和数据透视表缓存的可用内存已增加到 2 GB，在 WPS 表格的一个工作簿中的工作表数量可以很大而且不崩溃。一个 WPS 表格工作表有 1048576×16384 个单元格（单元格可输入的各种数据，可以是一组数字、一个字符串、一个公式，也可以是一个图形或一段音频等）。每个单元格可容纳约 32767 个字符，或约 16000 个汉字。

任务训练

（1）新建一个电子表格文件，在工作表 sheet1 中制作如图 3-26 所示的表格。要求如下。

将 A1:F1 单元格合并为一个单元格，内容水平居中；用公式计算三年各月经济增长指数的平均值和数值型（保留小数点后两位），将 A2:F6 区域的全部框线设置为双线样式，颜色设置为蓝色，将工作表命名为"经济增长指数对比表"，保存为.XLSX 文件。

	A	B	C	D	E	F
1	某地区经济增长指数对比表					
2	年份	二月	三月	四月	五月	六月
3	2003年	89.12	95.45	106.7	119.2	126.4
4	2004年	100	112.27	119.12	121.5	130.02
5	2005年	146.96	165.6	179.08	179.6	190.18
6	平均值					

图 3-26 经济增长指数对比表

（2）选取 A2:F5 单元格区域的内容建立"带标记的堆积折线图"（系列产生在"行"），标题为"经济增长指数对比图"，图例位置在底部，网格线为主要垂直轴和主要水平轴显示主要网格线，将图插入到表的 A8:F18 单元格区域内，保存为.XLSX 文件。

（3）复制工作表"经济增长指数对比表"，改名为"常用函数的使用"；将其中的图表移动到 chart1 工作表中，并将工作表更名为"图表"。

（4）在工作表“常用函数的使用”的 A8、A9、A10、A11 单元格分别输入：总计、最大值、最小值、统计年数，用公式计算三年各月经济增长指数的总计、最大值、最小值、统计年数，数值型（保留小数点后两位）。保存为.XLSX 文件。

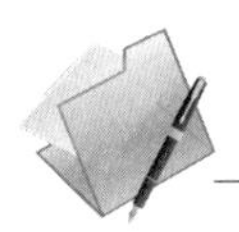

任务 3.2 用公式和函数计算电子表格中的数据

任务描述

在工作表“全年级成绩—手动美化”中进行计算效果如图 3-27 所示；在“全年级成绩—用插入表格汇总、美化”进行汇总计算，效果如图 3-28 所示。

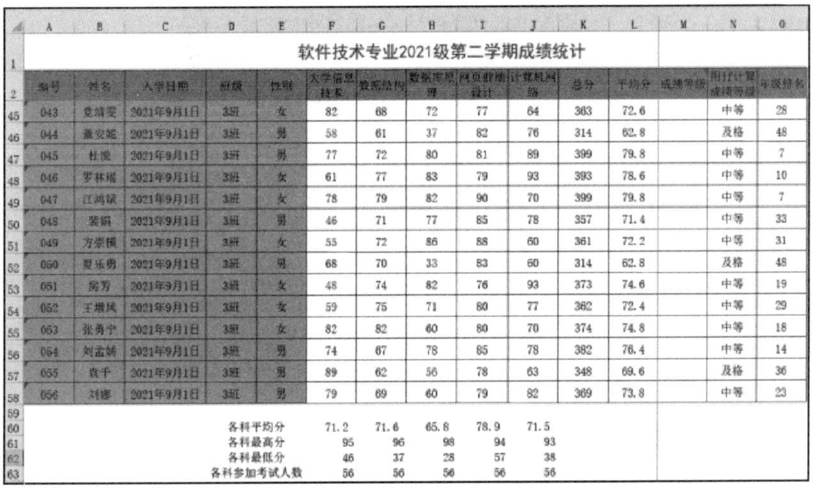

	A	B	C	D	E	F	G	H	I	J	K	L	M	N	O
1	软件技术专业2021级第二学期成绩统计														
2	编号	姓名	入学日期	班级	性别	大学信息技术	数据结构	数据库原理	网页前端设计	计算机网络	总分	平均分	成绩等级	用IF计算成绩等级	年级排名
45	043	党靖雯	2021年9月1日	3班	女	82	68	72	77	64	363	72.6		中等	28
46	044	萧安妮	2021年9月1日	3班	男	58	61	37	82	76	314	62.8		及格	48
47	045	杜悦	2021年9月1日	3班	男	77	72	80	81	89	399	79.8		中等	7
48	046	罗林瑶	2021年9月1日	3班	女	61	77	83	79	93	393	78.6		中等	10
49	047	江鸿斌	2021年9月1日	3班	女	78	79	82	90	70	399	79.8		中等	7
50	048	裴娟	2021年9月1日	3班	男	46	71	77	85	78	357	71.4		中等	33
51	049	方崇楠	2021年9月1日	3班	女	55	72	86	88	60	361	72.2		中等	31
52	050	夏乐勇	2021年9月1日	3班	男	68	70	33	83	60	314	62.8		及格	48
53	051	房芳	2021年9月1日	3班	女	48	74	82	76	93	373	74.6		中等	19
54	052	王增凤	2021年9月1日	3班	女	59	75	71	80	77	362	72.4		中等	29
55	053	张勇宁	2021年9月1日	3班	女	82	82	60	80	70	374	74.8		中等	18
56	054	刘孟娇	2021年9月1日	3班	男	74	67	78	85	78	382	76.4		中等	14
57	055	袁千	2021年9月1日	3班	男	89	62	56	78	63	348	69.6		及格	36
58	056	刘娜	2021年9月1日	3班	男	79	69	60	79	82	369	73.8		中等	23
59															
60					各科平均分	71.2	71.6	65.8	78.9	71.5					
61					各科最高分	95	96	98	94	93					
62					各科最低分	46	37	28	57	38					
63					各科参加考试人数	56	56	56	56	56					

图 3-27 计算数据

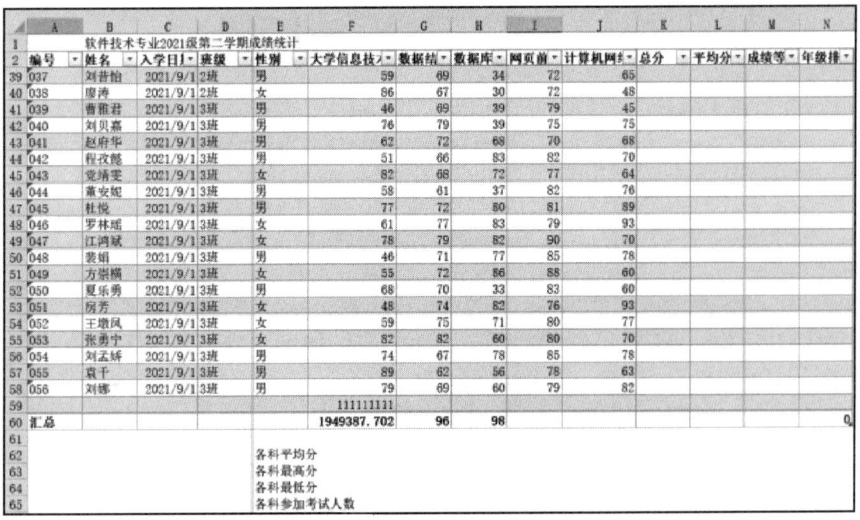

	A	B	C	D	E	F	G	H	I	J	K	L	M	N
1		软件技术专业2021级第二学期成绩统计												
2	编号	姓名	入学日期	班级	性别	大学信息技术	数据结	数据库	网页前	计算机网络	总分	平均分	成绩等	年级排
39	037	刘昔柏	2021/9/1	2班	男	59	69	34	72	65				
40	038	廖涛	2021/9/1	2班	女	86	67	30	72	48				
41	039	曹雅君	2021/9/1	3班	男	46	69	39	79	45				
42	040	刘贝嘉	2021/9/1	3班	男	76	79	39	75	75				
43	041	赵府华	2021/9/1	3班	男	62	72	68	70	68				
44	042	程孜懿	2021/9/1	3班	男	51	66	83	82	70				
45	043	党靖雯	2021/9/1	3班	女	82	68	72	77	64				
46	044	萧安妮	2021/9/1	3班	男	58	61	37	82	76				
47	045	杜悦	2021/9/1	3班	男	77	72	80	81	89				
48	046	罗林瑶	2021/9/1	3班	女	61	77	83	79	93				
49	047	江鸿斌	2021/9/1	3班	女	78	79	82	90	70				
50	048	裴娟	2021/9/1	3班	男	46	71	77	85	78				
51	049	方崇楠	2021/9/1	3班	女	55	72	86	88	60				
52	050	夏乐勇	2021/9/1	3班	男	68	70	33	83	60				
53	051	房芳	2021/9/1	3班	女	48	74	82	76	93				
54	052	王增凤	2021/9/1	3班	女	59	75	71	80	77				
55	053	张勇宁	2021/9/1	3班	女	82	82	60	80	70				
56	054	刘孟娇	2021/9/1	3班	男	74	67	78	85	78				
57	055	袁千	2021/9/1	3班	男	89	62	56	78	63				
58	056	刘娜	2021/9/1	3班	男	79	69	60	79	82				
59						111111111								
60	汇总					1949387.702	96	98						0
61														
62					各科平均分									
63					各科最高分									
64					各科最低分									
65					各科参加考试人数									

图 3-28 汇总数据

任务分析

本子任务涉及使用公式和函数计算电子表格中的数据。下面具体介绍公式和函数的使用方法，通过案例的分析和演示，引导同学们动手实践，按指定要求对数据进行计算，力求掌握灵活运用公式和通过函数处理电子表格中数据的方法。

知识讲解

一、熟悉 WPS 表格中的公式

（一）公式的定义

公式由值、单元格引用、名称或运算符组合而成，可以进行执行计算、返回信息、操作其他单元格的内容、测试条件、生成新的值等操作。公式以等号“=”开始。如：

=5+2*3　　　　　　将 5 加到 2 与 3 的乘积中。

=IF(A1>0)　　　　　测试单元格 A1，确定它是否包含大于 0 值。

（二）公式的组成

公式包含函数、单元格引用、运算符、常量等，图 3-29 所示即为一个公式。其中，①所示的 PI()为函数，返回值 pi：3.142…；②所示为单元格引用：A2 返回单元格 A2 中的值；③所示为常量：直接输入公式中的数字或文本值，如 2；④为运算符：“^”运算符运表示数字的乘方，而“*”运算符表示数字的乘积。

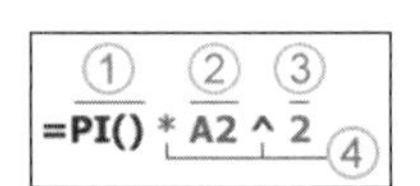

图 3-29　公式举例

（三）在公式中使用的运算符

(1) 运算符用于指定要对公式中的元素执行的计算类型。运算符分为四种不同类型：算术运算符、比较运算符、文本和引用运算符，如图 3-30 所示。

算术运算符	含义	示例
+（加号）	加法	3+3
–（减号）	减法 负数	3–1 –1
*（星号）	乘法	3*3
/（正斜杠）	除法	3/3
%（百分号）	百分比	20%
^（脱字号）	乘方	3^2

……

比较运算符	含义	示例
=（等号）	等于	A1=B1
>（大于号）	大于	A1>B1
<（小于号）	小于	A1<B1
>=（大于等于号）	大于或等于	A1>=B1
<=（小于等于号）	小于或等于	A1<=B1
<>（不等号）	不等于	A1<>B1

文本运算符	含义	示例
&（与号）	将两个值连接（或串联）起来产生一个连续的文本值	"North"&"wind" 的结果为 "Northwind"

引用运算符	含义	示例
::（冒号）	区域运算符，生成一个对两个引用之间所有单元格的引用（包括这两个引用）。	B5:B15
,（逗号）	联合运算符，将多个引用合并为一个引用	SUM(B5:B15,D5:D15)
（空格）	交集运算符，生成一个对两个引用中共有单元格的引用	B7:D7 C6:C8

图 3-30　各类运算符

(2) 运算符优先级是指如果一个公式中有若干个运算符，WPS 表格将按顺序进行计算。如果一个公式中的若干个运算符具有相同的优先顺序，则 WPS 表格将从左到右计算各运算符，如图 3-31 所示。

(3) 若要更改求值的顺序，需将公式中先计算的部分用括号括起来。例如：公式“=(B4+25)/SUM(D5:F5)”第一部分的括号强制 WPS 表格先计算 B4+25，然后再用该结果除以单元格 D5、E5 和 F5 中值的和。

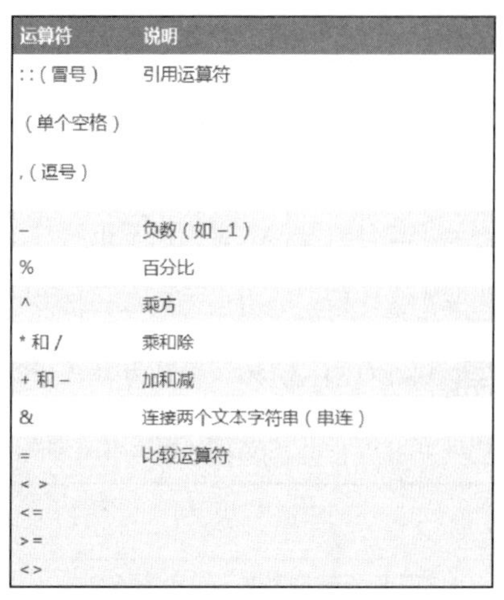

运算符	说明
:（冒号）	引用运算符
（单个空格）	
,（逗号）	
–	负数（如 –1）
%	百分比
^	乘方
* 和 /	乘和除
+ 和 –	加和减
&	连接两个文本字符串（串连）
=	比较运算符
< >	
<=	
>=	
<>	

图 3-31 运算符优先级

（四）在公式中使用引用

引用的作用在于标识工作表上的单元格或单元格区域，并告知 WPS 表格在何处查找要在公式中使用的值或数据。一个公式可以引用来自不同位置的数据，包括：工作表不同部分中包含的数据；同一个工作簿中其他工作表上的单元格中的数据；引用其他工作簿中的单元格中的数据（被称为链接或外部引用）。引用可以分为：相对引用、绝对引用、混合引用三种方式。

(1) 相对引用：公式中的相对单元格引用（如：A1）是基于包含公式和单元格引用的单元格的相对位置。如果多行或多列复制或填充公式，引用会自动调整。例如，如果将单元格 B2 中的相对引用公式“=A1”复制或填充到单元格 B3，则公式将自动从“=A1”调整成“=A2”。

(2) 绝对引用：公式中的绝对引用（如：$A$1）总是在特定位置引用单元格。如果公式所在单元格的位置改变，绝对引用将保持不变。如果多行或多列复制或填充公式，绝对引用将不作调整。在默认情况下，新公式使用相对引用，因此可能需要将它们转换为绝对引用。例如，如果将单元格 B2 中的公式“=$A$1”复制或填充到单元格 B3，则该绝对引用在两个单元格中一样，都是“=$A$1”。

(3) 混合引用：混合引用具有绝对列和相对行或绝对行和相对列。绝对引用列采用 $A1、$B1 等形式。绝对引用行采用 A$1、B$1 等形式。如果多行或多列复制或填充公式，相对引用将自动调整，而绝对引用将不作调整。例如，如果将一个混合引用公式“=A$1”从 A2 复制到 B3，它将从“=A$1”调整成“=B$1”。

(4) 更改单元格的引用方式：选择公式中的引用部分（如：A1），按 F4 键后，将变成绝对引用（即 $A$1），再按变成混合引用（即 A$1），又再按变成混合引用（即 $A1），再按恢复成最初引用方式（即 A1）。

（五）输入或编辑公式时可能出现的错误信息

在输入或编辑公式时，可能出现各种不同的错误信息，其含义如表 3-1 所示。

表 3-1 错误信息

错误值	错误值出现的原因	举　例
#DIV/0!	被除数为 0	例如=3/0
#N/A	引用了无法使用的数值	例如 HLOOKUP 函数的第 1 个参数对应的单元格为空
#NAME?	不能识别的名字	例如=sun(a1:a4)

续表

错误值	错误值出现的原因	举　例
#NULL!	交集为空	例如=sum(a1:a3　b1:b3)
#NUM!	数据类型不正确	例如=sqrt(-4)
#REF!	引用无效单元格	例如引用的单元格被删除
#VALUE!	不正确的参数或运算符	例如=1+“a”
####!	宽度不够，加宽即可	

二、定义单元格名称

名称是一个有意义的、对单元格、单元格区域的简略表示法，便于引用单元格。

（一）定义名称

1. 为工作表中的单元格或单元格区域定义名称

选择要命名的单元格、单元格区域或非相邻选定区域，单击编辑栏左端的“名称”框，输入引用你的选定内容时要使用的名称，按 Enter 键即可。

2. 使用工作表中选定的单元格定义名称

可以将现有行和列标签转换为名称；选择要命名的区域，包括行或列标签；在“公式”选项卡上的“定义的名称”组中，单击“从所选内容创建”，如图 3-32 所示。

图 3-32　公式功能区

（二）引用名称

为单元格或单元格区域定义了名称后，当公式中要引用名称所代表的单元格或区域时，不需要选择工作表，再拉选单元格区域了，直接输入名称即可，并且当该公式要复制到别的单元格时，也不需要考虑绝对引用的问题了。

在默认情况下，如果定义了一个名称，则该名称对于该工作簿中的所有工作表都是可识别的。但对于其他任何工作簿是不可识别的。

使用“新建名称”对话框定义名称的方法是：在“公式”选项卡上的“定义的名称”组中，单击“定义名称”，如图 3-33 所示，可定义新名称。

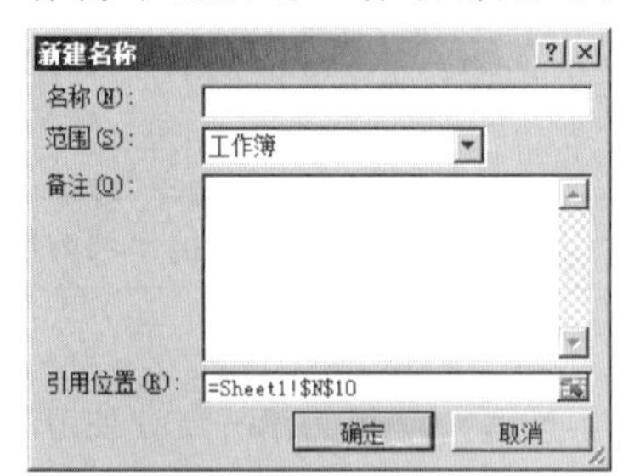

图 3-33　定义名称

（三）更改、删除名称

使用“名称管理器”对话框，如图 3-34 所示，可以处理工作簿中的所有已定义名称和表名称。

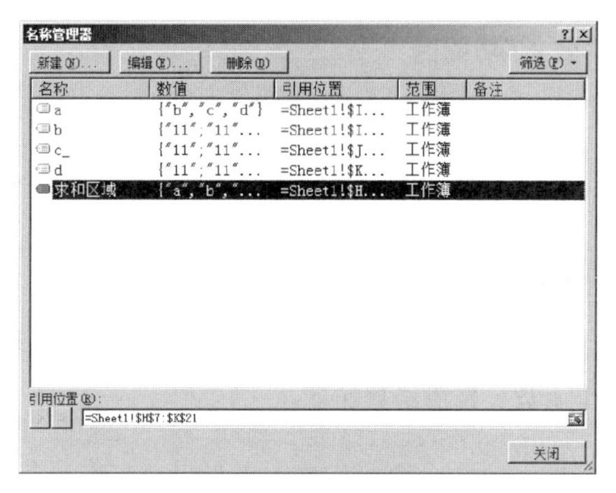

图 3-34 名称管理器

三、WPS 表格中的函数

（一）函数的定义

函数是预先定义的公式，可以对一个或多个称为参数的特定数值执行运算，并返回一个或多个值(参数是函数中用来执行操作或计算的值，不同的函数，参数的类型不同)。

（二）函数的结构和语法

图 3-35 所示为 ROUND 函数的语法，它将单元格 A10 中的数字四舍五入。其中，标注①为结构。函数的结构以等号（=）开始，后面紧跟函数名称和左括号，然后以逗号分隔输入该函数的参数，最后是右括号。标注②为函数名称。不区分大小写。标注③为参数。参数可以是数字、文本、逻辑值、数组、错误值或单元格引用，而且指定的参数必须为有效参数值。参数也可以是常量、公式或其他函数。有多个参数时，参数间用英文半角逗号隔开。标注④为参数工具提示。在输入函数时，会出现一个带有语法和参数的工具提示。例如，输入“=ROUND(”时，会出现工具提示。

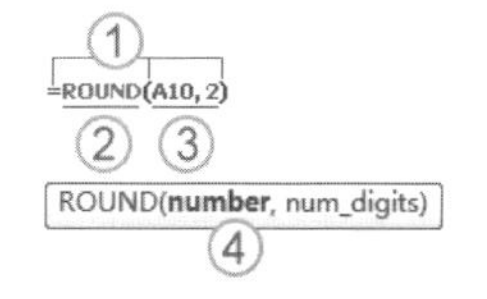

图 3-35 函数举例

（三）输入函数

如果创建带函数的公式，可以使用“插入函数”对话框输入函数。

当输入=(等号)和函数开头的若干个字符后，会在单元格的下方显示一个动态下拉列表，该列表中包含与这些字母相匹配的函数和名称，移动光标到所需函数，按 Tab 键选中所需函数，继续输入参数即可。

（四）嵌套函数

嵌套函数是指在某些情况下，可能需要将某函数作为另一函数的参数使用。如图 3-36 中所示的公式使用了嵌套的 AVERAGE 函数，并将结果与 50 相比较。这个公式的含义是：如果单元格 F2 到 F5 的平均值大于 50，则求 F2 到 F5 的和，否则显示数值 0。

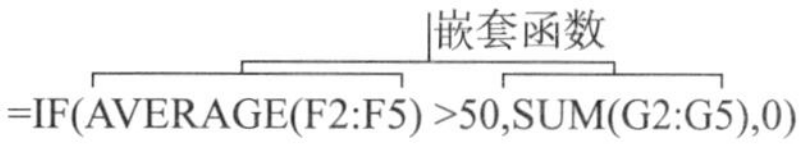

嵌套函数

=IF(AVERAGE(F2:F5) >50,SUM(G2:G5),0)

图 3-36 函数的嵌套

（五）WPS 表格的“公式”功能区

WPS 表格的“公式”功能区内提供了分类使用的函数功能，“公式”选项卡内还包含“定义的名称”“公式审核”“计算”命令组。“公式审核”命令组的功能是帮助用户快速查找和修改公式，也可对公式进行错误修订。

四、WPS 表格函数举例

根据函数的功能，函数可分为以下几类。每一类又有几个或几十个函数不等。WPS 表格共有 14 个类别、458 个函数。常用函数如下。

1. 数据库函数

当需要分析数据清单中的数值是否符合特定条件时，可以使用数据库工作表函数。如 DAVERAGE（返回所选数据库条目的平均值）、DCOUNT（计算数据库中包含数字的单元格的数量）、DMAX（返回所选数据库条目的最大值）、DMIN（返回条目的最小值）。

2. 日期和时间函数

日期与时间函数用来分析和处理公式中的日期值和时间值。如 DATE（返回特定日期的序列号）、NETWORKDAYS（返回两个日期间的完整工作日的天数）、NOW（返回当前日期和时间）、TODAY（返回今天日期的序列号）、WEEKDAY（获取日期里的星期）。

3. 工程函数

工程工作表函数用于工程分析。这类函数中的大多数可分为三种类型：对复数进行处理的函数、在不同的数字计数（如十进制系统、十六进制系统、八进制系统和二进制系统）间进行数值转换的函数、在不同的度量系统中进行数值转换的函数。如 DEC2BIN（函数将十进制数转换为二进制数）、HEX2DEC（将十六进制数转换为十进制数）。

4. 财务函数

财务函数可以进行一般的财务计算，如确定贷款的支付额、投资的未来值或净现值，以及债券或息票的价值。如 EFFECT（返回年有效利率）、FV（返回一笔投资的未来值）。

5. 信息函数

可以使用信息函数确定存储在单元格中的数据的类型。如 ISERROR（如果值为任何错误值，则返回 TRUE）、ISEVEN（如果数字为偶数，则返回 TRUE）。

6. 逻辑函数

使用逻辑函数可以进行真假值判断，或者进行复合检验。如 AND（如果其所有参数均为 TRUE，则返回 TRUE）、IF（指定要执行的逻辑检测）、IFERROR（如果公式的计算结果错误，则返回你指定的值；否则返回公式的结果）。

7. 查找和引用函数

当需要在数据清单或表格中查找特定数值，或者需要查找某一单元格的引用时，可以使用该类函数。如：ADDRESS（以文本形式将引用值返回到工作表的单个单元格）、CHOOSE（从值的列表中选择值）、HLOOKUP（查找数组的首行，并返回指定单元格的值）、INDEX（使用索引从引用或数组中选择值）、VLOOKUP（在数组第一列中查找，然后在行之间移动以返回单元格的值）。

8. 数学和三角函数

通过数学和三角函数，可以处理简单的计算。如：MOD(返回除法的余数)、INT(数将数字向下舍入到最接近的整数)、SUM(求参数的和)、SUMIF(按给定条件对指定单元格求和)、SUMIFS(在区域中添加满足多个条件的单元格)。

9. 统计函数

统计工作表函数用于对数据区域进行统计分析。如 AVERAGE(返回其参数的平均值)、AVERAGEIF(返回区域中满足给定条件的所有单元格的平均值)、COUNT(计算参数列表中数字的个数)、COUNTIFS(计算区域内符合多个条件的单元格的数量)、LARGE (返回数据集中第 k 个最大值)、SMALL(返回第 k 个最小值)、MAX(返回参数列表中的最大值)、MIN(返回参数列表中的最小值)、RANK. EQ(返回一列数字的数字排位)。

10. 文本函数

通过文本函数，可以在公式中处理文字串。如 CONCATENATE(将几个文本项合并为一个文本项)、LEFT、LEFTB(返回文本值中最左边的字符、字节)。

五、将工作表转换为"表格"(超级表)进行修饰和计算

(一) 将工作表转换为"表格"进行修饰

选中表区域，单击"插入"—"表格"—"创建表"，这个区域就转换为"表"了。

选中表格任意单元格，按 Ctrl+T 键，弹出创建表窗口，表数据的来源就是我们需要转换的表格(如果不是可以再选择)，单击"确定"后就转换成超级表了。

(二) 在"表格"基础上进行计算汇总

超级表格的功能强大，具有更加强大、便捷的数据处理能力。显示出汇总行即可。

(三) 将"表格"转换为"区域"

将"表格"转换为"区域"(无计算汇总功能的普通表格)的步骤如下。

(1) 打开当前 WPS 表格数据表，将数据全部选中，单击插入表格按钮。

(2) 在弹出的对话框中勾选表包含标题，单击"确定"。

(3) 此时已将数据转换为表格了，然后找到上方的"表设计选项卡"。

(4) 在下方的下拉菜单中单击"转换为区域"按钮。

(5) 在弹出的提示中单击"确定"，就可将表格再次转换为普通区域了。

任务实现

1. 计算

在工作表"全年级成绩—手动美化"中进行计算。

(1) 计算总分和平均分。

(2) 在"年级排名"前插入一列"用 if 计算成绩等级"，会自动产生有效性，选中该列，清除数据有效性。

(3) 根据平均分，逐个给出成绩等级。其中，大于等于 90 分为优秀；大于等于 80 分，小

于 90 分为良好；大于等于 70 分，小于 80 分为中等；大于等于 60 分，小于 70 分为及格；小于 60 分为不及格。

（4）计算出各科平均分、各科最高分、各科最低分及人数。

（5）计算年级排名。

2. 用“插入—表格”汇总计算

在“全年级成绩—用插入表格汇总、美化”进行汇总计算。

在工作表“全年级成绩—用插入表格汇总、美化”中添加汇总行；勾选表格工具中的汇总行，表格最后一行下增加“汇总”行，通过它可以汇总计算，如图 3-37 所示。

	编号	姓名	入学日期	班级	性别	大学信息技术	数据结	数据库	网页前	计算机网络	总分
52	051	房芳	2021/9/1	3班	女	48	74	82	76	93	
53	052	王墩凤	2021/9/1	3班	女	59	75	71	80	77	
54	053	张勇宁	2021/9/1	3班	女	82	82	60	80	70	
55	054	刘孟娇	2021/9/1	3班	男	74	67	78	85	78	
56	055	袁千	2021/9/1	3班	男	89	62	56	78	63	
57	056	刘娜	2021/9/1	3班	男	79	69	60	79	82	
58	汇总										

图 3-37　通过行进行汇总计算

注意：选中“汇总行”，右击插入一行，在新的一行添加一位学生的信息和成绩（添加一条记录），汇总行自动将新的记录的值纳入到汇总计算里面。可以实现实时动态查看汇总结果。

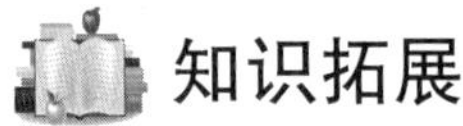

知识拓展

合并计算

若要汇总多个单独工作表中数据的结果，可以将每个单独工作表中的数据合并到一个主工作表中。所合并的工作表可以与主工作表位于同一工作簿中，也可以位于其他工作簿中。如果在一个工作表中对数据进行合并计算，则可以更加轻松地对数据进行定期或不定期的更新和汇总。

合并计算举例

任务训练

王老师要针对高三年级期末考试情况进行统计分析，需要按照如下要求完成该项工作。

（1）在素材文件夹下，打开“高三年级成绩统计表（素材）.xlsx”文件，将其另存为“高三年级成绩统计表（结果）.xlsx”（“.xlsx”为扩展名），之后所有的操作均基于此文件。

（2）在“成绩统计表”工作表的“总分”列中，通过公式计算每位同学各科分数的总和。

（3）依据“总分”列的统计数据，在“成绩统计表”工作表的“年级排名”列中通过公式计算总分排行榜，个人总分排名第一的，显示“第 1 名”；个人总分排名第二的，显示“第 2 名”；以此类推。

(4) 在“按科目统计”工作表中，利用公式计算每个科目的优秀率，即成绩大于 90 分及以上的人数所占比例，并填写在“优秀率”行中。要求以百分比格式显示计算数据，并保留 2 位小数。

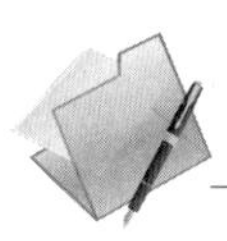

任务 3.3 电子表格数据的管理与分析

任务描述

管理与分析 21 级软件专业成绩表

在任务 3.2 的基础上，将两个工作表“全年级成绩—用表格样式美化”“全年级成绩—用插入表格汇总、美化”隐藏。为了避免系统将标题看作表格的一部分，在第 2 行(表头)前面插入一个空行。将工作表“全年级成绩—手动美化”复制 10 份，分别命名为“1. 简单排序”“2. 多关键字排序”……然后分别进行不同方面的数据管理与分析，包括：简单排序、多关键字排序、分类汇总、嵌套分类汇总、自动筛选、高级筛选、数据透视表、根据姓名查询总分和排名、统计全年级各科各分数段人数、各班男女同学成绩对比。

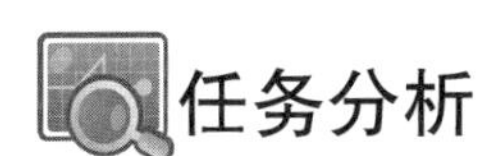

任务分析

本子任务涉及电子表格数据的管理与分析。下面讲解对数据进行排序、筛选、分类汇总等操作，还涉及创建和设置数据透视表等内容。

知识讲解

一、相关概念

与数据管理相关的概念包括数据列表(数据清单、数据库)、字段、记录、字段名。

(一) 数据列表

(1) 数据列表又称数据清单，也称工作表数据库，即工作表中的数据区域。

(2) 数据列表由若干行和列组成，行相当于数据库的记录，列相当于字段，每列有一个列标题，相当于数据库的字段名称。

(3) 数据列表可以像一般工作表一样进行编辑，也可以通过“记录单”命令来查看、更改、添加及删除工作表数据库中的记录。请找出该命令并实际操作一下。

(二) 字段、记录、字段名

字段是指表格中的列，即具有相同属性的数据集合，每个字段都必须有一个唯一的名称，称为字段名。例如，在表格中，如果用一列存放“性别”，则“性别”就是一个字段名。

记录是指表格中的行，它由若干个字段值构成。例如，用于记录每个成员的表中，可以有昵称、年龄、性别、电子邮件等字段，添加进表中的每一个成员，都包含有昵称、年龄、性别、电子邮件这些数据，每个成员的这些数据构成一条记录。

（三）通过“数据”功能区进行数据管理与分析

“数据”功能区如图 3-38 所示。我们可以借助其提供的功能对数据进行管理与分析。

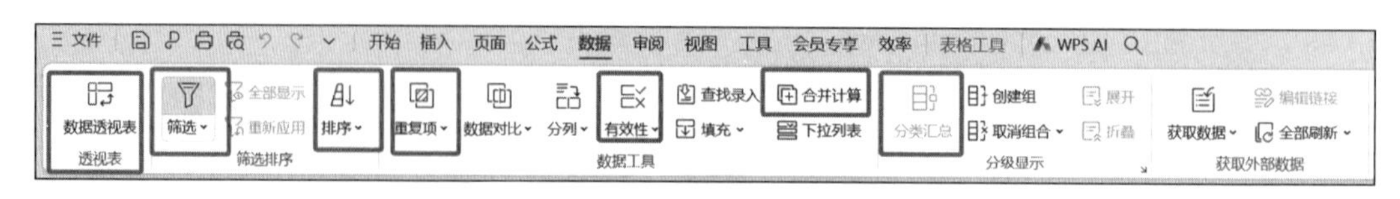

图 3-38 “数据”功能区

二、对数据进行排序

在 WPS 表格中可以对一列或多列中的数据按文本、数字以及日期和时间，按升序或降序进行排序。还可以按自定义序列（如大、中和小）或格式（包括单元格颜色、字体颜色或图标集）进行排序。大多数排序操作都是列排序，但是，也可以按行进行排序。

排序分为简单排序和多关键字排序。

（1）简单的排序。只有一个关键字和字段的排序，单击“降序”或“升序”键即可完成。

（2）多关键字排序。有时排序的关键字不止一个，就需要“多关键字排序”。单击“排序”按钮，在“排序”对话框中可以添加多个关键字进行排序。

三、筛选满足条件的数据

筛选过的数据仅显示那些满足指定条件的行，并隐藏那些不希望显示的行。筛选分为自动筛选和高级筛选。

（一）自动筛选

自动筛选一般能够完成对同一字段内容的“and”或者“or”条件的筛选和对不同字段内容的“and”条件筛选。

自动筛选操作方法：选择数据区域内的任意单元格，使用“数据”功能区的“筛选”命令中的“自动筛选”项，单击操作目标字段名左侧边的下拉箭头，出现对话框列表，选择条件，则只显示筛选出的记录，对于第一种情况，进行一次上述操作即可完成；对于第二种情况，则需进行多次完成。

（二）高级筛选

高级筛选是可以根据各种条件进行的筛选。其操作方法：首先在数据区的下面或者右侧空白区输入筛选条件（筛选条件之间是“and”关系时，将条件放在同一行，若是“or”的关系，则放在不同行）；选择数据区域内的任意单元格，使用“数据”功能区的“筛选”命令中的“高级筛选”项，在高级筛选对话框中可以看到数据区位置（若发现不对，可以使用折叠按钮折叠对话框，重选数据区）、条件区位置（也可以重选），选择筛选数据放置区（自动筛选无此功能），单击“确定”即可完成。

四、对数据进行分类汇总

（一）简单分类汇总

分类汇总是通过使用 SUBTOTAL 函数与汇总函数一起计算得到的。汇总函数是一种计算类型，用于在数据透视表或合并计算表中合并源数据，或在列表或数据库中插入自动分类汇总。分类汇总可以为每列显示多个汇总函数类型。

注意，需先按要求“分类”（即对分类项排序），然后再按要求进行汇总。对数据清单中某个字段的值进行分类汇总的具体操作步骤是：选定分类字段数据进行排序；依次单击“数据”功能区—“分类汇总”命令，选择用来分类的“分类字段”，选择用于计算分类汇总的“汇总方式”，选定需要汇总的“汇总项”（可以不止一个），单击“确定”命令。

（二）嵌套分类汇总

嵌套分类汇总是对工作表中的两列或者两列以上的数据进行的分类汇总，即使用多个条件进行多层分类汇总，以达到以不同的条件对数据进行汇总的目的。在进行嵌套分类汇总之前，需要根据汇总的所有字段按一定的顺序进行多关键字排序。

五、用数据透视表分析与统计数据

（一）数据透视表的建立与组成

数据透视表从工作表的数据清单中提取信息，它可以对数据清单进行重新布局和分类汇总，还能立即计算出结果。在建立数据透视表时，可以利用“插入”选项卡下“表格”命令组的命令完成数据透视表的建立。

（二）用数据透视表进行计算与分析

数据透视表中的计算包括计算项和计算字段。请注意二者的含义及操作上的差别。

从来源来看，计算字段来自于对表格中现有字段进行的计算，计算项来自对字段中已有的其他项进行的计算。从应用角度来看，计算字段应用在数据区域中，对数据区域已经存在字段作算术运算；计算项应用在行或者列字段上，对已经存在数据透视表内存缓存中行字段的项，运用算术计算。从性质上来看，计算字段是一个新的字段；计算项是在已有的字段中插入新的项。

任务实现

在任务 3.2 的“任务实现”的基础上，进行如下操作。打开计算后的“软件技术专业21 级成绩统计.xlsx”，分别右击“全年级成绩—用表格样式美化”“全年级成绩—用插入表格汇总、美化”，在快捷菜单中单击隐藏；在工作表“全年级成绩—手动美化”中，单击行号 2，选择该行，右击行号 2，在弹出的快捷菜单中单击“插入”，这样就插入了一个空行，调节该空行的高度到适当位置。按住 Ctrl 键，同时按住鼠标左键往右边拖动工作表“全年级成绩—手动美化”的标签，复制了该工作表一份，用同样的方法再复制 9 份，将复制的 10 个工作表分别命名为“1. 简单排序”“2. 多关键字排序”“3. 分类汇总”“4. 嵌套分类汇总”“5. 自动筛选”“6. 高级筛选”“7. 数据透视表”“8. 根据姓名查询总分和排名”“9. 统计全年级各科各分数段人数”“10. 各班、男女同学成绩对比”。下面分别在标题对应的工作表中进行操作。

1. 简单排序

（1）将“年级排名”改变为“第＊名”的形式：在 Q4 单元格里输入公式：="第"&RANK.EQ(K4,$K$4:$K$59)&"名"。

（2）按年级排名由高到低排序（第 1 名排最前面）：单击 Q 列任意单元格，单击“由高到低”自动排序按钮。

2. 多关键字排序

按总分由高到低排序（总分最高最前面），当总分相同时，将“大学信息技术”分数较低的同学排在前面。排序设置如图 3-39 所示。排序后的结果如图 3-40 所示。

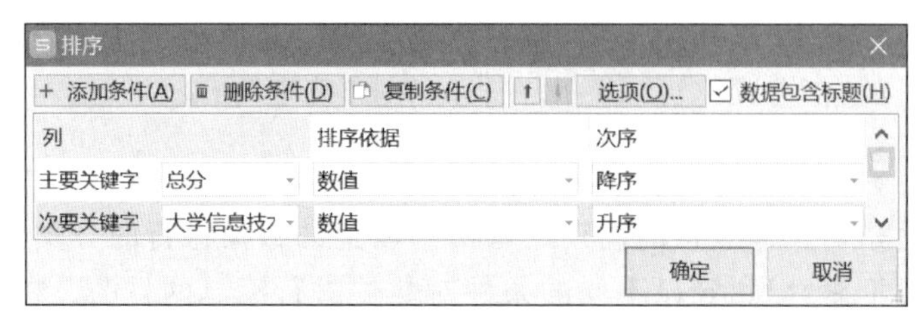

图 3-39 排序设置

编号	姓名	入学日期	班级	性别	大学信息技术	数据结构	数据库原理	网页前端设计	计算机网络	总分	平均分	成绩等级	用if计算成绩等级	年级排名
005	赵艺萱	2021年9月1日	1班	女	91	96	98	94	86	465	93	中等	优秀	1
036	赵雪苹	2021年9月1日	2班	女	95	79	87	80	89	430	86		良好	2
028	段雨佳	2021年9月1日	2班	男	80	81	89	91	73	414	82.8		良好	3
033	曾海英	2021年9月1日	2班	男	77	77	82	90	87	413	82.6		良好	4
021	常援琪	2021年9月1日	2班	男	80	82	81	90	73	406	81.2		良好	5
020	蔡迪嘉	2021年9月1日	2班	男	67	75	86	89	87	404	80.8		良好	6
045	杜悦	2021年9月1日	3班	男	77	72	80	81	89	399	79.8		中等	7
047	江鸿斌	2021年9月1日	3班	女	78	79	82	90	70	399	79.8		中等	7
012	柯亚红	2021年9月1日	1班	女	85	76	78	78	81	398	79.6		中等	9
046	罗林瑶	2021年9月1日	3班	女	61	77	83	79	93	393	78.6		中等	10
026	邓智航	2021年9月1日	2班	男	81	75	82	83	71	392	78.4		中等	11
016	管志权	2021年9月1日	1班	男	50	82	90	85	84	391	78.2		中等	12
025	崔梦鑫	2021年9月1日	2班	男	72	71	75	78	87	383	76.6		中等	13
054	刘孟娇	2021年9月1日	3班	男	74	67	78	85	78	382	76.4		中等	14
015	刘瑜	2021年9月1日	1班	男	81	74	78	70	79	382	76.4		中等	14

图 3-40 排序后的结果

3. 分类汇总

需求：计算全年级“大学信息技术”课程，男、女同学的平均分。

先按性别由高到低排序，如图 3-41 所示，再利用分类汇总功能，如图 3-42 所示，得到结果如图 3-43 所示。

4. 嵌套分类汇总

需求：计算每个班级和每个班级中的男女同学的各科平均成绩和平均总分，并且要求显示时 3 班排前面、女同学排前面。操作如下。

（1）先按多关键字排序如图 3-44 所示。

（2）进行第一次分类汇总：按“班级”进行分类汇总，如图 3-45 所示；在第一次分类汇总的基础上，再按“性别”进行第二次分类汇总，取消勾选“替换当前分类汇总”，如图 3-46 所示，调整结果保留 1 位小数。最后得到两次分类汇总后的结果如图 3-47 所示。

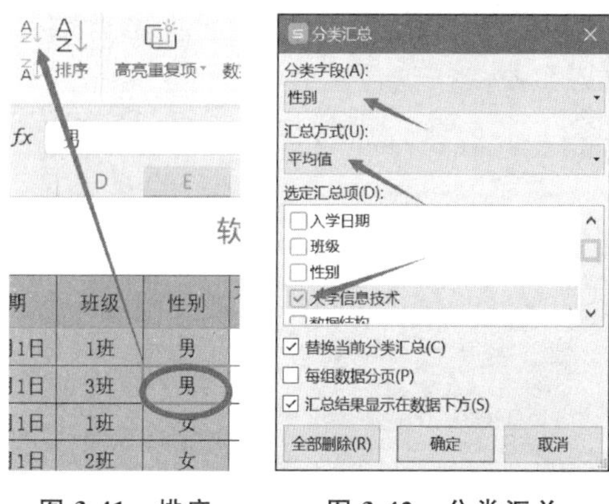

图 3-41　排序　　图 3-42　分类汇总

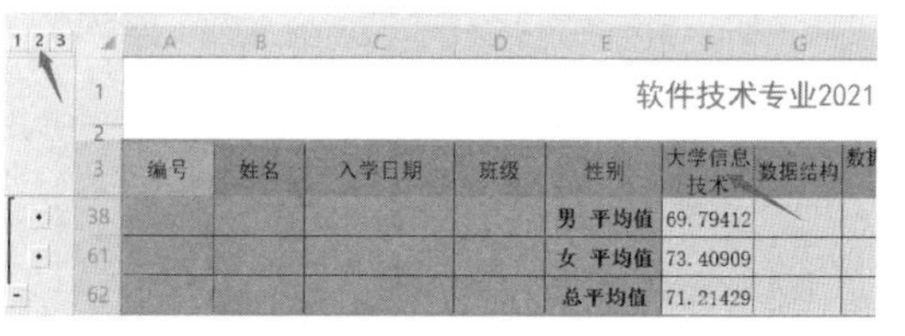

图 3-43　分类汇总后的结果

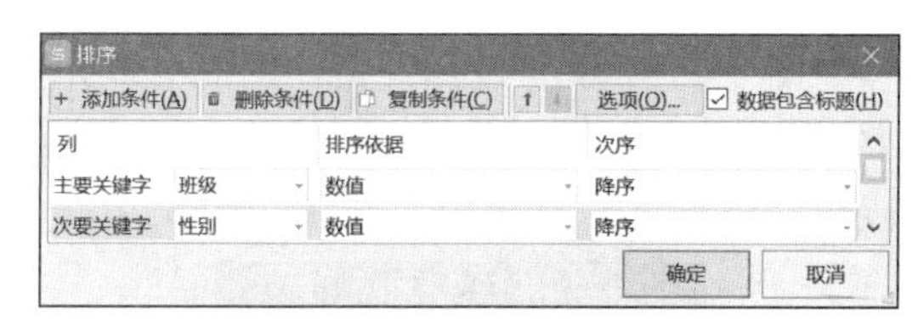

图 3-44　多关键字排序

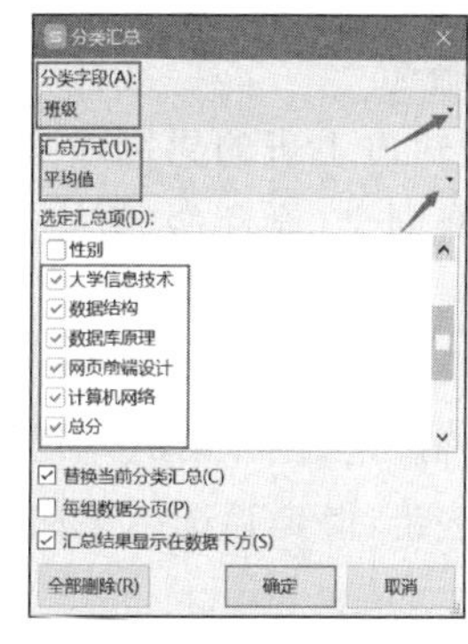

图 3-45　按"班级"进行分类汇总

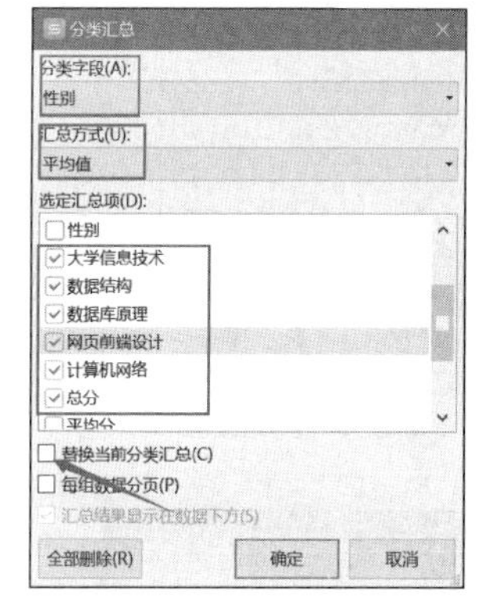

图 3-46　第二次分类汇总

软件技术专业2021级第二学期成绩统计

编号	姓名	入学日期	班级	性别	大学信息技术	数据结构	数据库原理	网页前端设计	计算机网络	总分
				女 平均值	66.4	75.3	76.6	81.4	75.3	375.0
				男 平均值	66.0	68.9	59.1	79.9	71.3	345.2
			3班 平均值		66.2	71.4	65.9	80.5	72.8	356.8
				女 平均值	75.6	73.8	67.4	76.4	72.4	365.6
				男 平均值	70.4	74.1	68.1	80.7	74.1	367.5
			2班 平均值		71.7	74.1	67.9	79.6	73.7	367.0
				女 平均值	77.2	71.9	68.5	77.6	68.1	363.3
				男 平均值	73.6	66.3	58.0	76.0	67.8	341.7
			1班 平均值		75.5	69.3	63.5	76.8	67.9	353.1
			总平均值		71.2	71.6	65.8	78.9	71.5	359.0

图 3-47　两次分类汇总后的结果

5. 自动筛选

需求:想知道 1 班或者 3 班的女同学中哪些同学总分大于 390 分的成绩。

依次单击"数据"—"筛选"命令,数据清单的标题行各字段出现下拉按钮,单击"班级"右侧的下拉按钮,出现筛选对话框,勾选 1 班和 3 班,如图 3-48 所示。对"大学信息技术"字段进行筛选设置,操作为依次单击"大学信息技术"右侧下拉按钮—"数字筛选"—"大于",如图 3-49 所示,接下来按提示输入相应内容操作即可。

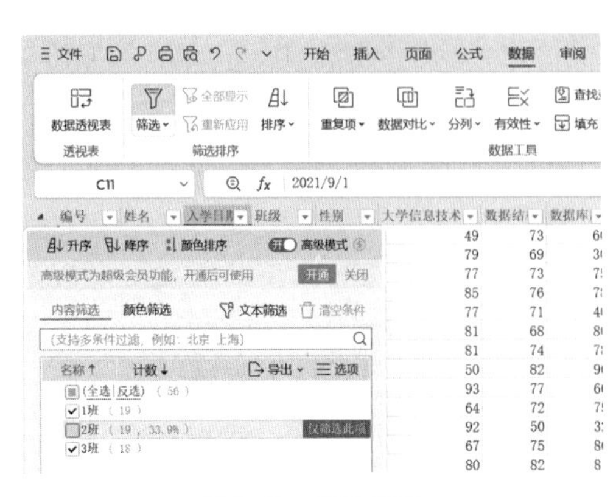

图 3-48　自动筛选

图 3-49　数字筛选

6. 高级筛选

需求：想知道1班的男同学中"数据库原理"大于或等于90分的同学，同时想知道所有班级中所有同学(全年级)"大学信息技术"和"数据结构"都大于或等于90分的同学的成绩。

首先，从单元格M62开始构建条件区域，如图3-50所示。选择表格任意一个单元格，单击"高级筛选"按钮，在弹出的对话框中进行如图3-51所示的设置(结果从M65开始放置)，单击"确定"按钮，得到筛选结果如图3-52所示。

班级	性别	大学信息技术	数据结构	数据库原理
1班	男			>=90
		>=90	>=90	

图 3-50　条件区域

图 3-51　高级筛选对话框

编号	姓名	入学日期	班级	性别	大学信息技术	数据结构	数据库原理	网页前端设计	计算
005	赵艺萱	2021年9月1日	1班	女	91	96	98	94	8
016	管志权	2021年9月1日	1班	男	50	82	90	85	8

图 3-52　高级筛选结果

7. 数据透视表

需求：构建如图3-53所示的数据透视表。

将鼠标指针选中表格中的任意单元格，依次单击"插入"—"数据透视表"—"表格和区域"，在弹出的对话框中通过拉选进行设置，如图3-54所示。单击"确定"按钮后，在随后出现的"数据透视表字段"对话框中将班级和总分拉到行和值区域(总分拉三次)，单击值区域中的总分右侧的下拉按钮，依次选择设置总分显示方式为：最大值、最小值、平均值，如

图 3-55所示。更改生成的数据透视表的标题行项的名称即可。

班级	最高总分	最低总分	平均总分
1班	465	262	353.1
2班	430	299	367.0
3班	399	278	356.8
总计	465	262	359.0

图 3-53　数据透视表

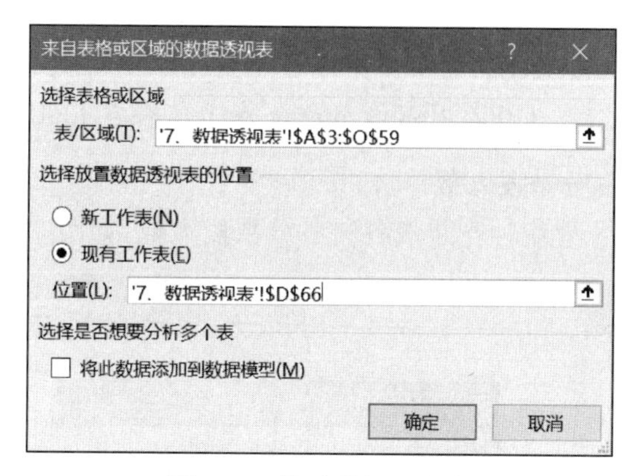

图 3-54　构建数据透视表

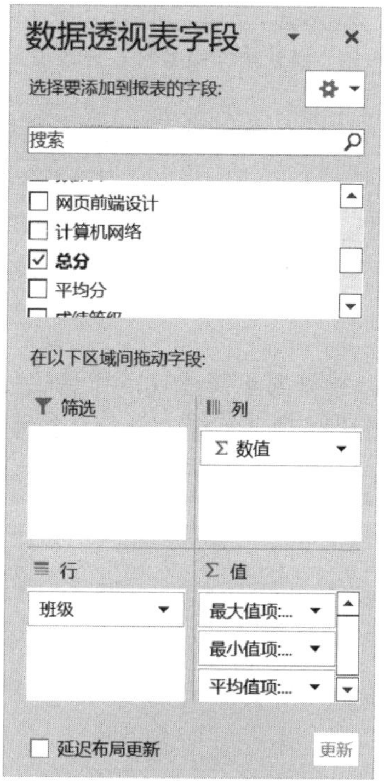

图 3-55　字段设置

8. 根据姓名查询总分和排名

需求：根据姓名查询总分和排名，在姓名单元格输入正确的姓名，可得到总分和排名情况，输错姓名或未输入姓名则显示“请输入正确的姓名”。界面和查询示例如图 3-56 所示。

根据姓名查询总分和排名的在单元格 R5 和 S5 中分别输入公式：=IFNA(VLOOKUP

姓名	总分	排名
	请输入正确的姓名	

姓名	总分	排名
赵艺萱	465	1

图 3-56　查询界面和示例

(Q5,B3:O59,10,FALSE),"请输入正确的姓名")、=IFNA(VLOOKUP(Q5,B3:O59,14,FALSE),"")即可。

注意:此处公式中 VLOOKUP 的第二个参数 B3:O59 是从完整表格的第 2 列开始的,不是从第 1 列(A 列)开始的,为什么？第四个参数为什么不是 TRUE,而是 FSLSE?

9. 统计全年级各科各分数段人数

需求:在工作表相应位置统计全年级各科各分数段人数,如图 3-57 所示。

科目/分数	大学信息技术	数据结构	数据库原理	网页前端设计	计算机网络
90分以上	5	1	2	5	2
80到90之间	12	6	16	21	10
70到80之间	17	28	13	27	22
60到70之间	6	19	11	2	18
60以下	16	2	14	1	4

图 3-57　统计全年级各科各分数段人数

首先,在单元格 F69、F70、F71、F72 和 F73 单元格中分别输入公式:=COUNTIF(F4:F59,">=90")、=COUNTIFS(F4:F59,">=80",F4:F59,"<90")、=COUNTIFS(F4:F59,">=70",F4:F59,"<80")、=COUNTIFS(F4:F59,">=60",F4:F59,"<70")、=COUNTIFS(F4:F59,"<60")。然后,选中这几个单元格,按住填充柄,将这五个公式复制到 J 列。

10. 各班、男女同学成绩对比和对大学信息技术考试统计

需求:各班、男女同学成绩对比和对全年级大学信息技术考试情况统计如图 3-58 所示。

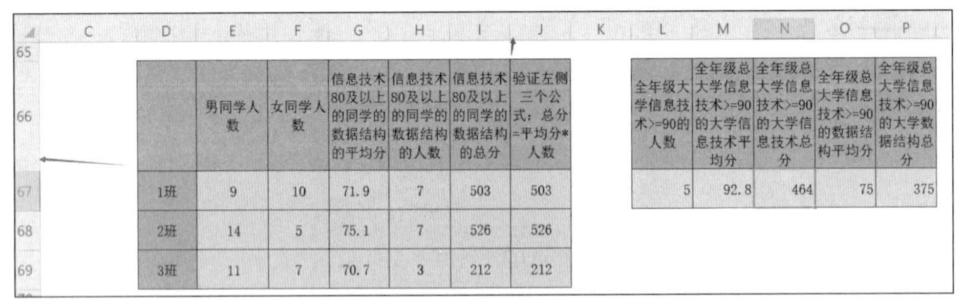

	男同学人数	女同学人数	信息技术80及以上的同学的数据结构的平均分	信息技术80及以上的同学的数据结构的人数	信息技术80及以上的同学的数据结构的总分	验证左侧三个公式：总分=平均分*人数
1班	9	10	71.9	7	503	503
2班	14	5	75.1	7	526	526
3班	11	7	70.7	3	212	212

全年级大学信息技术>=90的人数	全年级总大学信息技术>=90的大学信息技术平均分	全年级总大学信息技术>=90的大学信息技术总分	全年级总大学信息技术>=90的数据结构平均分	全年级总大学信息技术>=90的大学数据结构总分
5	92.8	464	75	375

图 3-58　各班、男女同学成绩对比及大学信息技术考试统计

统计各班、男女同学成绩对比操作如下。

(1) 男同学人数:在 E67 单元格输入=COUNTIFS(D4:D59,"1 班",E4:E59,"男")。

(2) 女同学人数:在 F67 单元格输入=COUNTIFS(D4:D59,"1 班",E4:E59,"女")。

(3) 信息技术 80 及以上的同学的数据结构的平均分:在 G67 单元格输入=

AVERAGEIFS(G4:G59,D4:D59,"1 班",F4:F59,"＞＝80")。

(4) 信息技术 80 及以上的同学的数据结构的人数:在 H67 单元格输入＝COUNTIFS(D4:D59,"1 班",F4:F59,"＞＝80")。

(5) 信息技术 80 及以上的同学的数据结构的总分:在 I67 单元格输入＝SUMIFS(G4:G59,D4:D59,"1 班",F4:F59,"＞＝80")。

(6) 验证左侧三个公式:总分＝平均分 * 人数:在 J67 单元格输入＝G67 * H67。

可见 I67 和 JI67 单元格的数据相同,说明两种方法都可以。最后,选择 E67:J67 区域,将鼠标移到该区域右下角的填充柄上,按住鼠标左键拖到 69 行,分别修改 68 行各结果中的班级为 2 班、69 行各结果中的班级为 3 班,即可得到另外两个班的结果。

全年级大学信息技术考试情况统计如下。

(1) 全年级大学信息技术＞＝90 的人数:在 L67 单元格输入＝COUNTIF(F4:F59,"＞＝90")。

(2) 全年级总大学信息技术＞＝90 的大学信息技术平均分:在 M67 单元格输入＝AVERAGEIF(F4:F59,"＞＝90")。

(3) 全年级总大学信息技术＞＝90 的大学信息技术总分:在 N67 单元格输入＝SUMIF(F4:F59,"＞＝90",F4:F59)。

(4) 全年级总大学信息技术＞＝90 的数据结构平均分:在 O67 单元格输入＝AVERAGEIF(F4:F59,"＞＝90",G4:G59)。

(5) 全年级总大学信息技术＞＝90 的大学数据结构总分:在 P67 单元格输入＝SUMIF(F4:F59,"＞＝90",G4:G59)。

知识拓展

模拟分析工具——模拟运算表、单变量求解和方案管理器

模拟分析是指通过更改某个单元格中的数值来查看这些更改对工作表中引用该单元格的公司结果的影响的过程。通过使用模拟分析工具,可以在一个或多个公式中试用不同的几组值来分析所有不同的结果。

WPS 表格附带了模拟运算表、单变量求解和方案管理器三种模拟分析工具。

1. 模拟运算表

模拟运算表举例

模拟运算表是一个单元格区域,它可显示一个或多个公式中替换不同值时的结果。模拟运算表包括单变量模拟运算表和双变量模拟运算表两种类型。在单变量模拟运算表中,用户可以对一个变量键入不同的值从而查看它对一个或多个公式的影响。在双变量模拟运算表中,用户对两个变量输入不同值,而查看它对一个公式的影响。

2. 单变量求解

单变量求解举例

单变量求解是解决假定一个公式要取的某一结果值,其中变量的引用单元格应取值为多少的问题。

3. 方案管理器

模拟运算表无法容纳两个以上的变量。如果要分析两个以上的变量,则应该使用方案管理器。方案管理器作为一种分析工具,每个方案允许建立一组假设条件,自动产生多种结果,并可以直观看到每个结果的显示过程。例如:利用方案管理进行本量利分析,测算成本上涨、提价、降价等不同的调价方案对利润的影响,从而为选择最优营销方案提供决策依据。

任务训练

请续接任务3.2的“任务训练”，继续完成以下操作。

(1) 在“按月统计”工作表中，分别通过公式计算每门课程排名第1名、第2名和第3名的成绩，并填写在“第1名的分数”“第2名的分数”和“第3名的分数”所对应的单元格中。要求使用数值数据格式，并保留1位小数。

(2) 依据“成绩统计表”中的数据明细，在“按班级统计”工作表中创建一个数据透视表，并将其放置于A1单元格。要求统计出各班的人数以及各班的总分之和占全年级所有同学总分之和的比例。数据透视表效果可参考“按班级统计”工作表中的样例。

(3) 在“预估及图表”工作表中创建一标题为“实情与预估”的图表，借助此图表可以清晰反映每科“男同学总分”和“女同学总分”之和，与“年级预估总分”的对比情况。图表效果如图3-59所示。

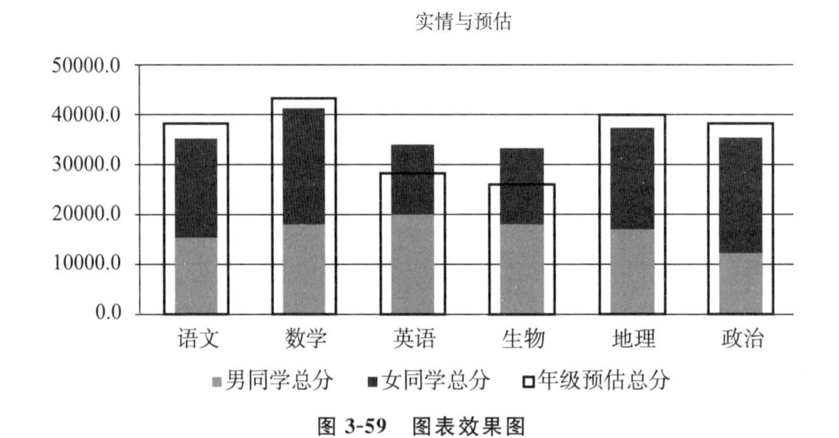

图3-59　图表效果图

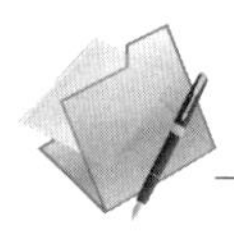

任务3.4　用图表形象化展示数据

任务描述

用图表形象化21级软件专业成绩表

在任务3.3中的任务描述“软件技术专业21级成绩统计(3)—数据管理与分析”的基础上，按以下要求制作相应图表：分类汇总基础上做图表；动态图表—数据透视表；统计全年级各科各分数段人数；各班、男女同学成绩对比。

任务分析

本子任务涉及用图表形象化展示数据。我们将实际操作创建图表，调整已创建好的图表中的数据，更换图表布局，对图表进行格式化处理等操作。

知识讲解

一、了解图表

（一）关于图表

图表是数据的一种可视表示形式。通过使用类似柱形（在柱形图中）或折线（在折线图中）的元素，图表可按照图形格式显示系列数值数据。

图表的图形格式可让用户更容易理解大量数据和不同数据系列之间的关系。图表还可以显示数据的全貌，以便我们可以分析数据并找出重要趋势。

（二）图表的组成元素

图表中可以包含许多元素。在默认情况下，图表会显示其中一部分元素，而其他元素可以根据需要添加。通过将图表元素移到图表中的其他位置、调整图表元素的大小或者更改格式，可以更改图表元素的显示，还可以删除不希望显示的图表元素，如图 3-60 所示。

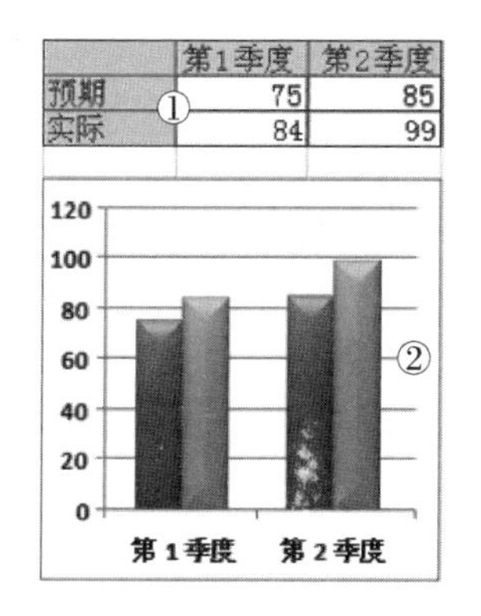

	第1季度	第2季度
预期	75	85
实际	84	99

①工作表数据；
②根据工作表数据创建的图表。

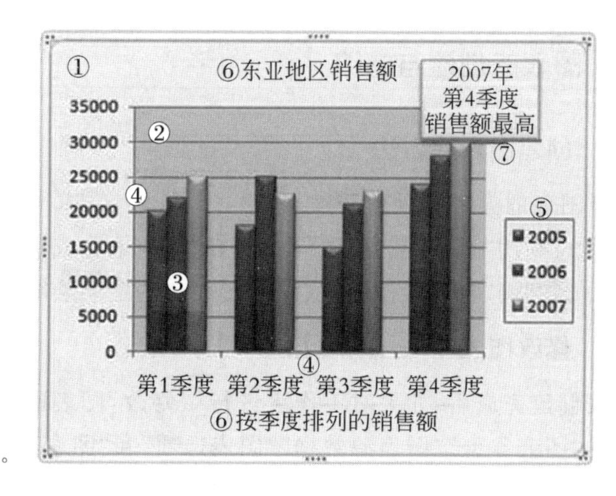

图 3-60 图表的组成元素

标注①为图表区，是整个图表及其全部元素。

标注②为绘图区。在二维图表中，绘图区是指通过轴来界定的区域，包括所有数据系列。在三维图表中，绘图区同样是通过轴来界定的区域，包括所有数据系列、分类名、刻度线标志和坐标轴标题。

标注③为在图表中绘制的数据系列的数据点。数据系列是在图表中绘制的相关数据点，这些数据源自数据表的行或列。图表中的每个数据系列具有唯一的颜色或图案并且在图表的图例中表示。可以在图表中绘制一个或多个数据系列。但饼图只有一个数据系列。数据点是在图表中绘制的单个值，这些值由条形、柱形、折线、饼图或圆环图的扇面、圆点和其他被称为数据标记的图形表示。相同颜色的数据标记组成一个数据系列。

标注④为横（分类）和纵（值）坐标轴。坐标轴是界定图表绘图区的线条，用作度量的参照框架，y 轴通常为垂直坐标轴并包含数据，x 轴通常为水平轴并包含分类。数据沿着横坐标轴和纵坐标轴绘制在图表中。

标注⑤为图例，用于标识为图表中的数据系列或分类指定的图案或颜色。

标注⑥为图表以及可以在该图表中使用的坐标轴标题。图表标题是说明性的文本，可以自动与坐标轴对齐或在图表顶部居中。

标注⑦为可以用来标识数据系列中数据点的详细信息的数据标签。数据标签是为数据标记提供附加信息的标签，数据标签代表源于数据表单元格的单个数据点或值。

（三）图表类型

WPS 表格支持许多类型的图表，因此用户可以采用最有意义的方式来显示数据。WPS 表格提供了柱形图、折线图、饼图、条形图、面积图、散点图、股价图、曲面图、圆环图、气泡图、雷达图等 11 种标准类型图表，每种类型又包含多种子图表类型。

（四）嵌入式图表与独立图表

嵌入式图表是指图表作为一个对象与其相关的工作表数据存放在同一工作表中。

独立图表以一个工作表的形式插在工作簿中。在打印时，独立图表占一页。

二、图表的创建与修改

（一）创建图表的方法

创建图表的方法有以下两种。

方法 1：利用“插入”功能区下的“图表”命令组完成。

方法 2：利用“自动绘图”建立独立图表。选定要绘图的数据区域，按 F11 键即可。

（二）修改图表

图表创建完成后，如果对工作表进行了修改，图表的信息也将随之变化。另外，也可以对图表的“图表类型”“图表源数据”“图表选项”和“图表位置”等进行修改。

当选中了一个图表后，功能区会出现“图表工具”选项卡，其下的“设计”“布局”“格式”选项卡内的命令可编辑和修改图表，如图 3-61 所示。另外，也可以选中图表后右击，利用快捷菜单中的命令进行操作。

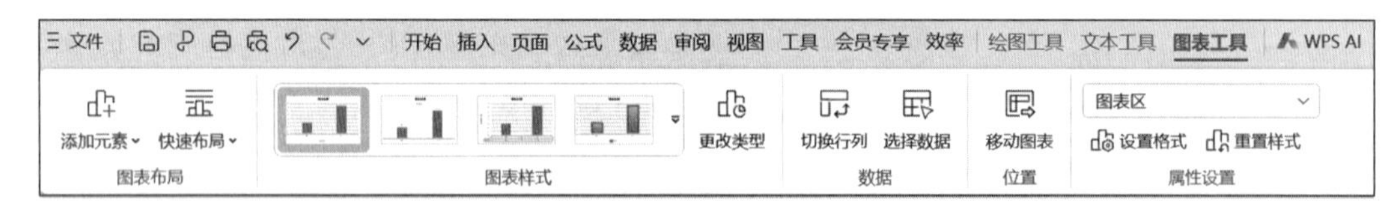

图 3-61　图表工具

（三）修饰图表

WPS 表格可以对图表进行修饰，包括设置图表的颜色、图案、线形、填充效果、边框和图片等。还可以对图表中的图表区、绘图区、坐标轴、背景墙和基底等进行设置。

方法为：选中图表，单击“图表工具”选项卡下的“布局”和“格式”选项卡下的命令。

三、创建并编辑迷你图

（一）迷你图的特点与作用

与 WPS 表格工作表上的图表不同，迷你图不是对象，它实际上是单元格背景中的一个微型图表。如图 3-62 所示是在单元格 F2 和单元格 F3 中各显示了一个柱形迷你图和一个折线迷你图。这两个迷你图均从单元格 A2 到 E2 中获取其数据，并在一个单元格内显示一个图表以揭示股票的市场表现。这些图表按季度显示值，突出显示高值（3/31/08）和低值（12/31/08），显示所有数据点并显示该年度的向下趋势。

F6 中的迷你图反映了同一只股票 5 年内的市场表现，是盈亏条形图，图中只显示当年是盈利（2004 年到 2007 年）还是亏损（2008 年）。此迷你图使用从单元格 A6 到 E6 的值。

由于迷你图是一个嵌入在单元格中的微型图表，因此，可以在单元格中输入文本并使用迷你图作为背景，如图 3-63 所示。

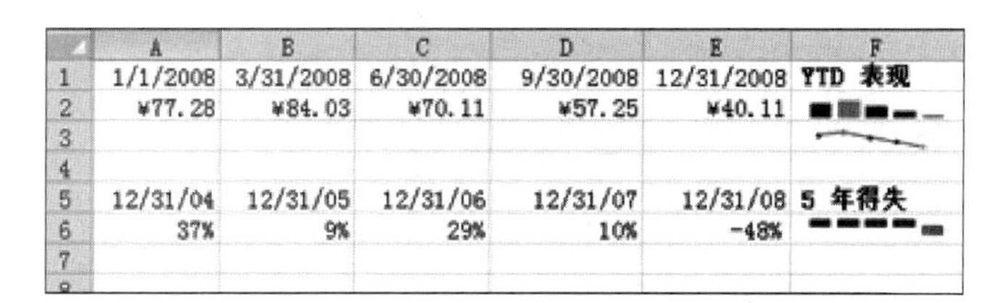

	A	B	C	D	E	F
1	1/1/2008	3/31/2008	6/30/2008	9/30/2008	12/31/2008	YTD 表现
2	¥77.28	¥84.03	¥70.11	¥57.25	¥40.11	
3						
4						
5	12/31/04	12/31/05	12/31/06	12/31/07	12/31/08	5 年得失
6	37%	9%	29%	10%	-48%	
7						

图 3-62 迷你图

图 3-63 用迷你图作为其背景

（二）创建迷你图

选择要在其中插入迷你图的空白单元格。在“插入”选项卡上的“迷你图”组中，单击要创建的迷你图的类型，然后选择相应的“折线图”“柱形图”或“盈亏图”。在“数据区域”框中，输入包含迷你图所基于的数据的单元格区域。

（三）设置迷你图样式和颜色

可以通过从样式库（使用在选择一个包含迷你图的单元格时出现的“设计”选项卡）选择内置格式来向迷你图应用配色方案。还可以使用“迷你图颜色”或“标记颜色”命令来选择高值、低值、第一个值和最后一个值的颜色（如高值为绿色、低值为橙色）。

任务实现

1. 分类汇总基础上做图表

根据嵌套分类汇总工作表，制作如图 3-64 所示图表。

2. 动态图表——数据透视表

根据数据透视表，我们可以做一个动态的图表，如图 3-65 所示。

3. 统计全年级各科各分数段人数

各科各分数段做图表，看是否满足正态分布，如图 3-66 所示。

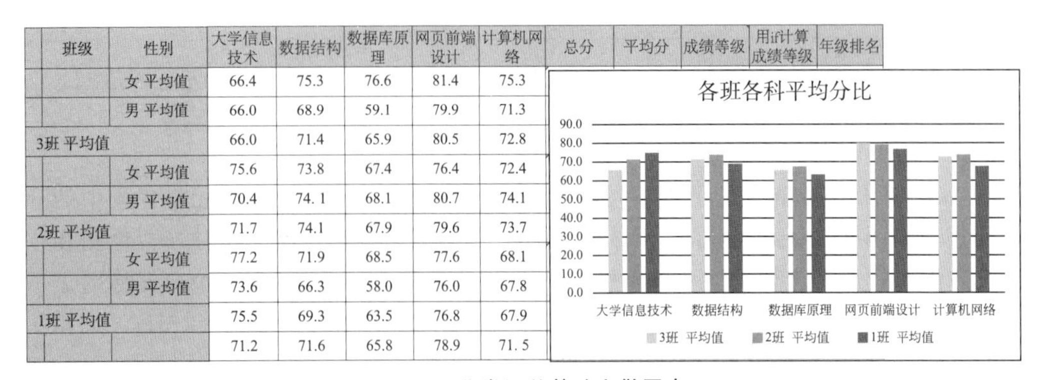

班级	性别	大学信息技术	数据结构	数据库原理	网页前端设计	计算机网络	总分	平均分	成绩等级	用if计算成绩等级	年级排名
	女 平均值	66.4	75.3	76.6	81.4	75.3					
	男 平均值	66.0	68.9	59.1	79.9	71.3					
3班 平均值		66.0	71.4	65.9	80.5	72.8					
	女 平均值	75.6	73.8	67.4	76.4	72.4					
	男 平均值	70.4	74. 1	68.1	80.7	74.1					
2班 平均值		71.7	74.1	67.9	79.6	73.7					
	女 平均值	77.2	71.9	68.5	77.6	68.1					
	男 平均值	73.6	66.3	58.0	76.0	67.8					
1班 平均值		75.5	69.3	63.5	76.8	67.9					
		71.2	71.6	65.8	78.9	71. 5					

图 3-64　分类汇总基础上做图表

班级	最高总分	最低总分	平均总分
1班	465	262	323.1
2班	430	299	367.0
3班	399	278	356.8
总计	465	262	359.0

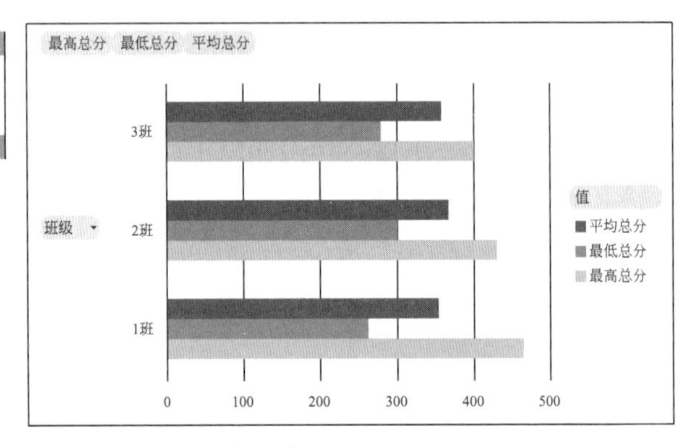

图 3-65　动态图表——数据透视表

科目 分数	大学信息技术	数据结构	数据库原理	网页前端设计	计算机网络
90分以上	5	1	2	5	2
80到90之间	12	6	16	21	10
70到80之间	17	28	13	27	22
60到70之间	6	19	11	2	18
60以下	16	2	14	1	4

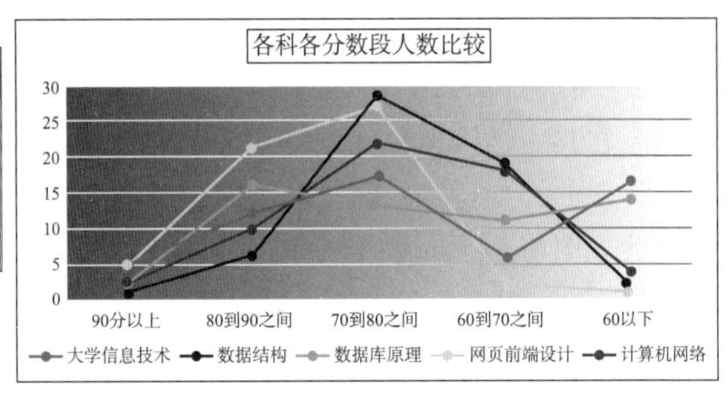

图 3-66　统计全年级各科各分数段人数

4. 各班、男女同学成绩对比

如图 3-67 所示，请根据左边表格制作右侧图表。

	男同学人数	女同学人数	信息技术80分及以上的同学的数据结构的平均分	信息技术80分及以上的同学的数据结构的平均分	信息技术80分及以上的同学的数据结构的平均分	验证左侧三个公式：总分=平均分*人数
1班	9	10	71.9	7	503	503
2班	14	5	75.1	7	526	526
3班	11	7	70.7	3	212	212

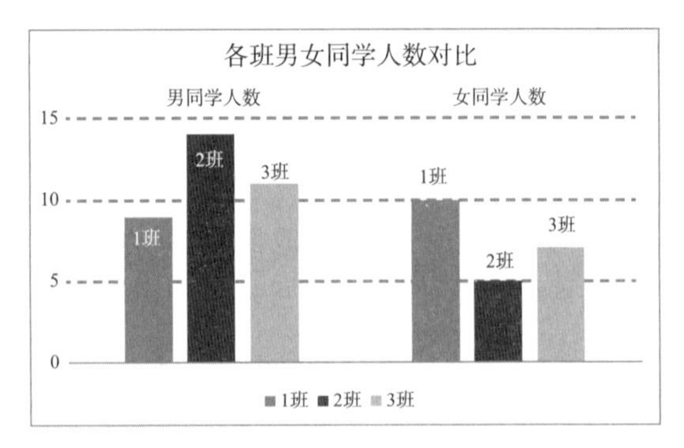

图 3-67　各班男女同学人数对比

知识拓展

个性化图表的制作

图 3-68 中左侧的表格，可以做出右侧和底部的折线图和柱形图。我们可以修改后，做成图 3-69～图 3-71 的形式。

图 3-69 的制作方法：画出右侧的笑脸；然后复制一个，缩小，拖动将嘴唇的弧线改为向下，再填充颜色为红色；复制笑脸，选中折线图顶端的数据点，粘贴；同样的方法制作最低数据点。

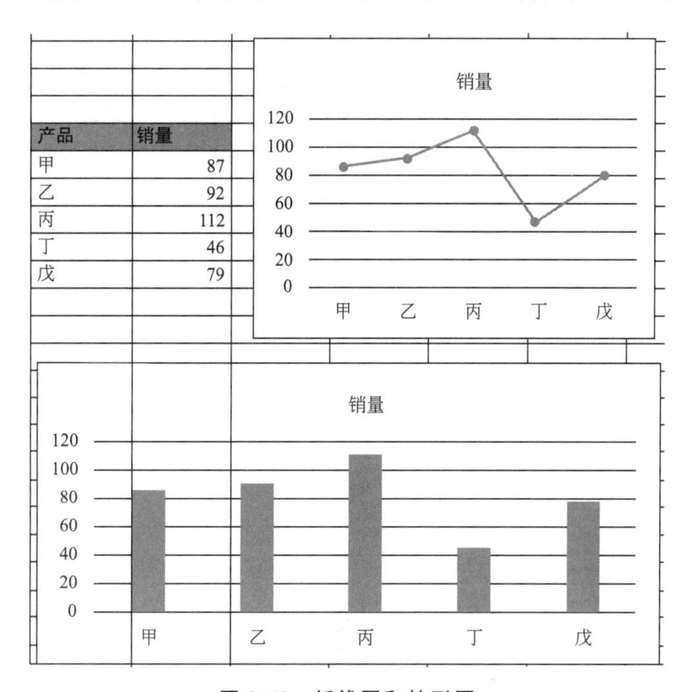

产品	销量
甲	87
乙	92
丙	112
丁	46
戊	79

图 3-68 折线图和柱形图

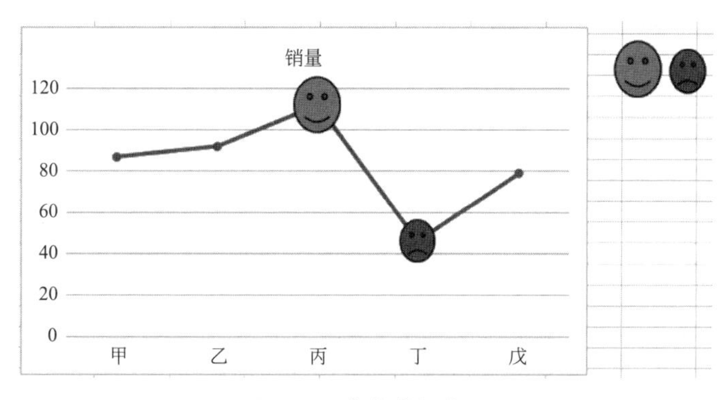

图 3-69 变化的折线图

任务训练

请续接“知识拓展”的内容进行练习。

图 3-70 的制作方法：在原始表格中，复制销量列到右侧，计算销量平均值作为第 4 列，如图 3-72 左侧表格所示；然后执行命令：“插入”—“图表”—“组合图”，如图 3-72 所示。然后进行细调。

图 3-71 的制作方法与图 3-67 所示图表效果的制作方法相似。但是，制作的是柱形图，并且用此方法只能得出柱形 1、2 的形式，要得出柱形 3 和柱形 5 层叠的形式，则需选中“柱形”，右击，设置数据点格式，选择“层叠”，如图 3-73 所示。

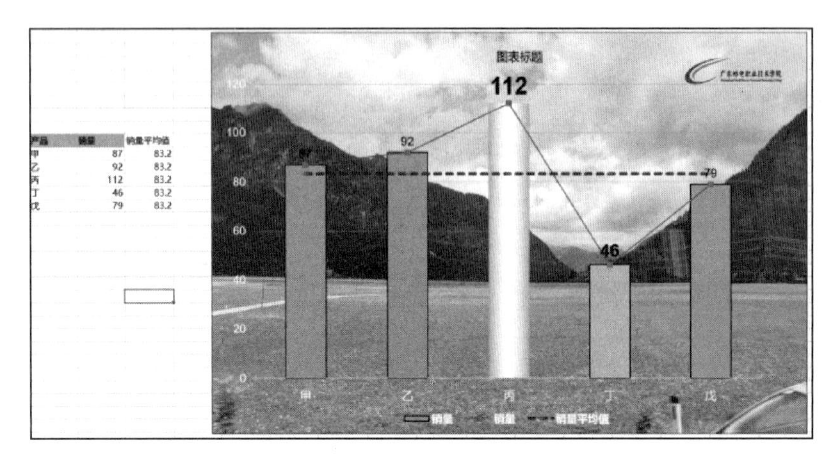

图 3-70　折线图和柱形图的组合

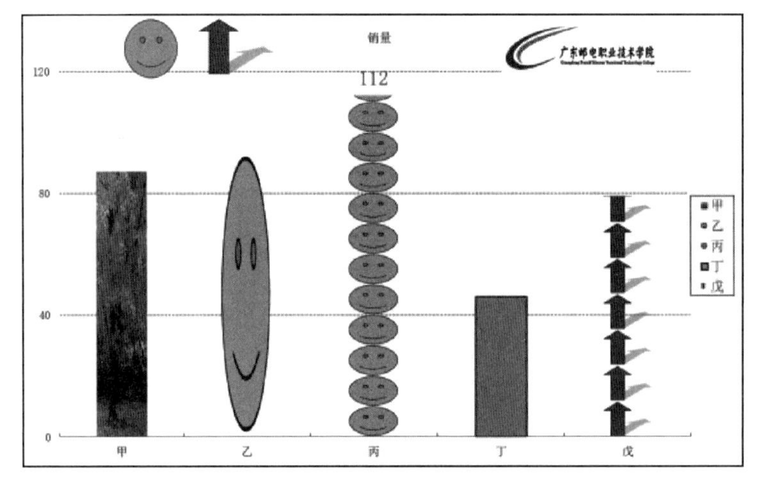

图 3-71　变化的柱形图

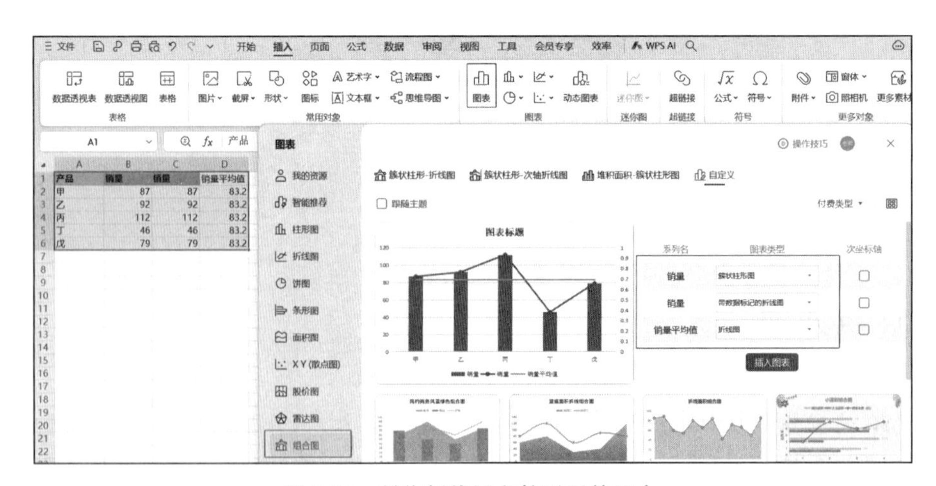

图 3-72　制作折线图和柱形图的组合

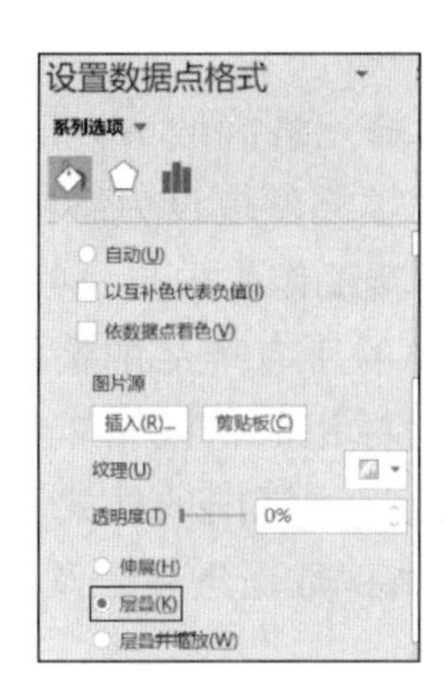

图 3-73 层叠

综合训练

综合训练 3-1 团队作业

分小组介绍在互联网中收集到的与本任务相关的学习材料。

综合训练 3-2 产品销售统计

张伟盛是某贸易公司的统计人员，正在对 2011 年度的产品销售进行统计。为此，他需要对上一年度不同产品的销售情况进行汇总和分析，从中提炼出有价值的信息。根据下列要求，请帮助张伟盛运用已有的原始数据完成上述分析工作。

(1) 在素材文件夹下，将文档“单元训练 3-4 产品销售的汇总和分析(素材).xlsx”另存为“单元训练 3-4 产品销售的汇总和分析(结果).xlsx”(“.xlsx”为扩展名)，之后所有的操作均基于此文档。

(2) 在工作表“Sheet1”中，从 B6 单元格开始，导入“产品销售数量.txt”中的数据，并将工作表名称修改为“产品销售情况”。

(3) 在“产品销售情况”工作表的 A6 单元格中输入文字“成交编号”，从 A7 单元格开始，为每笔销售记录插入“001、002、003……”格式的序号；将 B 列(日期)中数据的数字格式修改为只包含月和日的格式(三月十四日)；在 E6 和 F6 单元格中，分别输入文字“销售单价”和“销售金额”；对标题行区域 A6:F6 应用单元格的上框线和下框线，对数据区域的最后一行 A836:F836 应用单元格的下框线；其他单元格无边框线；不显示工作表的网格线。

(4) 在“产品销售情况”工作表的 A1 单元格中，输入文字“2011 年销售情况统计”，并使其显示在 A1:F1 单元格区域的正中间(注意：不要合并上述单元格区域)；将“标题”单元格样式的字体修改为红色的“隶书”，并应用于 A1 单元格中的文字内容；隐藏第 2 行到第 5 行。

(5) 在“产品销售情况”工作表的 E7:E836 中，应用函数输入 C 列(产品名称)所对应的销售单价，销售单价信息可以在“价格表”工作表中进行查询；然后将填入的产品价格设为货币格式，并保留零位两位小数。保持第 7 行到第 835 行没有网格线。

(6) 在“产品销售情况”工作表的 F7:F836 中，计算每笔订单记录的金额，并应用货币格式，保留零位小数，计算规则为：金额＝价格×数量。保持第 7 行到第 835 行没有网格线。

(7) 将“产品销售情况”工作表的单元格区域 A3:F891 中所有记录居中对齐，并将发生在周六或周日的销售记录的单元格的填充颜色设为绿色。

(8) 在名为“数据透视表及图”的新工作表中自 A6 单元格开始创建数据透视表，按照月份和季度对“产品销售情况”工作表中的所有产品的销售数量进行汇总；在数据透视表右侧创建数据透视图，图表类型为“带数据标记的折线图”，并为“牛肉”系列添加线性趋势线，显示“公式”和“R_2 值”(数据透视表和数据透视图的样式可参考素材文件夹中的“数据透视表及图.jpg”示例文件，如图 3-74 所示)；将“数据透视表及图”工作表移动到“产品销售情况”工作表的右侧。

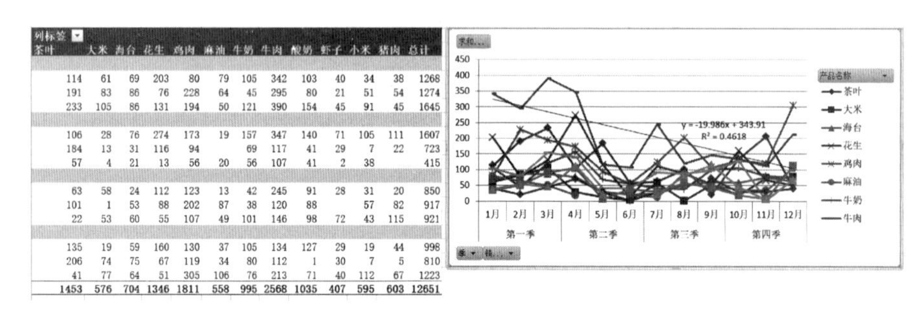

列标签

茶叶	大米	海台	花生	鸡肉	麻油	牛奶	牛肉	酸奶	虾子	小米	猪肉	总计
114	61	69	203	80	79	105	342	103	40	34	38	1268
191	83	86	76	228	64	45	295	80	21	51	54	1274
233	105	86	131	194	50	121	390	154	45	91	45	1645
106	28	76	274	173	19	157	347	140	71	105	111	1607
184	13	31	116	94		69	117	41	29	7	22	723
57	4	21	13	56	20	56	107	41	2	38		415
63	58	24	112	123	13	42	245	91	28	31	20	850
101	1	53	88	202	87	38	120	88		57	82	917
22	53	60	55	107	49	101	146	98	72	43	115	921
135	19	59	160	130	37	105	134	127	29	19	44	998
206	74	75	67	119	34	80	112	1	30	7	5	810
41	77	64	51	305	106	76	213	71	40	112	67	1223
1453	576	704	1346	1811	558	995	2568	1035	407	595	603	12651

图 3-74 数据透视表及图

(9) 在“数据透视表及图”工作表右侧创建一个新的工作表，名称为“高级筛选”；在这个工作表中使用高级筛选功能，筛选出“产品销售情况”工作表中牛肉、茶叶、花生数量均在 28 及其以上的记录(请将条件区域放置在 2～5 行，筛选结果放置在从 A8 单元格开始的区域)。

综合训练 3-3 制作并美化本任务的思维导图

制作并美化本任务的思维导图。

任务 4

演示文稿的制作

学习情境

演示文稿(也称幻灯片、PPT)是我们日常办公中进行交流的常用工具。作为学院学生会干事的王晓红,经常会接到宣讲、会议发言等类似需要展示内容的场合。例如她现在接到一个任务:院学生会拟聘请某公司的技术人员来举办一次讲座,王晓红需要帮这位技术人员提前做好讲座用的PPT。

以前,王晓红也用WPS演示制作过幻灯片,这次她觉得没任何压力:就是将文字和图片放到每张幻灯片上去,再配以酷炫的动画和切换效果即可。随着她对PPT的逐步了解,她越来越认识到所做出来的PPT比较初级,很难达到有效、美观;而现在由于幻灯片应用的场合很多,如上课、竞聘、投标、开会、展示等,人们的眼光也越来越挑剔了,对PPT的要求也越来越高了,所以做好PPT其实不是一件简单的事,除了会使用WPS演示软件外,还得具备设计的基础,还得学习色彩搭配、排版原则等知识。

本任务包含演示文稿制作、动画设计、母版制作和使用、演示文稿放映和导出等内容。

学习目标

➢ 知识目标

(1) 掌握演示文稿的创建、打开等基本操作;熟悉演示文稿不同视图方式的应用。

(2) 了解幻灯片的设计及布局原则;掌握在幻灯片中插入图形、图片、表格等对象的方法。

(3) 了解幻灯片母版的概念,掌握幻灯片母版、备注母版的编辑及应用方法。

(4) 掌握幻灯片切换动画、对象动画的设置方法及超链接、动作按钮的应用方法。

(5) 了解幻灯片的放映类型,会使用排练计时进行放映;掌握幻灯片不同格式的导出方法。

➢ 能力目标

(1) 利用WPS演示制作简单的演示文稿。

(2) 能够正确地完成“实操训练”里的练习题。

➢ 素养目标

(1) 能准确地应用演示文稿到具体的应用场景,熟悉相关的功能、操作界面和制作流程。

(2) 借助演示文稿制作工具,可快速制作出图文并茂、富有感染力的演示文稿,并且可通过图片、视频和动画等多媒体形式展现复杂的内容,从而使表达的内容更容易理解。

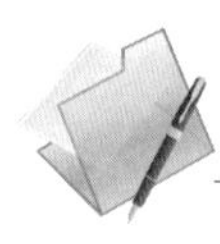

任务 4.1　演示文稿的内容制作

任务描述

“神舟十二号”宣传 PPT 中的内容制作

为了进行“神舟十二号”的宣传，王晓红需要使用任务 2.1“任务描述”中的资料，制作“神舟十二号”宣传 PPT，效果如图 4-1 所示。

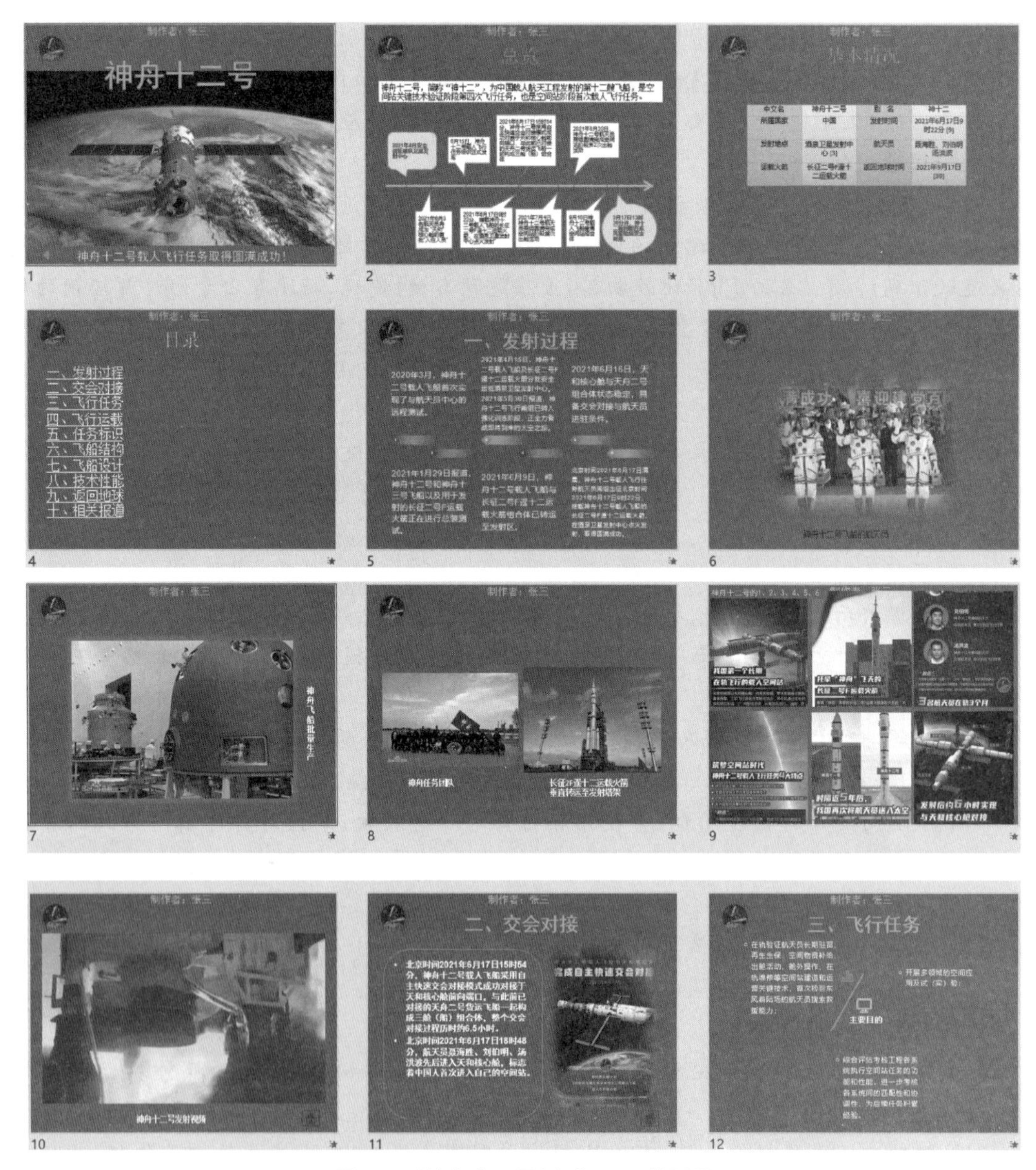

图 4-1　“神舟十二号”宣传 PPT 效果图

图 4-1(续)

图 4-1 是任务 4.1～任务 4.4 都完成后的最终效果。下面我们将逐步完成这个效果。首先做出纯文字版的 PPT，如图 4-2 所示；然后，在纯文字版的基础上，插入表格、图片效果、示意图、智能图形等表现元素，以丰富我们的呈现效果。

任务分析

本子任务涉及演示文稿的内容制作，包括在新建幻灯片中输入文本、使用文本框、复制移动幻灯片、编辑文本、删除占位符等操作，对幻灯片中文本格式的设置等。

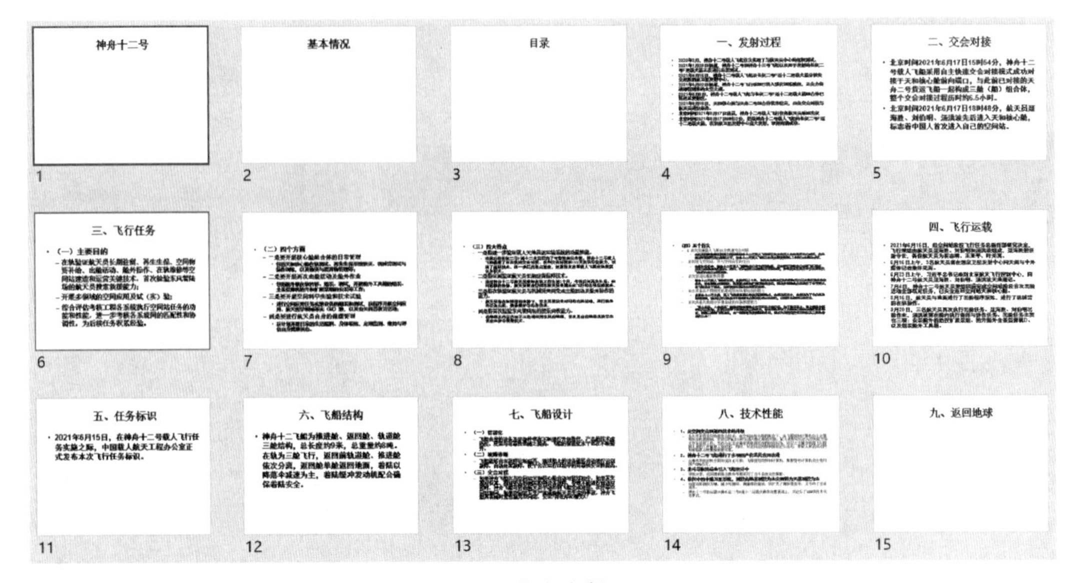

图 4-2　纯文字版 PPT

知识讲解

一、熟悉 WPS 演示文稿

（一）演示文稿、幻灯片、PPT 的区别与联系

演示文稿、幻灯片、PPT 在日常交流中经常被等同起来。一般来说，这无关紧要，只要大家都理解对方所说即可，但实际上它们是有一些区别的。

（1）演示文稿是指利用 WPS 演示文稿做出来、由多张幻灯片组成的文件。

（2）幻灯片是指演示文稿中的每一张（页）。每张幻灯片都是演示文稿中既相互独立又相互联系的内容。在每张幻灯片上可以插入文字、图片、动画、图表、表格等内容。由此可见，演示文稿包含幻灯片，幻灯片组合成演示文稿。

（3）PPT 是人们对演示文稿的习惯称法，这是由于以前的演示文稿是以 .ppt 为扩展名的缘故。现在的演示文稿以后，改为以 .pptx 为扩展名。

（二）对象、占位符、版式、母版

1. 对象

WPS 演示文稿中幻灯片的组成元素统称为对象。幻灯片中常用的元素有文本、图形（矢量图）、图像、表格、图表、声音、视频等。

2. 占位符

占位符是预先安排的对象插入区域，对象可以是文本、图片、表格、智能图形等，单击不同占位符即可插入相应的对象。标题幻灯片的两个占位符都是文本占位符，如图 4-3 所示。单击占位符，提示文字消失，出现闪动的插入点，直接输入所需文本即可。

3. 版式

版式指的是幻灯片内容在幻灯片上的排列方式。版式由占位符组成。

图 4-4 是由 3 个占位符组成的版式：标题占位符、两个内容占位符（如包括表格、图示、图表或剪贴画等）。

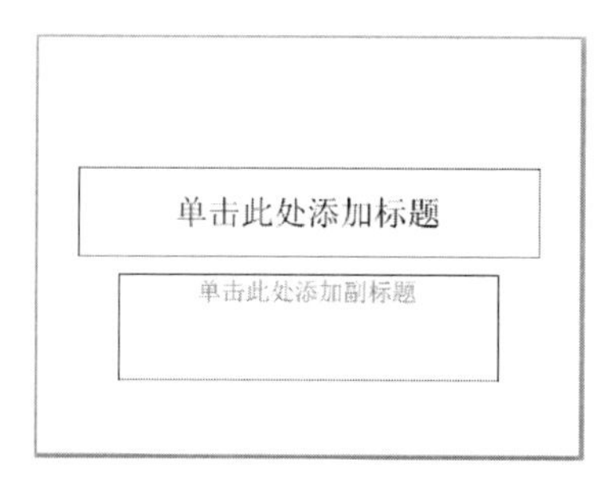

图 4-3 标题幻灯片版式

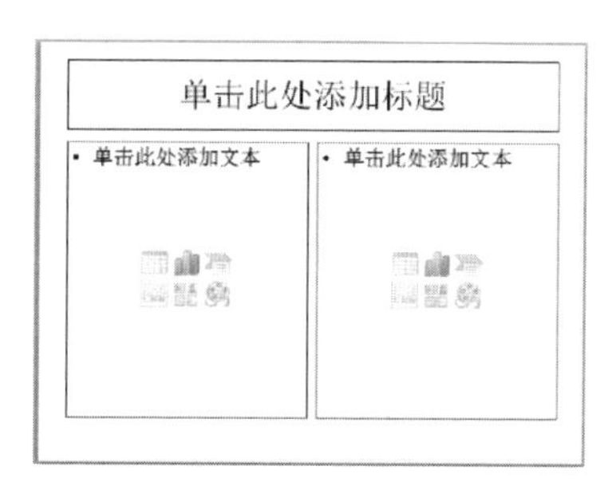

图 4-4 由三个占位符组成的版式

4. 母版

母版是存储关于模板信息的一个元素，这些模板信息包括字形、占位符大小和位置、背景设计和配色方案。幻灯片母版是对演示文稿进行全局更改（如替换字形），并使该更改应用到演示文稿中的部分或所有幻灯片。通常可以对幻灯片母版进行下列操作。

（1）更改字体或项目符号。

（2）插入要显示在多个幻灯片上的内容（如 LOGO）。

（3）更改占位符的位置、大小和格式。

（三）“好”演示文稿需具备的条件

很多人都会制作演示文稿，但要制作出大家都认可的、大家都认为“好”的演示文稿并不容易，需要制作者长期地积累经验和不断摸索、学习，我们不仅仅要能熟练使用 WPS 演示软件，还需懂得一些色彩学、平面设计、文案撰写等多方面的知识。“好”的演示文稿不仅从字体搭配、配色等方面搭配得当，而且整个演示文稿的主题要明确、设计风格符合主题、动画适宜，不“喧宾夺主”。

（四）制作演示文稿的排版布局原则

制作演示文稿时，要注意以下六个排版布局原则。

（1）对齐：相关内容对齐，次级标题缩进，可以方便读者视线快速移动，看到重要信息。

（2）聚拢：相关内容都聚在一个区域中，不同主题的内容分离开来。

（3）留白：不要把页面排得十分满，要留出一定的空白，以减少页面的压迫感。

（4）降噪：要减少颜色数量、减少文本字数、精简图表等，以突出重点。

（5）重复：即相同级别的标题、内容的格式要相同；也要注意各幻灯片的一致性和连贯性。

（6）对比：对于文本对比的方法主要是指加粗字体、加大字号、改变颜色等；对于图片，对比的方法主要是模糊次要部分、黑白次要部分等。

（五）熟悉 WPS 演示文稿工作界面

WPS 演示文稿工作界面如图 4-5 所示。

请根据以下组成元素的描述，在空白处填写出各组成元素的名字。

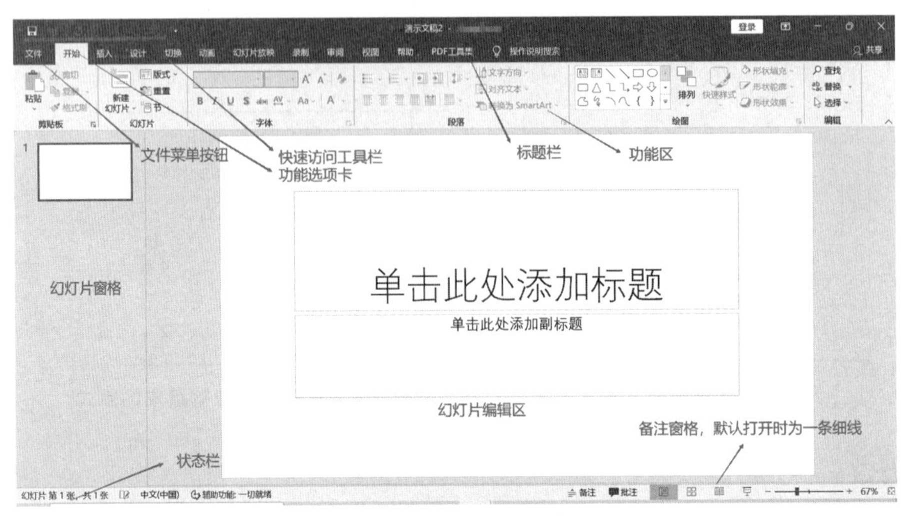

图 4-5　WPS 演示文稿工作界面

（1）____________________：位于 WPS 演示文稿工作界面的右上角，它用于显示演示文稿名称和程序名称，最右侧的 3 个按钮分别用于对窗口执行最小化、最大化和关闭等操作。

（2）____________________：它提供了最常用的“保存”按钮、“撤销”按钮和“恢复”按钮，单击对应的按钮可执行相应的操作。如需在快速访问工具栏中添加其他按钮，可单击其后的按钮，在弹出的菜单中选择所需的命令即可。

（3）____________________：用于执行 WPS 演示文稿的新建、打开、保存和退出等基本操作；该菜单右侧列出了用户经常使用的演示文档名称。

（4）____________________：相当于菜单命令，它将 WPS 演示的所有命令集成在几个功能选项卡中，选择某个功能选项卡可切换到相应的功能区。

（5）____________________：其中有许多自动适应窗口大小的工具栏，不同的工具栏中又放置了与此相关的命令按钮或列表框。

（6）____________________：用于显示演示文稿的幻灯片数量及位置，通过它可更加方便地掌握整个演示文稿的结构。在“幻灯片”窗格下，将显示整个演示文稿中幻灯片的编号及缩略图；在“大纲”窗格下列出了当前演示文稿中各张幻灯片中的文本内容。

（7）____________________：是整个工作界面的核心区域，用于显示和编辑幻灯片，在其中可输入文字内容、插入图片和设置动画效果等，是使用 WPS 演示制作演示文稿的操作平台。

（8）____________________：位于幻灯片编辑区下方，可供幻灯片制作者或幻灯片演讲者查阅该幻灯片信息或在播放演示文稿时对需要的幻灯片添加说明和注释。

（9）____________________：位于工作界面最下方，用于显示演示文稿中所选的当前幻灯片以及幻灯片总张数、幻灯片采用的模板类型、视图切换按钮以及页面显示比例等。

二、WPS 演示文稿的基本操作

（一）新建新演示文稿

新建演示文稿如图 4-6 所示。新建演示文稿主要有以下几种方式。

图 4-6　新建演示文稿

（1）创建空白演示文稿。使用空白演示文稿方式，可以创建一个没有任何设计方案和示例文本的空白演示文稿，用户可以根据需要选择幻灯片版式开始演示文稿的制作。方法是依次单击“文件”—“新建”—“空白演示文稿”命令。

（2）根据主题创建演示文稿。主题是事先设计好的一组演示文稿的样式框架，主题规定了演示文稿的外观样式，包括母版、配色、文字格式等设置。使用主题方式，不必设计演示文稿的母版和格式，在系统提供的各种主题中选择一个适合的主题，创建出一套该主题的演示文稿，且使整个演示文稿外观一致。方法是依次单击“文件”—“新建”—“风格主题”命令。

（3）根据模板创建演示文稿。模板是预先设计好的演示文稿样本，WPS 演示文稿软件提供了丰富多彩的模板。因为模板已经提供多项设置好的演示文稿外观效果，所以用户只需将内容进行修改和完善即可创建美观的演示文稿。使用“日常办公”的方法是依次单击“文件”—“新建”—“日常办公”命令。如果要想找到更多的模板，可以依次单击“文件”—“新建”—“设置”命令。

（二）新建幻灯片

常用的新建幻灯片的方法主要有如下两种。

方法 1：通过快捷菜单新建幻灯片。在空白演示文稿的“幻灯片”窗格空白处右击，在弹出的快捷菜单中选择“新建幻灯片”命令，如图 4-7 所示。

方法 2：通过选择版式新建幻灯片。选择“开始”—“幻灯片”组，单击“新建幻灯片”按钮下的 ⌄ 按钮，在弹出的下拉列表中选择新建幻灯片的版式，如图 4-8 所示。

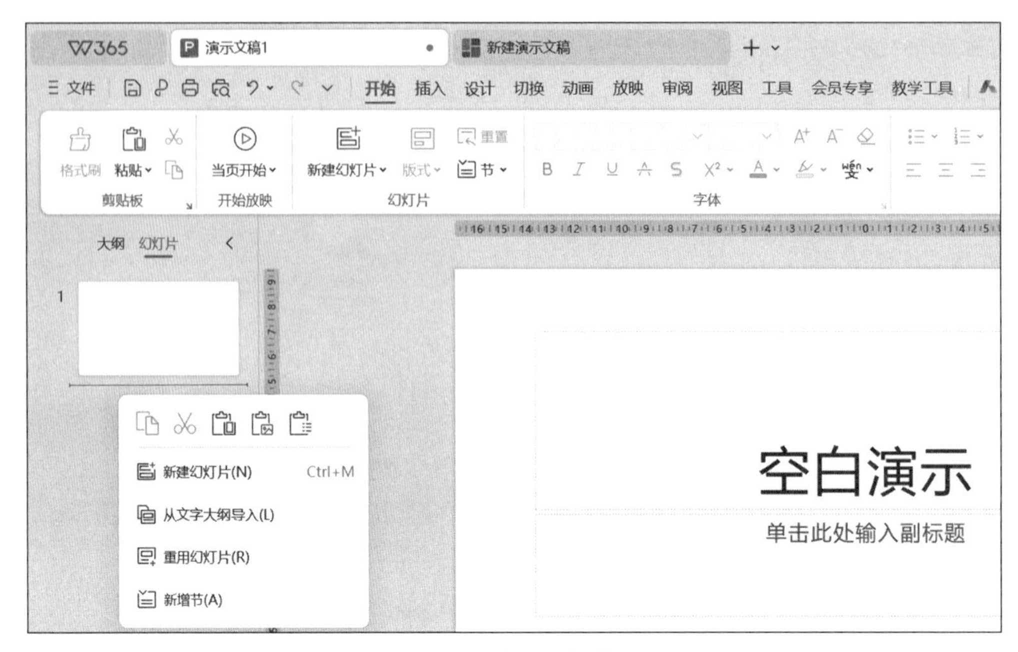

图 4-7　新建幻灯片

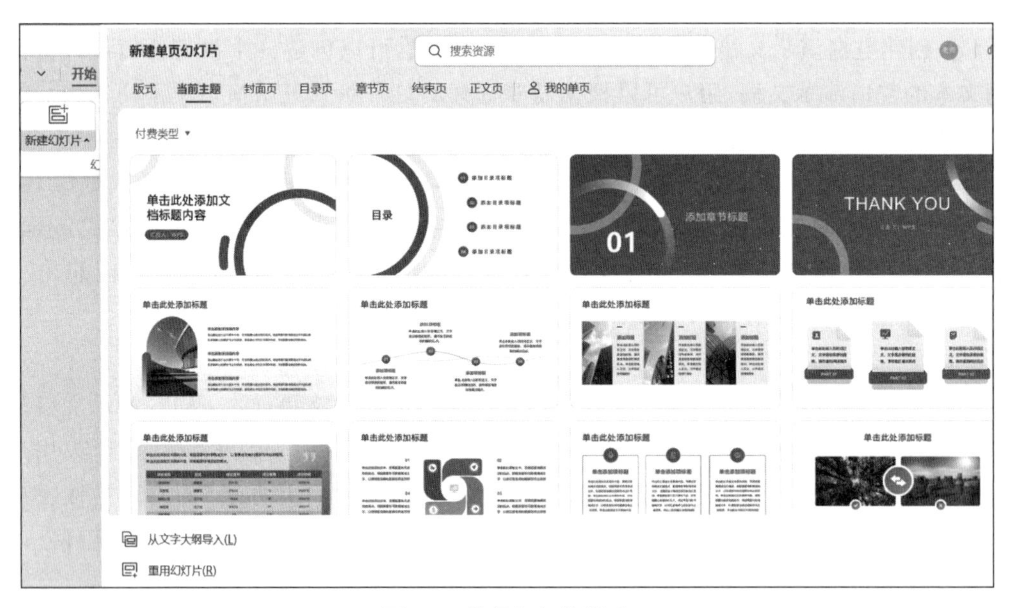

图 4-8　选择幻灯片版式

（三）新建节

幻灯片张数太多时，可以使用新增的节功能组织幻灯片，就像使用文件夹组织文件一样。用户可以使用命名节跟踪幻灯片组。而且，可以将某节分配给他人制作。

1. 新增节

在“普通”视图或“幻灯片浏览”视图中，在要新增节的两个幻灯片之间右击，然后单击“新增节”，如图 4-9 所示。

2. 重命名现有节

若要重命名现有节，应右击节名称，然后单击“重命名节”，如 4-10 所示。

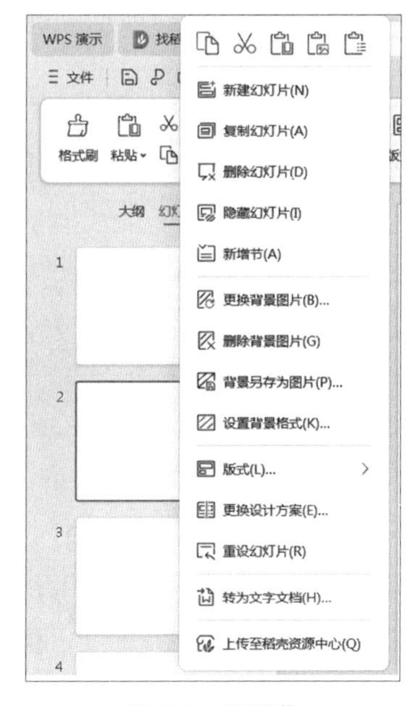

图 4-9 新增节

图 4-10 重命名节

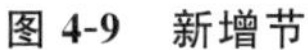

3. 移动和复制幻灯片

方法 1：通过鼠标拖动移动和复制幻灯片。选择需移动的幻灯片，按住鼠标左键拖动到目标位置后释放鼠标完成移动操作；选择幻灯片后，按住 Ctrl 键的同时拖动到目标位置可实现幻灯片的复制。

方法 2：通过菜单命令移动和复制幻灯片。

4. 删除幻灯片

在普通视图下的“幻灯片/中大纲”窗格和幻灯片浏览视图中均可对演示文稿中多余的幻灯片进行删除。其方法是：选中需删除的幻灯片后，按 Delete 键或利用快捷菜单。

(四) 熟练地在不同视图下操作 WPS 演示文稿

WPS 演示文稿提供了多种视图模式以编辑、查看、调整幻灯片，在工作界面的状态栏中单击视图切换按钮，即可切换到相应的视图模式下。

(1) 普通视图是默认的视图，在该视图中可以同时显示幻灯片编辑区、“幻灯片/大纲”窗格以及备注窗格。它主要用于调整演示文稿的结构及编辑单张幻灯片中的内容。

(2) 幻灯片浏览视图是在幻灯片浏览视图模式下可浏览演示文稿的整体结构和效果。此时在该模式下也可以改变幻灯片的版式和结构，如更换演示文稿的背景、移动或复制幻灯片等，但不能对单张幻灯片的具体内容进行编辑。

(3) 阅读视图仅显示标题栏、阅读区和状态栏，主要用于浏览幻灯片的内容。在该模式下，演示文稿中的幻灯片将以窗口大小进行放映。

(4) 幻灯片放映视图可以将演示文稿中的幻灯片将以全屏方式放映。通过该模式用户可以预览幻灯片在制作完成后的放映效果，以便及时对不满意的地方进行修改。很多用户实际放映演示文稿时，喜欢单击“幻灯片放映视图”按钮来启动放映。

(5) 备注视图与普通视图相似，只是没有“幻灯片/大纲”窗格，在此视图下幻灯片编辑区中完全显示当前幻灯片的备注信息。

三、在幻灯片中插入艺术字、图形图片、形状、表格等元素

演示文稿的内容可以用多种形式来展现，包括使用文本、图片、表格、智能图形等。使用“插入”功能区选项卡的各种命令，可以完成输入各种元素。如图 4-11 所示。

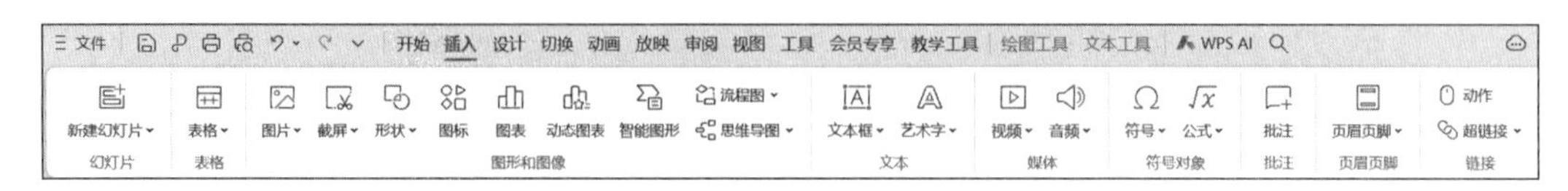

图 4-11　插入功能区

（一）文本

在演示文中输入文本的方法主要有两种。

(1) 使用占位符输入文本。文本占位符是预先安排的文本插入区域。占位符中的文字具有以下特性：可以在大纲窗格中可见；可以发送到 WPS 文字文档中；标题占位符中的文字在放映时可以用于导航。

(2) 使用文本框输入文本。若希望在其他区域增添文本内容，可以在适当位置插入文本框并在其中输入文本。方法是单击“插入”选项卡“文本”组的“文本框”按钮，在出现的下拉列表中选择“横排文本框”或“垂直文本框”。文本框中的文字没有占位符中文字的特性。

（二）插入图片

在幻灯片中使用图片可以使演示效果变得更加生动。将图形和文字有机地结合在一起，可以获得极好的展示效果。

插入图片主要有两种方式，第一种是采用功能区命令，第二种是单击幻灯片内容区占位符中图片的图标。

（三）插入形状

制作幻灯片时，有时需要设计图形来表达内容。形状是系统事先提供的一组基础图形，有的可以直接使用，有的稍加组合即可更有效地表达某种观点和想法。可用的形状有线条、基本几何形状、箭头、流程图形状等。

插入形状有两个途径：在“插入”选项卡的“图形和图像”组单击“形状”命令；在“开始”选项卡的“绘图”组单击“形状”列表右下角“其他”按钮，就会出现各类形状的列表。

（四）插入艺术字

艺术字具有美观有趣、突出显示、醒目张扬等特性，特别适合重要的、需要突出显示、特别强调等文字表现场合。在幻灯片中既可以创建艺术字，也可以将现有文本转换成艺术字。

（五）插入表格

插入表格的方法有使用功能区命令和利用幻灯片占位符两种。编辑方法与 WPS 文字相同。

（六）插入智能图形

（1）插入智能图形的方法如下。

方法1：直接插入。

方法2：将文本转换为智能图形。

首先，要整理好文本的层次结构。然后单击包含要转换的幻灯片文本的占位符（或右击文字）；在"开始"选项卡的"段落"组中，单击"转智能图形"；在库中，单击所需的智能图形布局。库中包含最适合于项目符号列表的智能图形布局。若要查看完整的布局集合，可以单击"其他智能图形"，如图4-12和图4-13所示。

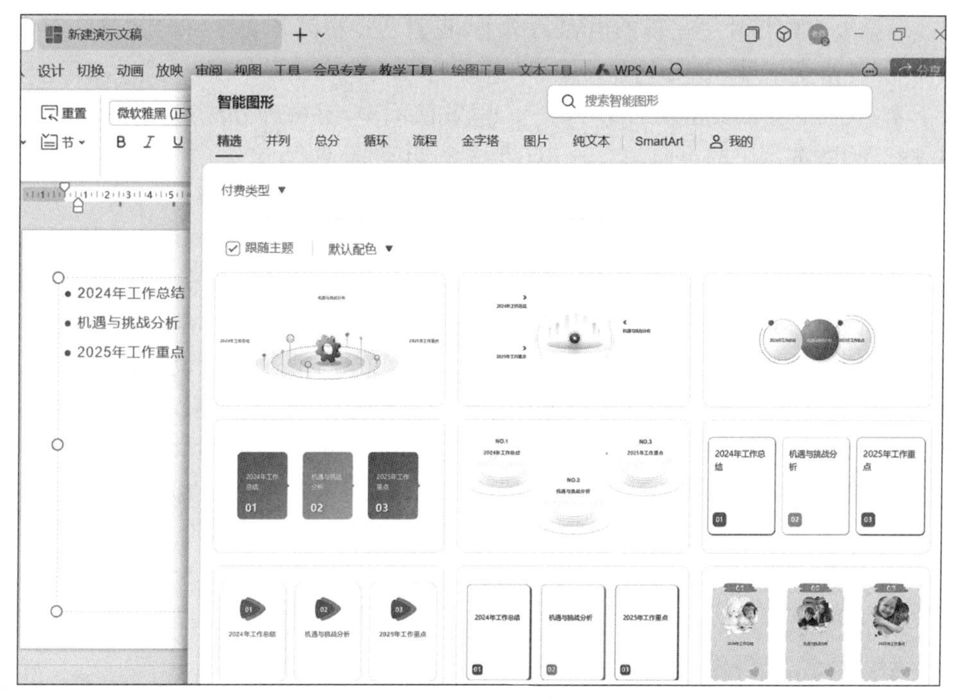

图4-12 将文本转换为智能图形

（2）添加形状。可以通过"文本"窗格输入和编辑在智能图形中显示的文字。"文本"窗格显示在智能图形的左侧。在"文本"窗格中添加和编辑内容时，智能图形会自动更新，即根据需要添加或删除形状，如图4-14所示。

图4-13 转换好的智能图形

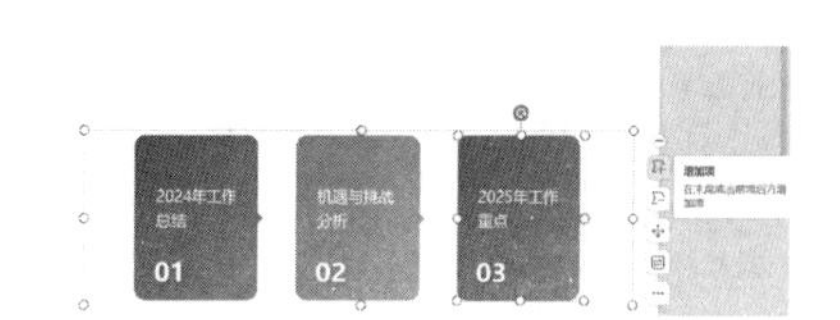

图4-14 在智能图形中添加形状

（七）插入音频和视频

在幻灯片上插入音频剪辑时，将显示一个表示音频文件的图标。在进行演讲时，可以将音频剪辑设置为在显示幻灯片时自动开始播放、在单击鼠标时开始播放或播放演示文稿中的所有幻灯片。甚至可以循环连续播放媒体直至停止播放。

插入表格的方法有：使用功能区命令；利用幻灯片占位符。

任务实现

1. 在提供的 WPS 文字文档素材中精简文字、添加样式

当要做的 PPT 的文字素材已经在 WPS 文字文档中时，应该根据需要精简文字，不能将 Word 文档中的所有文字都复制到幻灯片中。首先梳理 WPS 文字文档中表达内容的框架，精选或改写需要在幻灯片中呈现的内容。这里，我们已经精简了文字，得到素材“PPT 文字素材精简后(神舟十二号).docx”。

接下来，我们需要把要呈现的文字放入 WPS 演示中，有两种方法：方法 1，逐句逐段把文字拷贝到 WPS 演示中的不同幻灯片中；方法 2，自动将 WPS 文字中的文字传递到 WPS 演示中的各张幻灯片中，也就是自动生成 PPT。

这里我们用方法 2，但需要做一些前期准备：要为精简后的素材文档设置各级标题样式，需要出现在一张幻灯片的标题位置的内容设置标题 1 样式，需要出现在该张幻灯片中内容占位符中的文字分别设置标题 2 和标题 3 样式(设置标题 3 样式的内容是标题 2 样式的具体内容)，而 WPS 文字文档中不需要传递到 WPS 演示文稿中的文字就设置“正文”样式。这样设置后我们就能够从 WPS 文字文档中自动把文字传递到 WPS 演示文稿中，自动生成一套纯文字版的演示文稿。本任务中的样式，我们已经设置好了，在素材文件“PPT 文字素材设置样式后 (神舟十二号).docx”中。该文档前面部分在 WPS 文字大纲视图中的显示如图 4-15 和图 4-16 所示。注意：图 4-16 中的“三、飞行任务”中的“(二)四个方面”“(三)四大特点”“(四)五个首次”是应用的“标题 2”样式，其前没有“标题 1”样式，因为这三张幻灯片同属于“三、飞行任务”这部分内容下的。

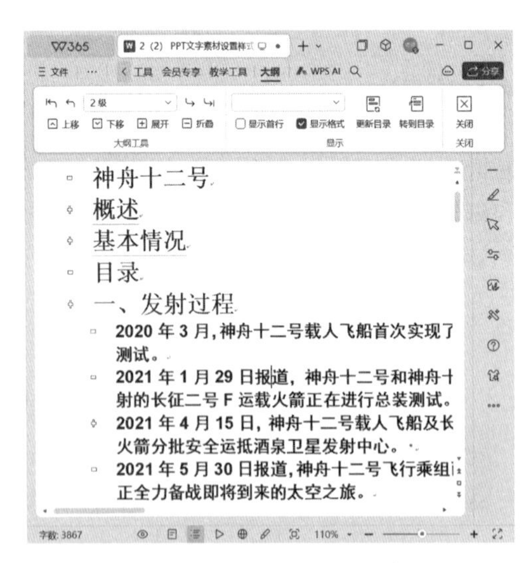

图 4-15　大纲视图下的文字素材 1

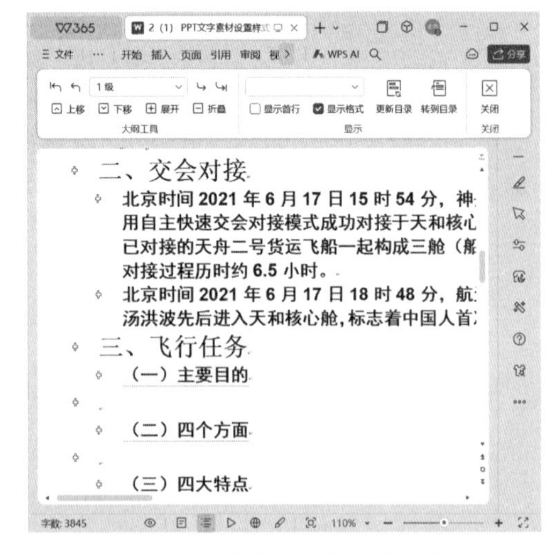

图 4-16　大纲视图下的文字素材 2

其实，这样处理不太妥当，因为在放映到这三张幻灯片时，容易让观众混淆，观众不容易记住这三张幻灯片的内容属于哪部分的，我们怎么处理比较好？请同学们提出自己的方案。

这里，我们还是按素材设定的方式来做。

2. 建立纯文字版 PPT

（1）以你的学号最后两位数加姓名建立作业文件夹，如“00 张三”，在作业文件夹下右击，在弹出的快捷菜单中选择“新建”，在右侧出现的级联菜单中选择“PPTX 演示文稿”，如图 4-17 所示；将文件命名为“神舟十二号”。

（2）双击打开新建的“神舟十二号 . pptx”文件。

（3）单击“开始”选项卡下“幻灯片”组中的“新建幻灯片”按钮，在下拉列表框中选择“从文字大纲导入”。得到由 WPS 文字大纲转换而成的纯文字版的 PPT（图 4-2），以原文件名存盘。

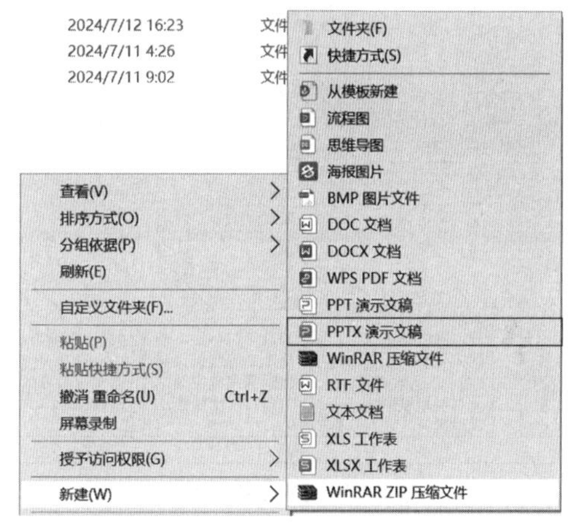

图 4-17　新建演示文稿

3. 对每张幻灯片进行个性化设计

在演示文稿中套用示意图、插入图片、表格等，单独设计每张幻灯片。

（1）前六张幻灯片的设计效果如图 4-18 所示。

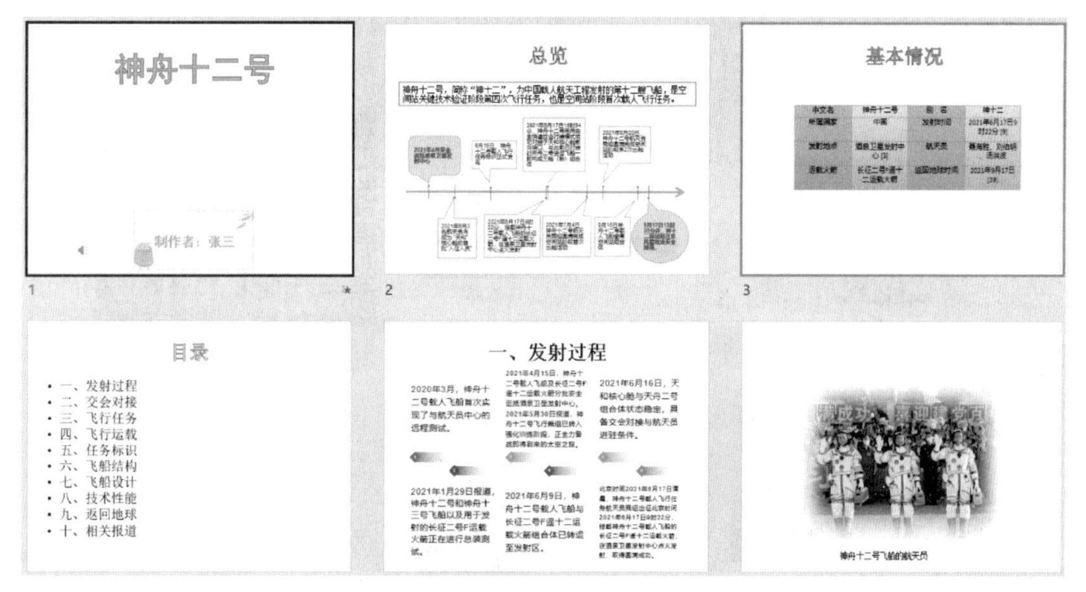

图 4-18　前六张幻灯片的效果

幻灯片 1：封面制作，插入艺术字；拷贝图片，调整图片；输入制作者姓名（你自己的名字）。在首页插入音频，选中音频文件，在“音频工具”的“播放”选项卡里设置：自动开始播放、放映时隐藏、跨幻灯片播放、循环播放直到停止。

幻灯片 2：插入一张新幻灯片，标题为概览，设置为艺术字；“插入”功能区中的形状绘制时间线，效果如图 4-19 所示。文字不需要录入，从前述的素材 Word 文档中复制即可。

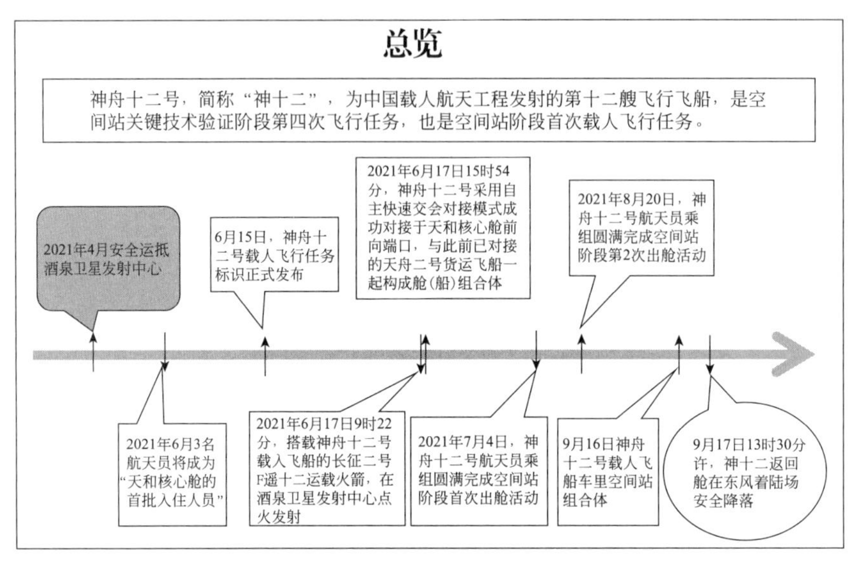

图 4-19 幻灯片 2 内容

幻灯片 3：基本情况。在 WPS 文字中转换成表格，再复制过来，或者直接在幻灯片中绘制。

幻灯片 4：制作目录幻灯片。复制粘贴各幻灯片主题到目录幻灯片。

幻灯片 5：套用示意图制作。打开“示意图素材.pptx”，复制其中相应的示意图到本幻灯片，粘贴六次，修改填充颜色，添加序号；插入文本框，将不同段落文字放入六个文本框中，对齐。

幻灯片 6：插入一张新幻灯片，插入相应图片；选中图片，利用图片工具修饰图片。

(2) 幻灯片 7～12 的设计效果如图 4-20 所示。

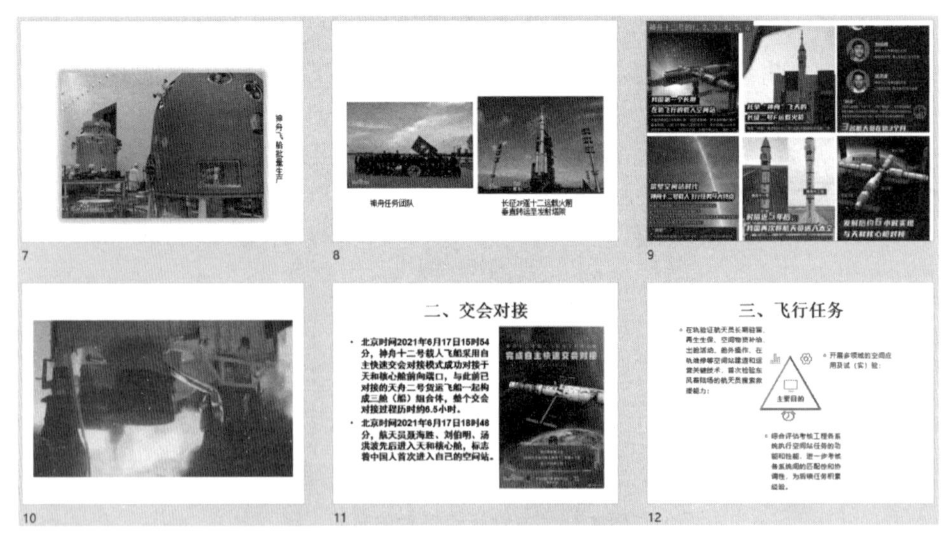

图 4-20 幻灯片 7～幻灯片 12 的设计效果

幻灯片 7～9：分别插入一张新幻灯片，插入相应图片；选中图片，利用图片工具修饰图片。幻灯片 9 中的图片在进行布局时，注意 WPS 演示中的“图片工具”中的对齐功能的应用。

幻灯片 10：插入视频“神舟十二号发射 . mp4”，在 PPT 中裁剪视频的尾端。选中视频文件，在“视频工具”的“播放”选项卡里设置自动开始播放、全屏播放、循环播放直到停止。

幻灯片 11：改变版式为“两栏内容”，按效果图进行设计。

幻灯片 12：套用示意图制作。打开“示意图素材 . pptx”，复制其中相应的示意图到本幻灯片；插入文本框，将不同段落文字放入六个文本框中，对齐。按效果图进行设计。

(3) 幻灯片 13～18 的设计，效果如图 4-21 所示。

图 4-21　幻灯片 13～18 的效果

幻灯片 13、幻灯片 14、幻灯片 16：套用示意图制作。打开“示意图素材 . pptx”，复制其中相应的示意图到相应幻灯片中；插入文本框，将不同段落文字放入文本框中，对齐。按效果图进行设计。

幻灯片 17：插入“图 10 神舟十二号载人飞行任务标识.png” 按效果图进行设计。

幻灯片 15、幻灯片 18：不变。

(4) 幻灯片 19～24 的设计，效果如图 4-22 所示。

幻灯片 19：插入新幻灯片，插入图片并调整图片，按效果图进行设计。

幻灯片 20 和幻灯片 23：套用示意图制作。复制其中相应的示意图到幻灯片；插入文本框，将不同段落文字放入各文本框中。按效果图进行设计。

幻灯片 22：插入图片并调整图片，按效果图进行设计。

幻灯片 21 和幻灯片 24：不变。

4. 对幻灯片进行分节，以便梳理逻辑

将演示文稿分为六部分。每节分别重命名为：封面；总览、基本情况、目录；第一、第二部分；第三部分；第四到第十部分；结束页。详情如图 4-23 所示(根据图中幻灯片编号进行分节）。方法：① 在幻灯片窗格中，选中相应的一张；或按住 Ctrl 后，连续单击相应幻灯片，同时选中若干张幻灯片；② 将鼠标指针移动到所选幻灯片上右击，从快捷菜单中选择“新增节”，在弹出的重命名节对话框(图 4-24)中输入相应节名称即可。

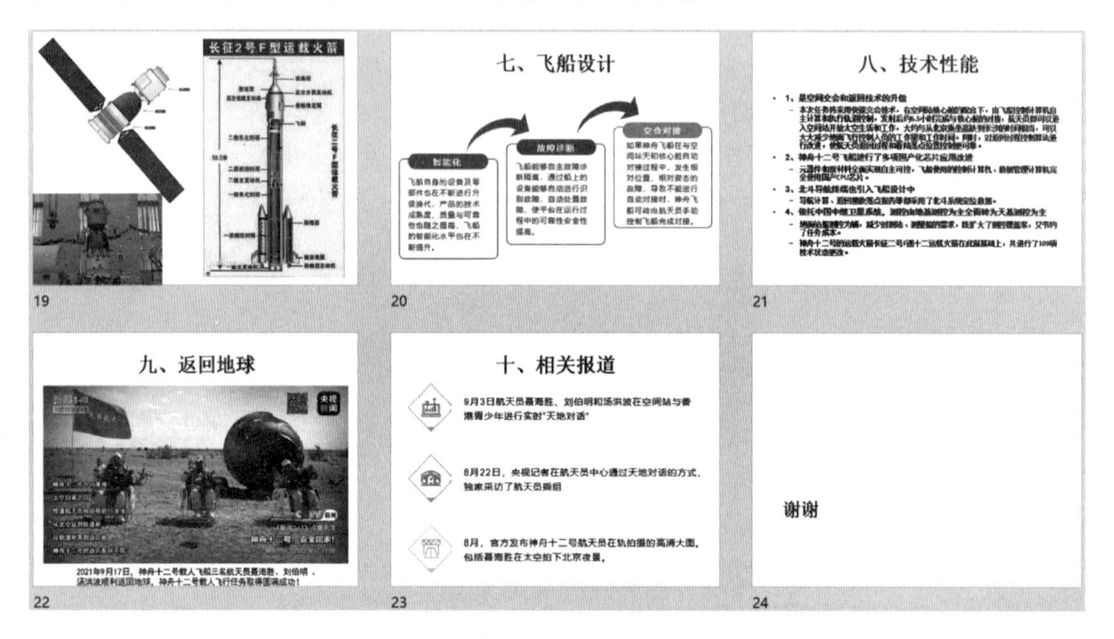

图 4-22　幻灯片 19～24 的效果

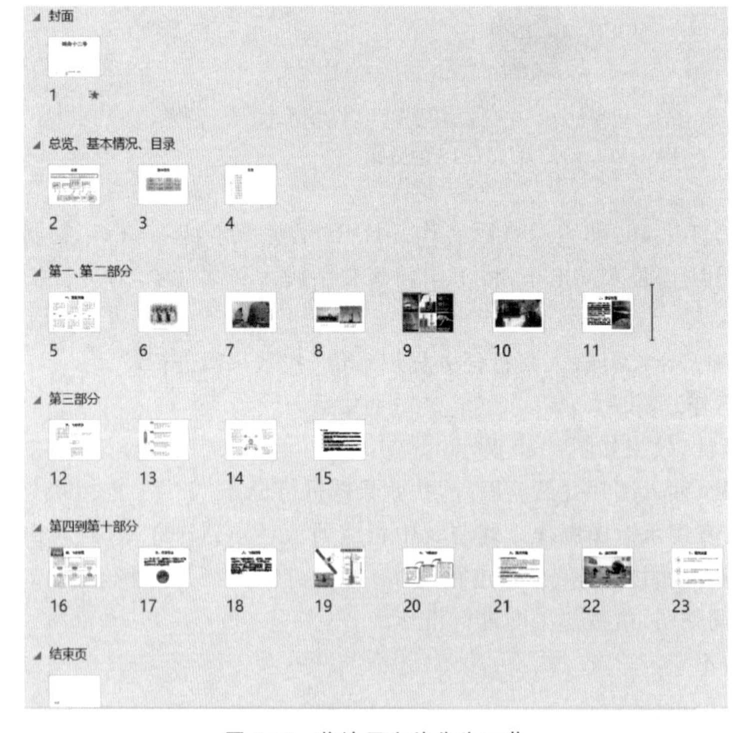

图 4-23　将演示文稿分为五节

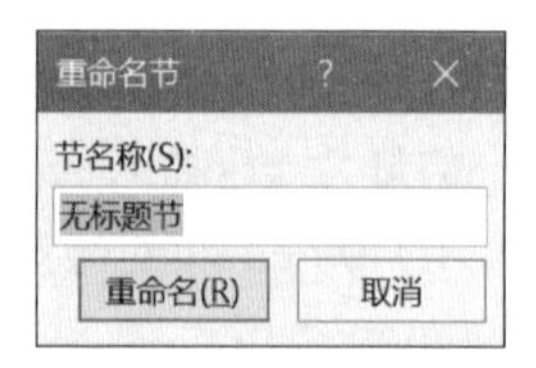

图 4-24　重命名节

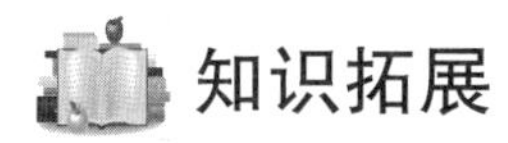

知识拓展

利用 PPT 中的图片工具处理图片

打开 PPT 后，在功能区中并没有“图片工具”这一项，它是隐蔽的。图片处理的方法是：单击幻灯片中的一张图片，在功能区会立刻显示出“图片工具”，如图 4-25 所示，该功能区有 5 个功能组。

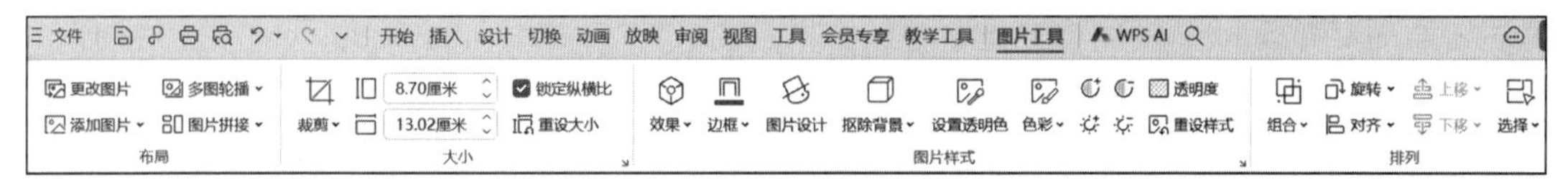

图 4-25 “图片格式”功能区

1. “布局”功能组

可更改图片、添加图片、图片拼接、多图轮播。利用“删除背景”，请自行尝试。

2. “图片式样”功能组

可设置图片样式，更改图片版式、边框和效果。

3. “排列”功能组

可设置图片叠放次序，设置隐藏或显示某张图片（用“选择窗格”），对图片进行对齐、组合、旋转。

4. “大小”功能组

可剪裁图片至合适大小，可精确设置图片的宽度和高度，还可重设大小。

任务训练

第 24 届冬季奥林匹克运动会（简称 2022 年北京冬季奥运会），是由中国举办的国际性奥林匹克赛事，于 2022 年 2 月 4 日开幕，2 月 20 日闭幕。我国奥运健儿在北京冬季奥运会上的拼搏精神，深深地感动了王晓红，因此王晓红想制作一份关于“2022 年北京冬季奥运会”的演示文稿，以激励自己在学习上积极进取。请根据以下要求，并参考“冬奥会 PPT 效果图片.docx”文件中的样例效果，完成演示文稿的制作。

（1）新建一个空白演示文稿，命名为“2022 年北京冬奥会.pptx”（“.pptx”为扩展名），并保存在素材文件夹中，此后的操作均基于此文件。

（2）演示文稿包含 8 张幻灯片，第 1 张版式为“标题幻灯片”，第 2、第 3、第 5 和第 6 张为“标题和内容版式”，第 4 张为“两栏内容”版式，第 7 张为“仅标题”版式，第 8 张为“空白”版式；每张幻灯片中的文字内容，可以从素材文件夹下的“PPT_素材.docx”文件中找到，并参考样例效果将其置于适当的位置；对所有幻灯片应用名称为“冬奥主题”的主题；将所有文字的字体统一设置为“幼圆”。

（3）在第 1 张幻灯片中，参考样例将素材文件夹下的“图片 1.jpg”插入适合的位置，并应用恰当的图片效果。

（4）将第 2 张幻灯片中标题下的文字转换为 SmartArt 图形，布局为“垂直曲形列表”，并应用“白色轮廓”的样式，字体为幼圆。

（5）将第 3 张幻灯片中标题下的文字转换为表格，表格的内容参考样例文件，取消表格的标题行和镶边行样式，并应用镶边列样式；表格单元格中的文本水平和垂直方向都居中对齐，中文设为“幼圆”字体，英文设为“Arial”字体。

（6）在第 4 张幻灯片的右侧，插入素材文件夹下名为“图片 2.jpg”的图片，并应用“圆形对角，白色”的图片样式。

（7）参考样例文件效果，调整第 5 和第 6 张幻灯片标题下文本的段落间距，并添加或取消相应的项目符号。

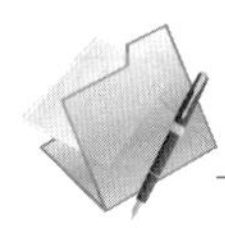

任务 4.2　演示文稿的外观设计

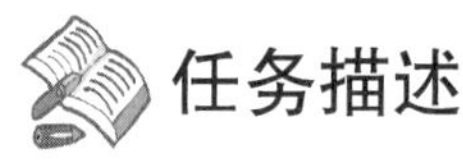

任务描述

“神舟十二号”宣传 PPT 中的外观设计

接下来我们在任务 4.1 的“任务描述”的基础上，进行外观制作，这里用到的操作点有背景、母版、主题、模板。效果如图 4-26 所示。

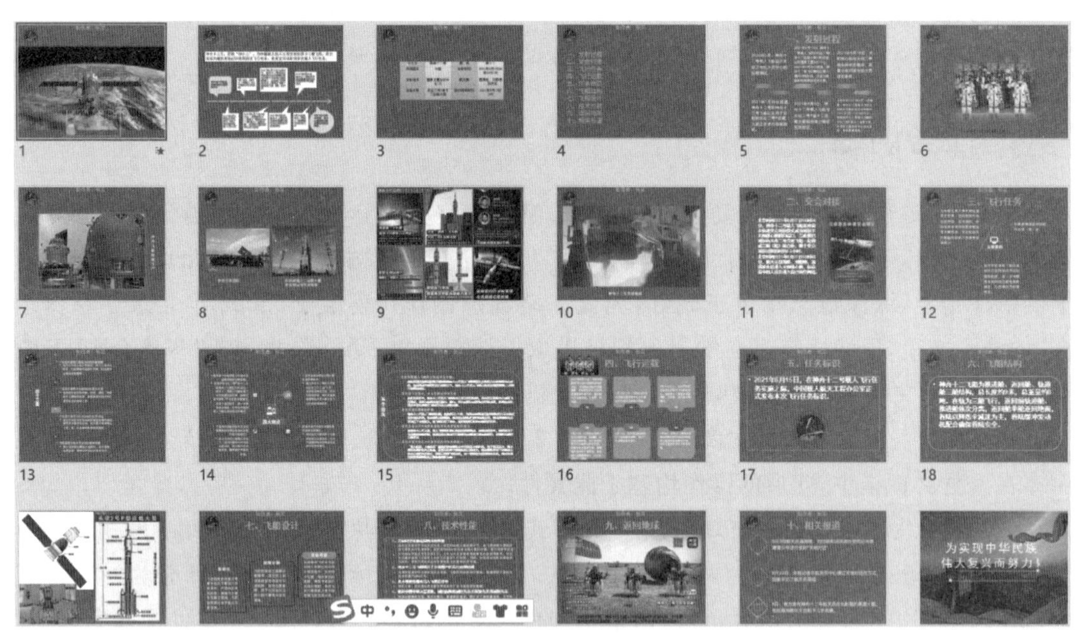

图 4-26　“神舟十二号”宣传 PPT 中设计外观后的效果

任务分析

本子任务涉及为演示文稿设计外观。下面将介绍背景设置、在母版中插入对象、设置母版格式、插入页眉和页脚等内容，同时要区分母版和模板的不同。

知识讲解

一、应用模板与主题

（一）模板与主题的区别

模板是一个文件，其后缀名为.potx。模板可以包含版式、主题颜色、主题字体、主题效果和背景样式，甚至还可以包含多种元素，如图片、文字、图表、表格、动画等。而主题是将设置好的颜色、字体和背景效果整合到一起，主题中不包含各种元素。

如图 4-27 所示为 WPS 演示模板，如图 4-28 所示为主题。

图 4-27 WPS 演示模板

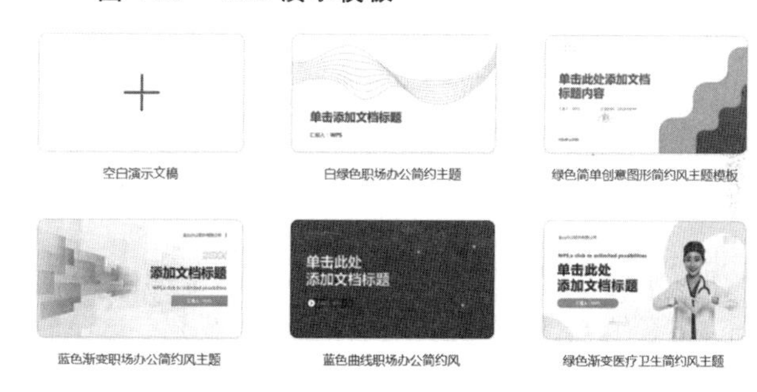

图 4-28 主题

（二）创建与使用自己的模板

可以将已经制作好的演示文稿保存为模板文件，这样方便以后制作演示文稿。

（1）创建自己的模板。创建模板就是将设置好的演示文稿另存为模板文件。其方法是：打开设置好的演示文稿，选择“文件”—“另存为”，在打开页面的“保存文档副本”栏中选择“其他格式”选项，在“文件类型”栏中单击“模板”选项。

（2）使用自己创建的模板。方法是：选择“文件”—“新建”，在“可用的模板和主题”栏中单击“我的模板”按钮，打开“新建演示文稿”对话框，在“个人模板”选项卡中选择所需的模板。

（三）为演示文稿应用主题

为演示文稿应用主题的方法是：打开演示文稿，选择“设计”—“主题”组，在“主题”组中选择所需的主题。注意:选择“保存当前主题”选项,可将当前演示文稿保存为主题,保存后将显示在“主题”下拉列表中。

二、幻灯片背景的设置

（一）主题及其背景设置

WPS 演示为每个主题提供了 12 种背景样式,用户可以选择其中的一种来快速改变演示文稿中幻灯片的背景。单击“设计”功能区“背景版式”组的“背景”命令,则显示当前主题的渐变填充,如图 4-29 所示。

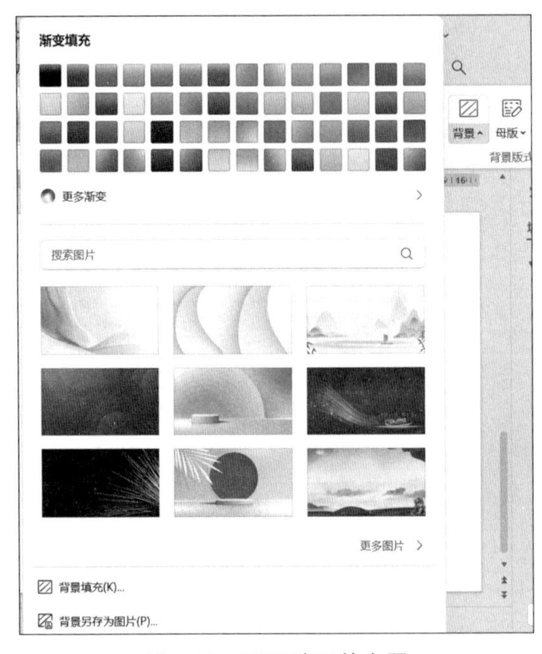

图 4-29　WPS 演示的主题

如果认为背景样式过于简单,也可以自己设置背景格式。有以下方式可以设置背景格式:纯色填充、图案填充、图片或纹理填充、渐变填充。

（二）图案背景的设置

单击“设计”—“背景”—“背景填充”;选中图案填充;在图案选择区域选择一个自己喜欢的图案。如果要全部幻灯片运用这个背景,单击“应用到全部”。

三、母版的使用

（一）关于幻灯片母版

幻灯片母版是幻灯片层次结构中的顶层幻灯片,用于存储有关演示文稿的主题和幻灯片版式的信息,包括背景、颜色、字体、效果、占位符大小和位置。

每个演示文稿至少包含一个幻灯片母版。修改和使用幻灯片母版的主要优点是可以对演示文稿中的每张幻灯片(包括以后添加到演示文稿中的幻灯片)进行统一的样式更改。使用幻灯片母版时，由于无须在多张幻灯片上键入相同的信息，因此节省了时间。如果的演示文稿非常长，其中包含大量幻灯片，则幻灯片母版特别方便。

（二）幻灯片母版的使用

创建和编辑幻灯片母版或相应版式时，要在“幻灯片母版”视图下操作(选择“视图”功能选项卡，单击“幻灯片母版”)，如图4-30所示。图4-30中，①代表“幻灯片母版”视图中的幻灯片母版；② 代表与它上面的幻灯片母版相关联的幻灯片版式。

在修改幻灯片母版下的一个或多个版式时，实质上是在修改该幻灯片母版。每个幻灯片版式的设置方式都不同，然而，与给定幻灯片母版相关联的所有版式均包含相同主题(配色方案、字体和效果)。图4-31图像显示一个应用了主题的幻灯片母版，以及两个支持版式。

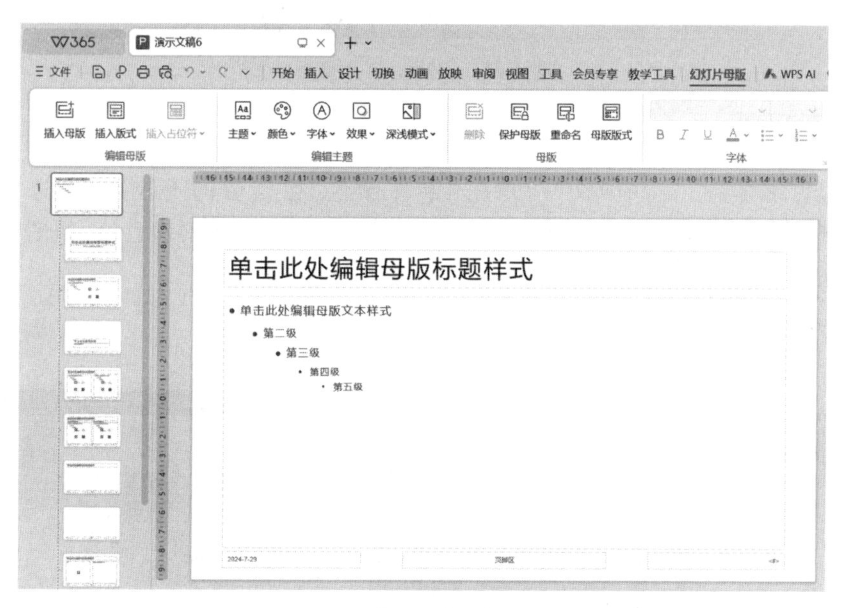

图4-30 “幻灯片母版”视图

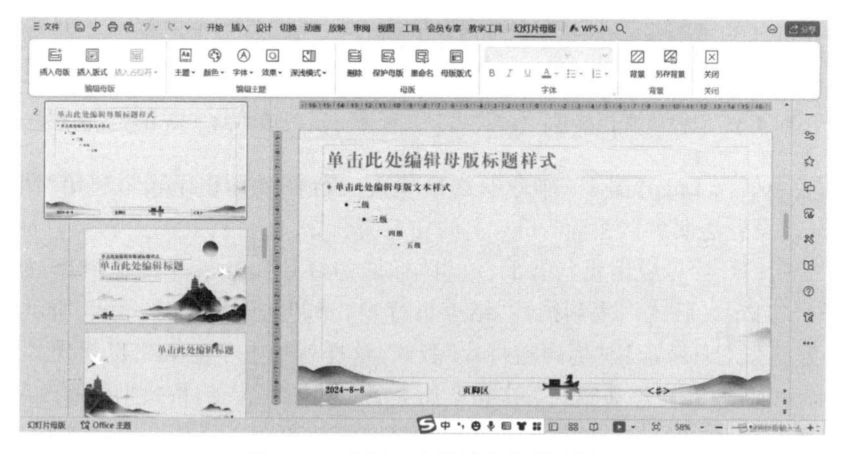

图4-31 应用于主题的幻灯片母版

 任务实现

进入“幻灯片母版”编辑状态：单击“视图”选项卡下“母版视图”组中的“幻灯片母版”按

钮，切换到幻灯片母版视图。

（1）编辑幻灯片母版。选中左侧视图列表框中的第 1 个母版（Office 主题幻灯片母版），如图 4-32 所示，右击在弹出的快捷菜单中选择“重命名母版”，弹出“重命名版式”对话框，在“版式名称”中输入“神舟十二号”，单击“重命名”按钮。

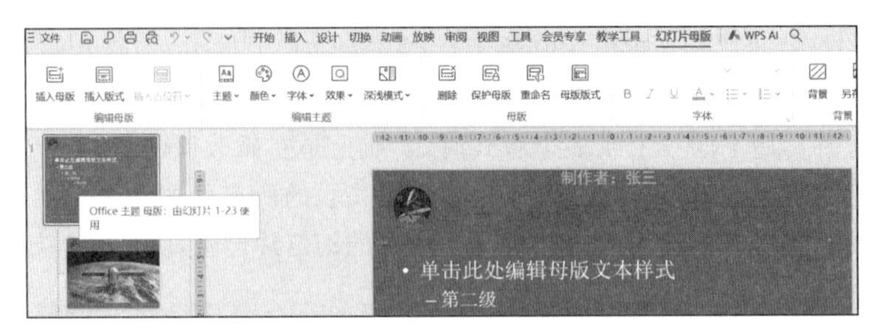

图 4-32　编辑幻灯片母版

为该母版设置背景色：蓝色。在顶端输入“制作者＋你的姓名”，设置字体为“微软雅黑”，字号 24，字体颜色：选中文字，单击“字体颜色”按钮旁的下拉按钮，选择“其他颜色……”，如图 4-33 所示；在弹出的颜色对话框中设置 RGB 模式的颜色值，如图 4-34 所示。标题占位符的字体“微软雅黑”、字号为 44、字体颜色同上。

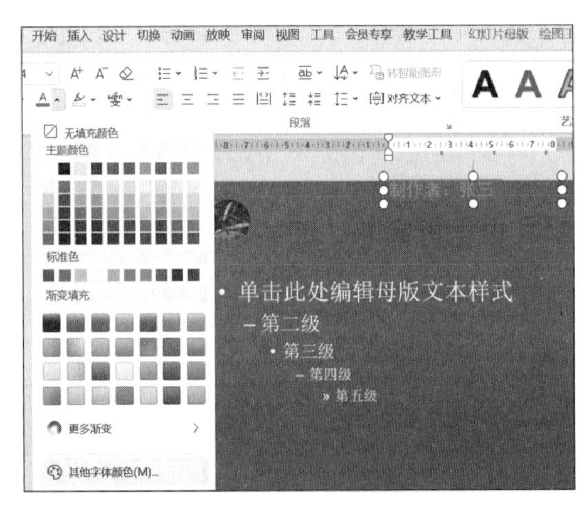

图 4-33　选择“其他颜色……”

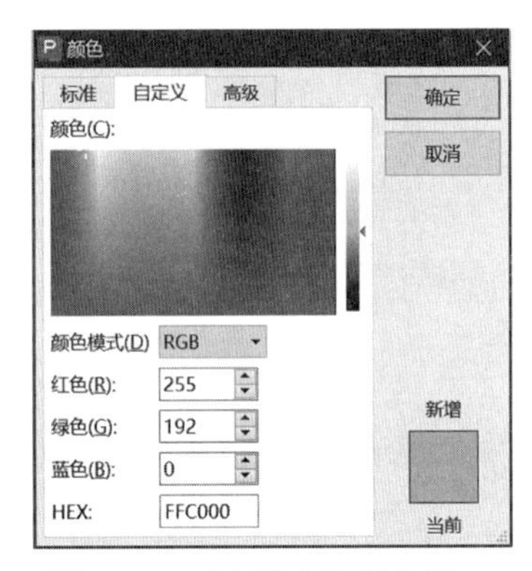

图 4-34　RGB 模式的颜色值

在该母版中插入 Logo“图 10 神舟十二号载人飞行任务标识.png”，利用“图片工具”—“图片样式”—“设置透明色”，去除 Logo 上的白色背景。

（2）继续在幻灯片母版编辑状态下，编辑“标题幻灯片”，插入并调整图片，如图 4-35 所示。插入一张“自定义版式”，复制图片“结束页背景 .jpg”并调整，如图 4-36 所示。

（3）为第一张幻灯片应用“标题幻灯片”版式，这样就加上了航天飞机背景。

（4）为结束页应用“自定义版式”，这样就加上了长城图案背景，按效果图修改字体字号等。

（5）更改正文为白色。单独为加了示意图的幻灯片更改正文颜色。再按效果图调整其他细节。

（6）模板的创建与使用。将练习 2 另存为模板文件“神舟十二号 . pptx”；模板的使用。双击“神舟十二号 . pptx”，通过模板新建一个“演示 1”的演示文稿，修改其中的内容即可新建并保存一个类似的演示文稿。

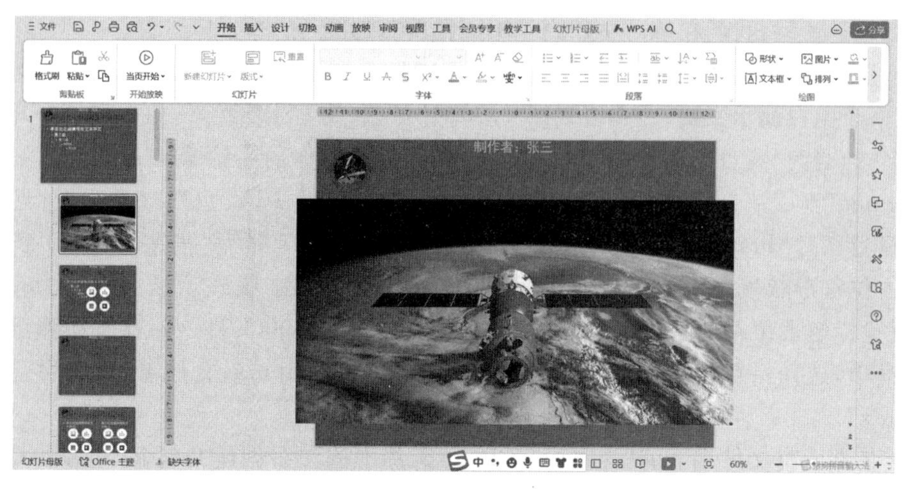

图 4-35 编辑“标题幻灯片”版式

图 4-36 编辑“自定义版式”

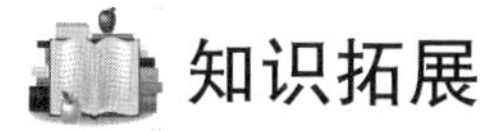

知识拓展

注意事项

套用模板制作演示文稿要注意的地方

在工作中，我们经常通过套用现成的模板来制作演示文稿。在使用这些模板时，我们需要结合要做的PPT类型，对模板进行调整和修改以适合要做PPT的风格和主题。

任务训练

王晓红了解到“七一勋章”获得者、抗美援朝志愿军战斗英雄柴云振的故事后，并深深为他英勇杀敌的事迹和淡泊名利的情操所感动，她想制作一份介绍这位平凡而又伟大的英雄演示文稿。请参考素材文件夹中的“演示文稿效果图.docx”文件示例效果，协助她完成演示文稿的制作。注意：我们在练习中用到了不同扩展名的图片。

（1）首先制作一个稍后我们将使用的主题文件“自制主题.thmx”。①打开 WPS 演示软件，新建一个空白演示文稿；②单击视图—幻灯片母版；③右击“Office 主题幻灯片母版”，选择重命名，改名为“我自己制作的主题”；④选中“我自己制作的主题 幻灯片母版”，插入图片“bottom.png”到底端；设置标题占位符的字体为“微软雅黑 46 红色”；⑤选中“标题幻灯片版式”，设置图片“first.jpeg”作为背景；设置标题占位符的字体为“华文行楷 60 黄色”，设置标题占位符形状填充、红色、透明度 50%；⑥选中“节标题 版式”，插入图片“top.jpg”到顶端；设置标题占位符的字体为“华文新魏 56 橙色”；⑦单击文件—保存—在弹出的另存为对话框中，选择保存位置为“素材文件夹”，文件类型选.thmx，文件名为“我自己制作的主题.thmx”。

（2）依据素材文件夹下的“文本内容.docx”文件中的文字创建共包含 14 张幻灯片的演示文稿，将其保存为“PPT.pptx”（“.pptx”为扩展名），后续操作均基于此文件。

（3）为演示文稿应用素材文件夹中的自定义主题“我自己制作的主题.thmx”，并按照如图 4-37 所示要求修改幻灯片版式。

幻灯片编号	幻灯片板式
幻灯片 1	标题幻灯片
幻灯片 2～5	标题和文本
幻灯片 6～9	标题和图片
幻灯片 10～14	标题和文本

图 4-37 幻灯片版式

（4）除标题幻灯片外，将其他幻灯片的标题文本字体全部设置为微软雅黑、加粗；标题以外的内容文本字体全部设置为幼圆。

（5）设置标题幻灯片中的标题文本字体为“华文行楷”，字号为 60，并应用“橄榄色，个性色 3，淡色 40%”的文本轮廓；在副标题占位符中输入你自己后两位学号加姓名，适当调整其字体、字号和对齐方式。

（6）在第 2 张幻灯片中，插入素材文件夹下的“寻找战斗英雄启事.jpg”图片，将其置于项目列表下方，并应用恰当的图片样式。

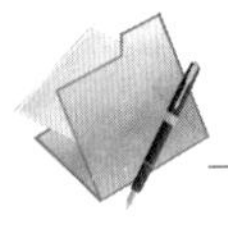

任务 4.3 设置动画和切换效果

任务描述

为“神舟十二号”宣传 PPT 添加动画和切换

为了增加幻灯片放映时的效果，表示出所演示内容之间的逻辑顺序、相互关系，我们往往通过设置幻灯片切换和动画来实现。接下来我们就在上一个任务结果的基础上，为所做的演示文稿添加动画和切换。

任务分析

本子任务涉及为演示文稿设置动画和切换效果。下面将介绍：设置幻灯片切换的效果、持续时间、使用范围、换片方式、自动换片时间等；通过对任务中“知识讲解”的学习和实践，我们要能够完成标题、文本等各类对象进入、强调、退出、路径等动画效果的设计。

知识讲解

一、为幻灯片中的对象设置动画效果

如果要使幻灯片的内容具有进入、退出、大小或颜色变化甚至移动等视觉效果，可以通过动画功能区来设置，如图 4-38 所示。

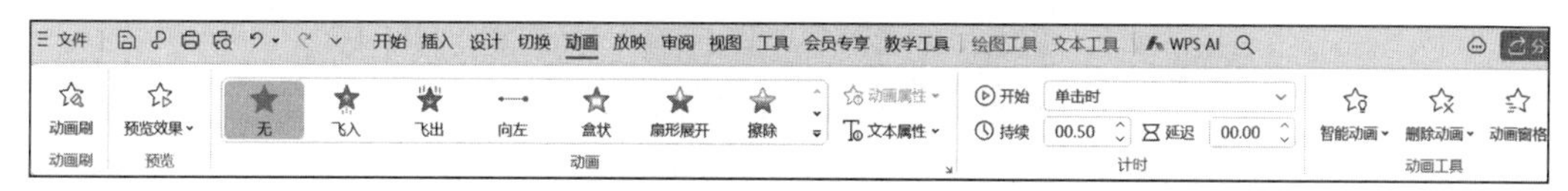

图 4-38 动画功能区

动画包括“进入”动画、“强调”动画、“退出”动画和“动作路径”四类。

（一）“进入”动画

使对象从外部进入幻灯片时，表现出的动态效果，如飞入、旋转、弹跳等。

（二）“强调”动画

对画面中的对象进行突出、起强调时设置的动态效果，如放大/缩小、更改颜色等。

（三）“退出”动画

使画面中的对象离开播放画面的动态效果，如飞出、消失、淡出等。

（四）“动作路径”动画

使画面中的对象按指定路径移动的动态效果，如弧形、直线、循环等。

二、幻灯片的切换效果设计

幻灯片的切换效果是指放映时，一张幻灯片过滤到另一张幻灯片时所产生的视觉效果。

（一）设置幻灯片切换样式

（1）打开演示文稿，选择要设置幻灯片切换效果的幻灯片（组）。在“切换”功能区选项卡“切换到此幻灯片”组中单击切换效果列表右下角的“其他”按钮，弹出包括“细微型”“华丽型”和“动态内容型”等各类切换效果列表，如图 4-39 所示。

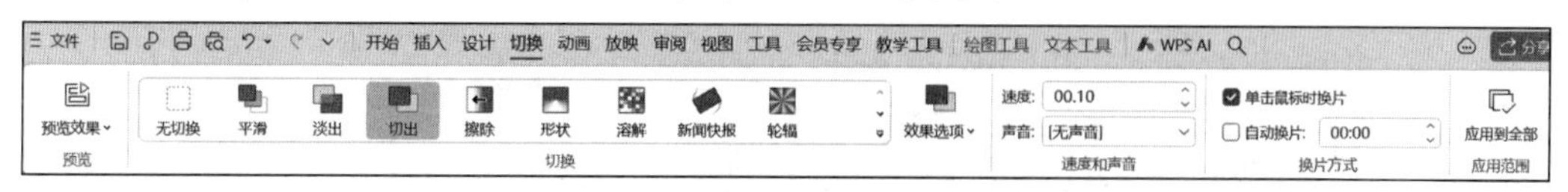

图 4-39 “切换”功能区

（2）在切换效果列表中选择一种切换样式即可。设置的切换效果对所选幻灯片（组）有效，如果希望全部幻灯片均采用该切换效果，可单击“计时”组的“应用到全部”按钮。

（二）设置切换属性

幻灯片切换属性包括效果选项（如“自左侧”）、换片方式（如“单击鼠标时”）、持续时间（如“2 秒”）和声音效果（如“打字机”）。

任务实现

（1）为总览页中的时间线设置动画：擦除—从底部和自左侧（非常慢）。

（2）表格添加进入动画为“飞入”、强调动画为“放大/缩小”，如图 4-40 所示。

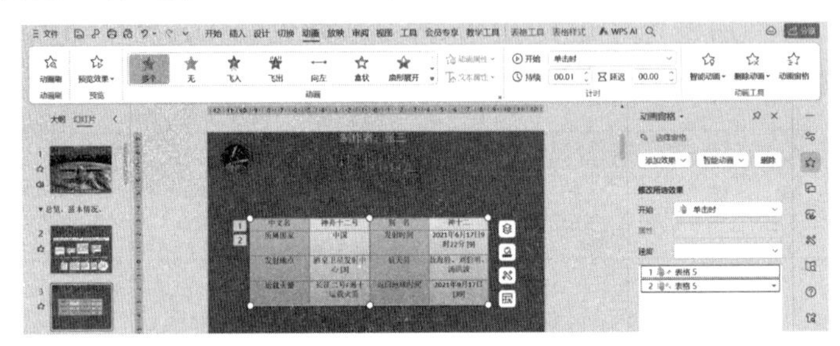

图 4-40　为表格添加进入动画和强调动画

第 6 张幻灯片“神舟十二号飞船的航天员”图片设置进入动画为“飞入”、强调动画为“放大/缩小”、动作路径动画为“五角星”，如图 4-41 所示。

图 4-41　为图片设置进入、强调、动作路径动画

（3）第 8 张幻灯片左侧图片设置进入、强调、动作路径、退出动画，右侧图片设置进入动画，与左侧图片同时出来。

（4）其他幻灯片上的元素的动画随意。

（5）切换：随机、应用到全部，如图 4-42 所示。

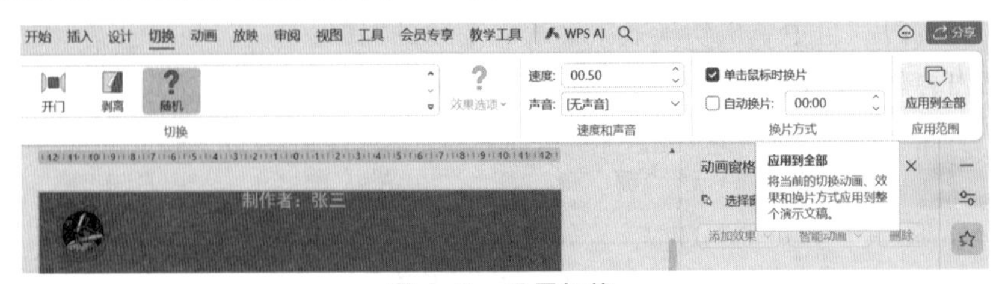

图 4-42　设置切换

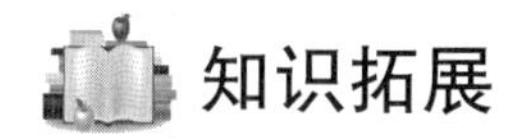

知识拓展

动画窗格的使用

动画窗格是编辑动画最常用的一种界面，在“动画”选项卡的“高级动画”组中单击“动画窗格”按钮打开动画窗格。窗格中按照动画的播放顺序列出了当前幻灯片中的所有动画效果。

(1) 单击“全部播放”按钮将播放幻灯片中的所有动画。

(2) 在动画窗格中按住鼠标左键拖动动画选项可以改变其在列表中的位置，进而改变动画在幻灯片中的播放顺序。

(3) 用鼠标按住左键拖动时间条左右两侧的边框，可以改变时间条的长度，也就是改变动画播放的时长。将鼠标指针放置到时间条上，将会提示动画开始和结束的时间，拖动时间条改变其位置能够改变动画开始的延迟时间。如果希望在动画窗格中不显示时间条，可以在窗格中单击一个动画选项，其右侧会出现倒三角按钮，在打开的下拉列表中选择“隐藏高级日程表”选项；当高级日程表被隐藏时，选择“显示高级日程表”命令可以使其重新显示。

(4) 单击动画窗格底部的“秒”按钮，在下拉列表中选择相应的选项可以使窗格中的时间条放大或缩小。

任务训练

请在任务 4.2“任务训练”的基础上，完成以下操作。

(1) 在第 5 张幻灯片中，插入布局为“垂直曲形列表”的智能图形的 SmartArt 图形，图形中的文字参考“文字素材.docx”文件；更改 SmartArt 图形的颜色为“彩色范围—个性色 4 至 5”；为 SmartArt 图形添加“淡出”的动画效果，并设置为在单击鼠标时逐个播放，再将包含战场名称的 6 个形状的动画持续时间修改为 1 秒。

(2) 在第 6～9 张幻灯片的图片占位符中，分别插入素材文件夹下的图片“图片 2.png”“图片 3.png”“图片 4.png”和“图片 5.png”，并应用恰当的图片样式；设置第 6 张幻灯片中的图片在应用黑白模式显示时，以“逆转灰度”的形式呈现。

(3) 适当调整第 10～14 张幻灯片中的文本字号；在第 11 张幻灯片文本的下方插入 3 个同样大小的“圆角矩形”形状，并将其设置为顶端对齐及横向均匀分布；在 3 个形状中分别输入文本“战场表现”“负伤回乡”和“所获荣誉”，适当修改字体和颜色；然后为这 3 个形状插入超链接，分别链接到之后标题为“战场表现”“负伤回乡”和“所获荣誉”的 3 张幻灯片；为这 3 个圆角矩形形状添加“劈裂”进入动画效果，并设置单击鼠标后从左到右逐个出现，每两个形状之间的动画延迟时间为 0.5 秒。

(4) 在第 12～14 张幻灯片中，分别插入名为“第一张”的动作按钮，设置动作按钮的高度和宽度均为 2 厘米，距离幻灯片左上角水平 1.5 厘米，垂直 15 厘米，并设置当鼠标移过该动作按钮时，可以链接到第 11 张幻灯片；隐藏第 12～14 张幻灯片。

(5) 除标题幻灯片外，为其余所有幻灯片添加幻灯片编号，并且编号值从 1 开始显示。

(6) 为全部幻灯片应用一种合适的切换效果，并将自动换片时间设置为 20 秒。

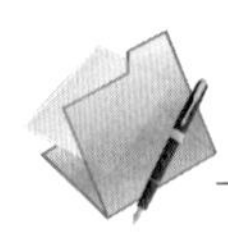

任务 4.4　放映与输出演示文稿

任务描述

放映与输出“神舟十二号”宣传 PPT

做演示文稿的目的就是要通过放映演示文稿，来传递我们的信息、展示我们的内容；有时需要给听众一个做笔记的资料，这时我们就有必要将演示文稿以适当的形式打印出来；另外，我们还可以将演示文稿输出成图片、PDF 等。接下来我们在任务 4.3“任务描述”结果的基础上，进行放映与输出等相关的一些操作，如下所示。

（1）在目录页上创建超链接，相关页上创建动作按钮。

（2）排练计时。

（3）自动、循环播放。

（4）将演示文稿发布为视频。

（5）打印演示文稿。

（6）将演示文稿另存为 PPS、图片、PDF。

任务分析

本子任务涉及演示文稿放映和输出。在本任务中，我们为演示文稿创建超链接及动作按钮、幻灯片放映、墨迹注释、排练计时、打印演示文稿、打包演示文稿等。

知识讲解

一、演示文稿的放映

（一）创建超链接及动作按钮

（1）添加超链接：选择要添加超链接的文字或图片，单击功能区“插入—超链接”，按提示做即可。

（2）添加动作按钮操作如下。

① 选择菜单栏“插入”中的“形状”选项。

② 在“形状”下拉菜单中，选择最下方的自定义形状按钮。

③ 在幻灯片中，按住鼠标左键拖动，弹出“动作设置”对话框。

④ 根据需要选择超链接到的位置。

（二）启动放映演示文稿的方法

（1）单击“放映”功能区中“开始放映”组的“从头开始”或“当页开始”，按钮。

（2）单击窗口右下角视图按钮中的“幻灯片放映”按钮，则从当前幻灯片开始放映。

(3) 将演示文稿另存为放映格式文件(扩展名为.pps 或.ppsx),双击即可直接放映。

在放映过程中,右击可弹出放映控制菜单,通过菜单可以改变放映顺序或进行标注等。

(三) 设置幻灯片的放映方式

演示文稿的放映方式有三种。

(1) 演讲者放映(全屏幕)。演讲者放映是全屏幕放映,这种放映方式适合会议或教学的场合,放映进程完全由演讲者控制。

(2) 观众自行浏览(窗口)。展览会上若允许观众交互式控制放映过程,则采用这种方式较适宜。

(3) 在展台浏览(全屏幕)。这种放映方式采用全屏幕放映,适合无人看管的场合,例如展示产品的橱窗和展览会上自动播放产品信息的展台等。演示文稿自动循环放映,观众只能观看不能控制。采用该方式的演示文稿应事先进行排练计时。

放映方式的设置方法如下。

打开演示文稿,单击"放映"功能区"设置"组的"放映设置"按钮,出现"设置放映方式"对话框,在其中进行设置即可。

(四) 墨迹注释、排练计时

我们可以通过排练计时功能为每张幻灯设置不同的放映时间,并保存下来。放映时,可以实现更好地结合个人演讲安排自动放映幻灯片。排练计时功能的制作方法如下。

(1) 打开演示文稿。

(2) 在"幻灯片放映"选项卡"放映设置"组,单击"排练计时"。

(3) 这时会放映幻灯片,左上角出现一个录制的方框,可以设置暂停、继续等。

(4) 正常放映,等结束放映,会出现提示,单击"是"记录下计时。

二、演示文稿的输出

(一) 将演示文稿发布为视频

如果考虑到能够在任何环境下都可正常放映,可将其另存为视频,以使其按视频播放。

在 WPS 演示文稿中,现在可以将演示文稿另存为 Windows Media 视频 (. wmv) 文件,这样可以让演示文稿中的动画、旁白和多媒体内容可以顺畅播放。

(二) 打包演示文稿——在其他计算机上放映演示文稿

完成的演示文稿也可能会在其他计算机上演示,如果该计算机上没有安装 WPS 演示,就无法放映演示文稿。为此,可以利用演示文稿打包功能,将演示文稿打包到文件夹,还可以把 PPT 播放器和演示文稿一起打包。方法是:单击"文件"—"将演示文稿打包成文件夹"。

(三) 将演示文稿转为 WPS 文字文档

在 WPS 中,可以将 PPT 发送到 WPS 文字中,利用 WPS 文字的编辑和格式设置功能,来处理和打印讲义。在打开的演示文稿中,执行下列操作。

(1) 单击"文件"—"另存为"—"转为 WPS 文字文档"。

(2) 在"转为 WPS 文字文档"对话框中,做相应的设置,如图 4-43 所示。

(3)然后单击“确定”。

（四）打印演示文稿

先单击“文件”按钮，再单击“打印”。然后设置打印选项（包括副本数、打印机、要打印的幻灯片、每页幻灯片数、颜色选项，等等），如图 4-44 所示。

图 4-43 转为 WPS 文字文档

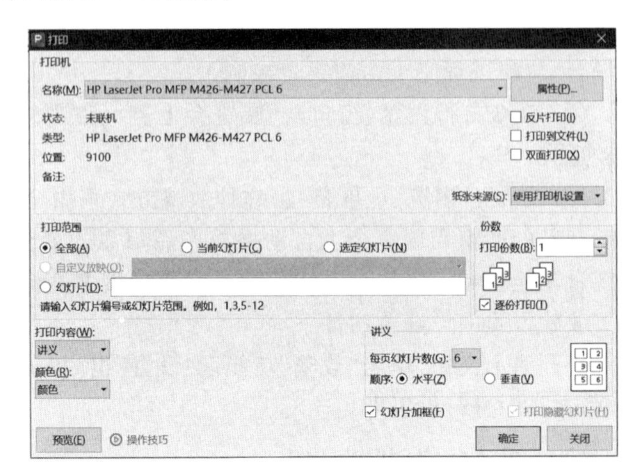

图 4-44 “打印”对话框

任务实现

(1) 在目录页上创建超链接，相关页上创建动作按钮。

在第 4 张幻灯片中，选中文本“一、发射过程”，右击，在弹出的快捷菜单中选择“超链接”，弹出“插入超链接”对话框，在左侧的“链接到”列表框中选择“本文档中的位置”，在右侧列表框中选择第 5 张幻灯片，单击“确定”按钮。按照同样的方法为其他目录项设置超链接。

(2) 在每一部分内容的最后一张幻灯片中插入返回按钮。选择第 10 张幻灯片，单击“插入”—“形状”—“动作按钮”—“首页”，修改链接，如图 4-45 所示。

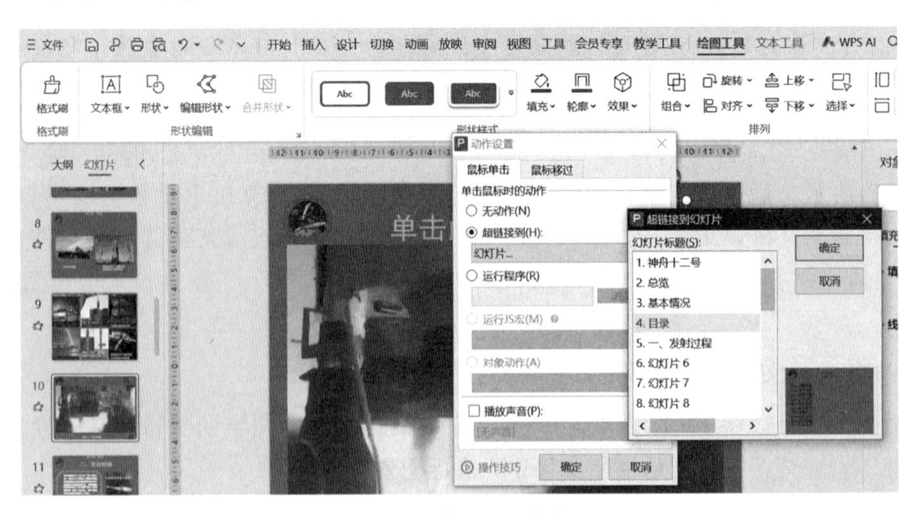

图 4-45 插入返回按钮

对动作按钮设置动画，以便提醒演讲者单击，如图 4-46 所示。

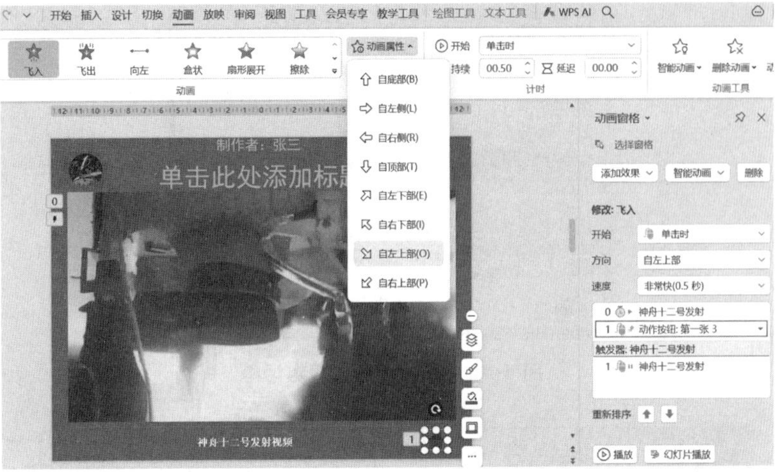

图 4-46 对动作按钮设置动画

(3) 将动作按钮复制到前九部分的最后一张幻灯片，在第十部分幻灯片后，复制并粘贴一次目录幻灯片，以便回顾总结演讲内容。然后结束演讲。

(4) 使用“幻灯片放映”功能区中的“排练计时”功能，对演示文稿的放映进行一次预演，系统会自动记录各张幻灯片播放的时长和整套演示文稿播放完的总时长，如图 4-47 所示。

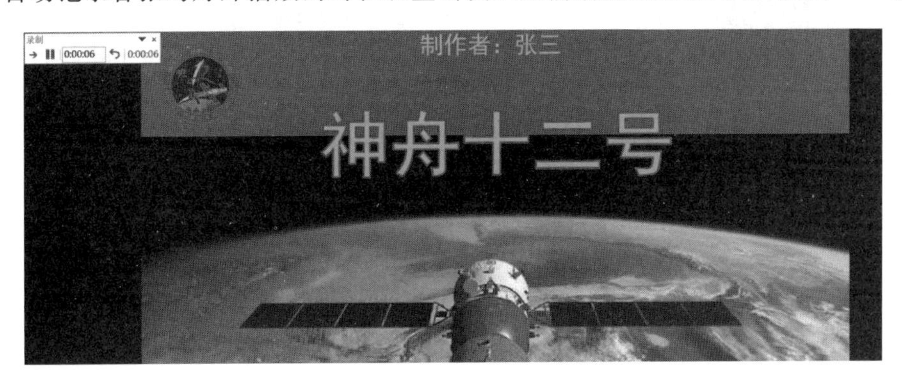

图 4-47 使用“排练计时”功能

(5) 设置幻灯片自动、循环播放，如图 4-48 所示。

(6) 将演示文稿发布为视频。单击“文件”按钮，单击“另存为”选项卡，在弹出的“另存为”对话框的保存类型中选择“Windows Media 视频(.wmv)”或“MPEG-4 视频(.mp4)”，即可将演示文稿输出为相应格式的视频。以便于在没有安装 WPS 演示软件的计算机中或其他视频播放机中播放。

(7) 打印演示文稿。为了给观众一份纸质的学习稿，我们可以将演示文稿打印出来，印刷给观众。打印有多种格式，单击“文件”按钮，单击“打印”选项卡进行设置和打印，如图 4-49所示。

(8) 将演示文稿另存为放映文件、图片。将演示文稿发布为视频。单击“文件”按钮，单击“另存为”选项卡，在弹出的“另存为”对话框的保存类型中选择“WPS 演示放映(.ppsx)”或“JPEG 文件交换格式(.jpg)”，则分别得到放映文件和一组图片，双击前者可以直接进入

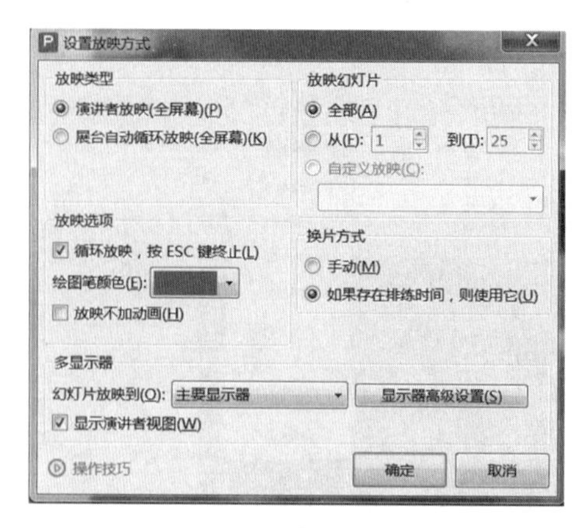

图 4-48　设置放映方式对话框

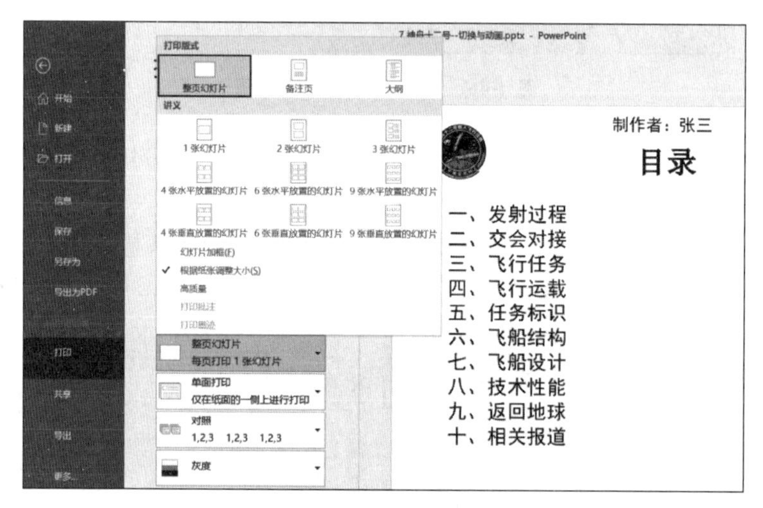

图 4-49　"打印"选项卡

放映状态而不是进入编辑，后者则已将演示文稿中的每一张幻灯片作为一张图片保存下来了。

（9）将演示文稿导出为.pdf 格式文件。单击"文件"按钮，单击"导出为 PDF"，即可。

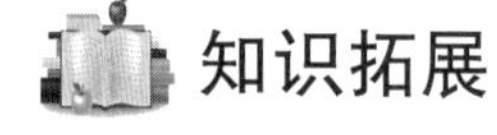

知识拓展

实现一边看备注一边演讲的方法

一般情况下，幻灯片上只出现要点，演讲者在演示时再进行扩展介绍，有时为了提醒自己，会把扩展介绍的内容写在备注里。一般情况下，备注里的内容在 PPT 放映时是不显示出来的，我们能否做到演讲者能看到备注，而投影仪只显示正常的幻灯片内容呢？答案是可以的！

（1）设置计算机的分屏模式。按"Windows 键＋P"调出屏幕设置，选择扩展屏幕。

（2）在 WPS 演示文稿中设置。打开要演示的演示文稿，幻灯片放映功能区中的"设置放映方式"。将显示位置调整为：监视器 2，勾选使用演讲者视图。

这样的操作，不仅仅显示了备注，还可以将备注字体放大缩小，同时显示当前页数、进行时间，当前时间，对演讲者现场演讲有很大帮助！

任务训练

请在任务 4.1“任务训练”的基础上，完成下列操作。

(1) 在第 5 张幻灯片中，插入素材文件夹下的“图片 3.jpg”和“图片 4.jpg”，参考样例文件，将他们置于幻灯片中适合的位置；将“图片 4.jpg”置于底层，并对“图片 3.jpg”应用“飞入”的进入动画效果，以便在播放到此张幻灯片时，图片能够自动从左下方进入幻灯片页面；在该图片上方插入“椭圆形标注”，使用短画线轮廓，并在其中输入文本“好棒！”，然后为其应用一种适合的进入动画效果，并使其在图片 3 飞入页面后能自动出现。

(2) 在第 6 张幻灯片的右上角，插入素材文件夹下的“图片 5.gif”，并将其到幻灯片上侧边缘的距离设为 0 厘米。

(3) 在第 7 张幻灯片中，插入素材文件夹下的“图片 6.jpg”“图片 7.jpg”和“图片 8.jpg”，参考样例文件，为其添加适当的图片效果并进行排列，将他们顶端对齐，图片之间的水平间距相等，左右两张图片到幻灯片两侧边缘的距离相等；在幻灯片右上角插入素材文件夹下的“图片 9.gif”，并将其顺时针旋转 300°。

(4) 在第 8 张幻灯片中，将素材文件夹下的“图片 10.jpg”设为幻灯片背景，并将幻灯片中的文本应用一种艺术字样式，文本居中对齐，字体为“幼圆”；为文本框添加白色填充色和透明效果。

(5) 为演示文稿第 2～8 张幻灯片添加“涟漪”的切换效果，首张幻灯片无切换效果；为所有幻灯片设置自动换片，换片时间为 5 秒；为除首张幻灯片之外的所有幻灯片添加编号，编号从“1”开始。

综合训练

综合训练 4-1　团队作业

(1) 分小组介绍在互联网中收集到的与本任务相关的学习材料。

(2) 在互联网中搜索某主题内容、图片，以小组为单位，通过腾讯文档(或金山文档)在线协作来共同制作一个 PPT，演讲然后录屏、上传到校内课程网站。

综合训练 4-2　制作“中国超级计算机”演示文稿

王晓红正在准备有关“中国超级计算机”学习汇报演示文稿，相关资料存放在 Word 文档“PPT 素材及设计要求.docx”中。请按下列要求帮助王晓红完成演示文稿的制作。

(1) 在素材文件夹下创建一个名为“PPT.pptx”的新演示文稿(“.pptx”为文件扩展名)，后续操作均基于此文件。该演示文稿的内容包含在文档“PPT 素材及设计要求.docx”中，素材文档中的蓝色字不在幻灯片中出现，黑色字必须在幻灯片中出现，红色字在幻灯片的备注中出现。

(2) 将默认的“Office 主题”幻灯片母版重命名为“中国超级计算机母版 1”，并将图片“母版背景图片 1.jpg”作为其背景。为第 1 张幻灯片应用“中国超级计算机母版 1”的“空白”版式。

(3) 在第 1 页幻灯片中插入 bgm.mid，剪裁音频只保留前 12 秒，设置自动循环播放直到停止，且放映时隐藏音频图标。

（4）插入一个新的幻灯片母版，重命名为“中国超级计算机母版 2”，其背景图片为素材文件“母版背景图片 2.jpg”，将图片平铺为纹理。为从第 2 页开始的幻灯片应用该母版中适当的版式。

（5）第 2 页幻灯片为目录页，标题文字为“目录”且文字方向竖排，目录项内容为幻灯片 3～7 的标题文字、并采用智能图形里智能图形中的垂直曲形列表显示，调整智能图形大小、显示位置、颜色（强调文字颜色 2 的彩色填充）、三维样式等。

（6）第 3～7 页幻灯片分别介绍第一～五项具体内容，要求按照文件“PPT 素材及设计要求.docx”中的要求进行设计，调整文字、图片大小，并将第 3～7 页幻灯片中所有双引号中的文字更改字体、设为红色、加粗。

（7）更改第 4 页幻灯片中的项目符号、取消第 5 页幻灯片中的项目符号，并为第 4、第 5 页添加备注信息。

（8）第 6 页幻灯片用 3 行 2 列的表格来表示其中的内容，表格第 1 列内容分别为“发展历史”“组成机构”“谱系表”，第 2 列为对应的文字。为表格应用一个表格样式、并设置单元格凹凸效果。

（9）用智能图形中的向上箭头流程表示第 7 页幻灯片中的内容。

（10）为第 2 页幻灯片的智能图形中的每项内容插入超链接，单击时可转到相应幻灯片。

（11）为每页幻灯片设计不同的切换效果；为第 2～8 页幻灯片设计动画，且出现先后顺序合理。

综合训练 4-3　用思维导图来辅助演示文稿的制作

（1）请用思维导图组织要做的 PPT 的逻辑结构，使 PPT 可以更好地表达自己的观点。

（2）在 MindManager 等制作思维导图的软件中，可以将在其中做好的 PPT 框架，直接导出成 PPT，请在已有操作软件的基础上，自行探寻出操作的方法，并分享你的方法。

（3）制作并美化本任务的思维导图，以便自己学习、理解、记忆本任务内容。

任务 5

新一代信息技术概述

学习情境

今天，人工智能、云计算、大数据、物联网、虚拟现实等新一代信息技术带给我们日常工作、学习、生活很多便利和影响。王晓红通过查阅资料了解到，我国多年前就开始在国家层面规划新一代信息技术的发展。

2016 年 3 月 17 日《中华人民共和国国民经济和社会发展第十三个五年规划纲要》中提到，支持新一代信息技术、新能源汽车、生物技术、绿色低碳、高端装备与材料、数字创意等领域的产业发展壮大；2021 年 3 月 12 日发布的《中华人民共和国国民经济和社会发展第十四个五年规划和 2035 年远景目标纲要》提到，聚焦新一代信息技术、生物技术、新能源、新材料、高端装备、新能源汽车、绿色环保以及航空航天、海洋装备等战略性新兴产业。

王晓红了解到，我国经济的发展与新一代的信息技术是紧密相关的。所以，她准备进一步学习新一代信息技术知识。

学习目标

➢ **知识目标**

(1) 理解新一代信息技术及其主要代表技术的基本概念。

(2) 了解新一代信息技术各主要代表技术的技术特点。

(3) 了解新一代信息技术各主要代表技术的典型应用。

(4) 了解新一代信息技术与制造业等产业的融合发展方式。

➢ **能力目标**

(1) 能辨析新一代信息技术的技术特点和典型应用。

(2) 能应用各主要代表技术的核心技术特点和产业应用领域。

➢ **素养目标**

(1) 知道新一代信息技术及主要代表技术的概念、产生原因和发展历程。

(2) 正确认识新一代信息技术对其他产业和人们日常生活的影响。

任务 5.1 区块链技术

任务描述

区块链、数字人民币、比特币的区别与联系

王晓红了解到：早在 2013 年 12 月，中国人民银行、工业和信息化部、中国银行业监督管理委员会、中国证券监督管理委员会、中国保险监督管理委员会就联合印发了《关于防范比特币风险的通知》（以下简称《通知》）。《通知》认为，比特币不是由货币当局发行，不具有法偿性与强制性等货币属性，并不是真正意义的货币。从性质上看，比特币是一种特定的虚拟商品，不具有与货币等同的法律地位，不能且不应作为货币在市场上流通使用。但是，比特币交易作为一种互联网上的商品买卖行为，普通民众在自担风险的前提下拥有参与的自由。

《通知》要求，现阶段，各金融机构和支付机构不得以比特币为产品或服务定价，不得直接或间接为客户提供其他与比特币相关的服务，包括为客户提供比特币登记、交易、清算、结算等服务。

比特币的核心技术是区块链技术，而且区块链技术作为热门的技术，已经应用到了很多行业。如中国人民银行推出的数字人民币就借鉴了区块链技术。王晓红想了解关于区块链技术、数字人民币、比特币的区别和联系方面的知识。

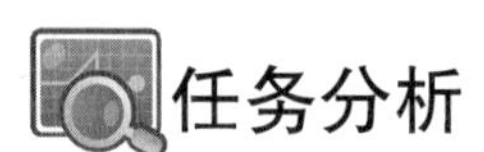

任务分析

本子任务涉及对区块链技术的基础认知。本子任务将介绍：区块链技术的起源与定义，区块链的特点、分类与应用，区块链在我国的发展状况；介绍比特币、以太坊、超级账本等区块链项目；介绍对等网络、分布式账本、加密技术、智能合约、共识机制等区块链的核心技术。

知识讲解

一、区块链技术概述

（一）区块链技术的起源与定义

1. 区块链技术的起源

2008 年 11 月 1 日，一个帖子出现在一个秘密讨论群“密码学邮件组”里，帖子名为《比特币白皮书：一种点对点的电子现金系统》（*Bitcoin：A Peer-to-Peer Electronic Cash System*），其主要内容是：“我正在开发一种新的电子货币系统，采用完全点对点的形式，而且无须受信第三方的介入。”

这种构想出的比特币，是一种可以不受任何政治力量或金融力量操控的电子货币。比特币是依靠区块链技术运行的，虽然区块链技术在比特币出现之前就存在，但没有被大众广泛认知，是比特币将区块链技术推到了前台。

2. 区块链的定义

狭义的区块链是一种按照时间顺序将数据区块以顺序相连的方式组合成的一种链式数据结构，并以密码学方式保证的不可篡改和不可伪造的分布式账本。

广义的区块链是利用块链式数据结构来验证与存储数据、利用分布式节点共识算法生成和更新数据、利用密码学方式保证数据传输和访问的安全、利用由自动化脚本代码组成的智能合约来编程和操作数据的一种全新的分布式基础架构与计算范式。

（二）区块链的特点、分类与应用

1. 区块链的特点

（1）去中心化。区块链本质上是分布式数据库，因此区块链上的数据发送、验证、存储等均基于分布式系统机构，依靠算法和程序来建立可信任的机制，而非第三方机构。任意节点的权利和义务都是均等的，任何一个节点的损坏或者退出都不会影响整个系统的运行。

（2）开放性。区块链系统是开放的，除了交易各方的私有信息被加密外，区块链的数据对所有人公开，任何人都可以通过公开的接口查询区块链数据和开发相关应用。

（3）自治性。区块链采用协商一致的规范和协议使得系统中的所有节点能够在去信任的环境中自由安全地交换数据，任何人为的干预将不起作用。

（4）集体维护。区块链系统是一个人人参与其中的集体维护系统。区块链上的每一个节点都可以对区块进行维护，而整个系统的运行也依赖每一个节点。

（5）信息不可篡改。经过验证的信息上传至区块链后就会被系统永久存储，并得到所有参与节点的集体维护。除非能够同时控制系统中超过51%的节点，否则单个节点上对数据库的修改是无效的，因此区块链的数据稳定性和可靠性极高。

（6）匿名性。区块链上的信任体系由程序和算法构建，节点之间的交换遵循固定的算法。交易双方无须通过验证现实中的身份信息让对方产生信任。

（7）可追溯性。在区块链上，每一个区块都会被加盖时间戳。时间戳既标识了每个区块链独一无二的身份，也让区块实现了有序排列，为信息溯源找到了很好的路径。

（8）智能性。区块链具备可编程性、可承载智能合约等技术，所以人们可以根据具体的应用场景，在区块链上创建和部署相关的程序，以实现智能化运行。

2. 区块链的分类

根据参与者的不同，区块链可以分为公开链、私有链、联盟链三类。

（1）公开链是指任何人都可以参与使用和维护，信息完全公开，如比特币。

（2）私有链由集中管理者进行限制，只能使得内部少数人可以使用，信息不公开。

（3）联盟链介于公开链与私有链之间，由若干组织一起合作维护一条区块链，该区块链的使用必须是有权限的管理，相关信息会得到保护，如银联组织。

3. 区块链的应用

区块链的应用几乎可以遍及各行各业。

（1）数字货币。相比实体货币，数字货币具有易携带存储、低流通成本、使用便利、易于防伪和管理等特点。在比特币出现后，很多机构都发布了各种各样的数字货币，如Facebook、天秤币(Libra)等。

（2）区块链在金融领域应用广泛，主要在以下两个方面。

① 支付结算方面。在区块链分布式账本体系下，市场多个参与者共同维护并实时同步

一份“总账”，能快速完成支付、清算、结算任务；同时，区块链的底层加密技术保证了参与者无法篡改账本，确保交易记录透明安全，监管部门方便追踪链上交易。

② 证券发行交易方面。传统股票发行流程长、成本高、环节复杂，区块链技术能够弱化承销机构的作用，帮助各方建立快速准确的信息交互共享通道，发行人通过智能合约自行办理发行，监管部门统一审查核对，投资者也可以绕过中介机构进行直接操作。

(3) 数字政务。区块链的分布式技术可以使政府部门集中到一个链上，所有办事流程交付智能合约，办事人只要在一个部门通过身份认证以及电子签章，智能合约就可以自动处理并流转，顺序完成后续所有审批和签章。

税务部门推出区块链电子发票“税链”平台，税务部门、开票方、受票方通过独一无二的数字身份加入“税链”网络，实现“交易即开票”“开票即报销”，大幅降低税收征管成本，有效解决了数据篡改、一票多报、偷税漏税等问题。

(4) 存证防伪。在知识产权领域，通过区块链技术的数字签名和链上存证可以对文字、图片、音频、视频等进行确权，通过智能合约创建执行交易，让创作者掌握定价权。在防伪溯源领域，通过区块链技术可以进行食品医药、农产品、酒类、奢侈品等溯源。

(5) 数据服务。大数据时代，现有中心化数据存储(计算模式)面临挑战，基于区块链技术的边缘存储(计算)开始被使用。同时，区块链对数据的不可篡改和可追溯特性保证了数据的真实性和高质量，这成为大数据、深度学习、人工智能等数据应用的基础。

(三) 区块链在我国的发展状况

1. 我国政府和企业高度重视区块链技术

(1) 在政策方面，区块链相关政策环境更加优化。我国政府将区块链技术作为战略性前沿技术进行了提前布局，区块链监管框架已初步形成。

(2) 在技术方面，区块链关键技术取得进展。我国重点探索区块链存储、智能合约、共识算法和加密技术等方面，相关的专利越来越多；加密算法重视自主可控，国产密码算法在区块链技术各环节创新融合，支持国产密码算法的比例越来越高。

(3) 在应用方面，我国出现许多国家级的研究机构和企业的研究机构，加快区块链技术与各行各业加快融合。

2. 我国区块链技术应用举例

早在 2017 年 1 月，中国邮政储蓄银行就与 IBM 公司合作推出了基于区块链的资产托管系统。2019 年 12 月，深圳市统一政务服务 App 发布区块链电子证照应用平台，实现身份证、户口本等 24 类常用电子证照上链，支持 100 余项高频政务服务事项的办理。海南省按照全票种、全单位的原则，实现了区块链财政电子票据的全覆盖。阿里巴巴、京东等依托区块链技术搭建了产品防伪追溯平台。基于腾讯区块链基础平台，腾讯区块链方案在共享账本、数字资产、鉴证证明、共享经济等多个场景得到应用。

3. 防止借区块链概念进行炒作

我们在利用区块链技术服务社会的同时，也有不法分子借区块链概念进行炒作欺诈，该问题已得到我国监管机构高度重视，相关的多项文件先后出台，如《关于防范代币发行融资风险的公告》《关于开展为非法虚拟货币交易提供支付服务自查整改工作的通知》《关于防范境外 ICO 与“虚拟货币”交易风险的提示》等。2019 年 1 月，国家互联网信息办公室发布《区块链信息服务管理规定》，并上线运行区块链信息服务备案管理系统，为区块链信息服务的推出、使用和管理等提供有效的法律依据。2021 年 5 月，我国又发布《关于防范虚拟货币交易炒作风险的公告》。

二、区块链典型项目举例

（一）比特币

1. 比特币的定义

比特币是一种基于 P2P(点对点)网络节点产生的、虚拟的、加密数字货币。它是由计算机生成的一串串复杂代码组成，数量有限。

和法定货币相比，比特币没有特定的货币发行机构，它由网络节点依据特定算法，通过大量的计算产生。谁都有可能参与制造比特币，而且可以全世界流通。

2. 比特币的获取与风险

1）比特币的获取

（1）通过“挖矿”获取：所谓“挖矿”实质上是用计算机解决一项复杂的数学问题，来保证比特币网络分布式记账系统的一致性。比特币网络会自动调整数学问题的难度，让整个网络在一定的时间内得到一个合格答案，随后比特币网络会新生成一定量的比特币作为区块奖励，奖励获得答案的人。

（2）通过交易获取：比特币的数量是有限的，所以在最近几年催生了很多虚拟货币的交易平台，所有比特币的持有者和一些想持有的都可以在上面出售或者收购。

2）比特币的风险

（1）比特币挖矿消耗电力和算力。虽然比特币是数字资产，但比特币挖矿消耗的能源对环境产生重大影响。有记者描述他看到的“比特币挖掘工作”：现场犹如愤怒的大黄蜂扇动翅膀的声音充斥着耳朵，尽管有空调，但室内温度还是达到了 40℃，卷风机形成的强风让人无法前行，而在这些卷风机的身后，则是不可计数的挖矿机。

（2）比特币容易滋生骗局和犯罪。由于普通投资者缺乏对比特币的基本认识，比特币被某些别有用心的人利用，炮制出很多骗局和犯罪，如：比特币传销诈骗、比特币矿机诈骗、比特币软件诈骗、利用比特币非法集资等、利用比特币洗钱、利用比特币收取毒资等。我们要提高警惕！

3. 比特币的特征

（1）去中心化：比特币是第一种分布式的虚拟货币，整个网络由用户构成，没有“中央银行”。去中心化是比特币安全与自由的保证。

（2）全世界流通：比特币可以在任意一台接入互联网的计算机上管理。不管身处何方，任何人都可以挖掘、购买、出售或收取比特币。

（3）低交易费用：可免费汇出比特币，但最终对每笔交易将收取约 1 比特分的交易费以确保交易更快执行。

（4）无隐藏成本：作为由 A 到 B 的支付手段，比特币没有烦琐的额度与手续限制。知道对方比特币地址就可以进行支付。

（5）跨平台挖掘：用户可以在众多平台上发掘不同硬件的计算能力。

（二）以太坊

1. 产生背景

以太坊(Ethereum)是一个开源的有智能合约功能的公共区块链平台，通过其专用加密货币以太币(Ether，简称“ETH”)提供去中心化的以太虚拟机来处理点对点合约。

比特币中协议的扩展性是比特币的一项不足，以太坊的设计出发点就是为了解决比特币扩展性不足的问题。

2. 功能应用

以太坊是一个平台，它上面提供各种模块让用户来搭建应用，如果将搭建应用比作造房子，那么以太坊就提供了墙面、屋顶、地板等模块，用户只需像搭积木一样把房子搭起来，因此在以太坊上建立应用的成本和速度都大大改善。这里所说的平台之上的应用，其实就是合约，这是以太坊的核心。

（三）超级账本

1. 关于超级账本

超级账本(Hyperledger)是一个旨在推动区块链跨行业应用的开源项目。项目的目标是区块链及分布式记账系统的跨行业发展与协作，并着重发展性能和可靠性(相对于类似的数字货币的设计)使之可以支持主要的技术、金融和供应链公司中的全球商业交易。

该项目继承区块链的共识机制、存储方式、身份服务、访问控制和智能合约等框架方法和专用模块。它是由 Linux 基金会主导，联合金融、银行、物联网、供应链、制造等行业的知名企业，于 2015 年 12 月发起的。我国华为公司 2016 年正式加入该项目。

2. 超级账本的典型区块链平台

超级账本的典型区块链平台包括以下三种。

(1) Hyperledger Burrow 是一个包含了“built-to-specification”的以太坊虚拟机区块链客户端。

(2) Hyperledger Fabric 是最流行的超级账本框架，它目前主要用在各种联盟链项目中。它与比特币、以太坊等公有区域区块链最大的区别就是它没有发行数字货币的功能，而是把功能主要集中在智能合约方面。

(3) Hyperledger Iroha 是一种基于 Hyperledger Fabric 主要面向移动应用的协议。

三、区块链的核心技术

（一）对等网络

对等网络，即 P2P 网络，是一种网络结构的思想。它与目前网络中占据主导地位的 C/S (Client/Server，客户端/服务器，即 WWW 所采用的)结构的一个本质区别是，整个网络结构中不存在中心节点(或中心服务器)。

在 P2P 结构中，每一个节点都同时具有信息消费者、信息提供者和信息通信三方面的功能。从计算模式上来说，P2P 网络中的每个节点的地位都是对等的。每个节点既充当服务器，又为其他节点提供服务，同时也享用其他节点提供的服务。

（二）分布式账本

分布式账本(Distributed Ledger)是一种在网络成员之间共享、复制和同步的数据库。

它记录网络参与者之间的交易，如资产或数据的交换。

网络中的参与者根据共识原则来制约和协商对账本中的记录的更新。没有中间的第三方仲裁机构（比如金融机构或票据交换所）的参与。分布式账本中的每条记录都有一个时间戳和唯一的密码签名，这使得账本成为网络中所有交易的可审计历史记录。

（三）加密技术

简单地说，加密技术就是把信息由可懂形式变为不可懂形式的技术。与加密技术相关的一些概念和名词如下。

（1）加密系统：由算法以及所有可能的明文、密文和密钥组成。

（2）密码算法：密码算法也称密码，适用于加密和解密的数学函数（通常情况下，有两个相关的函数，一个用于加密，一个用于解密）。

（3）明文：指加密前的原始信息。

（4）密文：指明文被加密后的信息。

（5）加密：指将明文经过加密算法的变换成为密文的过程。

（6）解密：指将密文经过解密算法的变换成为明文的过程。

（7）密钥。指控制加密算法和解密算法实现的关键信息。没有它明文不能变成密文，密文不能变成明文。

根据密钥体制的不同，可以将加密技术分为两类：对称加密体制和非对称加密体制。

（1）对称密钥体制是指加密所使用的密钥和解密所使用的密钥相同，或者加密密钥和解密密钥虽不相同，但可以从其中一个密钥推导出另一个。典型的对称加密算法是 DES。

（2）非对称密钥体制是指用于加密的密钥和用于解密的密钥是不一样的，每个参与信息交换的人都拥有一对密钥，这一对密钥是以一定的算法同时生成的，必须相互配合才能使用，用其中的一个密钥加密的信息，只有用与其配对的另一个密钥才能解密，并且从其中一个密钥无法推导出另一个密钥；可以将其中一个密钥公开，而不会影响另一个密钥的安全，所以称为公开密钥体制或非对称密钥体制。典型的非对称加密算法是 RSA。

（四）智能合约

1994 年，美国计算机科学家 Nick Szabo 提出了智能合约的概念，即一套以程序代码指定的承诺以及执行这些承诺的协议。智能合约的设计初衷是在没有任何第三方可信权威参与和控制的情况下，借助计算机程序，编写能够自动执行合约条款的程序代码，并将代码嵌入具有价值的信息化物理实体，将其作为合约各方共同信任的执行者代为履行合约规定的条款，并按合约约定创建相应的智能资产。

在区块链中，广义的智能合约是指运行在区块链上的计算机程序；狭义的智能合约可以认为是运行在区块链基础架构上，基于约定规则，由事件驱动，具有状态，能够保存账本上资产，利用程序代码来封装和验证复杂交易行为，实现信息交换、价值转移和资产管理，可自动执行的计算机程序。

（五）共识机制

共识机制是分布式系统中实现去中心化信任的核心，它通过在互不信任的节点之间建立一套共同遵守的预设规则，实现节点之间的协作与配合，最终达到不同节点数据的一致性。由于区块链的本质是一个去中心化的分布式账本数据库，因此区块链中的共识机制既要体现分布式系统的基本要求，又要考虑区块链中专门针对交易记录、需要解决拜占庭容错以及可能存在的恶意节点篡改数据等安全问题。

任务实现

1. 我国数字人民币仅借鉴了区块链技术

数字人民币具有可追溯性、不可篡改性这些与区块链技术相同的特征，但数字人民币仅是借鉴了区块链技术。作为法定货币，数字人民币的主要特征之一为中心化的管理模式，而区块链的核心特征之一为去中心化。

2. 数字人民币系统框架的核心要素为“一币、两库、三中心”

根据《中国法定数字货币原型构想》的阐述，数字人民币系统框架的核心要素为“一币，两库，三中心”。其中，“一币”指央行数字货币；“两库”指的是数字货币发行库（存放央行数字货币发行基金的数据库）和数字货币银行库（商业银行存放央行数字货币的数据库）；“三中心”指的是认证中心（负责身份信息管理）、登记中心（负责数字货币权属登记）与大数据发行中心（负责对反洗钱、支付行为等分析）。

3. 数字人民币使用过程所采用的技术

数字人民币的使用涉及货币发行、存储、支付、对交易进行记录等多个环节。

在数字人民币支付环节，由于 NFC 技术的使用，数字人民币的支付介质除手机外，还包括“数字货币芯片卡”，芯片卡的推行方便了老年人群的使用。“数字货币芯片卡”具体包括可视蓝牙 IC 卡、IC 卡、手机 eSE 卡、手机 SD 卡、手机 SIM 卡 5 种形态。除使用 NFC 技术外，一些数字货币芯片卡通过蓝牙技术与智能手机进行交互，实现查询和账户信息同步。

在数字人民币交易记录环节，通过分布式账本技术，央行和商业银行构建 CBDC 分布式确权账本，提供可供外部通过互联网来进行 CBDC 确权查询的网站，实验网上验钞机功能。

（文章来源：前瞻产业研究院）

知识拓展

区块链技术架构

中国信息通信院发布的《区块链白皮书（2018 年）》提出了一种通用型的区块链系统技术架构，将区块链系统划分为九部分，如图 5-1 所示。

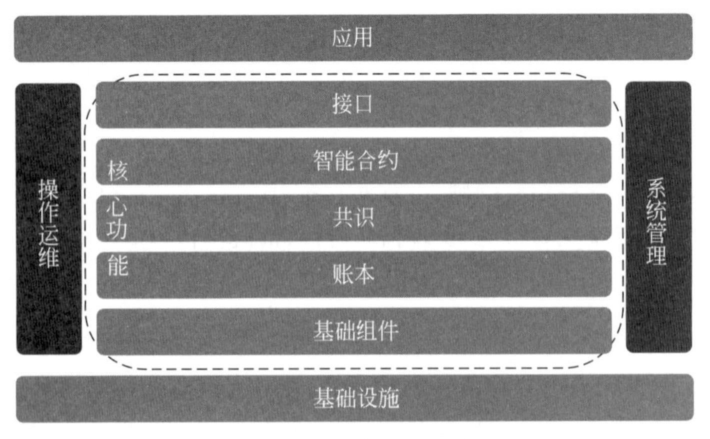

图 5-1 区块链技术架构

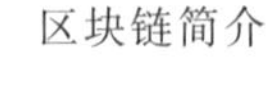

区块链简介

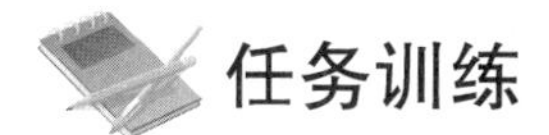

请谈谈区块链、数字人民币、比特币的区别与联系。

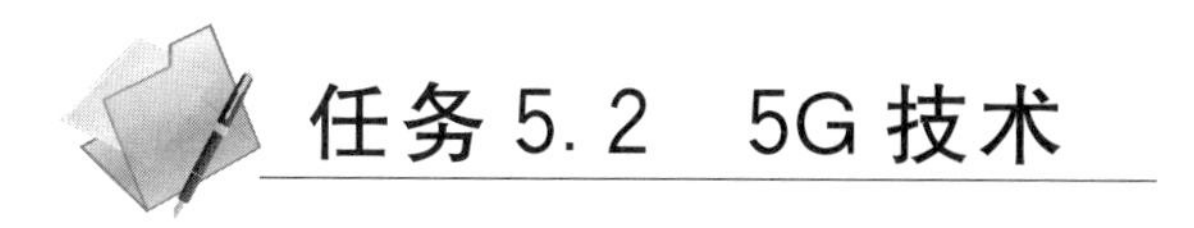

任务 5.2 5G 技术

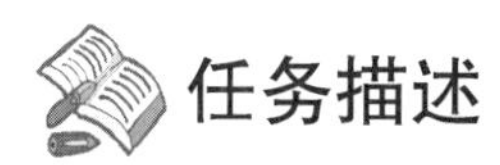

华为颁奖 5G 极化码发现者

2018 年 7 月 26 日，华为在深圳总部举办隆重颁奖仪式，为 5G 极化码(Polar 码)发现者、土耳其 Erdal Arikan 教授颁发特别奖项。Erdal Arikan 教授 2008 年公开发表了 Polar 码论文，开拓了信道编码的新方向，是世界上第一类能够被严格证明达到香农极限的信道编码方法，能够大大提高 5G 编码性能，降低设计复杂度，确保业务质量。2016 年，Polar 码成为 3GPP5G NR eMBB 控制信道编码。颁奖仪式上，华为创始人任正非向 Erdal Arikan 教授颁发了奖牌。

那么，5G 极化码(Polar 码)的基本内容有哪些呢？

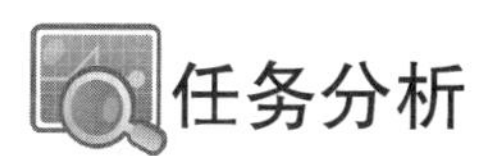

通信技术是实现人与人之间、人与物之间、物与物之间信息传递的一种技术，以 5G 为代表的现代通信技术是中国新型基础设施建设的重要领域。本子任务涉及对 5G 技术的基础认知，具体包括移动通信从 1G 到 5G 的发展；5G 的三大应用场景；5G 应用领域举例；我国 5G 领跑世界的情况。

知识讲解

一、移动通信从 1G 到 5G 的发展

我们首先简单了解人类通信的发展，然后简单了解移动通信从 1G 到 5G 的发展。G 即 generation，1G、2G、3G、4G 到 5G，分别代表第一代到第五代移动通信技术。

19 世纪中叶以后，随着电报、电话的发明，电磁波的发现，人类通信的方式产生了根本性的变革，人类脱离了常规的视觉、听觉，开始了新的通信方式，人们利用电信号作为新的载体、金属导线作为媒介进行通信，甚至通过电磁波进行无线通信。

1837 年，美国人塞缪乐・莫尔斯研制出世界上第一台电磁式电报机；1864 年，英国物理学家麦克斯韦预言了电磁波的存在；1875 年，亚历山大・贝尔发明了世界上第一台电话机；1895 年，意大利马可尼发明了无线电装置；1901 年，他发射的无线电信息成功跨越了大西洋；1933 年，法国人克拉维尔建立了英法之间的第一条商用微波无线电路。

（一）第一代移动通信系统

在1968年的消费电子展(CES)上，摩托罗拉公司推出了第一代商用移动电话。随后，第一代移动通信系统(1G)在20世纪70年代末、80年代初逐步发展并大量投入商用。现在已经逐渐被各国所淘汰。1G时代的手机也称“大哥大”，代表公司是美国的摩托罗拉。

1G技术的缺点是模拟通信，频谱利用率低、通信容量有限；通话质量一般；保密性差；标准不统一，互不兼容；不能提供自动漫游；不能提供非话数据业务。

（二）第二代移动通信系统

第二代移动通信系统(2G)起源于20世纪90年代初期。2G是采用数字技术的语音移动通信系统，克服了模拟移动通信系统的弱点。在2G时代，由于采用的是数字调制技术，比1G多了数据传输的服务，因此手机不仅可以接打电话，还可以收发短信，彩信、壁纸和铃声的下载成了热门。在2G时代，摩托罗拉公司被诺基亚公司超越。

2G的优点是语音质量高；保密性好；可进行省内、省际自动漫游。

2G的缺点是由于带宽有限，限制了数据业务的应用，无法实现移动的多媒体业务；由于各国标准不统一，因而无法进行全球漫游。

（三）第三代移动通信系统

2009年1月7日，工业和信息化部宣布，批准中国移动增加基于TD-SCDMA、中国电信增加基于CDMA2000、中国联通增加基于WCDMA技术制式的3G业务经营许可。

第三代移动通信系统(3G)是采用智能信号处理技术的多媒体移动通信系统，实现基于话音业务为主的多媒体数据通信，并具有很强的多媒体业务服务能力和极大的通信容量。

在3G时代，以iPhone为代表的智能手机席卷全球，人们可以通过手机浏览网页、收发邮件、视频通话、观看直播。以前只能在计算机上才可使用的网络服务，在手机上也可使用了；好的触屏操控的体验引发各类应用层出不穷。在3G时代，苹果公司超越了诺基亚公司。

3G的特点是可以使用同一部手机实现全球漫游，使任意时间、任意地点、任何人之间的交流成为可能；具有比较高速的传输速率，能提供各项标准的通信业务。

特别值得一提的是TD-SCDMA技术标准，是由我国第一次提出并在无线传输技术(RTT)的基础上与国际合作，制订完成的CDMA标准。

（四）第四代移动通信系统

2013年12月4日，我国正式向中国移动、中国电信、中国联通发放首批4G牌照。

第四代移动通信系统(4G)的概念可称为广带接入和分布网络，将是多功能集成的宽带移动通信系统。4G支持像3G一样的移动网络访问，可以满足高清移动电视、视频会议以及其他需要高速的功能。人们的生活被彻底改变，手机已成为人们必不可少的工具。

在4G时代，苹果公司风光依旧，但同时，又催生了一批新公司和新业务，如华为公司、小米公司、支付宝、微信支付、滴滴打车、美团外卖、拼多多等。

（五）第五代移动通信系统

2019年6月6日，工信部正式向中国电信、中国移动、中国联通、中国广电发放5G商用牌照，中国正式进入5G时代。

5G将拥有以下基本特点：基站将更加小型化，可安装在各种场景；基站将叠加成一个大的服务器集群。在5G时代，用户将永远在线、始终在线；用户在任何地点、任何时间都能够获得100MB/s的端到端通信速率。

凭借低时延、高可靠、低功耗的特点，5G的应用领域非常广泛，不仅能提供超高清视频，而且服务于智慧城市、智慧家居、车联网、移动医疗、工业互联网等领域。5G以其更快、更安全、信号更强、覆盖面更广、应用更广的特点，带领我们进入万物互联的时代！

二、5G的三大应用场景

2015年9月，ITU（国际电信联盟）正式确认了5G的三大应用场景。

（1）eMBB：增强型移动宽带（Enhance Mobile Broadband）。这种场景是现在人们使用的移动宽带（移动上网）的升级版，主要是服务于消费互联网的需求。在这种场景下，强调的是网络速率。

（2）uRLLC：低时延高可靠通信（Ultra Reliable & Low Latency Communication）。uRLLC主要是服务于物联网场景的，例如车联网、无人机、工业互联网等。在这类场景下，对网络的时延有很高的需求；同时，这类场景对网络可靠性的要求也很高。

（3）mMTC：海量机器类通信（Massive Machine Type Communication）。mMTC是典型的物联网场景，例如智能井盖、智能路灯、智能水表电表等，在单位面积内有大量的终端，需要网络能够支持这些终端同时接入，指的就是mMTC场景。

三、5G应用领域举例

5G应用到各行各业，会产生出多类创新型行业应用。

（一）制造业

5G技术能够帮助制造业的生产运作变得更加灵活并兼顾效率，同时提高安全性并降低维护成本。这将使制造商能够利用自动化、人工智能、AR以及物联网来达到“智能工厂”。通过5G移动网络实现远程控制、监控及重新配置。

（二）能源与公用事业

5G可以为现有能源产业的生产、传输、分配及使用带来更创新的解决方案。5G技术能够通过低成本来连接并集成许多未连接的耗能设备，将会改善电网监测并使能源需求预测更加准确，让能源管理变得更加高效率，从而降低电力峰值和整体能源成本。

（三）农业

物联网技术正在优化整体农业生产过程，如水源管理、灌溉施肥、家畜安全等。5G技术可以促进物联网设备的采用，从而实现这一目标。5G能够为农民提供更及时的数据来加以监控、追踪和自动化他们的农业系统，提高盈利能力、效率及安全性。

（四）零售业

5G技术支持AR/VR应用，因此在零售业有机会在实体店面推出更多的VR/AR体验，例如试穿、虚空间等。依照消费者的购物习惯，同样功能也有可能在家里体验。

（五）金融服务

随着金融机构越来越关注移动装置的推广，5G 大量提高安全性和网络速度，能够在手机上完成比现有任何流程都还要快速且安全的交易；与使用者接洽的有可能是 AI，也有可能是远程的银行员工，皆可达成使用者的不同需求。

（六）媒体与娱乐

5G 将在多个层面上深刻影响媒体和娱乐，包括移动媒体及广告、家庭网络和电视。它对于改善 AR/VR 等新互动技术体验也至关重要。此外，5G 在未来 AR/VR 的应用上，能够支持使用者与虚拟人物的互动。

（七）运输行业

5G 能增强车辆及车辆（V2V）通信，这是保障无人驾驶车辆在道路安全的关键要素。V2V 通信必须是实时的，实现这种高速互联需要车辆在彼此之间传输大量数据而没有任何延迟。5G 网络的低延迟能够实现这一目标。

（八）教育行业

随着 5G 为 AR/VR 体验铺路，教师能够将这些技术用于各种新的教育技术，例如，学生在教室内就能够直接在世界各地进行虚拟实地考察，从埃及金字塔到中国长城。与传统教育方法相比，AR/VR 教育平台提供了许多优势，包括成本效益及降低风险。

四、我国 5G 领跑世界

我国的移动通信技术经历了 1G 的落后、2G 的跟随、3G 的跟跑、4G 的并跑到今天 5G 的领跑，我国在标准制定、频谱规划、技术试验、基建筹备等多方面都做了很多工作。

（一）世界 5G 大会

世界 5G 大会，是由国家发展改革委、科技部、工业和信息化部共同主办的全球首个 5G 领域的国际性盛会。大会从 2019 年开始举办。

大会通过会、展、赛的形式，打造全球顶尖 5G 产业合作和资源整合的优质平台，推动世界 5G 技术创新、产业发展和应用场景变革。

“世界 5G 大会”历届大会简况：2019 年 11 月的第一届的大会在北京举行，以“5G 改变世界·5G 创造未来”为主题；2020 年 11 月的第二届的大会在广州举行，以“5G 赋能 共享共赢”为主题；2021 年 8 月的第三届的大会在北京举行，以“5G 深耕 共融共生”为主题。

（二）中国 5G 商用发展已实现领先

截至 2021 年上半年，中国 5G 商用发展已实现规模、标准数量和应用创新三大领先。

在规模上，中国已开通建设 5G 基站 99.3 万个，覆盖全国所有地级市、95%以上的县区和 35%的乡镇，5G 终端手机连接数超过 3.92 亿户。

在标准数量上，中国 5G 标准必要专利数量占比超过 38%，居全球首位。与以往注重产品制造不同，中国正在更多参与上游标准制定和生态培育，5G 标准支撑能力持续增强。近年来,《5G 移动通信网核心网总体技术要求》等 447 项行业标准陆续发布,为 5G 融合应用创新发展提供了重要的技术规范保障。

在应用创新上,中国 5G 应用案例已超过 1 万多个,覆盖了钢铁、电力、矿山等 22 个国民经济的重要行业和有关领域,形成了一大批丰富多彩的应用场景。

任务实现

极化码是一种前向错误更正编码方式,用于信号传输。构造的核心是通过信道极化处理。

在编码侧,采用方法使各个子信道呈现出不同的可靠性,当码长持续增加时,部分信道将趋向于容量近于 1 的完美信道(无误码),另一部分信道趋向于容量接近于 0 的纯噪声信道,选择在容量接近于 1 的信道上直接传输信息以逼近信道容量,是唯一能够被严格证明可以达到香农极限的方法。

在解码侧,极化后的信道可用简单的逐次干扰抵消解码的方法,以较低的复杂度获得与最大似然解码相近的性能。

2008 年在国际信息论 ISIT 会议上, Erdal Arıkan 教授首次提出了这个信道极化的概念。2010 年,华为识别出极化码作为优秀信道编码技术的潜力,在 Erdal Arikan 教授研究基础上投入进一步研究,经过数年长期努力,在极化码的核心原创技术上取得了多项突破,并促成了其从学术研究到产业应用的蜕变。2016 年,华为宣布 4 月份率先完成中国 IMT-2020(5G)推进组第一阶段的空口关键技术验证测试,在 5G 信道编码领域全部使用极化码,2016 年 11 月 17 日国际无线标准化机构 3GPP 第 87 次会议在美国拉斯维加斯召开,中国华为主推 PolarCode(极化码)方案,美国高通主推低密度奇偶检查码(LDPC)方案,法国主推 Turbo2.0 方案,最终控制信道编码由极化码胜出。

知识拓展

5G/6G 专题会议召开

2021 年 5 月 12 日,工业和信息化部召开 5G/6G 专题会议。会议强调,5G、6G 作为新一代信息通信技术演进升级的重要方向,是实现万物互联的关键信息基础设施、经济社会转型升级的重要驱动力量。

会议指出,我国 5G 发展已取得领先优势。同时,要继续保持战略定力,持续推进 5G 快速健康发展。一是继续加强国际标准制定。鼓励产业界参与 R17、R18 国际标准化工作,积极贡献中国智慧、中国方案。二是持续提升产业基础能力和产业链现代化水平。做强系统、终端等优势产业,补齐芯片、仪表等短板弱项,大力推动产业链各环节优化升级。三是着力打造融合应用生态。注重应用技术创新,推动 5G 与人工智能、大数据、云计算等技术的融合发展,突破网络切片、模组等制约 5G 规模应用的关键技术与产品,深化 5G 在工业、交通、医疗、能源等领域的应用,尽快形成可复制可推广的模式。

任务训练

请谈谈对华为 5G 极化码(Polar 码)的认识。

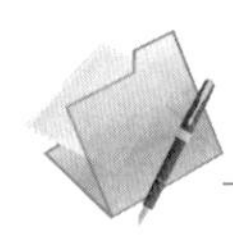

任务5.3 人工智能技术

任务描述

“AI教练”怎样辅助中国跳水队的日常训练？

在第32届夏季奥运会上，中国跳水队的惊艳表现给人们留下了难忘的回忆。

2021年8月18日，在百度联合央视新闻举办的以“AI这时代，星辰大海”为主题的2021百度世界大会上，百度创始人、董事长兼CEO李彦宏与总台央视主持人撒贝宁，现场连线了中国跳水协会主席周继红，共同揭秘了梦之队跳水辅助训练的秘密武器——百度“3D＋AI”跳水辅助训练系统(图5-2)。

那么，“AI教练”到底是怎样辅助中国跳水队的日常训练呢？大会上，还展示百度人工智能在出行、生活、产业、自主创新等领域的哪些新成就呢？

图5-2 百度“3D＋AI”跳水辅助训练系统

任务分析

本子任务涉及对人工智能技术的基础认知。下面介绍：人工智能的起源、人工智能的定义、人工智能的应用举例；介绍人工智能在我国的发展状况，特别介绍我国举办的一年一度的“世界人工智能大会”。

知识讲解

一、人工智能的起源、定义与应用

（一）人工智能的起源

在计算机出现之前人们就想着一种机器可以实现人类的思维，甚至比人类有更高的智力。随着计算机的发明、应用和发展,人工智能成为计算机科学的一个研究分支。

1940—1950年,一群来自数学、心理学、工程学、经济学和政治学领域的科学家在一起讨论人工智能的可能性,当时已经研究出人脑的工作原理是神经元电脉冲工作。

英国科学家图灵提出了著名的"图灵测试",标志着从心理认知角度对"人工智能"进行定义。1950年,图灵发表了一篇具有里程碑意义的论文《计算机器和智能》,其中他预见了创造思考机器的可能性。图灵被誉为人工智能之父。

1956年,达特茅斯会议上,人工智能诞生。约翰·麦卡锡创造了"人工智能"这一概念并且演示了卡内基·梅隆大学首个人工智能程序。

(二) 人工智能的定义

人工智能(Artificial Intelligence)的英文缩写为AI。它是研究、开发用于模拟、延伸和扩展人的智能的理论、方法、技术及应用系统的一门新的技术科学。

人工智能是计算机科学的一个分支,它试图了解智能的实质,并生产出一种新的能以人类智能相似的方式做出反应的智能机器,该领域的研究包括机器人、语言识别、图像识别、自然语言处理和专家系统等。

(三) 人工智能的应用举例

(1) 游戏。人工智能在国际象棋、扑克、围棋等游戏中起着至关重要的作用,机器可以根据启发式知识来思考大量可能的位置并计算出最优的下棋落子。

(2) 自然语言处理。可以与理解人类自然语言的计算机进行交互。比如常见的机器翻译系统、人机对话系统。

(3) 专家系统。有一些应用程序集成了机器、软件和特殊信息,以传授推理和建议。它们为用户提供解释和建议,比如分析股票行情,进行量化交易。

(4) 视觉系统。通过系统来解释计算机上的视觉输入。如我们常见的自动识别车牌;利用高空拍摄的照片,计算空间信息或区域地图;警方使用数据库中存储的肖像,识别嫌疑犯的脸部等。如重庆的樊警官通过人脸识别技术寻找长大后的被拐儿童。

(5) 语音识别。智能系统能够与人类对话,通过句子及其含义听取和理解人类的语言。它可以处理不同的重音、俚语、背景噪声,不同人的声调变化等。

(6) 手写识别。通过手写识别软件输入文本后,系统能识别出文字的形状并将其转换为可编辑的文本。

(7) 智能机器人。机器人具有传感器,能够检测到来自现实世界的光、热、温度、运动、声音、碰撞和压力等数据,以便执行人类给出的任务;能够从错误中吸取教训来适应新的环境。

二、人工智能在我国的发展状况

(一) 我国人工智能科研能力和水平持续提升

我国人工智能专利申请量总体呈逐年上升趋势。截至2020年年底,全球人工智能专利申请集中在中国、美国、日本、韩国。其中,中国和美国处于领先地位。

我国人工智能技术应用不断加快,与传统行业深度融合。例如,三一重工已建成车间智能监控网络等关键核心智能装置,实现了对制造资源跟踪、生产过程监控,计划、物流、质量集成化管控下的均衡化混流生产。

在智能政务领域，作为智慧城市建设生态系统中的重要组成部分，在人工智能技术的推动下，正朝着更具人性化与针对性的方向发展。我国各地政府通过建设一站式服务平台积极推进政务智慧化。

在智能交通系统领域，借助交通信息采集系统采集道路中的车辆流量、行车速度等信息，信息分析处理系统处理后形成实时路况，决策系统据此调整道路红绿灯时长，调整可变车道或潮汐车道的通行方向等。

（二）我国高度重视人工智能技术

2017年7月8日，国务院印发并实施《新一代人工智能发展规划》，提出“到2030年，使中国成为世界主要人工智能创新中心”。

地方政策加快部署，一线城市推动人工智能产业落地发展。我国多个省（区、市）根据自身实际情况制定了相应的人工智能发展规划，推动人工智能产业的落地和发展。

（三）关键技术日趋成熟

语音识别技术快速成熟。例如科大讯飞输入法的识别准确率达到98%；搜狗语音识别支持最快400字每秒的听写；阿里巴巴人工智能实验室通过语音识别开发了声纹购物功能。

计算机视觉技术应用场景广泛，在智能家居、增强现实、虚拟现实、三维分析等方面有长足进步。百度开发了人脸检测深度学习算法PyramidBox；海康威视团队提出了以预测人体中轴线代替预测人体标注框的方式，解决弱小目标在行人检测中的问题。

（四）推进行业数字化改革，人工智能助力产业转型升级

人工智能技术在我国实现快速发展，我国人工智能企业数量位列全球第二，在智能制造和车联网等应用领域优势明显，在高端芯片领域取得一定突破。V2X（车联网）在华为5G技术的支持下进行了测试；百度Apollo自动驾驶全场景进行了测试；清华大学实现人工神经网络芯片，同时以阿里巴巴、百度和华为为代表的我国科技公司逐步进入人工智能芯片的研发竞争中。这些技术将助力企业和数字化转型。

（五）我国举办“世界人工智能大会”

“世界人工智能大会”是由国家发展与改革委员会、科学技术部、工业和信息化部、国家互联网信息办公室、中国科学院、中国工程院和上海市人民政府共同主办的大会。参会嘉宾包括获得图灵奖得主、诺贝尔奖得主、产业界代表、国际组织和国外政要等。

“世界人工智能大会”从2018年开始举办，历届大会简况是：2018年的大会主题是“人工智能赋能新时代”；2019年的大会主题是“智联世界，无限可能”；2020年7月的大会主题是“智能世界，共同家园”；2021年7月的大会主题是“智联世界，众智成城”。

任务实现

“3D+AI”跳水辅助训练系统，解决了跳水数据采集与分析方面的难题。

跳水是一项超高速的水上运动，从起跳到落水只有2秒时间。但这2秒里，运动员甚至需要完成1800°的转体和翻腾动作。腾空高度、转体动作分腿、空中翻腾姿势等细节，需要教

练与跳水队员每天通过大量的录像视频进行回溯、整理，总结(图 5-3)。

图 5-3 跳水数据采集与分析

"3D＋AI"跳水辅助训练系统，通过 AI 技术对训练视频进行摘要、动作抽取、姿势纠正等处理，快速进行归纳整理，突破了体育运动定量评价与数据分析的难题，将竞技体育更精细化地定格在时间和空间维度，让体育训练更加科学、智能、合理、有效。

在以"AI 这时代，星辰大海"为主题的大会上，百度还亮相了诸多成果：百度"汽车机器人"和无人车出行服务平台"萝卜快跑"；语音搜索、视觉搜索等智能搜索可准确识别快语速、中英文混杂、多轮提问、轻声搜索及满足各种场景下的智能服务需求；小度围绕自身 AI 语音助手核心技术优势，构建起全场景智能生活；百度智能云全场景赋能加速产业智能化升级；百度 AI 技术多年积累和产业实践的集大成百度大脑升级至 7.0，百度自研昆仑 AI 芯片发布第 2 代产品，推动百度在 AI 领域持续创新。

知识拓展

图灵测试

图灵测试是图灵提出的一个关于机器人的著名判断原则。测试者与被测试者(一个人和一台机器)隔开的情况下，通过一些装置(如键盘)向被测试者随意提问。

图灵试验采用"问"与"答"模式，即观察者通过控制打字机向两个试验对象通话，其中一个是人，另一个是机器。要求观察者不断提出各种问题，从而辨别回答者是人还是机器。图灵肯定机器可以思维的，他还对智能问题从行为主义的角度给出了定义，由此提出一假想：即一个人在不接触对方的情况下，通过一种特殊的方式，和对方进行一系列的问答，如果在相当长的时间内，他无法根据这些问题判断对方是人还是计算机，那么，就可以认为这台计算机具有同人相当的智力，即这台计算机是能思维的。

任务训练

请谈谈图灵测试；请了解"2021 百度世界大会"简况。

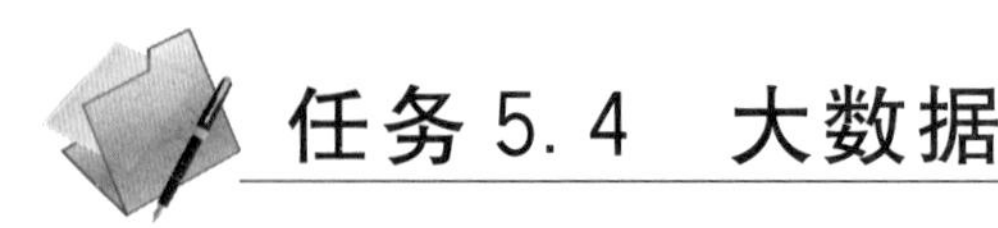

任务 5.4 大数据

任务描述

健康码背后的大数据

红、黄、绿健康码，为我国抗击新型冠状病毒感染疫情、复工复产复学做出了贡献。

“您好，请出示健康码！”“请出示通行大数据行程卡。”在全国，市民无论是进出小区，乘坐公交、地铁，前往政务服务中心办事，还是进出商场、超市、写字楼等公共场所，都会听到类似的提醒。打开手机，出示健康码和通行大数据行程卡，已成为我们现在习以为常的动作。

健康码是如何服务疫情防控的？

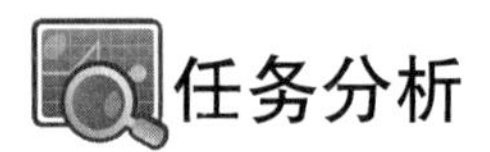

任务分析

本子任务涉及对大数据的基础认知，将介绍：大数据的起源、定义与特点；大数据应用举例；大数据在我国的发展状况，介绍了我国定期举办的“中国国际大数据产业博览会”。

知识讲解

一、大数据的起源、定义与特点

（一）大数据的起源

“大数据”的名称来自未来学家托夫勒 1980 年所著的《第三次浪潮》；大数据概念最初起源于美国，是由思科、甲骨文、IBM 等公司倡议发展的，《自然》杂志在 2008 年 9 月推出了名为“大数据”的封面专栏，大约从 2009 年开始，“大数据”成为互联网信息技术行业的流行词汇。最早应用大数据的是著名的管理咨询公司麦肯锡公司(McKinsey)。

（二）大数据的定义

通俗地说，大数据是指无法在一定时间范围内用常规软件工具获取、存储、管理和处理的数据集合。麦肯锡全球研究所给出的定义是：一种规模大到在获取、存储、管理、分析方面大大超出了传统数据库软件工具能力范围的数据集合。

大数据技术除了要掌握庞大的数据信息，更在于对这些含有意义的数据进行专业化处理。也就是说，如果把大数据比作一种产业，那么这种产业实现盈利的关键，在于提高对数据的“加工能力”，通过“加工”实现数据的“增值”。

（三）大数据的特点

大数据的特点包括：海量(Volume)、多样(Variety)、高速(Velocity)、真实(Veracity)、价值密度小(Value)，简称为 5V。也有“5V+1C”的说法，1C 即复杂(Complexity)。

1. 海量

大数据是海量的，无数的来源都能产生数据。单一数据集的规模范围从几十太字节(TB)到数拍字节(PB)不等。而存储1 PB数据将需要2万多台配备50GB硬盘的个人计算机。

2. 多样

数据多样性的增加主要是由于新型多结构数据以及包括网络日志、社交媒体、互联网搜索、手机通话记录及传感器网络等数据类型造成。

3. 高速

高速描述的是数据被创建和移动的速度。企业不仅需要了解如何快速创建数据，还必须知道如何快速处理、分析并返回给用户，以满足他们的实时需求。

4. 真实

大数据中的内容是与真实世界中事件的发生息息相关的，研究大数据就是从庞大的网络数据中提取出能够解释和预测现实事件的过程。

5. 价值密度小

价值密度小是大数据的核心特征。现实世界所产生的数据中，有价值的数据所占比例很小。大数据最大的价值在于通过从大量的各种类型的数据中，挖掘出对未来趋势与模式预测有价值的数据，并通过各种方法进行深度分析，发现新规律和新知识。

6. 复杂

数据类型复杂，包括网络日志、音频、视频、图片、地理位置信息等，另外对数据的处理能力、分析技术、工具及人才提出了更高的要求。

(四) 大数据的利与弊

大数据带来了很多利，如方便生活，像生活缴费、汽车摇号、手机充值、违章查询、公积金查询等可在一个App内搞定；方便医疗，随着医疗记录的数字化，医生和其他医疗保健专业人员可以跟踪他们的患者；智慧出行，可查询前方道路情况、优化交通路线，有助于交通部门提高对道路交通的把控能力。

大数据也产生了一些弊端，如隐私泄露，购物应用收集用户购物习惯，搜索引擎收集用户网页浏览习惯，社交软件监视我们的社会关系等；还有大数据“杀熟”，同一种产品，同一个时间，老用户看到的价格比新用户价格贵，形成“千人千价”。

二、大数据应用举例

(一) 医疗大数据

借助于大数据平台可以收集不同病例和治疗方案，以及病人的基本特征，并且可以建立针对疾病特点的数据库；在医生诊断病人时可以参考病人的疾病特征、化验报告和检测报告，参考疾病数据库来快速帮助病人确诊，明确定位疾病并制订出适合病人的治疗方案；同时这些数据也有利于医药行业开发出更加有效的药物和医疗器械。

(二) 生物大数据

生物大数据技术主要体现在基因分析上，通过大数据平台人类可以将自身和生物体基因分析的结果进行记录和存储，建立基于大数据技术的基因数据库。借助于大数据技术的应用，人们将会加快自身基因和其他生物基因的研究进程。

（三）金融大数据

大数据在金融行业的应用可以总结为以下五个方面：精准营销，即依据客户消费习惯、地理位置、消费时间进行推荐；风险管控，即依据客户消费和现金流提供信用评级或融资支持，决策支持，即数据分析报告实施产业信贷风险控制；效率提升，即利用金融行业全局数据了解业务运营薄弱点，利用大数据技术加快内部数据处理速度；产品设计，即利用大数据计算技术为客户设计个性化金融产品。

（四）零售大数据

一个层面是零售行业可以了解客户消费喜好和趋势，进行商品的精准营销；另一个层面是依据客户购买产品，为客户提供可能购买的其他产品，扩大销售额。另外，零售行业可以通过大数据掌握未来消费趋势，有利于热销商品的进货管理和过季商品的处理。

（五）电商大数据

由于电商的数据较为集中，数据量足够大，数据种类较多，因此未来电商数据应用将会有更多的想象空间，包括预测流行趋势、地域消费特点、客户消费习惯等。

（六）农牧大数据

大数据在农业应用主要是指依据未来商业需求的预测进行农牧产品生产，降低“谷贱伤农”的发生概率。同时大数据的分析将会更加精确预测未来的天气气候，帮助农牧民做好自然灾害的预防工作。

（七）交通大数据

通过公路大数据了解车辆通行密度和实现即时信号灯调度。机场的航班起降依靠大数据将会提高航班管理的效率，提高上座率，降低运行成本。铁路利用大数据可以有效安排客运和货运列车，提高效率、降低成本。

（八）教育大数据

大数据可以帮助改善教育教学，通过大数据分析可以为教育部门做出重大教育决策和教育改革提供参考。

（九）体育大数据

运动员通过可穿戴设备收集的数据让自己更了解身体状况；媒体评论员可以通过大数据提供的数据更好地解说比赛、分析比赛。

（十）气象大数据

借助于大数据技术，天气预报的准确性和实效性将会大大提高，预报的及时性也将会大大提升，有利于帮助人们提高应对自然灾害的能力。

（十一）食品大数据

及时提取数据以满足食品安全监管需求。但需要注意在数据的潜在价值与个人隐私之间进行平衡。

（十二）政府调控和财政支出

政府利用大数据技术可以了解各地区的经济发展情况、各产业发展情况、消费支出和产品销售情况，依据数据分析结果，科学地制定宏观政策，平衡各产业发展。

（十三）舆情监控大数据

政府将大数据技术用于舆情监控，方便了解民众诉求、降低群体事件。大量的社会行为正逐步走向互联网，人们更愿意借助互联网平台表达自己的想法。

三、大数据在我国的发展状况

（一）国家和地方政府重视大数据产业

2021 年 11 月 15 日，工业和信息化部发布《"十四五"大数据产业发展规划》，其主要内容和重点可以概括为"3 个 6"，即 6 项重点任务、6 个专项行动、6 项保障措施。其中，6 项重点任务包括：加快培育数据要素市场、发挥大数据特性优势、夯实产业发展基础、构建稳定高效产业链、打造繁荣有序产业生态、筑牢数据安全保障防线。

各地政府相继成立地方性大数据管理机构，陆续出台大数据产业规划，不断优化区域产业发展环境，致力于发挥大数据对经济社会转型发展的引领作用。例如，2019 年 10 月 1 日，我国大数据安全保护层面第一部地方性法规《贵州省大数据安全保障条例》正式施行。

（二）北京国际大数据交易所成立

2021 年 3 月，北京国际大数据交易所正式成立，旨在打造数据跨境流通枢纽，建设国际数字贸易港。北京国际大数据交易所具备五大功能定位：权威的数据信息登记平台；受到市场广泛认可的数据交易平台；覆盖全链条的数据运营管理服务平台；以数据为核心的金融创新服务平台；新技术驱动的数据金融科技平台。

（三）我国举办"中国国际大数据产业博览会"

中国国际大数据产业博览会，简称数博会。由国家发展和改革委员会、工业和信息化部、国家互联网信息办公室与贵州省人民政府主办，是国家级博览会，是探讨大数据行业发展现状和趋势的平台。大会充分展示大数据行业的前沿装备技术。

（四）国家大数据中心

国家大数据中心位于贵州贵安新区的大数据库灾备中心机房内，有一根特殊的网络虚拟专线，这条专线跨越了北京与贵州之间 2200 多千米的距离，实现了国家与贵州灾备中心数据的同步传输和异地备份。它包括：三大中心（中心基地—北京；南方基地—贵州；北方基地—乌兰察布）；八大节中国网络的核心层由北京、上海、广州、沈阳、南京、武汉、成都、西安 8 个城市的核心节点组成。

（五）大数据发展趋势

一是数据科学与人工智能的结合越来越紧密；二是数据科学带动多学科融合，基础理论研究的重要性受到重视，但理论突破进展缓慢；三是大数据的安全和隐私保护成为研究热点；四是机器学习继续成为大数据智能分析的核心技术；五是基于知识图谱的大数据应用成为热门应用场景；六是数据融合治理和数据质量管理工具成为应用瓶颈；七是基于区块链技术的大数据应用场景渐渐丰富；八是对基于大数据进行因果分析的研究得到越来越多的重视；九是数据的语义化和知识化是数据价值的基础问题；十是边缘计算和云计算将在大数据处理中成为互补模型。

任务实现

健康码基于基站定位、卫星定位、Wi-Fi定位、身份证（护照）号码下的消费记录、通行记录以及扫描场景位置登记等，是结合新冠疫情进行大数据分析后的结果展示。各种健康码基本都是对接的通信大数据行程卡，只要手机开机就会记录你的位置。具体表现如表5-1所示。

表5-1 健康码中的大数据

序号	数据类型	举例说明
1	确诊、疑似等病情病例数据	姓名、年龄、体温数据等
2	密切接触者数据	姓名、居住地、职业、轨迹等
3	医学检测数据	核酸检测结果、抗体检测数据
4	发热门诊数据	姓名、体温、开始发热时间
5	位置轨迹数据	个人移动通信终端停留超过系统规定的一定时长的漫游地区风险等级信息（依据相关部门公布的地区风险等级信息进行比对）
6	交通出行信息	交通工具、换乘时间、上下车时间等
7	出入境信息	入境时间、入境口岸、航班信息等
8	海关检验检疫数据	物品名称、入境时间、检验结果
9	疫情社区及重点活动场所数据	居住小区名称、风险等级、场所名称
10	健康信息档案	通过全民健康信息平台相关接口调取
11	社区登记信息	社区居委会记录的家庭、居住、旅行入驻等数据
12	采集点收集的数据	各核查点上报的测温和场所出入记录数据
13	用户填报数据	用户自行申报的个人或家庭健康数据
14	其他数据	其他防疫有关的数据

健康码融合了多源数据。健康码的实现需要融合公安局、电信运营商、卫健委、社区、海关、采集点、用户自身等方面的数据，所以，数据是健康码产品成型的重要生产要素。

健康码的生产依赖于规则引擎。健康码的规则引擎就是一系列关于二维码“红、黄、绿”颜色的赋值和判断标准。个人用户录入信息后，通过规则引擎的计算，与后台大数据进行综合比对和研判，根据所设置的规则得到健康码的颜色。规则引擎虽然简单，但它就是一个分类算法或者说是决策模型，如图5-4所示。

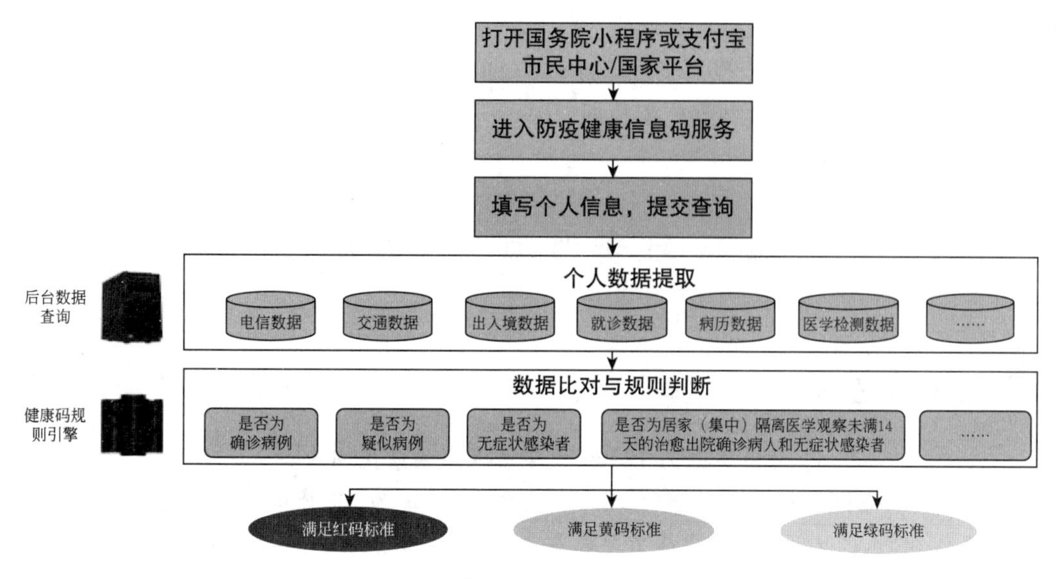

图 5-4　健康码的“红、黄、绿”码

知识拓展

大数据处理关键技术

大数据关键技术涵盖数据存储、处理、应用等多方面的技术。

1. 大数据采集技术

大数据采集是指通过 RFID 射频数据、传感器数据、社交网络交互数据及移动互联网数据等方式获得的各种类型的结构化、半结构化(或称弱结构化)及非结构化的海量数据,这是大数据知识服务模型的根本。

2. 大数据预处理技术

大数据预处理技术主要完成对已接收数据的辨析、抽取、清洗等操作。因获取的数据可能具有多种结构和类型,数据抽取可以将这些复杂的数据转化为单一的或者便于处理的构型。对于大数据,并不全是有价值的,有些数据对我们来说无用,甚至一些数据则是完全错误的干扰项,这就要对数据通过过滤“去噪”从而提取出有效数据。

3. 大数据存储及管理技术

大数据存储与管理要用存储器把采集到的数据存储起来,建立相应的数据库,并进行管理和调用。重点解决复杂结构化、半结构化和非结构化大数据管理与处理技术。主要解决大数据的可存储、可表示、可处理、可靠性及有效传输等关键问题。

4. 大数据分析及挖掘技术

大数据分析技术包括突破用户兴趣分析、网络行为分析、情感语义分析等。大数据数据挖掘技术是指从大量的、不完全的、有噪声的、模糊的、随机的实际应用数据中,提取隐含在其中的、人们事先不知道的、但又是潜在有用的信息和知识的过程。

5. 大数据展现与应用技术

大数据技术能够将隐藏于海量数据中的信息和知识挖掘出来,为人类的社会经济活动提供依据,从而提高各个领域的运行效率,大大提高整个社会经济的集约化程度。

任务训练

请谈谈健康码背后的大数据应用情况。

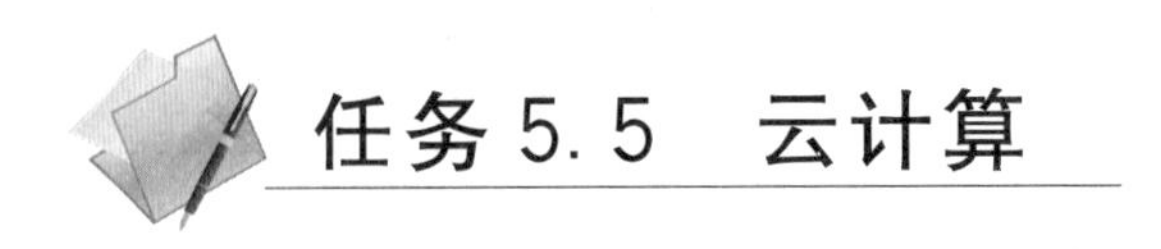

任务 5.5 云计算

任务描述

云计算助力 12306 火车票网站余票查询业务

12306 是世界上规模最大的实时交易系统之一,被誉为“最繁忙的网站”。特别是春运火车票发售期间,12306 网络售票压力是非常大的。以 2016 年 12 月 23 日(预售腊月二十四车票)为例,当天发售车票 1167.2 万张,其中互联网渠道就发售了 855.5 万张。

查询是多数售票系统访问量最大的部分,它的请求次数一般占到整个网站的 85%以上。交易相关的过程中,都会多次提交查询请求,更不要说大量刷票软件问世后,增加的工作负载,这一切都让余票查询系统成为整个系统的压力集中地。

从 2014 年开始,12306 就把网站访问量最大的查询业务分担到了“云端”。具体是怎样进行的呢?

任务分析

云计算是一种利用互联网实现随时随地、按需、便捷地使用和共享计算设施、存储设备、应用程序等资源的计算模式。本子任务涉及对云计算的基础认知,将介绍:云计算的起源、定义及特点;云计算的三种服务模式;云计算在我国的发展状况。

知识讲解

一、云计算的起源、定义及特点

(一) 云计算的起源

对于一家企业来说,只靠一台计算机的运算能力是远远无法满足数据运算需求的,因此需要企业购置多台服务器,而这需要很高的建设和运营成本,于是人们开始提出云计算。云计算概念首次在 2006 年 8 月的搜索引擎会议上提出,成为互联网的第三次革命。

(二) 云计算的定义

美国国家标准与技术研究院(NIST)定义:云计算(Cloud Computing)是一种按使用量付费的模式,这种模式提供可用的、便捷的、按需的网络访问,进入可配置的计算资源共享池(资源包括网络、服务器、存储、应用软件、服务),这些资源能够被快速提供,只需投入少量的管理工作,或与服务供应商进行少量的交互。

云计算是分布式计算、并行计算、效用计算、网络存储、虚拟化、负载均衡、热备份冗余等传统计算机和网络技术发展融合的产物。

（三）云计算的特点

云计算具有以下特点。

（1）虚拟化。虚拟化是指云计算突破了时间、空间的限制，是云计算最显著的特点。虚拟化包括应用虚拟和资源虚拟两种。

（2）动态可扩展。在原有服务器基础上增加云计算功能能够使计算能力迅速提高，最终实现动态扩展虚拟化的层次，以达到对应用进行扩展的目的。

（3）按需部署。用户运行不同的应用需要较强的计算能力对资源进行部署，而云计算平台能够根据用户的需求快速配备计算能力及资源。

（4）灵活性高。云计算的灵活性高，不仅可以兼容低配置机器、不同厂商的硬件产品，还能够外设获得更高性能计算。

（5）可靠性高。因为单点服务器出现故障可以通过虚拟化技术将分布在不同物理服务器上的应用进行恢复或利用动态扩展功能部署新的服务器进行计算。

（6）性价比高。将资源放在虚拟资源池中统一管理可优化物理资源，用户不再需要昂贵、存储空间大的主机，可选择相对廉价的 PC 组成云，大幅提高性价比。

（7）可扩展性。用户可以利用应用软件的快速部署条件来更为简单快捷地将自身所需的已有业务以及新业务进行扩展。

二、云计算的三种服务模式

云计算有三种服务模式：基础设施即服务（Infrastructure-as-a-Service，IaaS）、平台即服务（Platform-as-a-Service，PaaS）和软件即服务（Software-as-a-Service，SaaS）。PaaS 基于 IaaS 实现，SaaS 的服务层次又在 PaaS 之上，三者分别面对不同的需求。

（一）IaaS

IaaS 把 IT 系统的基础设施层作为服务出租出去。由云服务提供商把 IT 系统的基础设施建设好，并对计算设备进行池化，然后直接对外出租硬件服务器、虚拟主机、存储或网络设施（负载均衡器、防火墙、公网 IP 地址及诸如 DNS 等基础服务）等。

（二）PaaS

PaaS 把 IT 系统的平台软件层作为服务出租出去。相比于 IaaS 云服务提供商，PaaS 云服务提供商要做的事情增加了，他们需要准备机房、布好网络、购买设备、安装操作系统、数据库和中间件，即把基础设施层和平台软件层都搭建好，然后在平台软件层上划分“小块”（习惯称为容器）并对外出租。

PaaS 云服务提供商也可以从其他 IaaS 云服务提供商那里租赁计算资源，然后部署平台软件层。另外，为了让消费者能直接在云端开发调试程序，PaaS 云服务提供商还得安装各种开发调试工具。相反，租户要做的事情相比 IaaS 要少很多，租户只要开发和调试软件或者安装、配置和使用应用软件即可。

（三）SaaS

SaaS 就是软件部署在云端，让用户通过因特网来使用它，即云服务提供商把 IT 系统的应用软件层作为服务出租出去，而消费者可以使用任何云终端设备接入计算机网络，然后通过网页浏览器或者编程接口使用云端的软件。这进一步降低了租户的技术门槛，应用软件也无须安装，而是直接使用软件。

SaaS 云服务提供商这时有 3 种选择：租用别人的 IaaS 云服务，自己再搭建和管理平台软件层和应用软件层；租用别人的 PaaS 云服务，自己再部署和管理应用软件层；自己搭建和管理基础设施层、平台软件层和应用软件层。

三、云计算在我国的发展状况

（一）我国云计算市场规模持续扩大

云计算市场前景可观，政府和企业上云意愿越来越强，很多企业正在评估上云路径，云计算服务商将获得更多新客户。

（二）云计算技术获得国家技术发明二等奖

在 2019 年度国家科学技术奖励大会上，一项应对流量洪峰的云计算技术获得国家技术发明二等奖。这项名为“面对突变型峰值服务的云计算关键技术与系统”的技术由阿里云和上海交通大学共同完成。

越来越多的应用迁移到“云”上，以充分利用云计算的弹性可伸缩的云端分布式计算能力。企业可以将应用部署到云端后，可以把软硬件问题委托给云服务厂商的专业团队处理。

中国邮政核心系统上云后，承载了超平时 5～10 倍的业务洪峰。墨迹天气为 4 亿用户提供气象预报服务，满足每天超过 5 亿次的用户查询，存储和计算成本还降低 70%。2019 年“双十一”，阿里云承载的订单创建峰值达到 54.4 万笔/秒，单日数据处理量达 970PB。

（三）云计算在产业界的作用

《云计算白皮书(2021 年)》是中国信息通信研究院发布的第七次云计算白皮书。白皮书中提到：随着云计算的持续成熟，云计算在产业界的作用越来越大，具体体现在以下六个方面。

(1) 云计算改变软件架构，打造 IT 新格局。云计算对软件工程进行了由内而外、从软件开发形式到企业组织文化的变革；云计算倒逼测试革新，提升软件质量。

(2) 云计算融合新技术，带动云原生进入黄金发展期。云原生融合新型信息技术，改变数、智、算的应用方式；云原生生态持续完善，向体系化应用演进。

(3) 云计算整合网络端操作系统，重新定义算力服务方式。算力服务由以云为基础的全局化操作系统在端、边、云多节点上独立运行，完成自身功能后通过网络进行交互和协同，完成算力的全部处理目标。

(4) 云计算打破安全边界，零信任与原生安全深入融合。云计算基础设施打破安全边界，面临更多信任危机，促使应对云计算信任危机的安全理念兴起，零信任与原生安全深入融合，有效应对云计算信任危机。

(5) 云计算打造新 IT 管理模式，优化治理需求明显。云 IT 能够实现对计算网络存储资源的统一管理，同时还能够实现全生命周期管理。

(6) 云计算促进业技融合，加速企业数字化转型。对于非数字原生企业而言，云平台将各独立业务环节软件拆分、解构；对于数字原生企业而言，业务与技术天生深入融合，通过一体化云平台有效整合资源，实现技术通用能力的组件化、模块化封装。

任务实现

如今,12306 网站的查询业务主要由阿里云的公共平台在云端进行,查询能力可以达到每秒 40 万次。对此,阿里云是通过三步来化解的。

一是通过云盾 Web 应用防火墙做精细化限流,保障后端的负载均衡和云服务器 ECS 不被 12306 的洪峰流量打垮,这等于修建了“防洪堤”。

二是负载均衡,云盾放行过来的流量靠负载均衡转发给后面的云服务器 ECS 去计算。

三是云服务器 ECS 是真正完成计算处理的部分,借助阿里云自主研发、服务全球的超大规模通用计算操作系统飞天,随时调动计算资源供给 12306。

知识拓展

阿里云与云栖大会

阿里云创立于 2009 年,是云计算及人工智能科技公司,以在线公共服务的方式,提供安全、可靠的计算和数据处理能力。

云栖大会的前身可追溯到 2009 年的地方网站峰会,经过两年发展,2011 年演变成阿里云开发者大会,到 2015 年正式更名为“云栖大会”,并且永久落户西湖区云栖小镇。云栖大会的会议定位和内容在不断演进,从关注产品技术到服务并重,从客户应用到云端生态建设,不断突破创新,全方位展示云计算最新应用和实践成果,成为引领云计算行业创新发展风向标。云栖大会每年一届,如期举办。

任务训练

请谈谈云计算的三种服务模式,举一个通俗易懂的例子做个类比。

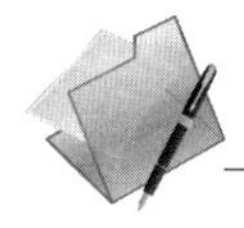

任务 5.6 物联网

任务描述

物联网开启的“智能家居”生活

清晨,当你要起床时,卧室的电灯自动点亮,窗帘自动拉开,温暖的阳光轻洒入室,轻柔的音乐慢慢响起;当你出家门时,无须担心家里的电灯、电器没有关闭,轻触“外出”键,家中的所有的电灯、电器会在设置的时间之后自动关闭。

当你回到家中,只要分别轻轻触控安装在客厅或餐厅内部的壁式场景面板上的“就餐”“影视”“会客”“娱乐”“就寝”“全关”,就会立即切换到预设的灯光和电器的场景上。

当你在公司或家里的任何一个地方,你可以通过无线遥控,对家里的各种设备进行控制,实现远程监控、远程开门、远程控制电器设备的开关,等等。

那么,这样的智能家居生活是如何实现对相关设备进行控制的呢?

任务分析

本子任务涉及对物联网的基础认知，将介绍：物联网的起源、定义与特点；物联网的体系结构；物联网的应用领域；物联网在我国的发展状况，特别介绍了我国定期举办的“世界物联网博览会”。

知识讲解

一、物联网的起源、定义与特点

（一）物联网的起源

20 世纪 80 年代，卡内基·梅隆大学的一群程序设计员把可乐贩卖机接上网络，并编写程序监视可乐机内的可乐数量和冰冻情况。在此基础上，1990 年，施乐公司推出网络可乐贩售机——Networked Coke Machine，这是比较公认的早期物联网技术的应用。

2005 年 11 月 17 日，在突尼斯举行的信息社会世界峰会（WSIS）上，国际电信联盟（ITU）发布了《ITU 互联网报告 2005：物联网》，正式提出了“物联网”的概念。报告指出，无所不在的“物联网”通信时代即将来临，世界上所有的物体从轮胎到牙刷、从房屋到纸巾都可以通过 Internet 主动进行交换。射频识别技术（RFID）、传感器技术、纳米技术、智能嵌入技术将得到更加广泛的应用。

（二）物联网的定义

物联网（the Internet of Things，IOT）是指通过各种信息传感器、射频识别技术、全球定位系统、红外感应器、激光扫描器等各种装置与技术，实时采集任何需要监控、连接、互动的物体或过程，采集其声、光、热、电、力学、化学、生物、位置等各种需要的信息，通过各类可能的网络接入，实现物与物、物与人的泛在连接，实现对物品和过程的智能化感知、识别和管理。物联网是一个基于互联网、传统电信网等的信息承载体，它让所有能够被独立寻址的普通物理对象形成互联互通的网络。

简而言之，物联网是指通过信息传感设备，按约定的协议，将物体与网络相连接，物体通过信息传播媒介进行信息交换和通信，实现智能化识别、定位、跟踪、监管等功能的技术。

（三）物联网的特点

（1）物联网是各种感知技术的广泛应用。物联网上部署了海量的多种类型传感器，每个传感器都是一个信息源，不同类别的传感器所捕获的信息内容和信息格式不同。传感器获得的数据具有实时性，按一定的频率周期性地采集环境信息，并不断更新数据。

（2）物联网是一种建立在互联网上的泛在网络。物联网技术的重要基础和核心仍旧是互联网，通过各种有线和无线网络与互联网融合，将物体的信息实时准确地传递出去。

（3）物联网能够对物体实施智能控制。物联网将传感器和智能处理相结合，利用云计算、模式识别等各种智能技术。

（四）物联网与互联网的区别与联系

（1）联系：物联网是在互联网时代发展起来的。互联网是物联网的基础，无论物联网怎么发展，都脱离不了互联网。

(2) 区别：物联网是物与物或者人与物的联网，而互联网是人与人之间交流共享连接。

二、物联网的体系结构

物联网架构按层级划分可分为三个层级：感知层、网络层、应用层。

(1) 感知层处于底层，用来感知数据。感知层包括传感器等数据采集设备，包括数据接入到网关之前的传感器网络。感知层是物联网发展和应用的基础，RFID技术、传感和控制技术、短距离无线通信技术是感知层涉及的主要技术，其中还包括芯片研发、通信协议研究、RFID材料、智能节电供电等细分技术。

(2) 网络层是中间层，用来传输数据。网络层建立在现有的移动通信网和互联网基础上。网络层中的感知数据管理与处理技术是实现以数据为中心的物联网的核心技术，其包括传感网数据的存储、查询、分析、挖掘、理解及基于感知数据决策和行为的理论和技术。云计算平台作为海量感知数据的存储、分析平台，将是物联网网络层的重要组成部分。

(3) 应用层位于最上层，是物联网发展的目的。应用层利用经过分析处理的感知数据为用户提供丰富的特定服务，可分为监控型（物流监控、污染监控）、查询型（智能检索、远程抄表）、控制型（智能交通、智能家居、路灯控制）、扫描型（手机钱包、高速公路不停车收费）等。应用层中的软件开发、智能控制技术将会为用户提供丰富多彩的物联网应用。

三、物联网的应用领域

物联网的应用领域涉及方方面面，在工业、农业、环境、交通、物流、安保等基础设施领域的应用，有效地推动了这些方面的智能化发展；在家居、医疗健康、教育、金融与服务业、旅游业等与生活息息相关的领域的应用，极大地提高了人们的生活质量；在涉及国防军事领域方面，大到卫星、导弹、飞机、潜艇等装备系统，小到单兵作战装备，物联网技术的嵌入有效地提升了军事智能化、信息化、精准化，极大地提升了军事战斗力。

（一）智能交通

物联网技术在道路交通方面的应用比较成熟。对道路交通状况实时监控并将信息及时传递给驾驶人，让驾驶人及时做出出行调整，有效缓解了交通压力；高速路口设置道路自动收费系统（ETC），免去进出口取卡、还卡的时间，提升了车辆的通行效率；公交车上安装定位系统，能及时了解公交车行驶路线及到站时间，智慧路边停车管理系统，基于云计算平台，结合物联网技术与移动支付技术，共享车位资源，提高车位利用率。

（二）公共安全

物联网可以实时监测环境，提前预防、实时预警、及时应对，降低灾害对人类的威胁；物联网可以智能感知大气、土壤、森林、水资源等各种数据，改善人类的生活环境。

（三）智慧城市

物联网最有前途的用例之一是创建更智能、更高效的城市。物联网可以用于优化公共能源网格，以平衡工作负载，预测能源激增，并更公平地向客户分配能源。

（四）智慧农业

随着自由放养牲畜被广泛采用，联网技术可以在开阔的牧场上追踪牲畜。智能传感器也可以安装在灌溉系统中，以减少水的消耗，并为作物土壤创造合适的水分含量。

四、物联网在我国的发展状况

（一）关于推进物联网有序健康发展的指导意见

早在2013年2月国务院就针对物联网的发展专门发文《国务院关于推进物联网有序健康发展的指导意见》，其中提到："物联网是新一代信息技术的高度集成和综合运用，具有渗透性强、带动作用大、综合效益好的特点，推进物联网的应用和发展，有利于促进生产生活和社会管理方式向智能化、精细化、网络化方向转变，对于提高国民经济和社会生活信息化水平，提升社会管理和公共服务水平，带动相关学科发展和技术创新能力增强，推动产业结构调整和发展方式转变具有重要意义，我国已将物联网作为战略性新兴产业的一项重要组成内容。"

（二）物联网开始有了自己的专用网络

连接方式上，过去依附于传统互联网的物联网开始有了自己的专用网络，窄带物联网(NB-IoT)将逐渐成为最主要的网络基础设施，预计2025年可以形成4G＋NB-IoT＋5G的局面。

无锡已经成为全国首个窄带物联网全域覆盖的地级市、全国首个物联网连接规模超千万的地级市、全国首个高标准全光网城市、全国首个IPv6规模商用网络、全球最大规模的城市级车联网应用示范城市。

（三）我国举办"世界物联网博览会"

"世界物联网博览会"的前身是自2010年起每年9月或10月在无锡市定期举办"中国国际物联网博览会"，由我国工业和信息化部、科学技术部与江苏省人民政府共同主办，江苏省经济和信息化委员会、江苏省科学技术厅、无锡市人民政府承办。大会集中展现全球物联网领域最新领先成果，参会嘉宾包括国内外院士、业界专家、企业高管等。

任务实现

智能家居的控制方式有很多，通常有以下几种。

1. 本地控制

本地控制是指在智能家电附近，通过智能开关、无线遥控器、控制屏、平板电脑及家用电器本身的操作按钮等，对家电进行的各种操作。

(1) 智能开关控制。智能开关控制是指利用智能面板、智能插座对家庭照明的灯具或家用电器进行控制。

(2) 无线电遥控器控制。无线电遥控器控制是指利用无线电遥控器对家电或者家庭照明灯进行简单的情景模式控制，或者与红外转发器及控制主机网关配合，将家中原有的各种红外遥控器的功能传到红外转发器中，并将控制主机的通信转换为红外线遥控信号，再用无线电遥控器去控制室内所有的智能家电。

(3) 主机控制。主机控制是指智能家居系统的各种控制均由控制主机完成。控制主机是本地控制与远程网络控制的关键设备,它通过室外的互联网、GSM 网和室内无线网,对输入的信号进行分析处理后,形成新的输出信号(各种操作指令)。控制主机相当于智能家居的“指挥部”,所有的控制操作都由它指挥。

(4) 计算机或平板电脑控制。计算机或平板电脑控制是指利用计算机或平板电脑下载安装控制主机生产厂家提供的专用软件后,再用计算机或平板电脑和控制主机配合,完成所有操作功能。这种控制方式需要通过登录智能控制主机软件才能实现,不同厂家生产的控制主机,其控制软件均不相同。

2. 远程网络控制

远程网络控制是指在远离住宅和智能家居的地方,通过外部网络对智能家居设备进行控制的操作。这种控制方式需要下载智能家居设备生产厂家提供的专用软件。这种控制方式终端一般是智能手机、平板电脑等设备。

3. 定时控制

定时控制是指在控制主机内提前对家中电器设定循环周期以及每次工作的时长,比如定时开关窗帘、定时开关热水器等,并对电视、照明、音响等均可进行定时控制操作。当用户要外出时,可以通过这种方式设置用户在家的场景,给不法分子造成家中有人的假象。

4. 一键情景控制

一键情景控制是指对家中灯、窗帘、空调及其他家电等设备进行任意组合,形成一个自定义式的情景模式,然后按下情景模式键,按照预先设定的情景模式开启灯光、空调、电视或其他家用电器。只用一个情景按键,您想要开启或关闭的灯和电器就自动开启、关闭。

5. 语音控制

语音控制是指通过语音命令进行操作控制的方式,它利用语音识别技术与语音合成技术相结合,使人们无需使用遥控器等就可以控制各种设备。在家里,通过智能声控背景音乐或智能音箱,说说话就能控制家里的一切家居设备;不在家也可通过手机远程视频语音控制家里的家居设备。

6. 红外感应控制

在走廊、阳台、洗手间等场所,安装智能红外感应器,一旦感应到人体红外信号,灯即自动打开,连续 1 分钟(可调)未感应到人体红外信号,灯即自动关闭。

知识拓展

智能家居的产品和功能

1. 操作控制类

(1) 智能窗帘:智能家居控制窗帘的情景模式有很多种,比如可以设置室内光线强弱开启和关闭窗帘,定时开启和关闭,通过手机或平板进行远程操控。

(2) 智能门锁:可输入密码开锁,也可以用手机、平板电脑等移动终端,输入密码,即可实现自动开锁;也具有指纹、人脸识别、手动开等多种开门方式,具有门锁被破坏的预警等;也可以为家人或者访客远程开锁。

(3) 智能插线板:带有 USB 充电口和国际插孔,即使多台设备也能同时快速充电。

（4）电动晾衣架：把衣服挂上去，可以一键操控，或者语音操控，衣架就能升起来，晾晒比较方便。而且带有除菌、照明、烘干等功能。

（5）智能冰箱：能自动进行冰箱模式调换，始终让食物保持最佳存储状态。

（6）智能卫浴：当走到坐便器附近，坐便器盖便自动开启；坐便器座圈可随季节调节至最舒适的温度；智能浴缸，具有音乐功能和一键管道自洁功能。

（7）智能摄像头：具有远程监控、自动报警、声光报警器（用于震慑非法闯入者）。

（8）智能灯泡：可实现调节零度、颜色、与音箱监控探头等设备的结合等功能。

（9）智能电视：在智能电视上，可以点播自己感兴趣的节目；像在手机上一样，在电视上安装不同种类的应用；还能够与你的手机、平板等设备连接起来，你可以用手机遥控电视、把手机、平板电脑上的内容通过无线的方式放在大屏幕上观看，实现多屏互动。

（10）智能镜：镜子显示器可以显示日常的天气、体重、便签等信息。

（11）智能床垫：针对人体睡眠习惯，整合全球多种优质、健康的睡眠原材料。可以调节舒适位置；感知并记录用户的睡眠情况，如心率、有效深度睡眠时间等。

2. 传感器类

智能家居环境：基于智能家居控制系统平台，环境监测类的智能家居产品通过温度传感器主动感应室内外环境（温度、PM2.5等）的变化，并联动相关设备（如空气净化器、新风系统）调节室内环境，使家庭环境舒适、安全又健康。

3. 中间设备

（1）智能路由器：在家里安装智能路由器后，就可以实现手机远程操作、云盘或外接硬盘存储等，作为网络的出发口，可以为用户远程操作、存储等带来很大便捷。

（2）智能音箱：智能音箱是人们生活中很重要的一剂“调味品”，不管是开心还是难过时，都会想听上几首音乐舒缓、调整一下自己的情绪。而随着人工智能的普及，AI智能音箱也进入了我们的生活。

（3）智能网关：家庭智能网关是家居智能化的心脏，通过它实现系统信息的采集、信息输入、信息输出、集中控制、远程控制、联动控制等功能。

（4）智能主机：智能主机相当于智能家庭网关，无论用户身在何处，都可以通过语音或手机对家庭智能设备进行远程控制。通过主机连接全部智能家居设备。

4. 智能穿戴

（1）智能手环：智能手环是一款高档的计步器，具有计步、测量距离、监测人体卡路里和脂肪等功能，同时还具有睡眠监测、高档防水、蓝牙数据传输、疲劳提醒等特殊功能。

（2）智能手表：是将手表内置智能化系统、搭载智能手机系统而连接于网络而实现多功能，能同步手机中的电话、短信、邮件、照片、音乐等。

5. 情景模式类

（1）智慧卧室：轻柔唤醒，窗帘、灯自动打开，早餐设备自动开启，安防设备撤防；轻松入眠，自动关闭灯、窗帘，睡眠仪开启检测，安防设备布防。

（2）智慧玄关：一键离家，自动关闭灯、窗帘，扫地机自动清扫，安防设备布防；回家开门，灯、窗帘自动打开，安防设备撤防。

（3）智慧客厅：回家途中，温湿度感应器联动空调，自动开启空调，调节室内温度。

（4）智慧卫生间：夜晚起床，随着你的移动小夜灯感应亮灯。

任务训练

请谈谈物联网在“智能家居”生活中的应用。

任务 5.7 虚拟现实技术

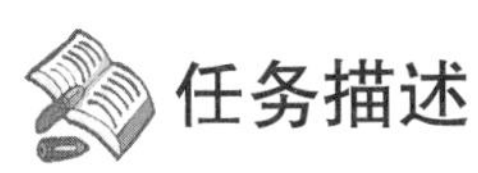

任务描述

初音未来与洛天依全息演唱会申城开唱

2019 年 7 月 20 日晚，由 B 站主办的大型线下活动 BML VR 全息演唱会在上海举行。初音未来、洛天依、绊爱等人气虚拟艺人，在全场近万人的欢呼和尖叫声中，展开了长达 3 个多小时的精彩演出。

作为一种新兴演出形式，BML VR 演出嘉宾均为虚拟艺人。通过最尖端的“全息真实化摄影技术”达到让虚拟人物真实出现在舞台，并与观众进行互动，充满“科幻”既视感。

如今几乎所有的大型表演晚会都会用全息投影技术。如 2015 年央视春晚上，李宇春在表演时一下子分身出来 3 个身影，形成 4 个李宇春同台的奇特场景。

全息投影技术的原理是怎样的呢？

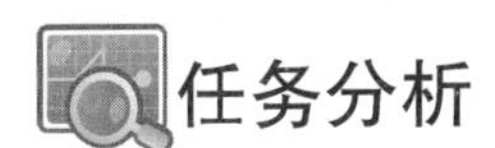

任务分析

本子任务涉及对虚拟现实技术的基础认知，将介绍：虚拟现实的定义，虚拟现实的 3I 特性，VR、AR、MR 的异同，全息投影技术；虚拟现实技术的发展历程；虚拟现实我国的应用，特别介绍我国定期举办的“世界 VR 产业大会”。

知识讲解

一、虚拟现实的定义、特点

（一）虚拟现实的定义

虚拟现实技术（VR）就是利用现实生活中的数据，通过计算机技术产生的电子信号，将其与各种输出设备结合使其转化为能够让人们感受到的现象，这些现象可以是现实中真真切切的物体，也可以是我们肉眼所看不到的物质，通过三维模型表现出来。

（二）虚拟现实的特点

虚拟现实的特点可以概括为 3 个“I”，即沉浸感（Immersion）、交互性（Interaction）、想象性（Imagination）。

（1）沉浸感是让用户成为并感受到自己是虚拟环境中的一部分，使用户感知到虚拟世界的触觉、味觉、嗅觉、运动感知等多方面的刺激，从而产生思维共鸣，造成心理沉浸，给人一种身临其境的感觉。沉浸感取决于用户的感知系统，是虚拟现实的主要特征。

（2）交互性是指用户进入计算机系统所创设虚拟环境中时，通过相应的技术，让用户跟环境产生相互作用，当用户进行某种操作时，周围的环境也会做出某种反应。如用户接触到虚拟环境中的物体时，用户的手上能够感受到等。

（3）想象性是指用户进入计算机系统所创设虚拟环境中时，可以拓宽认知范围，创造客观世界不存在的场景或不可能发生的环境。想象性可以使得用户根据自己的感觉与认知能力吸收知识，发散拓宽思维，创立新的概念和环境。

（三）VR、AR、MR的异同

（1）VR(Virtual Reality)，即虚拟现实，其通过计算机模拟真实感的图像、声音和其他感觉，从而复制出一个真实或者假想的场景，并且让人觉得身处这个场景之中，还能够与这个场景发生交互。

（2）AR(Augmented Reality)，即增强现实，是一种直接或间接地观察真实场景，但其内容通过计算机生成的组成部分被增强，计算机生成的组成部分包括图像、声音、视频或其他类型的信息。

AR的特性：现场感，通过直接（镜片透视）或间接（摄像头拍摄，实时播放）观察真实世界，处于什么现场就显示什么现场；增强性，对现场显示的内容增加额外信息，包括图像、声音、视频或其他信息；相关性，计算机必须对现场进行认知，增加的内容和现场具有相关性，包括位置相关、内容相关、时间相关等。

（3）MR(Mixed Reality)，即混合现实，其将真实场景和虚拟场景非常自然地融合在一起，它们之间可以发生具有真实感的实时交互，让人们难以区分哪部分是真实的，哪部分是虚拟的。

MR的特性：现场感，真实场景和来自现场，通过镜片透视或摄像头方式取得，和AR一致；混合性，真实场景和虚拟场景自然地合在一起，发生真实感的交互，包括遮挡、碰撞等；逼真性，虚拟场景的显示效果接近真实场景，不容易辨别。

（4）VR，AR和MR之间的区别在于以下几点。

① VR和AR的区别：VR首先强调的是沉浸感，是完整的虚拟现实体验；AR首先强调的是现场感，AR展现的内容必须和现场息息相关，要尽可能将真实现场的画面占满用户的整个视野。VR要尽可能多地隔绝现实，AR要尽可能多地引入现实。

② 分析MR和AR的区别：MR和AR都是强调现场感，都是对现场具有增强作用。MR强调虚拟图像的真实性，需要和真实场景自然混合在一起；而AR更加强调虚拟图像的信息性，需要在正确的位置出现，给用户增加信息量。

（四）全息投影技术

全息投影技术(Front-Projected Holographic Display)指利用干涉原理记录并再现物体真实的三维图像的技术。普通的摄影技术仅能记录光的强度信息（振幅），深度信息（相位）则会丢失。而全息技术的干涉过程中，波峰与波峰的叠加会更高、波峰波谷叠加会削平，因此会产生一系列不规则的、明暗相间的条纹，从而把相位信息转换为强度信息记录在感光材料上。

二、虚拟现实技术的发展历程

很多人认为，2016年是虚拟现实技术发展的元年，但其实它是经过长期的社会、技术、人力的积累而逐步产生的;只不过,到了 2016 年,虚拟现实的概念才开始被人们所关注并被置于消费者的手中。我们可以把它的发展大致分为 4 个阶段。

(一) 探索阶段

可以说虚拟现实的本质就是人类在自然环境中的感官和动态的交互式模拟。

如果我们把虚拟现实范围限定在将人置身于幻境下的一种手段,那么全景图可以算是最早的虚拟现实的尝试,爱尔兰画家 Robert Barker1780 年代中期创作并提出全景图,并于 1793 年设计一幅六层的小楼作品,向观众展示两幅全景图。

根据希腊数学家欧几里得(Euclid)的双目视差原理,1838 年,英国科学家查尔斯·惠斯通发明了立体镜;1929 年,美国人 Edward Link 发明了"Link Trainer",进行飞行模拟训练;1956 年,好莱坞的电影摄影师 Morton Heilig 发明了堪称世界上第一台 3D VR 体验设备的机器—Sensorama。

(二) 萌芽阶段

1965 年,被誉为"计算机图形学之父"的图灵奖获得者伊凡·苏泽兰发表了一篇名为《终极显示》的论文,在哈佛大学同他的学生一起研制成功了带跟踪器的头盔式立体显示器(Head-Mounted Display,HMD)。这套装置被称为"达摩克利斯之剑"。

1972 年,诺兰·布什内尔开发出一个革命性的、交互式视频游戏 Pong(乒乓)。在此基础上,布什内尔与同事一起创建了公司"雅达利"(Atari)。

(三) 概念形成阶段

1969 年,迈伦·克鲁格建立了一个人工现实实验室 VIDEO PLACE,1973 年,他提出了"人工现实(Artificial Reality)",这是早期出现的虚拟现实的词语。

1977 年,Dan Sandin 等人研制出数据手套。通过传感器可以简单地检测手指的弯曲程度。这一事物的出现意味着交互技术方面的突破。

1984 年,NASA AMES 研究中心(美国国家航空航天局艾姆斯研究中心,位于美国硅谷,是下属的一个研究机构)开发出用于火星探测的虚拟环境视觉显示器。

1984 年,曾在雅达利工作的杰伦·拉尼尔创立了游戏公司 VPL Research,他于 1987 年正式提出了"Virtual Reality"一词,被誉为虚拟现实之父。

(四) 高速发展阶段

2014 年谷歌公司发布了 Google CardBoard,这是一副简单的 3D 眼镜,用户加上智能手机、下载配套的应用后,就可体验 VR 效果。

2016 年三星和 Oculus 共同设计推出新一代的 Gear VR,但仅支持三星的一些手机。之前三星推出 "创新者版"的 Gear VR 只是演示,不是消费品。

2016 年苹果发布了一款名为 View-Master 的 VR 头盔。类似于谷歌纸盒 CardBoard,它本质上只是一个大塑料盒,需要放入 iPhone 智能手机。

2017 年 12 月,Magic Leap 公司公布了 AR 眼镜产品 Magic Leap One。

三、虚拟现实我国的应用

(一) 虚拟现实的应用领域

虚拟现实的应用领域主要涵盖以下几个领域。

（1）航空航天：利用虚拟现实技术，在虚拟空间中重现现实中的航天飞机与飞行环境，使飞行员在虚拟空间中进行飞行训练和实验操作，以降低训练费用和实验的危险。

（2）军事：将地图上的山川地貌、海洋湖泊等数据通过计算机进行编写，将原本平面的地图变成一幅三维立体的地形图，再通过全息技术将其投影出来，这更有助于进行军事演习等训练。训练期间，可以利用虚拟现实技术去模拟无人机的飞行、射击等场景。

（3）医学：在虚拟空间中模拟出人体组织和器官，让学生在其中进行模拟操作，并且能让学生感受做手术的感觉，使学生能够更快地掌握手术要领。也可以建立一个病人身体的虚拟模型，在虚拟空间中先进行一次手术预演，提高手术的成功率。

（4）文化、艺术、娱乐：近年来，由于虚拟现实技术可以让观影者体会到置身于真实场景之中的感觉，让体验者沉浸在影片所创造的虚拟环境之中；利用虚拟现实技术产生的三维虚拟空间，使得游戏在保持实时性和交互性的同时，也大幅提升了游戏的沉浸感。

（5）教育培训：利用虚拟现实技术可以帮助学生打造生动、逼真的学习环境，使学习内容更容易让学生接受，更容易激发学生的学习兴趣。同时，利用虚拟现实技术建立与学科相关的虚拟实验室，以模拟出复杂的实验环境，来帮助学生学习。

（6）设计：利用虚拟现实技术把室内结构、房屋外形通过虚拟技术表现出来，使之变成可以看见的物体和环境。同时，在设计初期，设计师可以将自己的想法通过虚拟现实技术模拟出来，可以在虚拟环境中预先看到室内的实际效果。

（二）我国举办“世界 VR 产业大会”

世界 VR 产业大会自 2018 年开始举办，是由工业和信息化部和江西省人民政府主办的 VR 产业大会。大会聚焦虚拟现实发展的关键和共性问题，探讨产业发展趋势和解决之道；展示虚拟现实领域的最新成果、前沿技术和最新产品，推动行业应用和消费普及；搭建虚拟现实国际交流平台，引导全球资源和要素向中国汇聚。

2021 世界 VR 产业大会于 2021 年 10 月在江西南昌召开。大会的总主题“VR 让世界更精彩”，海外分会场继续选择奥地利作为分会场。

（三）虚拟现实应用案例——演员与虚拟人搭档

在综艺节目《2060》上，歌手与虚拟人搭档，深情演绎观众喜爱的歌曲。在技术上，《2060》采用全息投影、线上 VR 技术完成电视呈现部分，实现了全虚拟竞演舞台的效果。

（四）虚拟现实应用案例

在央视的 2021 年春节联欢晚会上，采用国际最新的数字影像互动技术以及 AR、XR 技术与节目内容互融互通，赋予观众沉浸式的视听享受。整场晚会将科技美学与精品内容融合为一体，AR、XR、电影特效技术等将现实舞台上无法完成的效果精彩呈现，融通虚拟空间与现实世界。被 AR 效果覆盖的观众席能随着节目需要变换场景，与主舞台无缝连接，这相当于把春晚舞台搬到了整个演出现场。春晚 AR 创作区如图 5-5 所示。

渲染引擎从传统的图形渲染到现在的“次世代”引擎（是一种基于物理算法的实施渲染的引擎，它是支持 4K 超高清的实时渲染，它所有的效果，都是通过算法来运作）。

武术节目《天地英雄》通过高耸的瀑布和竹林山影的青绿渲染了武术的意境，沙漠与枫林长城展现出中华武术精神的强劲力量和中华民族魂的恢宏气势，如图 5-6 和图 5-7 所示。

图 5-5 春晚 AR 创作区

图 5-6 武术节目《天地英雄》AR 播出效果

图 5-7 武术节目《天地英雄》AR 制作

四、虚拟现实开发

要具备虚拟现实的交互性、沉浸感等特点，需要外部硬件设备和软件设计的配合。

1. 虚拟现实系统的硬件设备

现阶段虚拟现实中常用到的硬件设备有：建模设备，如 3D 扫描仪等；显示设备，如 3D 展示系统、3D 立体显卡、大型投影系统、头戴式立体显示器等；声音设备，如三维的声音系统等；交互设备，如位置追踪仪、数据手套、3D 输入设备（三维鼠标）、动作捕捉设备、眼动仪、力反馈设备等。

2. 虚拟现实开发的软件技术

虚拟现实开发的需要掌握的软件技术主要有：编程语言，如 Java、C＃，后者引用比较多。开发引擎，如 Unity3D、UE4(Unreal Engine 4)；计算机图形学与 GPU 编程；其他相关技术，如建模、设计、光学硬件、动作捕捉传感器等。

任务实现

全息投影实际上这是一种光学错觉技术，名为“佩珀尔幻象”(Pepper's Ghost)，是利用干涉和衍射原理记录并再现物体真实的三维图像的技术。19 世纪的英国人约翰·佩珀尔将其应用到舞台表演艺术上。

如图 5-8 所示，观众们看着舞台上的出现的虚拟影像，他们没有看到的是舞台上藏着的一块透明玻璃和舞台下面的真实表演。灯光打在真实表演者身上，透过玻璃映射在舞台上的特定区域。全息演出的核心就是如图 5-9 所示的一个 45°装置，3D 全息透明屏幕是一种采用了全息技术的透明投影屏幕，这种投影屏幕具有全息图像的特点，只显示来自某一特定角度的图像，而忽略其他角度的光线。即使是在环境光线很亮的地方，也能显示非常明亮、清晰的影像。

图 5-8　佩珀尔幻象

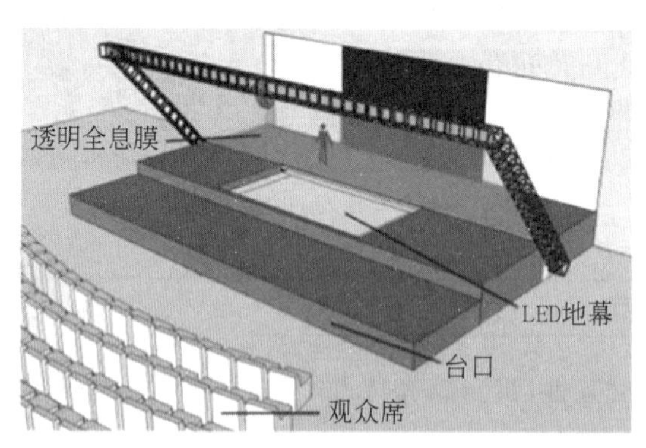

图 5-9　全息演出舞台示意

图 5-10 所示的全息投影的舞台，利用的是反射原理，LED 在地面上，与全息膜呈 45°夹角。央视也报道过春晚李宇春的表演是如何实现的，也是类似的方法，舞台上架一个 45°角的全息膜，利用地面的影像源，折射上去，如图 5-11 所示。

图 5-10 全息投影的舞台

图 5-11 春晚表演的实现方法

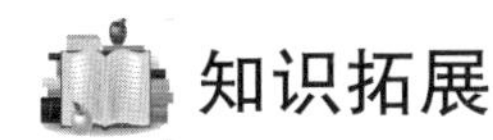

知识拓展

常见的 VR 开发引擎

1. 360°全景虚拟

360°全景虚拟的实现方式有 Flash 和 Java。其实说它是虚拟现实技术,比较牵强,因为它实际上是一张全景图片,我们可以控制旋转进行观看。

2. 虚幻引擎 3

虚幻引擎 3 是由全球顶级游戏 EPIC 公司虚幻引擎的最新版本,EPIC 中国唯一授权机构 GA 游戏教育基地。虚幻引擎 3 的设计目的非常明确,每一个方面都具有比较高的易用性,尤其侧重于数据生成和程序编写的方面。

3. VRP

VRP 是中国本土大型引擎。经过了好几代的升级,目前已经支持一些 HDR 运动模糊之类的效果了,操作非常简单。它的定位比较明确:制作房地产 VR。

4. Unity Hub

Unity Hub 是虚拟现实的"后起之秀",自起步起就定义为高端大型引擎,且受到业内的广泛关注。起初只可以运行于 Mac 系统,后来扩展到 Windows 系统了,Unity Hub 自带了不少的工具,方便制作。丰富的互动,支持十多个平台的跨平台发布。

5. Unigine Engine

Unigine Engine 是俄罗斯的实时 3D 引擎,应用于仿真、虚拟现实等领域,包含了逼真的三维渲染，强大的物理模块，全功能的 GUI 模块，声音子系统，以及灵活的工具。高效率和良好架构的框架，支持多核系统，具有高度可扩展的解决方案。

任务训练

请了解初音未来与洛天依等虚拟名人。

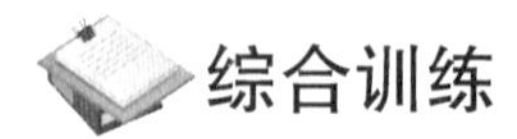

综合训练

综合训练 5-1　团队作业

分小组介绍在互联网中收集到的与本任务相关的学习材料。

综合训练 5-2　简答题

(1) 本任务中谈到了哪些新一代信息技术？请你再列举一些新一代的信息技术。

(2) 什么是区块链？区块链的特点是什么？区块链的类别有哪些？

(3) 什么是大数据？请列举并简述大数据的两个应用案例。请简述大数据特点的“5V+1C”。请简述大数据的处理关键技术。

(4) 请简单介绍三个区块链的应用场景。

(5) 请简单介绍移动通信从 1G 到 5G 的发展过程。请简述 ITU 确认的 5G 三大应用场景。

(6) 请简单介绍三个 5G 的应用场景。

(7) 什么是人工智能？

(8) 请简单介绍三个人工智能的应用场景。

(9) 什么是云计算？云计算的特点有哪些？请简述云计算三种服务模式。

(10) 什么是物联网？物联网的特点有哪些？

(11) 请简述物联网的体系结构。

(12) 请简单介绍三个物联网的应用场景。

综合训练 5-3　自己动手制作全息投影(方法请上网查找)

自己动手制作全息投影(方法请上网查找)。

综合训练 5-4　制作并美化本任务的思维导图

制作并美化本任务的思维导图。

任务 6

计算思维与计算机

学习情境

作为一个有信息素养的年轻人，在了解信息技术的基本知识、信息系统的工作原理、信息系统的结构与各个组成部分的基础上，王晓红想尽可能培养自己的计算思维，提升自己利用计算思维解决工作与生活中相关问题的能力。

其实，我们在前面各个任务的学习中，都有贯穿计算思维的理念和思路在其中，在本任务中，我们再对计算思维做进一步介绍。

学习目标

➢ **知识目标**

(1) 掌握计算思维的基本概念。

(2) 了解计算机系统和计算机工作原理。

(3) 了解数据结构与算法的基本概念。

(4) 了解程序设计的基础知识。

(5) 了解软件工程基础知识。

(6) 了解数据库基础知识。

➢ **能力目标**

(1) 能理解计算思维的基本概念，初步掌握用计算思维求解问题的基本思想。

(2) 能初步了解解决问题过程中的形式化、模型化、自动化、系统化概念和方法。

➢ **素养目标**

(1) 能针对简单任务需求，初步具备运用计算思维方式解决问题的能力，并能运用流程图的方式进行描述。

(2) 能使用信息技术工具，结合所学专业知识，运用计算思维形成生产、生活情境中的融合应用解决方案。

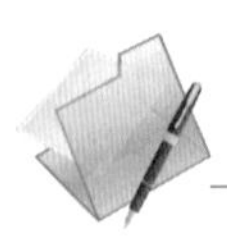

任务6.1　从思维到计算思维

任务描述

计算思维对我们提出了怎样的要求?

教育部2021年发布的《课程标准》中要求学生学习完“大学信息技术”课程后，能够增强信息意识、提升计算思维、促进数字化创新与发展能力、树立正确的信息社会价值观和责任感，为职业发展、终身学习和服务社会奠定基础。那么，其中的“提升计算思维”对我们提出了怎样的要求?

人们在日常生活中的很多做法其实都和计算思维不谋而合，也可以说计算思维从生活中吸收了很多有用的思想和方法。能举一些例子出来吗?

任务分析

本子任务涉及对计算思维的认知。将介绍：人类、计算机处理信息的比较；从思维到计算思维，包括思维的定义、思维的特征、思维的类型；科学思维的定义、科学思维的分类；计算思维的提出与定义、计算思维的不同声音、计算思维的特性、计算思维的应用。

知识讲解

一、人类与计算机处理信息的比较

通过前面的学习，我们知道人类长期以来要处理各种各样的信息。随着信息的增加，人类需要借助外界的工具来帮助处理信息，计算机就是一个很好的工具，计算机处理信息的过程基本上是模拟人的大脑处理信息的过程。

（一）人类处理信息的过程

从人类活动的角度来看，信息是人类适应外部环境和感知外部环境时与外部环境交换内容的总称。人类信息处理的过程主要包括信息的获取、储存、加工、表示和发布。

人类对信息的处理是先通过眼耳鼻舌等各种感官、仪器、媒介获取外界信息；然后通过大脑和神经系统对信息进行传递与存储；最后通过言、行或其他形式表示并发布信息。

在大量的原始信息中，不可避免地存在着一些假的信息，只有认真地筛选和判别，才能避免真假混杂；另外，原始信息是初始的、凌乱的、孤立的，只有对其进行分类、排序和筛选，才能有效地对信息进行加工、处理，从而创造出新的信息，使信息具有相应的使用价值。

（二）计算机处理信息的过程

计算机处理信息的过程实际上与人类信息处理的过程相似。

(1) 信息的获取:互联网是计算机获取信息的主要来源。

(2) 信息的储存:计算机利用大容量存储设备储存信息,其可靠性与永久性超过了历史上任何一种信息存储体。

(3) 信息的加工:计算机能从瞬息万变、海量的信息中,以最快的速度分析出有用的信息,供人参考使用。

(4) 信息的发布:在因特网上发布信息或发送电子邮件是目前最快捷、最便宜的信息发布方法。

(5) 信息的表示:计算机把各种传统的信息展示手段(如文字、图像、声音等)有机地结合在一起,使信息以更加丰富多彩的形式呈现在人们面前。

二、从思维到计算思维

(一) 思维

1. 思维的定义

思维是人脑对客观事物的一种概括的、间接的反映,它反映客观事物的本质和规律。思维由思维原料、思维主体和思维工具等组成。自然界提供思维原料,人脑是思维主体,认识的反映形式则是思维工具,三者结合形成了思维活动。

2. 思维的特征

(1) 概括性:思维帮助人脑将一类事物的共同、本质的特征和规律抽取出来,加以概括。

(2) 间接性:思维是凭借知识和经验对客观事物进行的间接反映。

(3) 能动性:思维不仅能认识和反映客观世界,而且能对客观世界进行改造。

3. 思维的类型

(1) 从思维的进程方向来分,可分为横向思维、纵向思维与发散思维、收敛思维等。

(2) 从思维的抽象程度来分,可分为直观行动思维、具体形象思维和抽象逻辑思维。

(3) 从思维的形成和应用领域来分,可分为科学思维与日常思维。

(二) 科学思维

1. 科学思维的定义

科学思维的定义有很多,我们选取一种:科学思维是指形成并运用于科学认识活动的、人脑借助信息符号对感性认识材料进行加工处理的方式与途径。

一般说来,科学思维是主体对客体理性的、逻辑的、系统的认识过程,是人脑对客观事物能动的和科学的反映。

2. 科学思维的分类

(1) 从具体手段及其科学求解功能来看,科学思维分为发散求解思维、逻辑解析思维、哲理思辨思维等。

(2) 从人类认识世界和改造世界的思维方式来看,科学思维分为理论思维、实验思维和计算思维,分别对应于理论科学、实验科学和计算科学。

(三) 计算思维

1. 计算思维的提出与定义

2006 年 3 月,美国卡内基·梅隆大学计算机科学系主任周以真(Jeannette M. Wing)教授在美国计算机权威期刊 *Communications of the ACM* 上提出并定义计算思维(Computational Thinking)。她认为：计算思维是运用计算机科学的基础概念进行问题求解、系统设计以及人类行为理解等涵盖计算机科学之广度的一系列思维活动。

周教授为了让人们更易于理解，又将计算思维做了更进一步的定义。

(1) 计算思维是通过约简、嵌入、转化和仿真等方法，把一个看来困难的问题重新阐释成一个我们知道问题怎样解决的方法。

(2) 计算思维是一种递归思维，是一种并行处理，是一种把代码译成数据又能把数据译成代码，是一种多维分析推广的类型检查方法。

(3) 计算思维是一种采用抽象和分解来控制庞杂的任务或进行巨大复杂系统设计的方法，是基于关注点分离(Separation of Concerns，SoC)的方法。

(4) 计算思维是一种选择合适的方式去陈述一个问题，或对一个问题的相关方面建模使其易于处理的思维方法。

(5) 计算思维是按照预防、保护及通过冗余、容错、纠错的方式，并从最坏情况进行系统恢复的一种思维方法。

(6) 计算思维是利用启发式推理寻求解答，即在不确定情况下的规划、学习和调度的思维方法。

(7) 计算思维是利用海量数据来加快计算，在时间和空间之间、在处理能力和存储容量之间进行折中的思维方法。

2. 计算思维的不同结构框架

美国 ACM 前主席 Denning 在《超越计算思维》一文中对周以真教授提出的计算思维给了两个否定：计算思维不是计算机科学独有的特征；计算思维不能充分代表计算机科学的特征。并给出计算思维的结构框架如图 6-1 所示。

周以真教学从思维的层面给出计算思维的结构框架如图 6-2 所示。

中国学者董荣胜教授则是在计算学科的角度，从计算机方法论的层面给出了计算思维的结构框架，如图 6-3 所示。

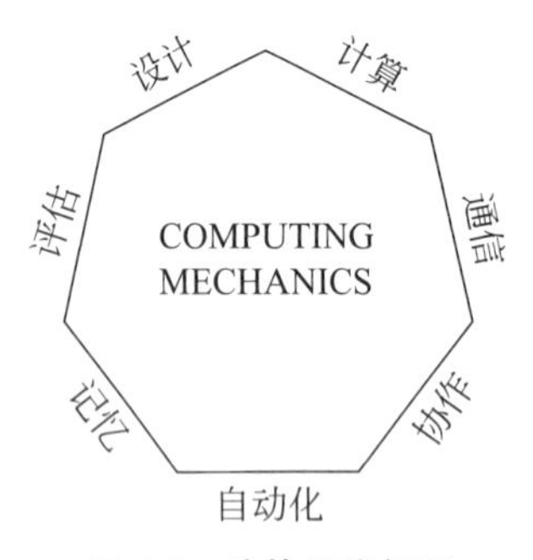

图 6-1 计算思维框架

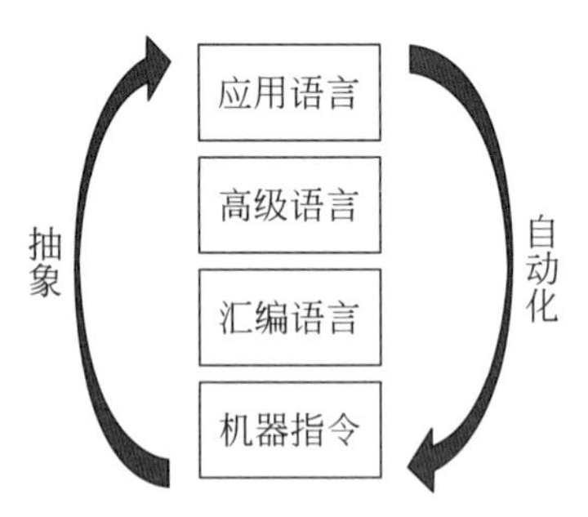

图 6-2 周以真的计算思维框架

3. 计算思维的特性

(1) 计算思维是概念化，不是程序化。计算机科学不是计算机编程，计算思维不能等同于计算机编程思维，计算思维还包括能够在抽象的多个层次上进行思维。

(2) 计算思维是根本的，不是刻板的技能。根本技能是每一个人为了在现代社会中发挥职能所必须掌握的。刻板技能意味着机械重复。

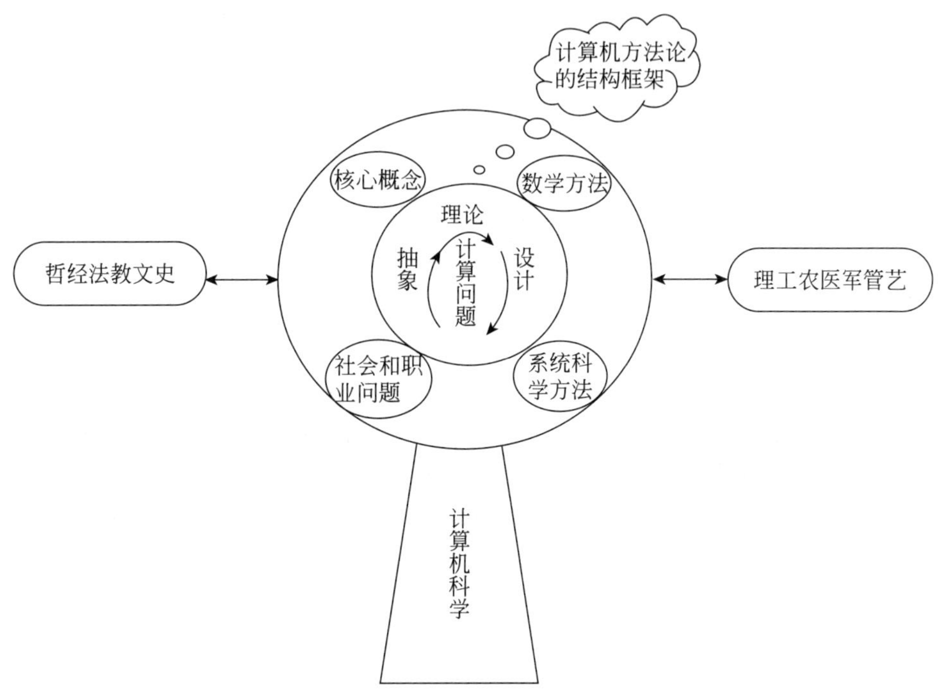

图 6-3 方法论的计算思维结构框架

(3) 计算思维是人的,不是计算机的思维。计算思维是人类求解问题的一条途径,但决非要使人类像计算机那样地思考。

(4) 计算思维是数学和工程思维的互补与融合。计算机科学源自数学,计算机科学又源于工程,因为计算机科学的建造是能够与实际世界互动的系统。

(5) 计算思维是思想,不是人造物。不只是我们生产的软件硬件等人造物将以物理形式到处呈现并时时刻刻触及我们的生活,更重要的是还将有我们用以接近和求解问题、管理日常生活、与他人交流和互动的计算概念。

4. 计算思维的应用

由于计算思维是运用计算机科学的基础概念去求解问题、设计系统和理解人类行为的,它涵盖了计算机科学之广度的一系列思维活动。所以当我们求解一个特定的问题时,需要思考解决这个问题的困难程度、最佳的解决方案,然后根据计算机科学坚实的理论基础来准确地回答这些问题。

计算思维将渗入我们每个人的日常生活中,是每个人在日常生活中都可以运用的一种思考方式,而且可以用在几乎任何地方。如:出行路线规划、理财投资选择、科学研究分析、天气预报预测等。我们不论试图解决什么问题,运用计算思维都能化繁为简,提高效率。

任务实现

计算思维对我们提出了怎样的要求?

我们要能采用计算机等智能化工具可以处理的方式界定问题、抽象特征、建立模型、组织数据,能综合利用各种信息资源、科学方法和信息技术工具解决问题,能将这种解决问题的思维方式迁移运用到职业岗位与生活情境的相关问题解决过程中。

(1) 掌握计算思维的基本概念,并能用来思考问题。

(2) 具备解决问题过程中的形式化、模型化、自动化、系统化抽象能力。

(3) 能使用信息技术工具,结合所学专业知识,运用计算思维形成生产、生活情境中的融合应用解决方案。

感受我们生活中的计算思维

我们生活中的计算思维的例子有很多,我们在学习用计算机解决问题的时候,如果经常想想生活中遇到类似问题时的做法,一定会对找出问题解法有所帮助。

(1) 算法过程:菜谱可以说是算法(或程序)的典型代表,它将一道菜的烹饪方法一步一步地罗列出来,即使不是专业厨师,照着菜谱的步骤也能做出可口的菜肴。这里,菜谱的每一步骤必须足够简单、可行。例如,“将土豆切成块状”“将1两油入锅加热”等都是可行的步骤,而“使菜肴具有神秘香味”则不是可行的。

(2) 模块化:很多菜谱都有“勾芡”这个步骤,与其说这是一个基本的步骤,不如说这是一个模块,因为勾芡本身代表着一个操作序列——取一些淀粉放入碗中,加点水,搅拌均匀,在适当时候倒入菜中。由于这个操作序列经常使用,为了避免重复,也为了使菜谱更加清晰、易读,所以用“勾芡”这个术语简明地表示。这个例子同时也反映了在不同层次上进行抽象的思想。

(3) 查找:如果要在英汉词典中查一个英文单词,相信读者不会从第一页开始一页页地翻看,而是会根据字典是有序排列的事实,快速地定位单词词条。又如,如果现在老师说请将本书翻到第8章,读者会怎么做呢?是的,书前的目录可以帮助我们直接找到第8章所在的页码。这正是计算机中广泛使用的索引技术。

(4) 回溯:人们在路上遗失了东西之后,会沿原路边往回走边寻找。或者在一个岔路口,人们会选择一条路走下去,如果最后发现此路不通就会原路返回,到岔路口选择另一条路。这种回溯法对于系统地搜索问题空间是非常重要的。

(5) 缓冲:假如将学生用的教科书视为数据,上课视为对数据的处理,那么学生的书包就可以视为缓冲存储。学生随身携带所有的教科书是不可能的,因此每天只能把当天要用的教科书放入书包,第二天再换入新的教科书。

(6) 并发:厨师在烧菜时,如果一个菜需要在锅中煮一段时间,厨师一定会利用这段时间去做点别的事情(比如将另一个菜洗净切好),而绝不会无所事事。在此期间如果锅里的菜需要加盐加佐料,厨师可以放下手头的活儿去处理锅里的菜。就这样,虽然只有一个厨师,但他可以同时做几个菜。

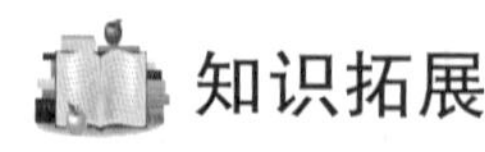

知识拓展

Google 计算思维课程

Google计算思维的表现

Google 计算思维课程将计算思维划分为4个基本要素:①分解,即把数据、过程或问题分解成更小的、易于管理或解决的部分;②模式识别,观察数据的模式、趋势和规律;③抽象,即识别模式形成背后的一般原理;④算法开发,即为解决某一类问题撰写一系列详细步骤。这就是一个完整的利用计算思维思考问题的过程。

任务训练

（1）请举两个我们生活中应用计算思维的例子。

（2）请谈谈谷歌计算思维课程内容结构。

任务 6.2 计算思维与计算机系统

任务描述

图灵机、冯诺依曼机与世界第一台计算机

计算工具的演化经历了由简单到复杂、从低级到高级的不同阶段，从结绳到算筹、从算盘到计算尺、从机械计算机到电子计算机、从专用计算机到通用计算机等，不同的历史时期的计算工具发挥了各自的历史作用，同时也启发了现代电子计算机的研制思想。

（1）图灵机，又称图灵计算机，是一个抽象的计算模型，由英国数学家艾伦·麦席森·图灵（1912—1954 年）于 1936 年提出，它将人们使用纸笔进行数学运算的过程进行抽象，由一个虚拟的机器替代人类进行数学运算。图灵机原理如图 6-4 所示。

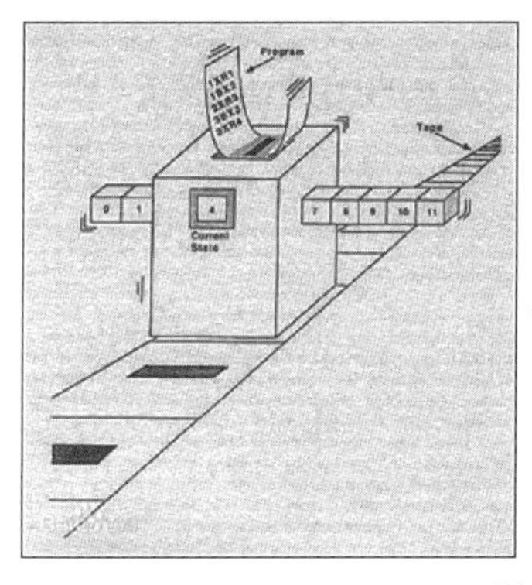

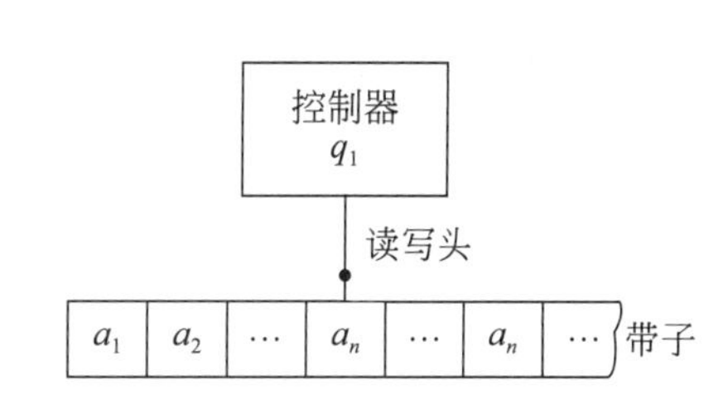

图灵机
四个部分

图 6-4 图灵机

（2）冯·诺依曼机的详细介绍请扫描右侧二维码查阅。

那么，世界上第一台计算机是图灵机或冯·诺依曼机吗？

任务分析

本子任务涉及计算机系统相关联的一些知识，我们将在介绍计算机系统的知识时，传递一些计算思维的思想。本子任务将介绍：计算机硬件系统，包括计算机软件系统，信息在计算机中的表示与计量。

知识讲解

所有的计算机，无论是巨型机还是微型机或其他种类的计算机，它们的基本结构是相同的，都是由两大部分组成，即计算机硬件系统和计算机软件系统。

一、计算机硬件系统

（一）冯·诺依曼结构组成（计算机硬件的逻辑组成）

下面从冯·诺依曼机结构组成、计算机工作原理的角度来讨论计算机硬件的组成，我们称为计算机硬件的逻辑组成。

1. 冯·诺依曼机结构组成之一：运算器

运算器又称算术/逻辑单元（Arithmetic/Logic Unit，简称 ALU）。它是计算机对数据进行加工处理的部件，主要执行算术运算和逻辑运算。算术运算为加、减、乘、除；逻辑运算具有逻辑判断的能力，包括 AND、OR、NOT 等。

计算机之所以能完成各种复杂操作，最根本的原因是运算器的运行。参加运算的数全部是在控制器的统一指挥下从内存储器中取到运算器，由运算器完成运算任务。

由于在计算机内，各种运算均可归结为相加和移位这两个基本操作，所以运算器的核心是加法器。为了能将操作数暂时存放，能将每次运算的中间结果暂时保留，运算器还需要若干个寄存数据的寄存器。若一个寄存器既保存本次运算的结果而又参与下次的运算，它的内容就是多次累加的和，这样的寄存器又称累加器。运算器结果示意图如图 6-5 所示。

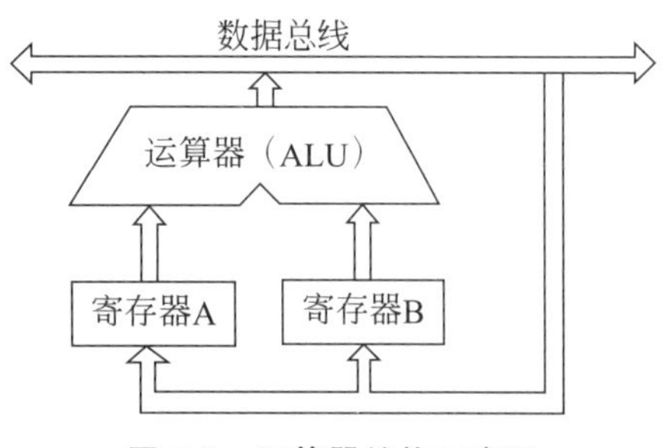

图 6-5 运算器结构示意图

2. 冯·诺依曼机结构组成之二：控制器

控制器（Control Unit，CU）是计算机的指挥控制中心。它负责从存储器中取出指令，并对指令进行译码，根据指令的要求，按时间的先后顺序，对指令加以解释，并向其他部件发出相应的控制信号，保证各个部件协调一致地工作。

从宏观上看，控制器的作用是控制计算机各部件协调工作；从微观上看，控制器的作用是按一定顺序产生机器指令以获得执行过程中所需要的全部控制信号，这些控制信号作用于计算机均各个部件以使其完成某种功能，从而达到执行指令的目的。

3. 冯·诺依曼机结构组成之三：存储器

存储器是计算机的记忆存储部件，计算机中所有的数据和程序指令都是存储在存储器，可以说存储器是计算机的仓库。存储器可以分为两种。

（1）内存储器：即计算机的内存。它只在计算机运行时才存储数据和指令，当计算机关闭时，在内存中的数据就会消失，所以内存储器是一个储存临时数据的存储部件。

（2）外存储器：即计算机主机外部的存储设备，主要包括硬盘、光盘等。这些外存储设备所存储的数据和程序是不会因计算机关闭而消失的。

4. 冯·诺依曼机结构组成之四：输入设备

输入设备是将数据或命令输入计算机的一种设备。它是用户与计算机进行交流的重要设备。常见的输入设备有：鼠标、键盘、扫描仪、麦克风、手写板等。

5. 冯·诺依曼机结构组成之五：输出设备

输出设备主要负责将计算机中的信息（例如各种运行状态、工作的结果、编辑的文件、程序、图形等）传送到外部媒介供用户查看或保存（如显示器、打印机、音箱等）。

6. 冯·诺依曼机结构五大部件间的连接

计算机硬件系统的五大部件并不是孤立存在的,它们在处理信息的过程中需要相互连接和传输。计算机的结构反映了计算机各个组成部件之间的连接方式。

(1) 直接连接。早期计算机的运算器、存储器、控制器和外部设备等部件是直接连接的,相互之间基本上都有单独的连接线路。这样的结构可以获得最高的连接速度,但不易扩展。

(2) 总线结构。现代计算机普遍采用总线结构,其特点是结构简单清晰、易于扩展。图6-6是一个基于总线结构的计算机的结构示意图。总线就是系统部件之间传送信息的公共通道,各部件由总线连接并通过它传递数据和控制信号,总线体现在硬件上就是计算机主板。总线经常被比喻为"高速公路",它包含了运算器、控制器、存储器和I/O部件之间进行信息交换和控制传递所需要的全部信号。按照传输信号的性质划分,总线一般又分为以下三类。

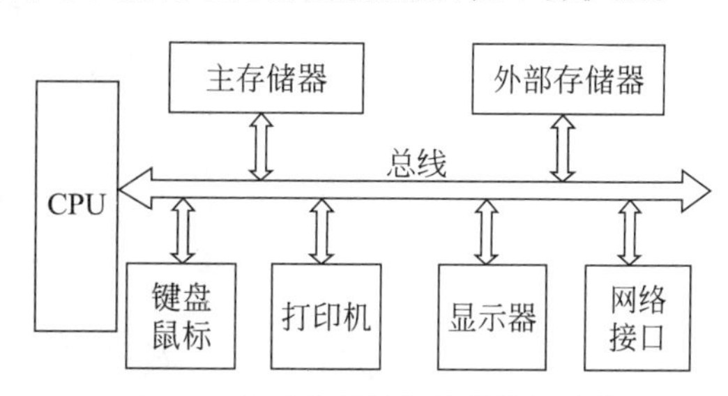

图6-6 基于总线结构的计算机结构

① 数据总线:一组用来在存储器、运算器、控制器和I/O部件之间传输数据信号的公共通路。一方面是用于CPU向主存储器和I/O接口传送数据,另一方面是用于主存储器和I/O接口向CPU传送数据。它是双向的总线。

② 地址总线:地址总线是CPU向主存储器和I/O接口传送地址信息的公共通路。地址总线传送地址信息,地址是识别信息存放位置的编号,地址信息可能是存储器的地址,也可能是I/O接口的地址。它是自CPU向外传输的单向总线。

③ 控制总线:一组用来在存储器、运算器、控制器和I/O部件之间传输控制信号的公共通路。控制总线是CPU向主存储器和I/O接口发出命令信号的通道,也是外界向CPU传送状态信息的通道。

(二) 了解计算机硬件的物理组成

下面从看得见摸得着的计算机实体的角度来讨论计算机的硬件组成。

1. 主机

主机中安装了主板、CPU、内存、硬盘和电源等硬件,如图6-7所示。

1) 机箱与电源

机箱与电源在市场上一般都是搭配出售的。但两者的作用不同,需要分别对其性能参数进行考察。

2) 主板

主板是计算机中最重要的部件之一,是计算机中许多组件的载体,同时也是计算机数据传输的通道。可以说主板的性能从整体上限定了计算机的性能范围。

3) CPU

中央处理器(Central Processing Unit,CPU),有时简称为芯片,它是计算机的心脏,其性能通常反映了微机的性能。CPU包括运算器和控制器两个主要部件。

4) 内存

内存储器分为随机存储器(Random Access Memory,RAM)和只读存储器(Read Only Memory,ROM)。随机存储器也称读写存储器,用于存放计算机当前正在使用的程序、数

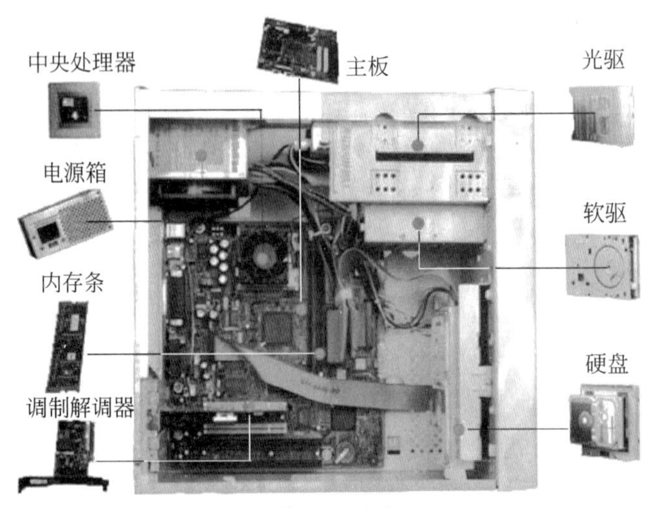

图 6-7　主机

据、中间结果等；只读存储器用于存放一些基本 I/O 驱动程序，出厂前由厂家用专门设备写好，如键盘、打印机、显示器驱动程序等。

高速缓冲存储器。高速缓冲存储器主要是为了解决 CPU 和主存速度不匹配，为提高存储器速度而设计的。高速缓冲存储器一般用 SRAM 存储芯片实现。高速缓冲存储器按功能通常分为两类：CPU 内部的高速缓冲存储器和 CPU 外部的高速缓冲存储器。

5）外存储器

(1) 硬盘。硬盘由硬盘驱动器和一组固定的金属盘片真空封装而成。

(2) 光驱、刻录机与光盘。光盘驱动器同光盘盘片是分离的，光盘盘片分为 CD 和 DVD。

(3) 其他外存储器。如移动硬盘和 U 盘等。

6）存储系统的层次结构

图 6-8 所示，存储器层次结构由上至下，速度越来越慢，容量越来越大，位价越来越低。

现代计算机系统基本都采用高速缓冲存储器、主存和辅存三级存储系统。该系统分为“高速缓冲存储器-主存”层次和“主存—辅存”层次。前者主要解决 CPU 和主存速度不匹配问题，后者主要解决存储器系统容量问题。在存储系统中，CPU 可直接访问高速缓冲存储器和主存；辅存则通过主存与 CPU 交换信息。

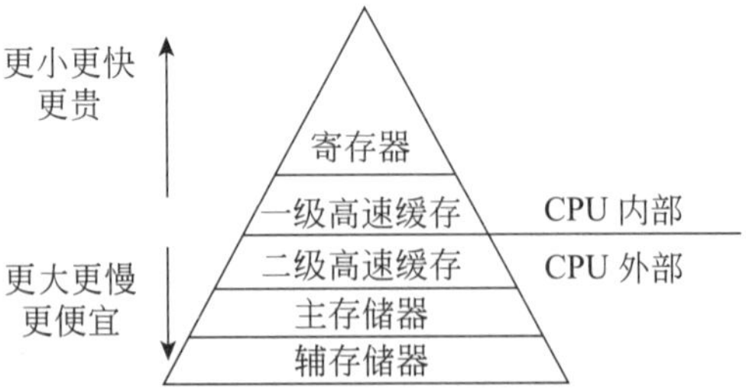

更小更快
更贵
寄存器
一级高速缓存　CPU 内部
二级高速缓存　CPU 外部
主存储器
辅存储器
更大更慢
更便宜

图 6-8　存储器层次结构

7）显卡

在计算机内部是用二进制数据来表示图像的，为了将这些数字图像转换为屏幕上显示的真实图像，就需要一种能将数字信号转换为显示器行扫描信号，以驱动显示器正确显示的硬件部件，即显卡。显卡对计算机的信息显示效率和效果影响很大，尤其在使用高速图像应用软件时效果非常明显。

8）声卡

声卡是多媒体计算机必备设备，它可以实现声波信号与数字信号的相互转换。声卡可以将自然界的原始声音通过采样转换为数字声音存储到计算机中，也可以将数字声音转换后输出到音响设备上，还原出原始声音。声卡既是输入设备，也是输出设备。

9）集成式主板

但随着芯片价格的下降以及主板设计与制造技术的不断成熟，主板厂商也普遍推出多合一集成式主板。这种主板在设计和制造时除了保留主板必备特征外，还将多个接口板卡的功能也设计在主板上。

2. 计算机外部设备（外设）

1）输入设备

（1）键盘。键盘是实现数据和命令输入计算机的设备。

（2）图形输入设备。鼠标器：常见的鼠标主要有机械鼠标、光电鼠标和无线鼠标。

（3）图像输入设备。扫描仪：可迅速地将图像输入计算机，结合光学字符辨识（OCR）软件，还可通过扫描仪把书刊、杂志上的印刷文字转换为文本输入计算机中。

2）输出设备

（1）显示器。传统的是 CRT 显示器，现在主要是液晶显示器（又称 LCD 显示器）。

（2）打印机。目前市场上主要有点阵打印机、喷墨打印机和激光打印机三种。

（3）绘图仪。能绘出各种复杂、精确的图形，因此成为 CAD 必不可少的设备。

（4）音箱。将声卡输出的声音信息放大并由音箱内的喇叭播放出来。

3. 其他设备

（1）网卡。网卡是局域网中最基本的部件之一，它是连接计算机与网络的硬件设备。

（2）调制解调器。有内置调制解调和外置调制解调两种。

（3）视频卡。接收来自电视机、激光视盘或摄像机的视频信号，并将其数字化。

二、计算机软件系统

（一）了解计算机的软件系统

计算机软件系统包括软件、程序和软件系统

（1）软件。软件是一系列按照特定顺序组织的计算机数据和指令的集合。国标中对软件的定义为：与计算机系统操作有关的计算机程序、规程、规则，以及可能有的文件、文档及数据。简单地说软件就是程序加文档的集合体。

（2）程序。程序是用于指挥计算机执行各种动作以便完成指定任务的指令序列。

（3）软件系统。软件系统是为运行、管理和维护计算机而编制的各种程序、数据和文档的总称。计算机软件系统由系统软件和应用软件两大部分组成。

① 系统软件是为管理、监控和维护计算机资源所设计的软件，包括操作系统、数据库管理系统、语言处理程序、实用程序等。

② 应用软件是用户利用计算机及其提供的系统软件为解决各种实际问题而编制的程序。常见的应用软件有：信息管理软件、办公自动化系统、文字处理软件。

（二）计算机最核心的系统软件——操作系统

1. 操作系统的定义

操作系统是一个大型的系统软件。它全面地控制和有效地管理着计算机系统的所有硬、软件资源，使用户有一个功能强大且可扩展的工作环境。

2. 操作系统的基本功能

（1）处理机管理。操作系统处理机管理模块的主要任务是确定对处理机的分配策略，实施对进程或线程的调度和管理。处理机的调度一般以进程、线程为单位。

（2）存储管理。操作系统存储管理的功能是实现对内存的组织、分配、回收、保护与虚拟（扩充）。

（3）设备管理。计算机系统所配置的外部设备是多种多样的，其工作原理、I/O 传输速度、传输方式都有很大的差异。操作系统采取统一的文件系统界面来管理外部设备，而将设备本身的物理特性交由设备驱动程序去解决，以提高系统对多种设备的适应性。

（4）文件管理。操作系统的文件管理功能是最接近用户的部分，它给用户提供了一个方便、快捷，可以共享、同时又提供保护的文件使用环境。

（5）网络管理。随着计算机网络功能的不断加强，网络的应用不断深入社会的各个角落，操作系统也势必要提供计算机与网络进行数据传输和网络安全防护功能。

（6）提供良好的用户界面。操作系统是计算机与用户之间的接口，最终是用户在使用计算机，所以它必须为用户提供一个良好的用户界面。

3. 典型的操作系统举例

（1）服务器操作系统（网络操作系统）是指安装在大型计算机上的操作系统，比如 Web 服务器、应用服务器和数据库服务器等。服务器操作系统主要有以下 4 种。

① Windows NT 产品线：Windows NT 产品线是 Windows 的服务器版本系列，是微软用于服务器和商业桌面的操作系统。

② Unix：Unix 是美国 AT&T 公司的贝尔实验室在 1971 年开发的运行在小型机上的操作系统。Unix 支持多用户、多任务、多处理器和网络功能，安全可靠，是现代操作系统的代表，它的设计思想被包括 Windows 在内的许多操作系统所借鉴。

③ Linux：Linux 是一种准 Unix 系统。它的核心部分是由芬兰大学生李纳斯·托沃兹出于个人爱好而在 1991 年编写的。他将 Linux 核心的源代码公之于众。

④ Netware：Netware 是 NOVELL 公司推出的网络操作系统。

（2）PC 操作系统（个人操作系统）主要有以下 3 种。

① mac OS：mac OS 是苹果公司的 Macintosh 微机上使用的操作系统。它的核心借鉴了 Unix 的技术，性能稳定。

② DOS：只有命令行界面，功能简单，是单用户、单任务的操作系统。在 20 世纪 80 年代至 90 年代中期，几乎所有 PC 机使用的操作系统都是 DOS。

③ Windows：Windows 是微软公司为 PC 机开发的图形界面操作系统。

（3）实时操作系统是以美国 WindRiver 公司的 VxWorks 为代表，以性能稳定而著称的操作系统。美国的战斗机、爱国者导弹、火星探测器都使用到了 VxWorks。

（4）嵌入式操作系统主要有嵌入式实时操作系统 μC/OS-II、嵌入式 Linux、Windows Embedded、VxWorks 等，以及应用在智能手机和平板电脑的 Android、iOS 等。

三、信息在计算机中的表示

在计算机中，信息可分为控制信息、地址信息和数据信息。控制信息是计算机系统内部运转用到的控制命令，例如读写命令、中断信号等；地址信息是表示计算机系统内部设备、内存、网络主机等的标识，例如物理地址、相对地址、IP 地址等；数据信息指计算机可运算、可存储、可传输、可采集、可输出的各种数据，可分为数值型数据和非数值型数据（如字符，字串、图像、音频、视频等）。在计算机中，所有信息都是用二进制来表示的。

（一）相关知识

1. 二进制与十六进制

与十进制码相比，二进制码并不符合人们的习惯，但是计算机内部仍采用二进制编码表示信息，主要原因如下。

（1）容易实现。二进制数中只有 0 和 1 两个数码，易于用两种对立、稳定的物理状态表示，如电脉冲有或无分别用 1 和 0 表示。

（2）可靠性高。计算机中实现双稳态器件的电路简单，而且两种状态所代表的两个数码在数字传输和处理中不容易出错，可靠性高。

（3）运算简单。计算机中运算电路的设计，特别易于二进制中的算术运算。

（4）易于逻辑运算。二进制数码的 1 和 0 正好可与逻辑命题的两个值“真”(True)与“假”(False)，这样就为计算机进行逻辑运算和在程序中进行逻辑判断提供了方便，逻辑代数是计算机电路设计的数学基础。

虽然在计算机内部，信息的存储、处理与传送均采用二进制的形式。但由于二进制数的阅读与书写不方便，所以在阅读与书写时通常用使用十六进制或八进制。例如，老师念相同数值的 3 个数，你来写，看哪个更方便。101101011.10101B、16B.A8H、553.52Q。

2. 计算机编码

计算机除了进行复杂的数值计算外，还有大量其他方面的应用，如文字处理、图形图像处理、声音处理、视频处理等。因此，计算机中的数据可以分为数值型数据与非数值型数据。其中数值型数据就是常说的“数”(如整数、实数等)，它们在计算机中是以二进制形式存放的。而非数值型数据与一般的“数”不同，通常不表示数值的大小，而只表示字符、图形图像、声音、视频等信息，这些信息就需要在计算机中用二进制表示出来，这种非数值型用二进制数来表示的形式即称为编码。

3. 多媒体及多媒体技术

媒体在计算机科学中主要包含两层含义。其一是指信息的物理载体，如磁盘、光盘、磁带和卡片等；另一种含义是指信息的存在和表现形式，如文字、声音、图像和动画等。

多媒体是指两个或两个以上的单媒体的有机组合，意味着“多媒介”或“多方法”。计算机中的多媒体就是指将文字、图形、图像、音频、视频和动画等基本媒体元素以不同形式组合以传递信息的有机综合。

超文本是一种用于文本、图形或计算机的信息组织形式。它使得单一的信息元素之间相互交叉引用。这种引用是通过指向被引用的地址字符串来获取相应的信息。这是一种非线性的信息组织形式。它使得因特网成为交互式的网络。

利用超文本形式组织起来的文件不仅仅是文本，也可以是图、文、声、像以及视频等多媒体元素复合形式的文件，这种多媒体信息就构成了超媒体。

多媒体系统是一个软、硬件结合的综合系统。它把音频、视频等媒体与计算机系统集成在一起，组成一个有机的整体，并由计算机对各种媒体进行数字化处理。

多媒体技术的特点：数字化、压缩性、多样性、集成性、交互性、实时性。

4. 模拟信号和数字信号

模拟信号是指用连续变化的物理量表示的信息，其信号的幅度，或频率，或相位随时间作连续变化，或在一段连续的时间间隔内，其代表信息的特征量可以在任意瞬间呈现为任意数值的信号。

数字信号指自变量是离散的、因变量也是离散的信号，这种信号的自变量用整数表示，因变量用有限数字中的一个数字来表示。在计算机中，数字信号的大小常用有限位的二进制数表示。

5. 线性脉冲编码调制

线性脉冲编码调制（Pulse Code Modulation，PCM）是数字通信的编码方式之一，是最常用、最简单的波形编码。主要过程是将话音、图像等模拟信号每隔一定时间进行取样，使其离散化，同时将抽样值按分层单位四舍五入取整量化，同时将抽样值按一组二进制码来表示抽样脉冲的幅值。

PCM 是一种直接、简单地把语音经抽样、A/D 转换得到的数字均匀量化后进行编码的方法，是其他编码算法的基础。A/D 转换包括 3 个过程：采样—量化—编码。

采样是把时间连续的模拟信号转换成时间离散、幅度连续的采样信号；量化是把时间离散、幅度连续的采样信号转换成时间离散、幅度离散的数字信号；编码是将量化后的信号编码形成多位二进制码组成的码组，完成模拟信号到数字信号的转换。编码后的二进制码组经数字信道传输，在接收端，经过译码和滤波，还原为模拟信号。

（二）数值信息在计算机中的表示

数制是用一组固定数字和一套统一规则来表示数目的方法；而进位计数制则是按指定进位方式计数的数制，进位计数制的要点是：数码、基数、位权及运算规则。

1. 常用进位计数制及其相互之间的对照

1）常用进位计数制

（1）十进制：有 10 个数码：0、1、2、3、4、5、6、7、8、9；基数是 10；第 i 位的位权是：10^i；运算规则：逢十进一，借一当十。

（2）二进制：有 2 个数码：0、1；基数是 2；第 i 位的位权是：2^i；运算规则：逢二进一，借一当二。

（3）八进制：有 8 个数码：0、1、2、3、4、5、6、7；基数是 8；第 i 位的位权是：8^i；运算规则：逢八进一，借一当八。

（4）十六进制：有 16 个数码：0、1、2、3、4、5、6、7、8、9、A、B、C、D、E、F，其中 A、B、C、D、E、F，分别代表十进制中的 10、11、12、13、14、15；基数是 16；第 i 位的位权是：16^i；运算规则：逢十六进一，借一当十六。

2）常用进位计数制的对照与表示方法

表 6-1 给出了常用进位计数制的对照表。我们要熟记这个表。

四种进位计数制在书写时的表示方法：把一串数用括号括起来，再加这种数制的下标 2、8、10、16。在数值的后面加上进制的英文首字母 B、O、D、H，分别表示二进制、八进制、十进制、十六进制。注意：对于十进制数，数值后加 D 可以不加。

表 6-1 常用进位计数制对照表

十进制	二进制	八进制	十六进制	十进制	二进制	八进制	十六进制
0	0000	0	0	8	1000	10	8
1	0001	1	1	9	1001	11	9
2	0010	2	2	10	1010	12	A
3	0011	3	3	11	1011	13	B
4	0100	4	4	12	1100	14	C
5	0101	5	5	13	1101	15	D
6	0110	6	6	14	1110	16	E
7	0111	7	7	15	1111	17	F

【例 6-1】 $(10110101)_2=(265)_8=(181)_{10}=(B5)_{16}$

也可表示为：10110101B＝265O＝181D＝181＝B5H

2. 常用进位计数制之间的转换

1）二、八、十六进制数转换成十进制数

把任一数制的一个数转换成十进制数的方法概括为：按权展开。

【例 6-2】 将二进制数 $(10101.11)_2$ 转换成十进制数。

$$(10101.11)_2=1\times+2^4+0\times2^3+1\times2^2+0\times2^1+1\times2^0+1\times2^{-1}+1\times2^{-2}$$
$$=2^4+2^2+2^0+2^{-1}+2^{-2}=16+4+1+0.5+0.25=(21.75)_{10}$$

【例 6-3】 将十六进制数 2BA.8 转换成十进制数。

$$(2BA.8)_{16}=2\times16^2+11\times16^1+10\times16^0+8\times16^{-1}$$
$$=512+176+10+0.5=(698.5)_{10}$$

2）十进制数转换成二、八、十六进制数

将十进制转换为二、八、十六进制时，需要把十进制数的整数与小数分别进行转换，然后再组合到一起。方法概括为：整数部分，除基数取余；小数部分，乘基数取整。

【例 6-4】 将十进制数 253.75 转换为二进制。

解：(1) 整数部分

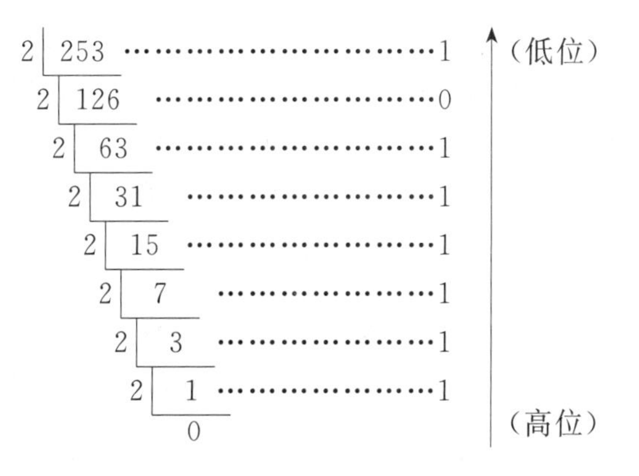

（2）小数部分

$$\begin{array}{l} 0.75\times2=1.50 \\ 0.50\times2=1.00 \end{array}\downarrow$$

所以 $(253.75)_{10}=(11111101.11)_2$

3）八、十六进制数转换成二进制数

八进制（十六进制数）数转换成二进制数方法概括为：一分三（四）。这是由于 $2^3=8(2^4=16)$，所以每一位八进制（十六进制数）数要用三（四）位二进制数来表示，也就是将每一位八进制数（十六进制数）表示成三（四）位二进制数。

【例 6-5】 将十六进制数$(B6E.9)_{16}$转换成二进制数。

解：

B	6	E	·	9
↓	↓	↓	↓	↓
1011	0110	1110	·	1001

所以 $(B6E.9)_{16}=(1011\ 0110\ 1110.1001)_2$

4）二进制数转换成八、十六进制数

二进制数转换成八进制数（十六进制数）的方法概括为：三（四）合一。具体来说：即将二进制数的整数部分从右向左每三（四）位一组，每一组为一位八进制（十六进制）整数。

【例 6-6】 二进制数$(10111110.11)_2$转换成八进制数。

解：

010	111	110	·	110
↓	↓	↓	↓	↓
2	7	6	·	6

所以 $(10111110.11)_2=(276.6)_8$

（三）字符信息在计算机中的表示

1. 了解西文字符的编码——ASCII 码

目前国际上通用的是美国标准信息交换码（American Standard Code for Information Interchange，简称为 ASCII 码），表 6-2 为 ASCII 码编码表。

ASCII 码有 7 位码和 8 位码两种版本。7 位 ASCII 码是用 7 位二进制数表示一个字符的编码，共有 $2^7=128$ 个不同的编码值，相应可以表示 128 个不同字符的编码。7 位 ASCII 码表中的每个字符都对应一个数值，称为该字符的 ASCII 码值。

用户没有必要记住 ASCII 码表，但对各类字符在表中的安排应该掌握以下几点。

（1）字符的 ASCII 码是内部码，在计算机内部占用一个字节（8 位二进制位），但有效位只有 7 位，最高位置为 0。

（2）字母“A”的 ASCII 码值为 01000001B＝41H＝65；字母“a”的 ASCII 码值为 01100001B＝61H＝97；字符“0”的 ASCII 码值为 00110000B＝30H＝48。

（3）表中最前面的 32 个码（00H～1FH）和最后一个码（7FH）不对应任何可印刷的字符，主要用于对计算机通信中的通信控制或对计算机设备的控制，称控制码。

（4）空格字符 SP 的编码值是 32（20H）。

（5）数字符 0～9，大写英文字母 A～Z 和小写英文字母 a～z 分别按它们的自然顺序安排在表中的不同位置。这 3 组字符在表中的先后次序（即从小到大的顺序）是：数字符、大写英文字符和小写英文字符。大写英文字符和小写英文字符的 ASCII 码值之间相差 32。

表 6-2 ASCII 码编码表

$b_4b_3b_2b_1$	$b_7b_6b_5$							
	000	001	010	011	100	101	110	111
0000	NUL	DLE	SP	0	@	P	、	p
0001	SOH	DC1	!	1	A	Q	a	q
0010	STX	DC2	“	2	B	R	b	I
0011	ETX	DC3	#	3	C	S	c	s
0100	EOT	DC4	$	4	D	T	d	t
0101	ENQ	NAK	%	5	E	U	e	u
0110	ACK	SYN	&	6	F	V	f	v
0111	BEL	ETB	ˊ	7	G	W	g	w
1000	BS	CAN	(	8	H	X	h	x
1001	HT	EM	)	9	I	Y	i	y
1010	LF	SUB	*	:	J	Z	j	z
1011	VT	ESC	+	;	K	[	k	{
1100	FF	FS	,	<	L	\	l	:
1101	CR	GS	～	=	M	]	m	}
1110	SO	RS	.	>	N	ˆ	n	～
1111	SI	US	/	?	O	_	o	DEL

2. 了解汉字的编码

ASCII 码只对英文字母、数字和标点符号进行了编码。针对汉字的输入、存储处理和输出环节，则需要对汉字进行不同的编码。

1）汉字信息交换码（国标码）

汉字信息交换码是用于汉字信息处理系统之间或汉字信息处理系统与通信系统之间进行信息交换的汉字代码，也称国标码，我国于 1981 年颁布了国家标准《信息交换用汉字编码字符集——基本集》，代号为“GB2312—80”。

国标码规定了 7445 个字符的编码。其中图形符号 682 个，汉字字符 6763 个。按使用频度，又将汉字字符分为一级常用字 3755 个，二级次常用字 3008 个。一级常用汉字按汉语拼音字母顺序排列，二级次常用字按偏旁部首排列，部首依笔画多少排序。

国标码 GB 2312—80 规定，全部国标汉字及符号组成 94×94 的矩阵，在这矩阵中，每一行称为一个“区”，每一列称为一个“位”。这样，就组成了 94 个区（01～94 区），每个区内有 94 个位（01～94）的汉字字符集。

由于一个字节只能表示 2^8（即 256）种编码，由于国标码规定了 7445 个字符，所以一个国标码必须用两个字节来表示才够编码数量。其编码原则为：汉字用两个字节表示，原则上，两个字节可以表示 256×256＝65536 种不同的符号，作为汉字编码表示的基础是可行的。但考虑到汉字编码与其他国际通用编码，如 ASCII 西文字符编码的关系，我国国家标准局采用了加以修正的两字节汉字编码方案，只用了两个字节的第 7 位。这个方案可以容纳 128×128＝16384 种不同的汉字，但为了与标准 ASCII 码兼容，每个字节中都不能再用32 个控制功能码和码值为 32 的空格以及 127 的操作码。所以每个字节只能有 94 个编码。这样，双七位实际能够表示的字数是：94×94＝8836 个。

2）区位码

将 GB2312—80 中的国标汉字及符号的区码和位码组合在一起(即两位区码居高位，两位位码居低位)就形成了“区位码”，用十进制表示。区位码可唯一确定某一个汉字或汉字符号。国标码＝区位码＋2020H(加 20H 应理解为兼容基本 ASCII 的控制码)。

例如，将汉字“玻”转换成国标码。“玻”的区位码是 1803(位于第 18 区的第 3 位)，将区位码的区码和位码分别转换成十六进制，即 1203H，所以“玻”的国标码是：1203H＋2020H＝3223H。

3）汉字输入码

利用键盘将汉字输入计算机时，需要对汉字进行编码，该编码就是汉字输入码(称外码)，输入码可分为音码、形码、音形码和数字码等。对于同一个汉字，不同的输入法有不同的输入码。例如，“中”字的全拼输入码是“zhong”，五笔形输入码是“k”。

4）汉字内码(机内码)

汉字内码是在计算机内部进行存储、传输所使用的汉字代码。对于同一个汉字，无论使用何种形式的输入码，输入计算机后都会转换为唯一的内码。

国标码是汉字信息交换的标准编码，但因其前后字节的最高位为 0，与 ASCII 码发生冲突，于是为了与 ASCII 码兼容(共存)，将国标码的两个字节的最高位由 0 改 1 而得到机内码，即机内码＝国标码＋8080H(加 80H 意在把最高二进制位置“1”，以与基本 ASCII 码相区别，或者说是识别是否汉字的标志位)。

例如，将汉字“玻”的区位码 1803 转换成机内码。前面我们已经将“玻”的区位码转换成了国标码：1203H＋2020H＝3223H，所以“玻”的机内码为：3223H＋8080H＝B2A3H。

5）汉字字形码

汉字字形码是为输出汉字而进行的汉字编码。是汉字字形数字化后，确定一个汉字字形点阵的代码，也称字模或汉字输出码。汉字字形码的集中存储，就是汉字库。

汉字是方块字。针对某一个汉字，可以画一个 n 行 n 列的格子表(简称为点阵)，并将该汉字的字形描画在该格子表中，凡笔画所到的格子点为黑点，用二进制数“1”表示，否则不点，用二进制数“0”表示。这样，一个汉字的字形就可用一串二进制数表示了，这就是汉字点阵的二进制数字化。存储一个 16×16 点阵汉字的字形码需要 16×16/8＝32 字节的存储空间；存储一个 32×32 点阵汉字的字形码需要 32×32/8＝128 字节存储空间。显然，点阵中行、列数划分越多，字形的质量就越好，但存储汉字字形码所占用的存储容量也越多，如图 6-9 所示。

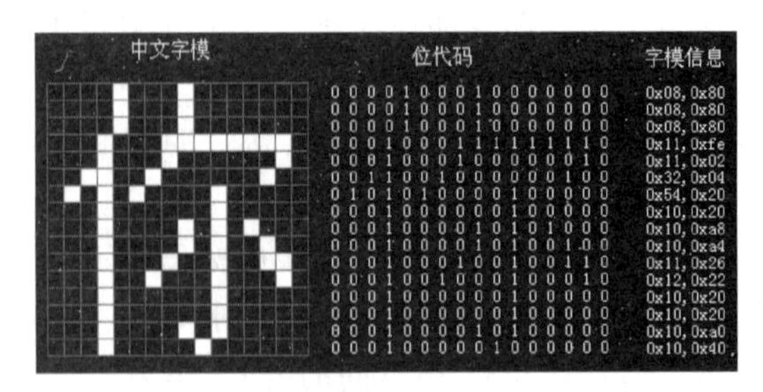

图 6-9　汉字字模、位代码及字模信息

6）汉字地址码

汉字地址码是指汉字库(一般指整字形的点阵式字模库)中存储汉字字形信息的逻辑地址码。输出设备输出汉字时，必须通过地址码对汉字库进行访问。

7）其他汉字内码

（1）GBK 码(扩充汉字内码规范)是我国制定的，对多达 2 万多的简、繁汉字进行了编码，是 GB 2312—80 码的扩充。这种内码仍以 2 字节表示一个汉字。

（2）UCS 码(通用多八位编码字符集)是国际标准化组织(ISO)为各种语言字符制定的编码标准。ISO/IEC10646 字符集中的每个字符用 4 个字节唯一地表示。

（3）Unicode 编码是国际编码标准，最初由苹果公司发起制定，后来被多家计算机厂商组成 Unicode 协会进行开发，是几乎能表示世界上所有书写语言的字符编码标准。

（4）BIG5 码是目前我国台湾和香港地区普遍使用的一种繁体汉字的编码标准。

8）汉字的处理过程

当用户输入汉字时，首先利用键盘管理模块将输入码转换成相应的国标码，然后再转换成机内码；在计算机系统中，汉字以机内码的形式进行存储和处理；输出汉字时，先将汉字的机内码通过简单的对应关系转换为相应的汉字地址码，然后通过汉字地址码对汉字库进行访问，从字库中提取汉字的字形码，最后根据字形码在输出设备上显示或打印，如图 6-10 所示。

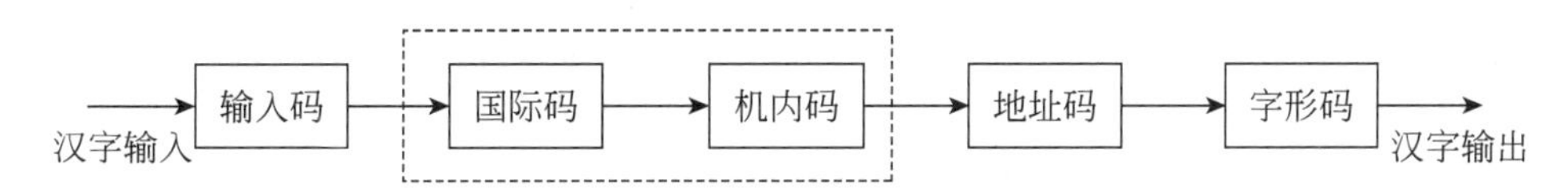

图 6-10 计算机中汉字处理模型

（四）音频在计算机中的表示

人类能够听到的所有声音都称为音频，它可能包括噪声等。音频是具有振幅和频率的声波。声波的幅度表示声音的强弱，频率表示声音音调的高低。要在计算机内播放或是处理音频文件，也就是要对声音文件进行数、模转换，在音频文件的制作中，采用 PCM 这一标准(如前述)。音频的缺点是数据量庞大，因此也必须进行压缩处理。

常见的音频文件格式有：WAVE 波形文件(扩展名是“. wav”)，MIDI 音乐数字文件格式(扩展名是“. mid”)，微软的 WMA 格式(扩展名是“. wma”)，MP3 音乐文件格式(扩展名是“. mp3”，即 MPEG 所制定的音频三层压缩标准，MPEG 指“Motion Picture Expert Group，运动图像专家小组”)。

（五）图形图像在计算机中的表示

图像是指由输入设备捕获的实际场景画面或以数字化形式存储的画面，是真实物体的影像。常见的图像文件格式有：BMP 格式、JPG 格式、GIF 格式、TIF 格式等。另外，各种图像处理软件都有自己的专用格式，如 Photoshop 的 PSD 格式等。

矢量图是根据几何特性来绘制图形，矢量可以是一个点或一条线，矢量图只能靠软件生成，文件占用空间较小。它的特点是放大后图像不会失真，和分辨率无关，适用于图形设计、文字设计和一些标志设计、版式设计等。

位图是对图片逐行、逐列进行采样(取样点)，并用许多点(称为像素点)表示并存储，即为数字图像，通常称为位图，也称为点阵图像或栅格图像。当放大位图时，可以看见赖以构成整个图像的无数单个方块。用数码相机拍摄的照片、扫描仪扫描的图片以及计算机截屏图等都属于位图。位图的特点是可以表现色彩的变化和颜色的细微过渡，产生逼真的效果，缺点是在保存时需要记录每一个像素的位置和颜色值，占用较大的存储空间。

（六）视频和动画在计算机中的表示

1. 视频及其常用格式

若干幅内容相互联系的图像连续播放就形成了视频。视频主要来源于摄像机拍摄的连续自然场景画面。视频与动画一样是由连续的画面组成的，只是视频的画面图像是自然景物的图像。计算机处理的视频信息必须是全数字化的信号。常见视频文件格式有 ASF、WMV、RM、RMVB、MOV、MPG、AVI。

2. 动画

动画就是运动的图画，实质是若干幅时间和内容连续静态图像的顺序播放。用计算机实现的动画有两种，一种叫造型动画，另一种叫帧动画。造型动画每帧由图形、声音、文字和色彩等造型元素组成，由脚本控制角色的表演和行为。帧动画是由一幅幅连续的画面组成的图像序列，这是产生各种动画的基本方法。

任务实现

人类历史上第一台计算机不是图灵机，也不是冯诺依曼机。在相当长时间里比较公认的第一台计算机是 1946 年在美国宾夕法尼亚大学诞生的 ENIAC。但后来这一说法有了争议，下面让我们简单回顾一下计算机发展的简史。

（1）差分机和分析机是在 1819 年和 1834 年设计出来的。

（2）图灵机是英国数学家艾伦·麦席森·图灵在 1936 年提出的。

（3）Z1 机：德国工程师康拉德·祖斯于 1935 年至 1936 年设计、1936 年至 1938 年制造出计算机 Z1。Z1 是世界首台可自由编程使用二进制数的计算机。

（4）ABC 机：这是以研发者约翰·文森特·阿塔那索夫和克利福特·贝瑞的英文名首字母 A、B 来命名的，即 ABC(Atanasoff-Berry Computer)。1919 年研制出的 ABC 机是一台通用的计算机，但具有划时代、创世纪的深远意义。

（5）ENIAC：1942 年，正值第二次世界大战，为了给美国军方提供准确而及时的弹道火力表，迫切需要有一种高速的计算工具。ENIAC 使用了 17840 支电子管，占地 170 平方米，重达 28 吨，功耗为 170kW，其运算速度为每秒 5000 次的加法运算。

ENIAC 制造出来之后申请了美国专利，被认为是“世界上第一台电子计算机”。然而阿塔纳索夫起诉 ENIAC 抄袭自己的原创思想，因为他在 1941 年的时候，把 ABC 的设计思想告诉了约翰·莫克利，这个莫克利就是 ENIAC 项目的负责人之一，于是 ABC 的设计思想就被用到了 ENIAC 的制造当中。经过 135 次法庭审讯，1973 年，美国一家地方法院宣布撤销 ENIAC 的专利，判定 ENIAC 的发明者只是从阿塔纳索夫那里继承了电子计算机的主要构件思想，不是新的发明。所以，我们称 ENIAC 为“第一台通用电子计算机”更准确些。

知识拓展

非冯·诺依曼结构与哈佛结构

时至今日，尽管计算机软硬件技术飞速发展，但计算机本身的体系结构并没有明显的突破，当今的计算机仍属于冯·诺依曼结构。冯·诺伊曼结构中的程序和数据放在共用存储器内，由CPU取出指令和数据进行相应的计算，因此CPU与共用存储器间的信息通路成为影响系统性能的“瓶颈”。近几年来人们努力谋求突破传统冯·诺依曼体制的局限，各类非诺依曼化计算机的相继出现，主要表现在以下四个方面。

(1) 对传统冯·诺依曼机进行改良，如传统体系计算机只有一个处理部件是串行执行的，改成多处理部件形成流水处理，依靠时间上的重叠提高处理效率。

(2) 由多个处理器构成系统，形成多指令流多数据流支持并行算法结构。这方面的研究目前已经取得一些成功。

(3) 否定冯·诺依曼机的控制流驱动方式。设计数据流驱动工作方式的数据流计算机，只要数据已经准备好，有关的指令就可并行地执行。这是真正非诺依曼化的计算机，这样的研究还在进行中，已获得阶段性的成果，如神经计算机。

(4) 彻底跳出电子的范畴，以其他物质作为信息载体和执行部件，如光子、生物分子、量子等。

为避免将程序和指令存储在共用存储器中，并共用同一套总线，造成CPU和内存的信息流访问存取成为系统的瓶颈，人们设计了哈佛结构，该结构是将程序和指令分别存储在不同的存储器中，分别访问。如此设计克服了数据流传输瓶颈，提高了运算速度，但结构复杂，对外围设备的连接与处理要求高，不适合外围存储器的扩展，实现成本高，所以哈佛结构未能得到大范围的应用。但是作为冯式存储程序的改良手段，哈佛结构在CPU内的高速缓存Cache中得到了应用。哈佛结构的计算机分为三大部件：CPU；程序存储器；数据存储器。它的特点是将程序指令和数据分开存储，由于数据存储器与程序存储器采用不同的总线，因而较大地提高了存储器的带宽，使其数字信号处理性能更加优越。

任务训练

(1) 为什么没有第五代计算机发明出来？未来的计算机是怎样的？
(2) 计算机中为什么要采用二进制？为什么还提出了十六进制？
(3) 可以把计算器称为计算机吗？

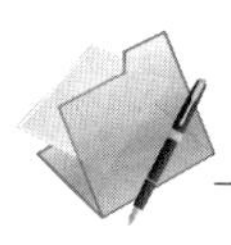

任务6.3 计算思维与计算机网络

任务描述

拜占庭将军问题

拜占庭位于如今的土耳其的伊斯坦布尔，是东罗马帝国的首都。由于当时拜占庭罗马帝国国土辽阔，为了达到防御目的，每个军队都分隔很远，由此引出了拜占庭将军问题。

拜占庭
将军问题

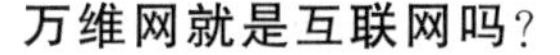

万维网就是互联网吗？

我们经常会遇到以下不同的术语：互联网、因特网、万维网、WWW，那么它们之间是什么关系？因特网是英文 Internet 的音译、等同于互联网，而 WWW 是英文 World Wide Web 的缩写，中文翻译为万维网，那万维网就是互联网吗？

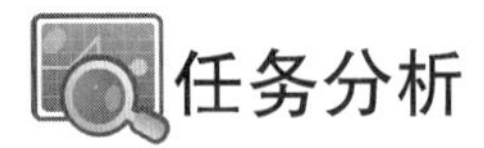

本子任务在介绍计算机网络相关知识的时候，传递一些计算思维的思想。本子任务将介绍：计算机网络的基础知识，包括计算机网络的概念、分类与网络系统组成，计算机网络的层次模型与网络协议，Internet 基础与应用。

知识讲解

一、计算机网络的基础知识

（一）计算机网络的概念、分类与网络系统组成

1. 计算机网络的基本概念

计算机网络就是将分布在不同地理位置上的具有独立工作能力的多台计算机、终端及其附属设备用通信设备和通信线路连接起来，并配置网络软件，以实现计算机资源共享的系统。

2. 计算机网络的基本功能

(1) 资源共享：计算机网络允许网络上的用户共享网络上各种软、硬件资源。

(2) 快速通信(数据传输)：建设计算机网络的主要目的就是让分布在不同地理位置的计算机用户能够相互通信、交流信息。

(3) 负荷均衡：当网络上某台主机的负载过重时，通过网络和程序的控制和管理，可以将任务交给网络上其他的计算机去处理，充分发挥网络系统上各主机的作用。

(4) 实现分布式处理：将部分作业分配给网络中的其他计算机系统进行处理，以提高系统的处理能力，高效地完成大型应用系统的程序计算以及大型数据库的访问等。

(5) 系统的安全与可靠性：计算机通过网络中的冗余部件可大大提高可靠性。例如在工作过程中，一台机器出了故障，可以使用网络中的另一台机器。

3. 数据通信基础知识

数据通信技术是计算机网络的基础，计算机技术与数据通信技术密不可分。我们要了解一些有关数据通信的基本知识，以便我们更好地理解计算机网络。

1) 数据通信

数据通信是通信技术和计算机技术相结合而产生的一种新的通信方式，数据通信分为模拟通信和数字通信。模拟通信通常是利用模拟信号来传递消息，如电话、广播、电视等；数字通信是利用数字信号来传递消息，如计算机通信、数字电话以及数字电视等。

2) 调制与解调

模拟信号可以在公用电话线或专用线上通信，而数字信号只能用在计算机中。如果想把计算机中的数字信号通过电话线传输出去，需要通过调制器将发送方的数字信号转换成模拟信号后才能完成传输；同样地，对接收方来说，所接收到的模拟信号无法直接用于计算机内部，需要解调器，把适用于通信的模拟信号还原成数字信号，如图 6-11 所示。

数据通信是双向的，因此调制器和解调器通常合二为一，称为调制解调器(Modem)。

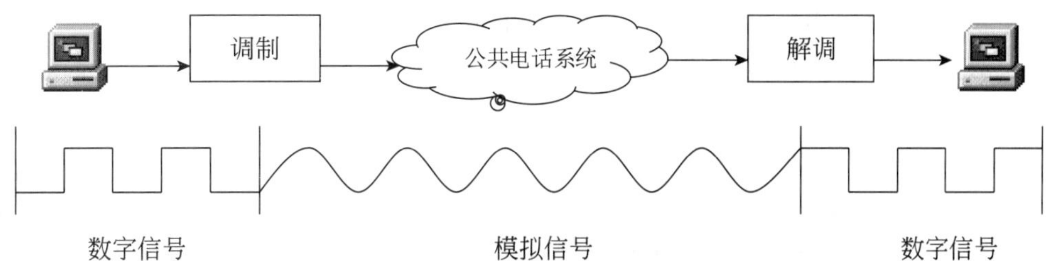

图 6-11 通过电话线的计算机通信

4. 信道

信道是信息传输的媒介或渠道，作用是把携带有信息的信号从它的输入端传递到输出端。信道可按以下方式分类。

(1) 按使用权限可分为专用信道和公用信道。

(2) 按照传输信号的种类又可分为模拟信道和数字信道。

(3) 根据传输媒介的不同，信道可分为有线信道和无线信道。常见的有线信道有双绞线、电缆、光缆等；无线信道有地波传播、短波、超短波、微波中继、人造卫星中继等。

5. 数据通信的主要技术指标

在数字通信中，我们一般使用比特率和误码率来分别描述数据信号传输速率的大小和传输质量的好坏等；在模拟通信中，我们常使用带宽和波特率来描述通信信道传输能力和数据信号对载波的调制速率。

(1) 带宽，即传输信号的最高频率与最低频率之差。通常用带宽来描述传输介质的传输容量，介质的传输容量越大，带宽就越宽，通信能力就越强，传输率也就越高。

(2) 比特率，在数字信道中，即是数字信号的传输速率，它用单位时间内传输的二进制代码的有效位(bit)数来表示，其单位为每秒比特数 bit/s(bps)、每秒千比特数(Kbps)或每秒兆比特数(Mbps)。

(3) 波特率，波特率指数据信号对载波的调制速率，它用单位时间内载波调制状态改变次数来表示，其单位为波特(Baud)。波特率与比特率的关系为：比特率＝波特率×单个调制状态对应的二进制位数。

(4) 误码率，即在数据传输中的错误率。在计算机网络中，一般要求数字信号误码率低于 10^{-6}。

6. 数据传输介质

传输介质就是通信中实际传送信息的载体，是连接收发双方的物理通路。

(1) 有线介质：包括双绞线(是为了降低信号的干扰而把两根绝缘铜导线相互扭绕成一对线，并将多对这种线封装在一个绝缘外套中而形成的一种传输介质，是目前局域网最常用的一种布线材料)、同轴电缆(由一根空心的外圆柱导体和一根位于中心轴线的内导线组成的)。内导线是传输线，外圆柱导体是屏蔽层，内导线和圆柱导体之间用绝缘材料隔开。光缆是由一组光导纤维组成的用来传播光束的、细小而柔韧的传输介质。

(2) 无线介质：是指无线电波、微波、红外、可见光等。

7. 计算机网络的分类

（1）根据网络的覆盖范围分类：局域网（Local Area Network，LAN）、城域网（Metropolitan Area Network，MAN）和广域网（Wide Area Network，WAN）。

（2）根据网络的传输介质分类：有线网和无线网。

（3）根据网络的拓扑结构分类：星型、总线型、环型、树型和网状型。

8. 计算机网络系统的组成

（1）网络硬件系统：硬件系统由计算机、通信设备、连接设备及辅助设备组成。主要设备包括服务器、客户机、网卡、调制解调器、集线器、交换机、中继器、网桥、路由器、网关等。

（2）网络软件系统：网络软件包括网络操作系统、网络协议软件、网络通信软件和相关的网络应用软件。

（3）网络信息：计算机网络上存储、传输的信息称为网络信息。网络信息是计算机网络中最重要的资源，它存储于服务器上，由网络系统软件对其进行管理和维护。

9. 无线局域网

在无线网络的发展史上，从早期的红外线技术到蓝牙，都可以无线传输数据，多用于系统互联，但却不能组建局域网。如将一台计算机的各个部件（鼠标、键盘等）连接起来，再如常见的蓝牙耳机。如今新一代的无线网络，不仅是简单地将两台计算机相连，更是建立无须布线和使用非常自由的无线局域网 WLAN（Wireless LAN）。在无线局域网的发展中，Wi-Fi（Wireless Fidelity）由于其较高的传输速度、较大的覆盖范围等优点，发挥了重要的作用。

（二）计算机网络的层次模型与网络协议

1. OSI/RM

OSI/RM（开放系统互联参考模型）最初由开发网络通信协议族的参考标准发展而来。如果严格遵守 OSI/RM，不同的网络技术之间可以轻而易举地实现互联。整个 OSI/RM 模型共分 7 层，从下往上分别是：物理层、数据链路层、网络层、传输层、会话层、表示层和应用层。当接收数据时，数据是自下而上传输；当发送数据时，数据是自上而下传输。7 层的主要功能如表 6-3 所示。

表 6-3　7 层的主要功能

层次	层的名称	英　　文	主要功能
7	应用层	application layer	处理网络应用
6	表示层	presentation layer	数据表示
5	会话层	session layer	互连主机通信
4	传输层	transport layer	端到端连接
3	网络层	network layer	分组传输和路由选择
2	数据链路层	data link layer	传送以帧为单位的信息
1	物理层	physical layer	二进制传输

2. TCP/IP

虽然 OSI/RM 已成为计算机通信体系结构的标准模型，但因 OSI/RM 的结构过于复杂，实际系统中采用 OSI/RM 的并不多。目前，使用最广泛的网络体系结构是 TCP/IP 协议体系结构。TCP/IP(参考模型)将协议分成 4 个层次，从底层到顶层分别是：网络接口层、网络互联层、传输层和应用层，如图 6-12 所示。各层的功能分别是：负责监视数据在主机和网络之间的交换；主要解决主机到主机的通信问题；保证了数据包的顺序传送及数据的完整性；为用户提供所需要的各种服务。

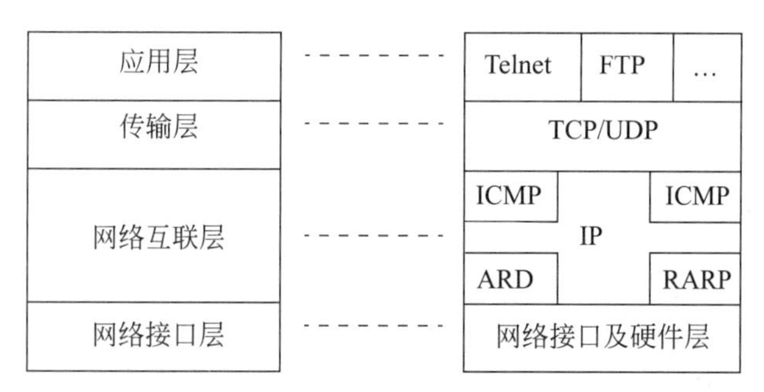

图 6-12 TCP/IP 参考模型

3. 网络协议、接口和服务

(1) 网络协议就是通信双方都必须要遵守的规则。如果没有网络协议，计算机的数据将无法发送到网络上，更无法到达对方计算机，即使能够到达，对方也未必能读懂。有了协议，网络通信才能够发生。一个网络协议主要由以下 3 个要素组成。

① 语法，即数据与控制信息的结构或格式，包括数据的组织方式、编码方式、信号电平的表示方式等。

② 语义，即需要发出何种控制信息，完成何种动作及做出何种应答，以实现数据交换的协调和差错处理。

③ 时序，即事件实现顺序的详细说明，以实现速率匹配和排序。

(2) 接口是两相邻协议层之间所有调用和服务访问点以及服务的集合。相邻高层协议通过不同的服务访问点(Service Access Point，SAP)对低层协议进行调用。

(3) 服务是协议外部行为的体现，各层服务是垂直关系，即网络中低层向相邻的高层提供服务；高层通过原语(Primitive)或过程(Procedure)调用相邻低层所提供的服务。

4. TCP/IP 协议

TCP/IP(Transmission Control Protocol/Internet Protocol，传输控制协议/网际协议)是指能够在多个不同网络间实现信息传输的协议簇。TCP/IP 协议不仅指的是 TCP 和 IP 两个协议，而是指一个由 FTP、SMTP、TCP、UDP、IP 等协议构成的协议簇，只是因为在 TCP/IP 协议中 TCP 协议和 IP 协议最具代表性，所以被称为 TCP/IP 协议。

二、Internet 基础与应用

(一) Internet 的起源与发展

(1) Internet 的前期阶段：1969 年，美国国防部高级研究计划管理局(Advanced Research Projects Agency，ARPA)开始建立一个名为 ARPANET 的网络，美国建立这个网络的目的只是将美国的几个军事及研究用计算机主机连接起来，一旦其某些军事基地被袭击后，该指挥网络仍能畅通无阻，人们普遍认为 ARPANET 就是 Internet 的雏形。

（2）Internet的发展阶段：美国国家科学基金会（NSF）不断对ARPANET的基本技术进行完善，开发出了基于TCP/IP协议的互联网技术。NSF在1985年开始建立NSFNET。1989年，MILNET（由ARPANET分离出来）实现和NSFNET连接后，就开始采用Internet这个名称。

（3）Internet的商业阶段：20世纪90年代初，商业机构开始进入Internet，使Internet开始了商业化的新进程，也成为Internet发展的强大推动力。1995年，NSFNET停止运作，Internet已彻底商业化了。

（二）IP地址、域名、URL

标识Internet网上资源位置的方式有以下3种。

1. 物理地址和逻辑地址

（1）物理地址（Physical Address）。在网络中，各个站点的机器必须都有一个可以识别的地址，才能使信息在其中进行交换，这个地址就是物理地址，即MAC地址。

（2）逻辑地址（Logic Address）。网络层的IP地址、传输层的端口号，以及应用层的用户名等称为逻辑地址。

2. IP地址

网络中的每一台TCP/IP主机都必须分配一个唯一的IP地址。IP地址的二进制数共有32位，分为4段，每段8位。在Internet中采用“点分十进制”的表示方法，即将每段8位二进制数表示为十进制数，如192.168.0.1。

IP地址的结构：每一个IP地址都由网络地址和主机地址两部分组成。根据网络的大小，有关机构定义了5种IP地址类型：A类地址、B类地址、C类地址、D类地址、E类地址。

3. 域名、域名解析、DNS

（1）域名：《中国互联网络域名管理办法》中关于域名的定义：域名是互联网络上识别和定位计算机的层次结构式的字符标识，与该计算机的互联网协议（IP）地址相对应。

（2）域名解析：在Internet上域名与IP地址之间是一一对应的，域名虽然便于人们记忆，但机器之间只能互相认识IP地址，它们之间的转换工作称为域名解析。Internet利用地址解析的方法将用户使用的域名方式的地址解析为最终的物理地址，中间经历了两层的解析工作，即域名与IP地址之间的解析和IP地址与物理地址之间的解析。

（3）DNS：DNS有时代表域名系统，有时代表域名服务器。DNS（Domain Name System），域名系统由分布在世界各地的DNS服务器组成，担负着将形象的域名翻译为数字型IP地址的工作。DNS（Domain Name Server），域名解析需要由专门的域名解析服务器来完成，DNS就是进行域名解析的服务器。

（4）URL：URL（Uniform Resource Locator）是一种WWW上的寻址系统，也称网址，主要目的是使网络上所有的资源使用统一的格式来指定所在路径与服务器。我们就是通过这个URL才找到网络中的服务器的。URL一般由三部分组成：传输协议：//主机IP地址或域名地址/资源所在路径和文件名。如一个URL为：http://www.china-window.com/shanghai/news/wnw.html，这里“http”指超文本传输协议，“www”是Web服务器名（主机名），“china-window.com”是其Web服务器域名地址，“shanghai/news”是网页所在路径，“wnw.html”才是相应的网页文件。

（三）Internet 的基本应用

（1）WWW：World Wide Web，简称 Web，中文名字为“万维网”，它起源于 1989 年 3 月，由欧洲量子物理实验室发展出来的主从结构分布式超媒体系统。通过万维网，人们只要使用简单的方法，就可以迅速、方便地取得丰富的信息资料。WWW 中的信息资源主要由 Web 页为基本元素构成。这些 Web 页采用超文本的格式，即可以含有指向其他 Web 页或其内部特定位置的超级链接。链接使得 Web 页交织成网状结构。这样，如果 Internet 上的 Web 页和链接足够多，就构成了一个巨大的信息网。浏览器是观看万维网的必备工具，用户必须用客户端程序向 WWW 服务器索取指定的文件，然后将它显示在本地的屏幕上，而这个客户端程序便是浏览器。

（2）E-mail：E-mail 是 Internet 提供的使用最广泛的服务之一。电子邮箱地址格式形如 angle987@163.com，其中“angle987”表示用户的邮箱名字，“@”表示“在”的意思，“163.com”表示所使用的 E-mail 服务器的地址。可以通过 WWW 方式和客户端软件来收发邮件，客户端软件中，以 Microsoft Outlook 应用最为广泛。

（3）FTP：FTP 是根据其应用的协议来命名的，即文件传输协议（File Transfer Protocol）。其作用是在 Internet 上把文件从一台计算机传送到另一台计算机上。

（4）Telnet：Telnet 提供了把本地的计算机作为仿真终端，登录到异地的计算机上的功能。当用户通过本地计算机向远程主机发出登录请求并输入登录名和口令，远端的主机经检查确认为合法用户后，双方建立起通信，于是就可以使用远程的计算机资源。

（5）BBS：BBS（Bulletin Board Service，电子公告板）供网友相互之间讨论问题、交流经验。现有的 BBS 站点可提供两种工作方式：Web 和 Telnet。现在主要用前者。

任务实现

拜占庭将军问题

拜占庭将军问题是一个协议问题，拜占庭帝国军队的将军们必须全体一致的决定是否攻击某一支敌军。问题是这些将军在地理上是分隔开来的，并且将军中存在叛徒。叛徒可以任意行动以达到以下目标：欺骗某些将军采取进攻行动；促成一个不是所有将军都同意的决定，如当将军们不希望进攻时促成进攻行动；或者迷惑某些将军，使他们无法作出决定。如果叛徒达到了这些目的之一，则任何攻击行动的结果都是注定要失败的，只有完全达成一致的努力才能获得胜利。

拜占庭将军问题

假设拜占庭是对现实世界的模型化，由于硬件错误、网络拥塞或断开以及遭到恶意攻击，计算机和网络可能出现不可预料的情况。

万维网就是互联网吗？

万维网不是互联网，严格地说万维网不是一个单独的网络，它是在互联网基础上的一种应用。用户通过浏览器来浏览超文本页面，网页的开头部分总是 http://或者 https://，表明被浏览的信息是超文本，是利用超文本传输协议来传输的。

万维网是英国科学家蒂姆·伯纳斯·李于 1989 年发明的，但他并没借此让自己成为富翁，而是一直让人们免费使用万维网。

知识拓展

邮政邮件系统与网络体系结构的类比

前面，我们学习了计算机网络的层次模型OSI模型和TCP/IP模型，下面我们将这种分层对应到邮政系统中来进行理解。

首先，把邮政系统看成一个巨大的计算机网络。当你在北京向广州的同学邮寄一封信时，这信中的内容就是要传递的数据，你去邮局邮寄的时候，通过信封把信纸封装起来，然后在信封上添上邮政编码、地址和姓名，交给邮局后，邮局根据信封上的邮政编码分类，然后通过火车、汽车运送到成都的邮局，成都的邮局可能再转发给广州当地的邮局。广州的邮局再用邮递人员直接送到你同学的单位。你同学再去单位管理信件的工作人员那里取得信件，然后拆封阅读。由此就完成了一封信件的传递。

我们把邮政邮件系统与网络体系结构进行类比。

(1) 链路层，即邮政系统的传输网络，如火车、汽车等就是输入链路层。

(2) 网络层，处理信件地址的活动，大信封是网络层中的数据包，邮件分类机就是工作在网络层的路由器。

(3) 传输层，处理信件上的人名，小信封就是传输层的数据包，那个单位的邮件管理人员就工作在传输层。

(4) 应用层：你和同学就相当于计算机的应用程序，拥有各自的名字，看作应用程序的端口。你们工作在应用层，主要工作是书写阅读信件，即处理数据。

每一层都是独立的。火车、汽车等不理解管网络的数据包的内容是什么，即不用了解信封上的地址是什么意思。而邮件分类机也不用知道传输层的用户姓名是谁，单位的邮件管理人员也不用知道信件中的内容，他只负责把信件给你同学。你同学也不用知道前面几层是如何工作的，他的目的主要是读取邮件中的内容。

下一层为上一层提供服务。每一层都是为上一层服务的。火车、汽车等运送大信封。大信封内装入小信封。小信封再封装为人们的信纸，这就是下层向上层提供的服务。

每层中的协议。邮政编码实际上如同网络层中的IP协议，只有邮件分类机才了解它的意思。写上同学的名字发信件这种方式实际上如同UDP协议的，你和你同学没有建立连接，是属于无连接的服务，信件存在丢失的可能性。如果你给同学通过邮局打电话，那么采用的就是面向连接的TCP协议，只有打通你同学的手机，你才叙述你要告知他的消息。你和你同学通过中文这种协议来通信。

数据包的分组。网络中数据包是有长度，如果不符合规定的长度，就拆分成多个数据包。这就如同你写的内容太多，写了好几十页纸，装在一个信封里寄。但是邮局觉得太厚，不方便，就在你不知道的情况下把信封拆开，重新装入好几信封中，再在到了目的地的邮局给你再装入一个信封里。这就是数据的分组。这几个信封还可以走不同的路径，如一些走广西再到广州，一些走湖南再到广州，但只要都到达广州邮局后，根据原有的信件顺序组装到一个信封里面就可以了。

任务训练

(1) 什么是OSI/RM？它各层的名称和功能怎样？

(2) 什么是IP地址、域名、URL？

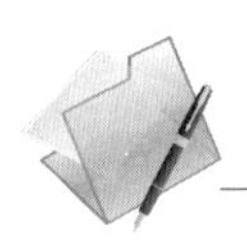

任务 6.4 计算机解决问题的过程——程序设计

任务描述

由软件的概念引出来的知识体系

我们知道软件系统是为运行、管理和维护计算机而编制的各种软件的总称，它包括系统软件和应用软件；而软件是程序、数据、相关文档的完整集合；程序是按照一定顺序执行的、能够完成某一任务的指令集合；另外，有程序语言专家认为“程序＝算法＋数据结构”。

基于此，我们可以由软件的概念引出后续将要学习的一系列知识，以便我们清晰地看到这些知识之间的逻辑联系。

任务分析

本子任务在介绍程序设计相关知识的时候，传递一些计算思维的思想。本子任务将介绍：计算机语言及其发展，程序设计风格，结构化程序设计，面向对象的程序设计。

知识讲解

一、计算机语言及其发展

（一）计算机（编程）语言的概念

为了使计算机进行各种工作，就需要有编写计算机程序的数字、字符和语法的规则，这些字符和语法规则构成了计算机语言。程序就是人们用计算机语言编写的用于解决某一问题的措施集合。计算机解决问题的过程是运行程序的过程。

计算机编程语言是指用于人与计算机之间通信的语言，是人与计算机之间传递信息的媒介，因为它是用来进行程序设计的，所以又称程序设计语言或者编程语言。

（二）计算机语言的发展

计算机语言的发展大致经过五代。

第一代语言（1GL，First Generation Language）：机器语言。它将计算机指令中的操作码和操作数均以二进制代码表示，是计算机能唯一直接识别和执行的语言。机器语言的优点是无须翻译，占用内存少，执行速度快。缺点是与机器有关，通用性差，而且因指令和数据都是二进制代码形式，难以阅读和记忆，编码工作量大，难以维护。

第二代语言（2GL）：汇编语言。它是用助记符号来表示机器指令的符号语言。优点是比机器语言易记。

第三代语言（3GL）：高级语言。它的特征是设计更容易被人们用所理解的程序语言告诉计算机执行什么任务和执行任务的步骤，是过程化的，最重要的作用是此时已经脱离了机器硬件系统，具有代码可移植性。

第四代语言(4GL)：应用语言。它的特征是只需要告诉计算机要执行什么任务，而不需要指定执行步骤，是非过程化的，最典型的代表就是数据库结构化查询语言(SQL)。

第五代语言(5GL)：智能化语言。它主要使用在人工智能领域，帮助人们编写推理、演绎程序。

（三）计算机语言的分类

1. 按语言的功能分类

计算机语言按功能来分，可分为：编程语言、脚本语言、标记语言。

(1) 编程语言是用来缩写计算机程序的形式语言。它是一种被标准化的交流技巧，用来向计算机发出指令。代表语言：C/C++、Java、Perl 等。

(2) 脚本语言是为了缩短编程语言的"编写、编译、链接、运行"等过程而创建的计算机编程语言。脚本通常以文本保存，只在被调用时进行解释或编译。代表语言有 PHP、JavaScript 等。

(3) 标记语言是一种将文本以及文本相关的其他信息结合起来，展现出关于文档结构和数据处理细节的计算机文字编码。代表语言有 XML、HTML、XHTML。

2. 按与机器的关系分类

计算机语言按与机器的关系分，可分为机器语言、汇编语言、高级语言 3 类。

(1) 机器语言是计算机指令代码的集合，它是最低层一级的计算机语言。用机器语言编写的程序可以被计算机硬件直接识别并执行。不同的计算机系统(主要是 CPU 不同)，其机器语言是不同的，因此，针对一种计算机用机器语言编写的程序不能在另一台计算机上运行。虽然机器语言程序的执行效率比较高，但用机器语言编写程序的难度较大，容易出错，不易排错，也不容易移植，因此除非特殊情况，很少有人用机器语言编程。

(2) 汇编语言是采用能帮助记忆的英文缩写符号代替机器语言的操作码和操作地址所形成的计算机语言，又称符号语言。用汇编语言编写的程序也比机器语言编写的程序易读、易检查、易理解。计算机不能直接识别和运行用汇编语言编写的程序(称为源程序)，必须将源程序翻译成机器语言程序(称为目标程序)，计算机才能识别并执行。这个翻译过程称为"汇编"，负责翻译的程序称为汇编程序。

(3) 高级语言主要是相对于汇编语言而言的，它是比较接近自然语言和数学公式的编程语言，基本脱离了机器的硬件，用人们更易理解的方式编程。编写的程序称为源程序。

高级语言用简单英语来表达，人们容易理解，编写程序简单，而且编写的程序可在不同类型的计算机上运行。高级语言包括很多编程语言，常用的高级语言有：Java、C、C++、C#、Visual Basic(VB)、Pascal、Python、Lisp、Prolog、Foxpro 等。

用高级语言编写的程序也不能被计算机直接识别和运行，必须翻译成机器指令后，才能被计算机识别和运行。高级语言的翻译程序有编译程序和解释程序两种。

编译程序是将源程序全部翻译成机器语言程序(也称目标程序)，计算机通过运行目标程序来完成程序的功能。

解释程序是逐条翻译源程序的语句，翻译完一句执行一句。程序解释后执行的速度要比编译后运行慢，但调试与修改特别方便。

二、程序设计风格

程序设计的风格主要强调清晰和效率。编程过程中应着重考虑以下因素。

1. 源程序文档化

(1) 符号名的命名。符号名能反映它所代表的实际东西,应有一定的实际含义。

(2) 程序的注释分为序言性注释和功能性注释。序言性注释位于程序开头部分,包括程序标题、程序功能说明、主要算法、接口说明、程序设计者、复审者、复审日期及修改日期等。功能性注释嵌在源程序体之中,用于描述其后的语句或程序的主要功能。

(3) 视觉组织。利用空格、空行、缩进等技巧使程序层次清晰。

2. 数据说明

(1) 数据说明的次序规范化。

(2) 说明语句中变量安排有序化。

(3) 使用注释来说明复杂数据的结构。

三、结构化程序设计(面向过程的程序设计方法)

(一) 结构化程序设计的原则

结构化程序设计的原则可以概括为自顶向下、逐步求精、模块化、限制使用goto语句。

(1) 自顶向下。程序设计时,应先考虑总体,后考虑细节;先考虑全局目标,后考虑局部目标。不要开始就过多追求众多的细节,先从最上层总目标开始设计,逐步使问题具体化。

(2) 逐步求精。对复杂问题,应设计一些子目标作过渡,逐步细化。

(3) 模块化。一个复杂问题,肯定是由若干稍简单的问题构成。模块化是把程序要解决的总目标分解为分目标,再进一步分解为具体的小目标,把每个小目标称为一个模块。

(4) 限制使用goto语句。

(二) 结构化程序的基本结构

结构化程序的基本结构包括顺序结构、选择结构和重复结构。

(1) 顺序结构。一种简单的程序设计,即按照程序语句行的自然顺序,一条语句一条语句地执行程序,它是最基本、最常用的结构。

(2) 选择结构。又称分支结构,包括简单选择和多分支选择结构,可根据条件,判断应该选择哪一条分支来执行相应的语句序列。

(3) 重复结构。又称循环结构,可根据给定的条件,判断是否需要重复执行某一相同的或类似的程序段。

仅仅使用顺序、选择和循环3种基本控制结构就足以表达各种其他形式结构,从而实现任何单入口/单出口的程序。

四、面向对象的程序设计

(一) 关于面向对象方法

(1) 客观世界中任何一个事物都可以被看成是一个对象,面向对象方法的本质就是主张从客观世界固有的事物出发来构造系统,提倡人们用现实生活中常用的思维来认识、理解和描述客观事物,强调最终建立的系统能够映射问题域。

（2）面向对象方法的主要优点：与人类习惯的思维方法一致；稳定性好；可重用性好；易于开发大型软件产品；可维护性好。主要考虑的是提高软件的可重用性。

（二）面向对象方法中的概念

1. 对象

对象可以用来表示客观世界中的任何实体，是实体的抽象。对象是属性和方法的封装体，一个对象由对象名、属性和操作三部分组成。属性即对象所包含的信息，它在设计对象时确定，一般只能通过执行对象的操作来改变；操作描述了对象执行的功能，操作也称方法或服务。

对象的基本特点。标识唯一性，指对象是可区分的，并且由对象的内在本质来区分，而不是通过描述来区分；分类性，指可以将具有相同属性的操作的对象抽象成类；多态性，指同一个操作可以是不同对象的行为；封装性，从外面看只能看到对象的外部特性，模块独立性好，对象是面向对象的软件的基本模块，它是由数据及可以对这些数据施加的操作所组成的统一体，对象内部各种元素彼此结合得很紧密，内聚性强。

2. 类

类是指具有共同属性、共同方法的对象的集合。所以，类是对象的抽象，对象是对应类的一个实例。

3. 消息

消息是一个实例与另一个实例之间传递的信息。

4. 继承

继承是指能够直接获得已有的性质和特征，而不必重复定义他们。类的继承性是类之间共享属性和操作的机制，它提高了软件的可重用性。

5. 多态性

多态性是指同样的消息被不同的对象接受时可导致完全不同的行动的现象。

任务实现

由软件的概念引出来的知识

以下是由软件的概念引出来的后续将要学习的一系列知识，我们可以清晰地看到这些知识之间的逻辑联系：由于计算机软件是程序、数据、相关文档的完整集合，因此可以引出三个子主题：程序、数据、相关文档；而“程序＝算法＋数据结构”，因此引出一个子任务“数据结构与算法”；程序是需要设计的，引出子任务“程序设计基础”；程序运行过程中需要大量的数据，子任务“数据库设计基础”介绍管理这些数据的一些知识；软件开发与维护过程中出现了一系列严重的问题，为了解决这种软件危机，提出了软件工程的概念，在子任务“软件工程基础”里会介绍这方面的内容。

知识拓展

编程体验：用多种编程语言解决“百钱百鸡”问题

我国古代数学家张丘建在《算经》一书中提出的数学问题：鸡翁一值钱五，鸡母一值钱三，鸡雏三值钱一。百钱买百鸡，问鸡翁、鸡母、鸡雏各几何？即：公鸡5文钱一只，母鸡3文钱一只，小鸡3只一文钱，用100文钱买100只鸡，其中公鸡、母鸡、小鸡都必须要有，问公鸡、母鸡、小鸡要买多少只刚好凑足100文钱。

怎样用多种编程语言解决“百钱百鸡”问题，我们先设变量，公鸡的数量为 x 只，母鸡的数量为 y 只，小鸡的数量为 z 只，从分析题目中得出如下函数。

$x+y+z==100$//这里的函数为三种鸡的数量总数为100只；

$5*x+3*y+1/3*z==100$ // 这里的函数为三种鸡的总价钱之和为100文；

下面，我们来看看用不同编程语言编程解决“百钱百鸡”问题的区别。

用Java编程解决“百钱百鸡”问题。

```
class Program
{
    static void Main(string[]args)
    {
        //公鸡的上限
        for(int x = 1;x<20;x + + )
        {
            //母鸡的上限
            for(int y = 1;y<33;y + + )
            {
                //剩余小鸡
                var z = 100 - x - y;
                if((z % 3 = = 0)&&(x * 5 + y * 3 + z/3 = = 100))
                {
                    console.WriteLine("公鸡:{0}只,母鸡:{1}只,小鸡:{2}只", x, y, z);
                }
            }
        }
        Console.Read();
    }
}
```

```
class program
{
    static void Main(string[]args)
    {
      int x,y,z;
      for(int k = 1;k< = 3;k + + )
      {
          x = 4 * k;
          y = 25 - 7 * k;
          z = 75 + 3 * k;
          console.WriteLine("公鸡:{0}只,母鸡:{1}只,小鸡:{2}只",x,y,z);
      }
      console.Read();
  }
}
```

其他解决方法

任务训练

（1）下列各选项中，不属于序言性注释的是（　　）。

A. 程序标题　　B. 程序设计者

C. 主要算法　　D. 数据状态

（2）结构化程序设计的 3 种结构是（　　）。

A. 顺序结构，分支结构，跳转结构

B. 顺序结构，选择结构，循环结构

C. 分支结构，选择结构，循环结构

D. 分支结构，跳转结构，循环结构

（3）下列特征中不是面向对象方法的主要特征的是（　　）。

A. 多态性　　B. 标识唯一性

C. 封装性　　D. 耦合性

（4）以下（　　）不属于对象的基本特征。

A. 继承性　　B. 封装性

C. 分类性　　D. 多态性

（5）下列关于类、对象、属性和方法的叙述中，错误的是（　　）。

A. 类是对一类具有相同的属性和方法对象的描述

B. 属性用于描述对象的状态

C. 方法用于表示对象的行为

D. 基于同一个产生的两个对象不可以分别设置自己的属性值

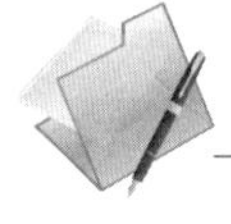

任务 6.5　计算机核心内容——数据结构与算法

任务描述

“国王的婚姻”——算法的复杂度

一个酷爱数学的年轻国王向邻国一位聪明美丽的公主求婚，公主出了这样一道题：求出 48770428433377171 的一个真因子。若国王能在一天之内求出答案，公主便接受他的求婚。

国王回去后立即开始逐个数进行计算，他从早到晚共算了 3 万多个数，最终还是没有结果。国王向公主求情，公主告诉国王：223092827 是其中的一个真因子，并说“我再给你一次机会，如果还求不出来，你只好做我的证婚人了”。

国王立即回国，并向时任宰相的大数学家求教，大数学家在仔细地思考后认为，这个数为 17 位，则最小的一个真因子不会超过 9 位。于是他给国王出了一个主意，按自然数的顺序给全国的老百姓每人编一个号发下去，等公主给出数目后立即将它们通报全国，让每个老百姓用自己的编号去除这个数，除尽了立即上报赏金万两。最后，国王用这个办法求婚成功。国王的前后两种算法，说明了什么问题呢？

任务分析

本子任务在介绍数据结构和算法相关知识的时候，传递一些计算思维的思想。本子任务将介绍：算法基础知识，数据结构基础知识，线性结构之线性表，线性结构之栈和队列；非线性结构之树与二叉树，查找技术；排序技术等。

知识讲解

一、算法

（一）算法的概念

算法是指解题方案的准确而完整的描述。或者说，算法是对特定问题求解步骤的一种描述。换一个说法，算法是一组严谨地定义运算顺序的规则，并且每一个规则都是有效的，且是明确的，此顺序将在有限的次数下终止。

注意：算法不等于程序，也不等于计算方法。程序的编制不可能优于算法的设计。

（二）算法的基本特征

算法的基本特征包括以下 4 点。

（1）可行性。针对实际问题而设计的算法，执行后能够得到满意的结果。

（2）确定性。每一条指令的含义明确，无二义性。并且在任何条件下，算法只有唯一的一条执行路径，即相同的输入只能得出相同的输出。

（3）有穷性。算法必须在有限的时间内完成。有两重含义，一是算法中的操作步骤为有限个，二是每个步骤都能在有限时间内完成。

（4）拥有足够的情报。一种算法执行的结果总是与输入的初始数据有关，不同的输入将会有不同的结果输出。当输入不够或输入错误时，算法将无法执行或执行有错。即当算法拥有足够的情报时，此算法才是有效的；而当提供的情报不够时，算法可能无效。

（三）算法复杂度

算法复杂度主要包括时间复杂度和空间复杂度。

（1）算法时间复杂度是指执行算法所需要的计算工作量，可以用执行算法的过程中所需基本运算的执行次数来度量。

（2）算法空间复杂度是指执行这个算法所需要的内存空间。

二、数据结构

（一）数据结构研究的主要内容

数据结构是指相互有关联的数据元素的集合。数据结构主要研究以下 3 个方面的问题。

（1）数据的逻辑结构。数据的逻辑结构是指数据集合中各数据元素之间所固有的逻辑关系。它包含表示数据元素的信息；表示各数据元素之间的前后件关系。

数据的逻辑结构分为：线性结构（如线性表、栈、队列等）、非线性结构（如树形结构、图形结构等，二叉树是一种特别的树形结构）。

(2) 数据的存储结构。数据的存储结构是指在对数据进行处理时，各数据元素在计算机中的存储关系。数据的存储结构包括顺序存储、链式存储、索引存储等形式。

① 顺序存储。它是把逻辑上相邻的结点存储在物理位置相邻的存储单元里，结点间的逻辑关系由存储单元的邻接关系来体现。由此得到的存储表示称为顺序存储结构。

② 链式存储。它不要求逻辑上相邻的结点在物理位置上也相邻，结点间的逻辑关系是由附加的指针字段表示的。由此得到的存储表示称为链式存储结构。

③ 索引存储：除建立存储结点信息外，还建立附加的索引表来标识结点的地址。

注意：数据的逻辑结构反映数据元素之间的逻辑关系，数据的存储结构（也称数据的物理结构）是数据的逻辑结构在计算机存储空间中的存放形式。同一种逻辑结构的数据可以采用不同的存储结构，但影响数据处理效率。

(3) 数据运算。施加在数据上的运算包括运算的定义和实现。运算的定义是针对逻辑结构的，指出运算的功能；运算的实现是针对存储结构的，指出运算的具体操作步骤。对各种数据结构进行的运算包括：检索、排序、插入、删除、修改等。

（二）数据结构的图形表示

一个数据结构除了用二元关系表示外，还可以直观地用图形表示。在数据结构的图形表示中，对于数据集合 D 中的每一个数据元素用中间标有元素值的方框表示，一般称为数据结点，并简称为结点；为了进一步表示各数据元素之间的前后件关系，对于关系 R 中的每一个二元组，用一条有向线段从前件结点指向后件结点。

（三）数据结构的类型

数据结构分为线性结构和非线性结构两大类型。

(1) 线性结构是非空的数据结构，它需要满足以下条件：有且只有一个根结点；每一个结点最多有一个前件；也最多有一个后件。常见的线性结构有线性表、栈、队列等。

(2) 非线性结构是指不满足线性结构条件的数据结构。常见的非线性结构有树、二叉树和图等。

三、线性结构之线性表

下面我们从数据结构研究的三个方面分别进行讨论。

（一）线性表的逻辑结构

线性表是由 $n(n\geqslant 0)$ 个数据元素组成的一个有限序列，表中的每一个数据元素，除了第一个外，有且只有一个前件；除了最后一个外，有且只有一个后件。线性表中数据元素的个数称为线性表的长度。线性表可以为空表。

（二）线性表的存储结构

1. 线性表的顺序存储结构

线性表顺序存储结构的特点包括：存储连续性，即线性表中所有元素所占的存储空间是连续的；逻辑顺序性，即线性表中各元素在存储空间中是按逻辑顺序依次存放的。

由此可以看出，在线性表的顺序存储结构中，其前后件两个元素在存储空间中是紧邻的，且前件元素一定存储在后件元素的前面。

2. 线性表的链式存储结构:线性链表

(1) 线性表的顺序存储在进行插入或删除运算时效率很低。在顺序存储的线性表中,插入或删除数据元素时需要移动大量的数据元素;线性表的顺序存储结构下,线性表的存储空间不便于扩充;线性表的顺序存储结构不便于对存储空间的动态分配。

(2) 线性链表的特点。线性表的链式存储结构称为线性链表,是一种物理存储单元上非连续、非顺序的存储结构,数据元素的逻辑顺序是通过链表中的指针链接来实现的。因此,在链式存储方式中,每个结点由两部分组成:一部分用于存放数据元素的值,称为数据域;另一部分用于存放指针,称为指针域,用于指向该结点的前一个或后一个结点(即前件或后件),如图 6-13 所示。

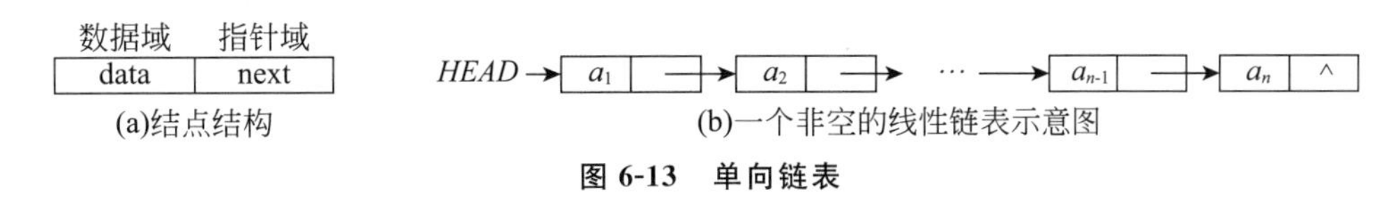

图 6-13 单向链表

(3) 线性链表的类型。单链表:在单链表中,每一个结点只有一个指针域,由这个指针只能找到其后件结点,而不能找到其前件结点。双向链表:在某些应用中,对于线性链表中的每个结点设置两个指针,一个称为左指针,指向其前件结点;另一个称为右指针,指向其后件结点,这种链表称为双向链表,如图 6-14 所示。

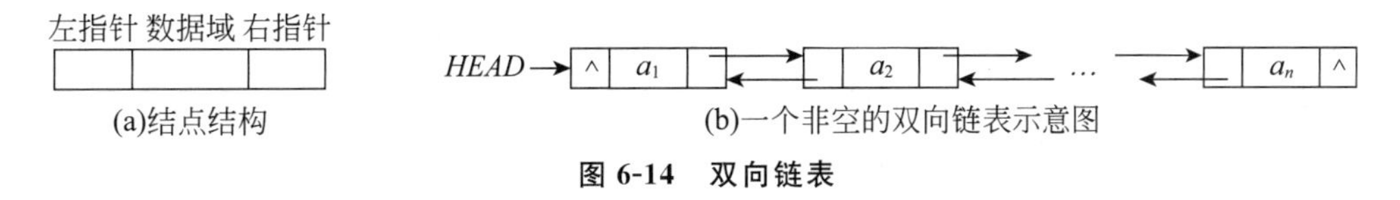

图 6-14 双向链表

线性链表在运算过程中对于空表和对第一个结点的处理必须单独考虑,使空表与非空表的运算不统一。为了克服线性链表的这个缺点,可以采用另一种链接方式,即循环链表。在循环链表中,所有结点的指针构成了一个环状链。

图 6-15 中图(a)是一个非空的循环链表,图(b)是一个空的循环链表。

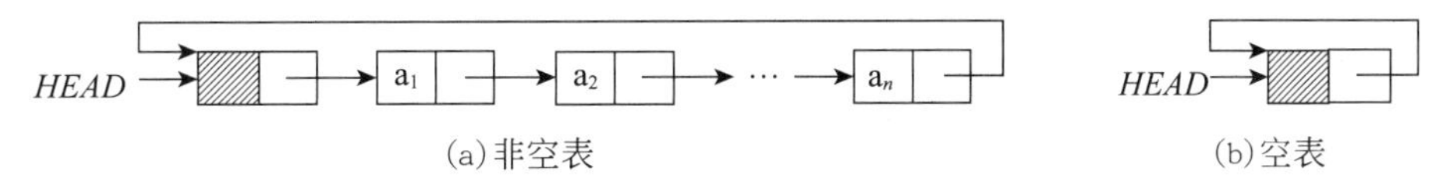

图 6-15 循环链表

(三) 线性表的运算

1. 顺序表(顺序存储的线性表)的运算

(1) 顺序表的插入运算:顺性表的插入运算时需要移动元素,在等概率情况下,平均需要移动 $n/2$ 个元素。

(2) 顺序表的删除运算:顺性表的删除运算时也需要移动元素,在等概率情况下,平均需要移动$(n-1)/2$ 个元素。由此可见,顺序表的插入或删除的运算效率很低。

2. 线性链表的基本运算

线性链表的基本运算包括:插入新元素、删除元素、合并两个线性链表、分解一个线性链表、逆转线性链表、复制线性链表、线性链表的排序、线性链表的查找。

需要注意的是：线性链表的插入与删除比较方便；线性链表不能随机存取。

四、线性结构之：栈和队列

栈和队列都是特别的线性表，如图 6-16 所示。

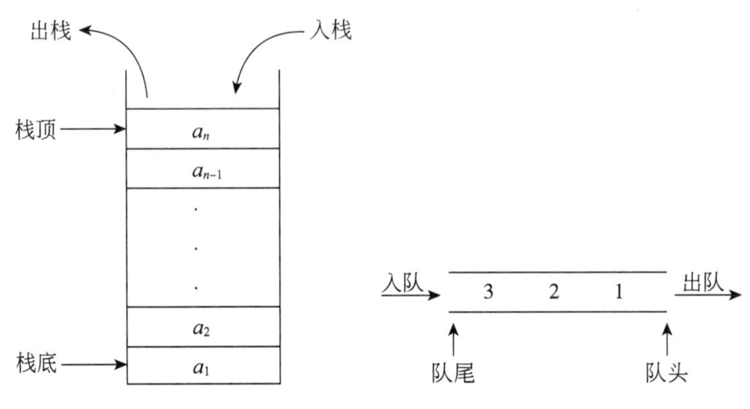

图 6-16 栈和队列

（一）栈

1. 栈的逻辑结构

栈(stack)又名堆栈，是限定在一端进行插入与删除运算的线性表。

在栈中，允许插入与删除的一端称为栈顶，不允许插入与删除的另一端称为栈底。栈顶元素总是最后被插入，栈底元素总是最先被插入，即栈是按照“先进后出”或“后进先出”的原则组织数据的。栈具有记忆作用。

2. 栈的存储结构

与线性表类似，有顺序栈（顺序存储）和链式栈（链式存储）。

3. 栈的基本运算

(1) 入栈运算：插入元素的运算。

(2) 退栈运算：删除元素的运算。

(3) 读栈顶元素：是将栈顶元素赋给一个指定的变量，此时指针无变化。

（二）队列

1. 队列的逻辑结构

队列是一种特殊的线性表。它是指允许在一端（队尾）进行插入，而在另一端（队头）进行删除的线性表。尾指针(rear)指向队尾元素，头指针(front)指向排头元素的前一个位置（队头）。队列是“先进先出”或“后进后出”的线性表。

循环队列就是将队列存储空间的最后一个位置绕到第一个位置，形成逻辑上的环状空间，供队列循环使用。

2. 队列的存储结构

与线性表类似，队列有顺序存储结构（顺序队列）和链式存储结构（循环队列）。

3. 队列的基本运算

队列运算包括:入队运算,从队尾插入一个元素;退队运算,从队头删除一个元素。

五、非线性结构之树与二叉树

(一) 树的基本概念

树是一种简单的非线性结构。在树这种数据结构中,所有数据元素之间的关系具有明显的层次特性。在树结构中,每一个结点只有一个前件,称为父结点。没有前件的结点只有一个,称为树的根结点,简称树的根。每一个结点可以有多个后件,称为该结点的子结点。没有后件的结点称为叶子结点。

在树结构中,一个结点所拥有的后件的个数称为该结点的度,所有结点中最大的度称为树的度。树的最大层次称为树的深度。

(二) 二叉树的概念和基本性质

1. 二叉树的概念及特点

二叉树是一种特别的树,是很有用的非线性结构,它的特点包括:非空二叉树只有一个根结点;每一个结点最多有两棵子树,且分别称为该结点的左子树与右子树。所以二叉树的度可以为 0(叶结点)、1(只有 1 棵子树)或 2(有 2 棵子树)。

2. 二叉树的基本性质

性质 1　在二叉树的第 k 层上,最多有 $2^{k-1}(k \geqslant 1)$ 个结点。

请思考:1 棵二叉树第六层(根结点为第一层)的结点数最多为__________个。

性质 2　深度为 m 的二叉树最多有 2^m-1 个结点。

请思考:深度为 5 的二叉树至多有__________个结点。

性质 3　在任意 1 棵二叉树中,度数为 0 的结点(即叶子结点)总比度为 2 的结点多一个。

请思考:某二叉树中度数为 2 的结点有 18 个,则该二叉树中有__________个叶子结点。

性质 4　具有 n 个结点的二叉树,其深度至少为 $\log_2 n+1$,其中 $\log_2 n$ 表示取 $\log_2 n$ 的整数部分。

请思考:具有 88 个结点的二叉树,其深度至少为__________。

(三) 满二叉树与完全二叉树

满二叉树:除最后一层外,每一层上的所有结点都有两个子结点。

请思考:在深度为 7 的满二叉树中,叶子结点的个数为__________个。

完全二叉树:除最后一层外,每一层上的结点数均达到最大值;在最后一层上只缺少右边的若干结点。

注意:根据完全二叉树的定义可得出:度为 1 的结点的个数为 0 或 1。

图 6-17 中图 a 表示的是满二叉树,图(b)表示的是完全二叉树。

性质 5　具有 n 个结点的完全二叉树深度为 $\log_2 n+1$。

请思考:具有 90 个结点的完全二叉树的深度为__________。

性质 6　完全二叉树结点间的关系(此处略)。

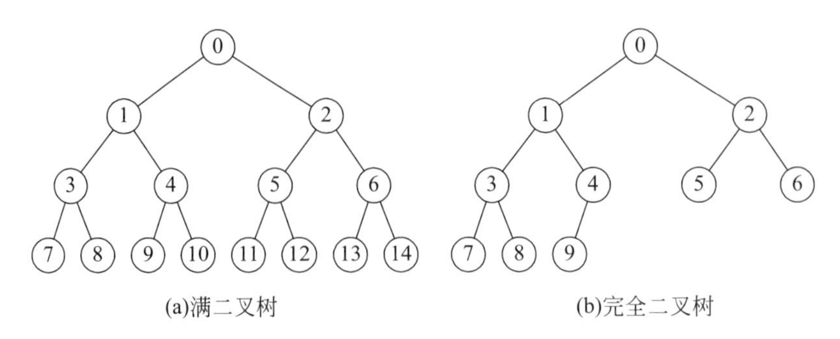

图 6-17 满二叉树和完全二叉树

（四）二叉树的存储结构

在计算机中，一般二叉树通常采用链式存储结构。对于满二叉树与完全二叉树来说，可以按层次进行顺序存储。

（五）二叉树的遍历

二叉树的遍历是指不重复地访问二叉树中的所有结点。二叉树的遍历可分为以下3种。

(1) 前序遍历(DLR)。若二叉树为空，则结束返回。否则：首先访问根结点，其次遍历左子树，最后遍历右子树；并且，在遍历左右子树时，仍然首先访问根结点，其次遍历左子树，最后遍历右子树。

(2) 中序遍历(LDR)。若二叉树为空，则结束返回。否则：首先遍历左子树，其次访问根结点，最后遍历右子树；并且，在遍历左、右子树时，仍然首先遍历左子树，其次访问根结点，最后遍历右子树。

(3) 后序遍历(LRD)。若二叉树为空，则结束返回。否则：首先遍历左子树，其次遍历右子树，最后访问根结点，并且，在遍历左、右子树时，仍然首先遍历左子树，其次遍历右子树，最后访问根结点。

六、查找技术

1. 顺序查找

从表中的第一个元素开始，将给定的值与表中逐个元素的关键字进行比较，直到两者相符，查到所要找的元素为止。否则就是表中没有要找的元素，查找不成功。

在平均情况下，利用顺序查找法在线性表中查找一个元素，大约要与线性表中一半的元素进行比较，最坏情况下需要比较 n 次。

下列两种情况下只能采用顺序查找。

(1) 如果线性表是无序表(即表中的元素是无序的)，则无论是顺序存储结构还是链式存储结构，都只能用顺序查找。

(2) 即使是有序线性表，如果采用链式存储结构，也只能用顺序查找。

2. 二分法查找

先确定待查找记录所在的范围，然后逐步缩小范围，直到找到或确认找不到该记录为止。二分法查找只适用于顺序存储的线性表，且表中元素必须按关键字有序排列。对于无序线性表和线性表的链式存储结构只能用顺序查找。

七、排序技术

排序是指将一个无序序列整理成按值非递减顺序排列的有序序列，即是将无序的记录序列调整为有序记录序列的一种操作。

(1) 交换类排序法(方法:冒泡排序,快速排序)。

(2) 插入类排序法(方法:简单插入排序,希尔排序)。

(3) 选择类排序法(方法:简单选择排序,堆排序)。

任务实现

"国王的婚姻"——算法的复杂度

真因子即真因数，真因数通常是对合数来说的，不包括这个数本身的因子就是真因数。一个数的因数只有1和它本身，这个数称为质数；一个数除1和它本身外，还有其他的因数，这个数称为合数。如6的因子有1、2、3、6，其中真因子是1、2、3。

实际上这是一个求大数真因子的问题，由于数字很大，国王一个人采用顺序算法求解，其时间消耗非常大，其复杂性表现在时间方面。当然，如果国王生活在现代拥有超高速计算能力的计算机求解这个问题就轻而易举了。

《互联网信息服务算法推荐管理规定》五大看点

而由宰相提出的发动百姓参与解题就是一种并行算法，其复杂性表现在空间方面，该方法增加了空间复杂度，但大大降低了时间的消耗。

这就是非常典型的分治法，将复杂的问题分而治之，这也是我们面临很多复杂问题时经常会采用的解决方法，这种方法也可作为并行的思想看待，而这种思想在计算机中的应用比比皆是，现在CPU的发展就是如此。

知识拓展

汉诺塔问题与递归算法

在印度北部的圣庙里，一块黄铜板上插着三根宝石针。传说印度教的主神在创造世界时，在其中的一根针上从下到上穿好了由大到小的64片金片，这就是所谓的汉诺塔。无论白天还是黑夜，总有一个僧侣按照下面的法则移动这些金片：一次只移动一片，不管在哪根针上，小片必须在大片上面。

图6-18中是一个只有3个圆盘的简化版本。移动圆盘时要遵守的规则：①一次只能移动一个圆盘，并只能从一根柱子的顶端移到另一根柱子的顶端。②较大的圆盘必须位于较小的圆盘下方。(换言之，塔上的圆盘永远保持金字塔形)如果一个人每次移动圆盘都要花

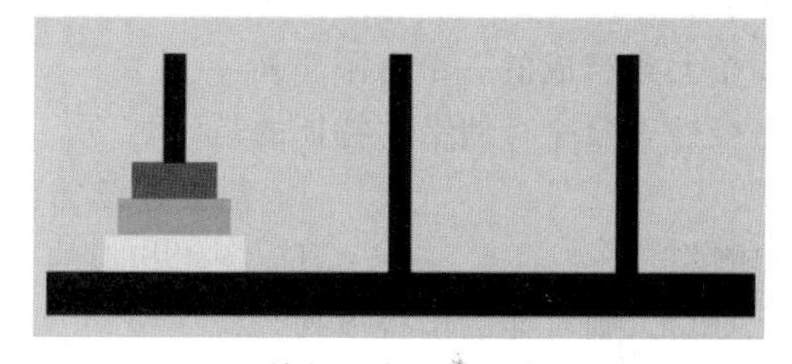

图6-18 简化只有3个圆盘的汉诺塔

汉诺塔摆圆盘

1 秒的时间，你认为他要花多久才能解决这个问题？

让我们来考虑一下 64 个圆盘重新摆好需要移动多少次吧。

任务训练

(1) 下面关于算法的叙述中，正确的是（　　）。

A. 算法的执行效率与数据的存储结构无关

B. 算法的有穷性是指算法必须能在有限个步骤之后终止

C. 算法的空间复杂度是指算法程序中指令（或语句）的条数

D. 以上三种描述都正确

(2) 算法的时间复杂度是指（　　）。

A. 算法的长度

B. 执行算法所需要的时间

C. 算法中的指令条数

D. 算法执行过程中所需要的基本运算次数

(3) 算法的空间复杂度是指（　　）。

A. 算法程序的长度

B. 算法程序中的指令条数

C. 算法程序所占的存储空间

D. 算法执行过程中所需要的存储空间

(4) 数据结构主要研究的是数据的逻辑结构、数据的运算和（　　）。

A. 数据的方法　　B. 数据的存储结构

C. 数据的对象　　D. 数据的逻辑存储

(5) 数据结构中，与所使用的计算机无关的是数据的（　　）。

A. 存储结构　　B. 物理结构　　C. 逻辑结构　　D. 线性结构

(6) 下列叙述中正确的是（　　）。

A. 一个逻辑数据结构只能有一种存储结构

B. 逻辑结构属于线性结构，存储结构属于非线性结构

C. 一个逻辑数据结构可以有多种存储结构，且各存储结构不影响数据处理的效率

D. 一个逻辑数据结构可以有多种存储结构，且各种存储结构影响数据处理的效率

(7) 下列关于线性表的叙述中，不正确的是（　　）。

A. 线性表可以是空表

B. 线性表是一种线性结构

C. 线性表的所有结点有且仅有一个前件和后件

D. 线性表是由 n 个元素组成的一个有限序列

(8) 以下描述中，不是线性表顺序存储结构特征的是（　　）。

A. 可随机访问　　B. 需要连续的存储空间

C. 不便于插入和删除　　D. 逻辑相似的数据物理位置上不相邻

(9) 如果进栈序列为 ABCD，则可能的出栈序列是（　　）。

A. CADB　　B. BDCA　　C. CDAB　　D. 任意顺序

(10) 下列关于栈和队列的描述中,正确的是(　　)。

A. 栈是先进先出　　B. 队列是先进后出

C. 队列允许在队友删除元素　　D. 栈在栈顶删除元素

(11) 下列描述中,正确的是(　　)。

A. 线性链表是线性表的链式存储结构

B. 栈与队列是非线性结构

C. 双向链表是非线性结构

D. 只有根结点的二叉树是线性结构

(12) 以下数据结构中,属于非线性数据结构的是(　　)。

A. 栈　　B. 线性表　　C. 队列　　D. 二叉树

(13) 在一棵二叉树上,第5层的结点数最多是(　　)。

A. 8　　B. 9　　C. 15　　D. 16

(14) 下列二叉树描述中,正确的是(　　)。

A. 任何一棵二叉树必须有一个度为2的结点

B. 二叉树的度可以小于2

C. 非空二叉树有0个或1个根结点

D. 至少有2个根结点

(15) 某二叉树中度为2的结点有10个,则该二叉树中有(　　)个叶子结点。

A. 9　　B. 10　　C. 11　　D. 12

(16) 设一棵满二叉树共有15个结点,则在该满二叉树中的叶子结点数为(　　)。

A. 7　　B. 8　　C. 9　　D. 10

(17) 已知二叉树后序遍历序列是CDABE,中序遍历序列是CADEB,它的前序遍历序列是(　　)。

A. ABCDE　　B. ECABD　　C. EACDB　　D. CDEAB

(18) 一棵二叉树的前序遍历结果是ABCEDF,中序遍历结果是CBAEDF,则其后序遍历的结果是(　　)。

A. DBACEF　　B. CBEFDA　　C. FDAEBC　　D. DFABEC

(19) 待排序的关键码序列为(15,20,9,30,67,65,45,90),要按关键码值递增的顺序排序,采取简单选择排序法,第一趟排序后关键码15被放到第(　　)个位置。

A. 2　　B. 3　　C. 4　　D. 5

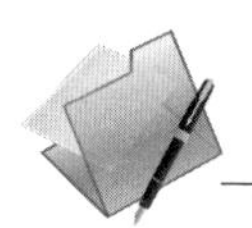

任务6.6　指导软件开发的学科——软件工程

任务描述

软件危机与软件工程

自20世纪60年代中期开始,在计算机软件的开发和维护过程中遇到了一系列严重问题,1968年,北大西洋公约组织在联邦德国的国际学术会议创造软件危机(software crisis)

一词。以下是软件危机的一个典型案例。

美国银行1982年进入信托商业领域，并规划发展信托软件系统。项目原定预算2000万美元，开发时程9个月，预计于1984年12月31日以前完成，后来至1987年3月都未能完成该系统，期间已投入6000万美元。美国银行最终因为此系统不稳定而不得不放弃，并将340亿美元的信托账户转移出去，并失去了6亿美元的信托生意商机。

软件危机就是成本、质量、生产率等方面的问题。主要表现在：软件需求的增长得不到满足（用户对系统不满意的情况经常发生）；软件开发成本和进度无法控制（开发成本超出预算，开发周期大大超过规定日期）；软件质量难以保证；软件不可维护或维护程度非常低；软件的成本不断提高；软件开发生产率的提高跟不上硬件的发展和应用需求的增长。

那么，我们怎样解决软件危机呢？

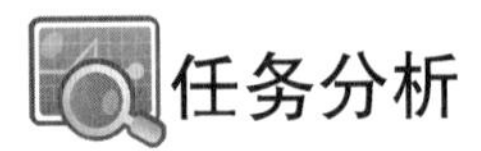

任务分析

本子任务在介绍软件工程相关知识的同时，传递一些计算思维的思想。下面将介绍软件工程的基础知识，结构化软件开发方法，面向对象软件开发方法，软件测试，程序的调试。

知识讲解

一、关于软件工程

（一）软件工程的概念

软件工程概念的出现源自软件危机。它是应用于计算机软件的定义、开发和维护的一整套方法、工具、文档、实践标准和工序。软件工程的内容概括为以下两点。

（1）软件开发技术，主要有软件开发方法学、软件开发工具、软件工程环境。

（2）软件工程管理学，主要有软件管理、软件工程经济学等。

软件工程的主要思想是将工程化原则运用到软件开发过程，它包括3个要素：方法、工具和过程。方法是完成软件工程项目的技术手段；工具是支持软件的开发、管理、文档生成；过程支持软件开发的各个环节的控制、管理，是把输入转化为输出的一组彼此相关的资源和活动。

（二）软件生命周期

软件生命周期是指软件产品从提出、实现、使用维护到停止使用退役的过程。

软件生命周期分为软件定义、软件开发及软件运行维护3个阶段。

（1）软件定义阶段：包括制订计划和需求分析。

① 制订计划：确定总目标；可行性研究；探讨解决方案；制订开发计划。

② 需求分析：对待开发软件提出的需求进行分析并给出详细的定义。

（2）软件开发阶段：包括软件设计、软件实现和软件测试。

① 软件设计：分为概要设计和详细设计两个部分。

② 软件实现：把软件设计转换成计算机可以接受的程序代码。

③ 软件测试：在设计测试用例的基础上检验软件的各个组成部分。

(3) 软件运行维护阶段:软件投入运行,并在使用中不断地维护,进行必要的扩充和删改。注意:软件生命周期中所花费最多的阶段是软件运行维护阶段。

(三) 软件工程的目标与原则

软件工程的基本目标是:付出较低的开发成本;达到要求的软件功能;取得较好的软件性能;开发的软件易于移植;较低的维护费用;能按时完成开发,及时交付使用。

软件工程的原则包括:抽象、信息隐蔽、模块化、局部化、确定性、一致性、完备性和可验证性。

(四) 软件开发的工具、环境、方法

(1) 软件开发工具。软件开发工具的发展是从单项工具的开发逐步向集成工具发展的,软件开发工具为软件工程方法提供了自动的或半自动的软件支撑环境。

(2) 软件开发环境。或称软件工程环境是全面支持软件开发全过程的软件工具集合。计算机辅助软件工程(Computer Aided Software Engineering,CASE)将各种软件工具、开发机器和一个存放开发过程信息的中心数据库组合起来,形成软件工程环境。

(3) 软件开发方法。软件开发方法主要有结构化软件开发方法、面向对象的软件开发方法、面向数据结构的软件开发方法、可视化开发方法等。

二、结构化软件开发方法

结构化软件开发方法是传统的方法,经过长期的发展已经比较系统和成熟。其主要包括结构化分析、结构化设计两个阶段。

(一) 结构化分析

1. 需求分析

需求分析是任何一种软件开发方法的分析阶段要做的工作,其任务就是导出目标系统的逻辑模型,解决“做什么”的问题。需求分析一般分为需求获取、需求分析、编写需求规格说明书和需求评审 4 个步骤进行。

2. 结构化分析的方法

结构化分析的方法是结构化程序设计理论在软件需求分析阶段的应用。结构化分析方法的实质:着眼于数据流,自顶向下,逐层分解,建立系统的处理流程,以数据流图和数据字典为主要工具,建立系统的逻辑模型。

结构化分析的常用工具包括数据流图(DFD)、数据字典(DD)、判定树、判定表。

(1) 数据流图以图形的方式描绘数据在系统中流动和处理的过程,它反映了系统必须完成的逻辑功能,是结构化分析方法中用于表示系统逻辑模型的一种工具。

图 6-19 是一个数据流图的示例。数据流图的基本图形元素如图 6-20 所示。

(2) 数据字典是对数据流图中出现的被命名的图形元素的确切解释。

3. 软件需求规格说明书(SRS)

软件需求规格说明书是需求分析阶段的最后成果,通过建立完整的信息描述、详细的功能和行为描述、性能需求和设计约束的说明、合适的验收标准,给出对目标软件的各种需求。

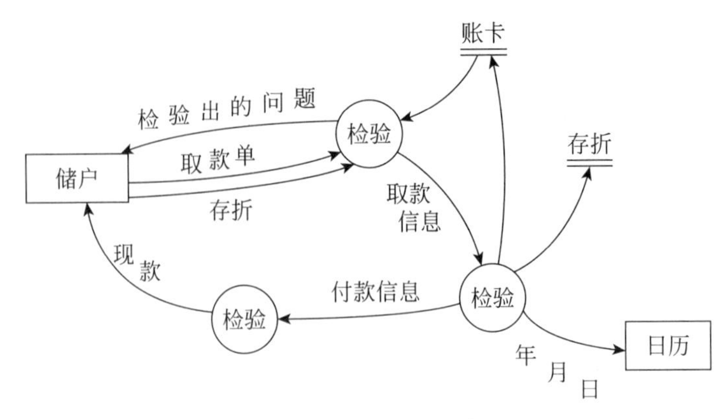

图 6-19 数据流图示例

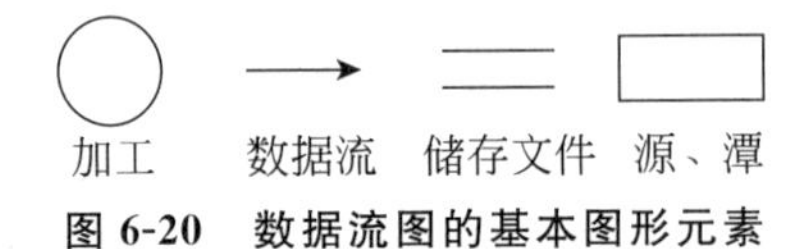

图 6-20 数据流图的基本图形元素

软件需求规格说明书应具有以下特点：正确性，无歧义性，完整性，可验证性，一致性，可理解性，可修改性，可追踪性，其中最重要的特点是无歧义性。

（二）结构化设计

1. 软件设计的基础分类

需求分析主要解决“做什么”的问题，而软件设计主要解决“怎么做”的问题。

1）软件设计的技术分类

从技术观点来看，软件设计包括软件结构设计、数据设计、接口设计、过程设计。

（1）结构设计：定义软件系统各主要部件之间的关系。

（2）数据设计：将分析时创建的模型转化为数据结构的定义。

（3）接口设计：描述软件内部、软件和协作系统之间以及软件与人之间如何通信。

（4）过程设计：把系统结构部件转换成软件的过程性描述。

2）软件设计的工程分类

从工程角度来看，软件设计分两步完成，即概要设计和详细设计。

（1）概要设计又称结构设计，将软件需求转化为软件体系结构，确定系统级接口、全局数据结构或数据库模式。

（2）详细设计即确定每个模块的实现算法和局部数据结构，用适当方法表示算法和数据结构的细节。

3）软件设计的基本原理

软件设计的基本原理包括抽象、模块化、信息隐蔽和模块独立性。

注意：模块分解的主要指导思想是信息隐蔽和模块独立性。

4）模块的内聚性和耦合性

模块的耦合性和内聚性是衡量软件的模块独立性的两个定性指标。在结构化程序设计中，模块划分的原则是：模块内具有高内聚度，模块间具有低耦合度。

（1）内聚性是一个模块内部各个元素间彼此结合的紧密程度的度量。

按内聚性由弱到强排列，内聚可以分为以下几种：偶然内聚、逻辑内聚、时间内聚、过程内聚、通信内聚、顺序内聚及功能内聚。

(2) 耦合性是模块间互相连接的紧密程度的度量。

按耦合性由高到低排列,耦合可以分为:内容耦合、公共耦合、外部耦合、控制耦合、标记耦合、数据耦合以及非直接耦合。

一个设计良好的软件系统应具有高内聚、低耦合的特征。

2. 总体设计(概要设计)和详细设计

1) 总体设计(概要设计)

(1) 概要设计的基本任务是:设计软件系统结构;数据结构及数据库设计;编写概要设计文档;概要设计文档评审。

(2) 常用的软件结构设计工具是结构图(软件结构图),也称程序结构图。

2) 详细设计

详细设计是为软件结构图中的每一个模块确定实现算法和局部数据结构,用某种选定的表达工具表示算法和数据结构的细节。详细设计的任务是确定实现算法和局部数据结构,不同于编码或编程。

常用的详细设计(即过程设计)工具有以下几种。图形工具:程序流程图、N-S(方盒图)、PAD(问题分析图)和 HIPO(层次图+输入/处理/输出图);表格工具:判定表;语言工具:PDL(伪码)。

三、面向对象软件开发方法

为了弥补结构化软件开发等传统方法的缺点,人们提出了面向对象的软件开发方法,其包含的主要阶段是面向对象分析与设计(Object Orient Analysis & Design,OOAD)。OOAD 是由面向对象分析(Object Oriented Analysis,OOA)与面向对象设计(Object Oriented Design,OOD)组成。

(一) 面向对象分析方法

(1) 面向对象分析(OOA)是指利用面向对象的概念和方法为软件需求建造模型,以使用户需求逐步精确化、一致化、完全化的分析过程。面向对象分析是提取和整理用户需求,并建立问题域精确模型的过程,并不涉及编程概念。OOA 主要完成系统分析。

分析的过程也是提取需求的过程,主要包括理解、表达和验证。由于现实世界中的问题通常较为复杂,分析过程中的交流又具有随意性和非形式化等特点,软件需求规格说明的正确性、完整性和有效性就需要进一步验证,以便及时加以修正。

(2) 面向对象分析中建造的模型主要有用例模型、类—对象模型、对象—关系模型和对象—行为模型。其关键是识别出问题域中的对象,在分析它们之间相互关系之后建立起问题域的简洁、精确和可理解的模型。

① 用例模型:一个用例模型可由若干幅用例图组成。用例描述了用户和系统之间的交互,其重点是系统为用户做什么。用例模型描述全部的系统功能行为。

② 类—对象模型:类—对象模型描述系统所涉及的全部类以及对象。每个类和对象都通过属性、操作和调研者进行进一步描述。

③ 对象—关系模型：对象—关系模型描述对象之间的静态关系，同时定义了系统中所有重要的消息路径，它也可以具体化到对象的属性、操作和协作者。对象—关系模型包括类图和对象图。

④ 对象—行为模型：对象—行为模型描述了系统的动态行为。对象—行为模型包括状态图、顺序图、协作图和活动图等。

(3) 对象模型通常由五个层次组成：类与对象层、属性层、服务层、结构层和主题层，此五个层次对应着在面向对象分析过程中建立对象模型的五项主要活动：发现对象、定义类、定义属性、定义服务、设置结构。

（二）面向对象设计方法

(1) 面向对象设计(OOD)是把分析阶段得到的需求转变成符合成本和质量要求的、抽象的系统实现方案的过程。OOD 主要负责系统设计。

从面向对象分析到面向对象设计是一个逐渐扩充模型的过程，从面向对象分析到面向对象设计不是转换，而是调整和扩充，也可以说面向对象设计是用面向对象观点建立求解域模型的过程。

面向对象分析主要是模拟问题域和系统任务，而面向对象设计是面向对象分析的扩充，主要增加各种组成部分。

(2) 面向对象设计主要扩充了四个组成部分：人机交互、问题域、任务管理和数据管理。

① 人机交互：包括有效的人机交互所必需的显示和输入，如界面风格、命令结构层次关系等内容的设计。

② 问题域：对分析的问题域模型进行需求调整、类的重用、增加一般化类建立协议等，放置面向对象分析结果并管理面向对象分析的某些类和对象、结构、属性和方法。

③ 任务管理：主要是对系统各任务进行选择和调整的过程，包括任务定义、通信和协调、硬件分配及外部系统。

④ 数据管理：设计数据管理子系统，核心是数据存储，包括对永久性数据的访问和管理。

（三）运用 UML 进行面向对象分析与设计

统一建模语言(Unified Modeling Language，UML)是一种功能强大的、面向对象分析的可视化系统分析的建模语言。运用 UML 进行面向对象分析与设计，其过程通常由以下 3 个部分组成：识别系统的用例与角色；进行系统分析、抽象类；设计系统、类及其行为。

四、软件测试

（一）软件测试概念

软件测试是使用人工或自动手段来运行或测定某个系统的过程，其目的在于检验是否满足规定的需求或是弄清预期结果与实际结果之间的差别。

软件测试的目的：尽可能地多发现程序中的错误，不能也不可能证明程序没有错误。软件测试的关键是设计测试用例，一个好的测试用例能找到迄今为止尚未发现的错误。

（二）软件测试方法

软件测试方法分为静态测试和动态测试两大类。

（1）静态测试包括代码检查、静态结构分析、代码质量度量。不实际运行软件，主要通过人工进行。

（2）动态测试是基于计算机的测试，主要包括白盒测试方法和黑盒测试方法。

1. 白盒测试

白盒测试方法也称结构测试或逻辑驱动测试。它是根据软件产品的内部工作过程，检查内部成分，以确认每种内部操作符合设计规格要求。

白盒测试的基本原则：保证所测模块中每一独立路径至少执行一次；保证所测模块所有判断的每一分支至少执行一次；保证所测模块每一循环都在边界条件和一般条件下至少各执行一次；验证所有内部数据结构的有效性。

白盒测试法的测试用例是根据程序的内部逻辑来设计的，主要用于软件的单元测试，主要方法有逻辑覆盖、基本路径测试等。

2. 黑盒测试

黑盒测试方法也称功能测试或数据驱动测试。黑盒测试是对软件已经实现的功能是否满足需求进行测试和验证。

黑盒测试主要诊断功能不对或遗漏、接口界面错误、数据结构或外部数据库访问错误、性能错误、初始化和终止条件错误。

黑盒测试不关心程序内部的逻辑，只是根据程序的功能说明来设计测试用例，主要方法有等价类划分法、边界值分析法、错误推测法等，主要用于软件的确认测试。

（三）软件测试过程

软件测试一般按单元测试、集成测试、确认测试和系统测试4个步骤进行。

1. 单元测试

单元测试是对软件设计的最小单位——模块（程序单元）进行正确性检验的测试，目的是发现各模块内部可能存在的各种错误。

单元测试根据程序的内部结构来设计测试用例，其依据是详细设计说明书和源程序。单元测试的技术可以采用静态分析和动态测试。对动态测试通常以白盒测试为主，辅之以黑盒测试。

2. 集成测试

集成测试是测试和组装软件的过程，它是在把模块按照设计要求组装起来的同时进行测试，主要目的是发现与接口有关的错误。集成测试的依据是概要设计说明书。

3. 确认测试

确认测试的任务是验证软件的有效性，即验证软件的功能和性能及其他特性是否与用户的要求一致。它的主要依据是软件需求规格说明书，主要运用黑盒测试法。

4. 系统测试

系统测试的目的在于通过与系统的需求定义进行比较，发现软件与系统定义不符合或矛盾的地方。系统测试的测试用例应根据需求分析规格说明设计，并在实际使用环境下运行。

系统测试的具体实施一般包括功能测试、性能测试、操作测试、配置测试、外部接口测试、安全性测试等。

五、程序的调试

对程序进行了成功的测试之后将进行程序调试。

（一）程序调试的任务和步骤

（1）程序调试的任务是诊断和改正程序中的错误，主要在开发阶段进行，调试程序应该由编制源程序的程序员来完成。

（2）程序调试的基本步骤有错误定位、纠正错误、回归测试。

（二）软件调试的方法

软件调试可分为静态调试和动态调试。静态调试主要是指通过人的思维来分析源程序代码和排错，是主要的调试手段，而动态调试是辅助静态调试。

软件调试的方法有：强行排错法、回溯法、原因排除法。

任务实现

软件危机与软件工程

为了解决软件危机问题，在1968年、1969年连续召开的国际学术会议上，科学家们提出了软件工程的概念。作为新兴工程学科的软件工程，主要研究软件生产的客观规律性，建立与系统化软件生产有关的概念、原则、方法、技术和工具，指导和支持软件系统的生产活动，以期达到降低软件生产成本、改进软件产品质量、提高软件生产率水平的目标。

软件工程学

知识拓展

一个测试用例范例

（1）什么是测试用例。测试用例也称测试案例，是在执行测试之前由测试人员编写的指导测试过程的重要文档，主要包括用例编号、测试目的、测试步骤、预期结果等。

（2）为什么要写测试用例。为了防止测试点的遗漏，让测试覆盖得更全面；方便做版本的回归测试；监督测试过程，评估结果；提高测试效率，避免盲目测试；缩短周期，比如当版本更新或升级时，只需修正少部分测试用例即可，用例资源可以做到重复使用。

（3）测试用例编写依据。业务需求文档或需求规格说明书；开发文档，比如概要设计文档、详细设计文档；参考已开发出来的程序，即一边对照程序和需求文档，一边写测试用例；与开发人员、需求人员、客户进行沟通确认。

例如，某银行官网提供客户“我要留言”功能，若客户选择留言方式为“短信回复”，则下方会显“手机号码”输入框，要求手机号码为必输，且为11位数字，如图6-21所示。

那我们根据业务需求，针对手机号码输入框这个控件划分一下等价类和边界值，写到Excel表中，如图6-22所示；也方便后续参照表格编写测试用例。

我们挑选编号为1、2、8、9、13、14、17的数据编写测试用例，如图6-23所示。

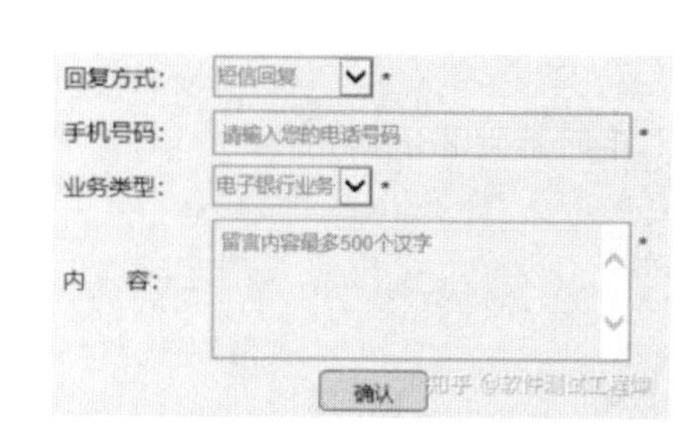

图 6-21　客户留言提示框

需求	有效等价类	无效等价类	有效边界值	无效边界值	错误推测法	用例编号
手机号码为必输、且为11位数字	手机号码为11位正整数					1
		手机号码为小于11位的正整数				2
		手机号码为大于11位的正整数				3
		手机号码为11位，含特殊字符				4
		手机号码为11位，含中文字符				5
		手机号码为11位，含字母				6
		手机号码为11位的浮点数				7
		手机号码为空				8
			手机号码为10000000000			9
			手机号码为10000000001			10
			手机号码为99999999999			11
				手机号码为10位正整数		12
				手机号码为12位正整数		13
					手机号码为000000000001	14
					手机号码为000000000000	15
					手机号码为11个空格	16
					手机号码为10个空格	17
					手机号码为1*10个空格	18

图 6-22　等价类和边界值 Excel 表格

用例编号	测试目的	测试步骤	预期结果	备注
1	用户输入手机号码为11位的正整数，可以成功提交留言	预置条件：用户已进入“我要留言”页面，留言回复选择“短信回复”，且其他必填项已填写无误 1、在“手机号码文本框”中输入13812341234 2、点击“确认”按钮	系统弹出提示框“您的留言已提交”，且“我要留言”页面中填写的内容被清空	有效数据
2	用户输入手机号码为小于11位的正整数，提交留言失败	预置条件同上 1、在“手机号码文本框”中输入18712345 2、点击“确认”按钮	系统弹出提示框“手机号码格式错误”，且“我要留言”页面填写的内容被保留	有效数据
…				
8	用户不输入手机号码，提交留言失败	1、在“手机号码文本框”中不输入任何内容 2、点击“确认”按钮	系统弹出提示框“请填写手机号码”，且“我要留言”页面填写的内容被保留	有效数据
9	用户输入手机号码为1 0000000000，可以成功提交留言	1、在“手机号码文本框”中输入10000000000 2、点击“确认”按钮	系统弹出提示框“您的留言已提交”，且“我要留言”页面填写的内容被清空	有效边界
…				
13	用户输入手机号码为12位正整数，提交留言失败	1、在“手机号码文本框”中输入132700800900 2、点击“确认”按钮	“手机号码文本框”做字数限制，只允许输入11个字符，超出部分无法输入	无效边界
14	用户输入手机号码为00000000001，提交留言失败	1、在“手机号码文本框”中输入00000000001 2、点击“确认”按钮	系统弹出提示框“手机号码格式错误”，且“我要留言”页面填写的内容被保留	错误推测
…				
17	用户输入手机号码为1+9个空格+1，提交留言失败	1、在“手机号码文本框”中输入1+9个空格+1 2、点击“确认” 按钮	系统弹出提示框“手机号码格式错误”，且“我要留言”页面填写的内容被保留	错误推测

图 6-23　测试用例

任务训练

(1) 开发大型软件时，产生困难的根本原因是(　　)。

A. 大型系统的复杂性　　B. 人员知识不足

C. 客观时间千变万化　　D. 时间紧、任务重

(2) 开发软件所需高成本和产品的低质量之间有着尖锐的矛盾，这种现象称为(　　)。

A. 软件矛盾　　B. 软件危机　　C. 软件耦合　　D. 软件产生

(3) 在软件开发中，需求分析阶段产生的主要文档是(　　)。

A. 数据字典　　B. 详细设计说明书

C. 数据流图说明书　　D. 软件需求规格说明书

(4) 在结构化方法中，用数据流程图(DFD)作为描述工具的软件开发阶段是(　　)。

A. 逻辑设计　　B. 需求分析　　C. 详细设计　　D. 物理设计

(5) 数据流图用于抽象描述一个软件的逻辑模型，数据流图由一些特定的图符构成。下列图符名标识的图符不属于数据流图合法图符的是(　　)。

A. 控制流　　B. 加工　　C. 存储文件　　D. 源和潭

(6) 在数据流图中，带有箭头的线段表示的是(　　)。

A. 控制流　　B. 数据流　　C. 模块调用　　D. 事件驱动

(7) 下列选项中,不属于模块间耦合的是(　　)。

A. 内容耦合　　B. 异构耦合　　C. 控制耦合　　D. 数据耦合

(8) 下列叙述中,不属于软件需求规格说明书的作用的是(　　)。

A. 便于用户,开发人员进行理解和交流

B. 反映出用户问题的结构,可以作为软件开发工作的基础和依据

C. 作为确认测试和验收的依据

D. 便于开发人员进行需求分析

(9) 下列不属于软件工程3个要素的是(　　)。

A. 工具　　B. 过程　　C. 方法　　D. 环境

(10) 内聚性是对模块功能强度的衡量,下列选项中,内聚性较弱的是(　　)。

A. 顺序内聚　　B. 偶然内聚　　C. 时间内聚　　D. 逻辑内聚

(11) 两个或两个以上的模块之间关联的紧密程度称为(　　)。

A. 耦合度　　B. 内聚度　　C. 复杂度　　D. 连接度

(12) 检查软件产品是否符合需求定义的过程称为(　　)。

A. 确认测试　　B. 需求测试　　C. 验证测试　　D. 路径测试

(13) 下列方法中,属于白盒法设计测试用例的方法的是(　　)。

A. 错误推测　　B. 因果图　　C. 基本路径测试　　D. 边界值分析

(14) 下列方法中,不属于软件调试方法的是(　　)。

A. 回溯法　　B. 强行排错法　　C. 集成测试法　　D 原因排除法

(15) 下列叙述中,正确的是(　　)。

A. 软件交付使用后还需要进行维护

B. 软件一旦交付使用就不需要再进行维护

C. 软件交付使用后其生命周期就结束

D. 软件维护是指修复程序中被破坏的指令

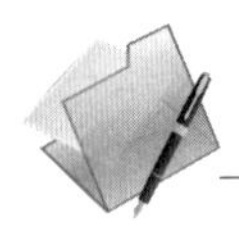

任务6.7　计算机处理数据的一种方法——数据库

任务描述

生活中数据库应用举例

在日常生活中,处处可见数据库的应用。例如,企业或事业单位的人事部门常常要把本单位职工的基本情况(职工号、姓名、年龄、性别、籍贯、工资、简历等)存放在表中,这张表就可以看成是一个数据库。有了这个"数据仓库"我们就可以根据需要随时查询某职工的基本情况,也可以查询工资在某个范围内的职工人数等。所以,数据库是依照某种数据模型组织起来并存放二级存储器中的数据集合。这种数据集合具有如下特点:尽可能不重复,以最优方式为某个特定组织的多种应用服务,其数据结构独立于使用它的应用程序,对数据的增、删、改和检索由统一软件进行管理和控制。请再举几个数据库在生活中的应用。

我国自主研发的数据库

(1) 神通数据库。神通数据库是神舟通用公司拥有自主知识产权的企业级、大型通用数据库管理系统。神通数据库可以和神通 ClusterWare、神通 KSTORE 形成完整的大数据并行处理解决方案,对外提供统一的数据库服务。

(2) OceanBase。OceanBase 是由中国公司完全自主研发的第一款大型数据库产品。OceanBase 是由蚂蚁集团完全自主研发的企业级分布式关系数据库,始创于 2010 年。OceanBase 具有数据强一致、高可用、高性能、在线扩展、高度兼容 SQL 标准和主流关系数据库、低成本等特点。OceanBase 已经在中国建设银行、南京银行、西安银行、人保健康险、常熟农商行、苏州银行、广东农信、网商银行等多家商业银行和保险机构上线。

作为基于云计算分布式的新一代数据库,OceanBase 在性能指标上大幅超越 Oracle 等传统数据库,标志着国产数据库,在云计算时代迎来了换道超车。

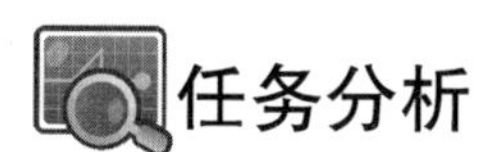

本子任务在介绍数据库相关知识的时候,传递一些计算思维的思想。本子任务将介绍:数据库系统的基本概念;数据模型的基础知识;关系代数;数据库设计方法和步骤。

知识讲解

一、数据库系统的基本概念

(一) 数据库相关概念

数据库技术的根本目标是解决数据的共享问题。与数据库相关概念介绍如下。

(1) 数据(D),实际上就是描述事物的符号记录。数据的特点是有一定的结构,有型与值之分。数据的型给出了数据表示的类型,如整型、实型、字符型等。而数据的值给出了符合给定型的值。

(2) 数据库(DB)是数据的集合,具有统一的结构形式并存放于统一的存储介质内,是多种应用数据的集成,并可被各个应用程序所共享。

(3) 数据库管理系统(DBMS)是一种系统软件,负责数据库中的数据组织、数据操纵、数据维护、控制及保护和数据服务等,是数据库系统的核心。

(4) 数据库管理员(DBA)是对数据库进行规划、设计、维护、监视等的专业管理人员。

(5) 数据库系统(DBS)是由数据库(数据)、数据库管理系统(软件)、数据库管理员(人员)、硬件平台(硬件)、软件平台(软件)五个部分构成的运行实体。

(6) 数据库应用系统。由数据库系统、应用软件及应用界面三者组成。

(二) 数据库系统的基本特点

(1) 数据的高集成性。

(2) 数据的高共享性与低冗余性。

(3) 数据独立性。数据独立性是数据与程序间的互不依赖性,即数据库中数据独立于应用程序而不依赖于应用程序。也就是说,数据的逻辑结构、存储结构与存取方式的改变不会影响应用程序。数据独立性一般分为物理独立性与逻辑独立性两级。

(4) 数据统一管理与控制。

（三）数据库系统的发展

数据库管理发展至今已经历了三个阶段：人工管理阶段、文件系统阶段和数据库系统阶段。

（四）数据库系统的内部结构体系

1. 数据库系统的三级模式

(1) 概念模式：数据库系统中全局数据逻辑结构的描述，是全体用户（应用）公共数据视图。

(2) 外模式：也称子模式或用户模式，它是用户的数据视图，也就是用户所见到的数据模式，它是由概念模式推导出的。

(3) 内模式：又称物理模式，它给出了数据库物理存储结构与物理存取方法。内模式的物理性主要体现在操作系统及文件级上，它还未深入设备级上（如磁盘及磁盘操作）。内模式对一般用户是透明的，但它的设计直接影响数据库的性能。

2. 数据库系统的两级映射

(1) 概念模式/内模式的映射：实现了概念模式到内模式之间的相互转换。当数据库的存储结构发生变化时，通过修改相应的概念模式/内模式的映射，使得数据库的逻辑模式不变，其外模式不变，应用程序不用修改，从而保证数据具有很高的物理独立性。

(2) 外模式/概念模式的映射：实现了外模式到概念模式之间的相互转换。当逻辑模式发生变化时，通过修改相应的外模式/逻辑模式映射，使得用户所使用的那部分外模式不变，从而应用程序不必修改，保证数据具有较高的逻辑独立性。

二、数据模型

（一）数据模型

1. 数据模型的概念

数据模型是数据特征的抽象，它从抽象层次上描述了系统的静态特征、动态行为和约束条件，为数据库系统的信息表示与操作提供一个抽象的框架。

2. 数据模型的内容

数据模型所描述的内容有三个部分，它们是数据结构、数据操作与数据约束。

3. 数据模型的分类

(1) 概念数据模型：简称概念模型，是对客观世界复杂事物的结构描述及它们之间的内在联系的刻画。概念模型主要有：E-R 模型（实体联系模型）、扩充的 E-R 模型、面向对象模型及谓词模型等。

(2) 逻辑数据模型：又称逻辑模型，是面向数据库系统的模型，该模型着重于在数据库系统一级的实现。逻辑数据模型主要有层次模型、网状模型、关系模型、面向对象模型等。

(3) 物理数据模型：又称物理模型，是面向计算机物理表示的模型，此模型给出了数据模型在计算机上物理结构的表示。

（二）实体联系模型及 E-R 图

1. E-R 模型的基本概念

(1) 实体：现实世界中的事物。

（2）属性：事物的特性。

（3）联系：现实世界中事物间的关系。实体集的关系有一对一、一对多、多对多的联系。

2. E-R 模型的图示法

实体集：用矩形表示；属性：用椭圆形表示；联系：用菱形表示；实体集与属性间的联接关系：用无向线段表示；实体集与联系间的联接关系：用无向线段表示。图 6-24 是一个 E-R 模型的图示例。

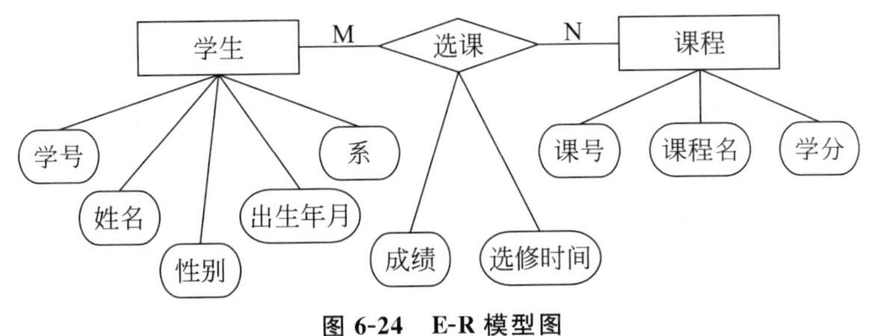

图 6-24　E-R 模型图

3. 数据库管理系统常见的数据模型

数据库管理系统常见的数据模型是关系模型。

关系模型采用二维表来表示，简称表，由表框架及表的元组组成。一个二维表就是一个关系。对关系的描述称为关系模式，一个关系模式对应一个关系的结构。

二维表的表框架由 n 个命名的属性组成，n 称为属性元数。每个属性有一个取值范围称为值域。表框架对应了关系的模式，在表框架中按行可以存放数据，每行数据称为元组，实际上，一个元组是由 n 个元组分量所组成，每个元组分量是表框架中每个属性的投影值，但元组中的每一个分量不能再进行分割。

注意：同一个关系模型的任两个元组值不能完全相同。

主码（关键字、主键）：表中的一个属性或几个属性的组合，其值能唯一标识表中一个元组，称为关系的主码或关键字。例如，学生的学号。主码属性不能取空值。

外部关键字（外键）：在一个关系中含有与另一个关系的关键字相对应的属性组称为该关系的外部关键字。外部关键字取空值或为外部表中对应的关键字值。例如，在学生表中含有的所属班级名字，是班级表中的关键字属性，它是学生表中的外部关键字。

4. 从 E-R 图导出关系数据模型

数据库的逻辑设计阶段就是要将 E-R 图转换成指定 RDBMS（关系数据库管理系统）中的关系模式。从 E-R 图到关系模式的转换是比较直接的，实体与联系都可以表示成关系，E-R图中属性也可以转换成关系的属性。实体集也可以转换成关系。

三、关系代数

关系型数据库是建立在数学理论的基础上的，所以我们要学习一些关系代数知识。

（一）关系的数据结构

关系是由若干个不同的元组所组成，因此关系可视为元组的集合。n 元关系是一个n 元有序组的集合。

关系模型的基本运算：插入；删除；修改；查询（包括投影、选择、笛卡尔积运算）。

（二）关系操纵

关系模型的数据操纵即是建立在关系上的数据操纵，一般有查询、增加、删除和修改四种操作。

（三）集合运算及选择、投影、连接运算

(1) 并(∪)：关系 R 和 S 具有相同的关系模式，R 和 S 的并是由属于 R 或属于 S 的元组构成的集合。

(2) 差(−)：关系 R 和 S 具有相同的关系模式，R 和 S 的差是由属于 R 但不属于 S 的元组构成的集合。

(3) 交(∩)：关系 R 和 S 具有相同的关系模式，R 和 S 的交是由属于 R 且属于 S 的元组构成的集合。

(4) 广义笛卡尔积(×)：设关系 R 和 S 的属性个数分别为 n、m，则 R 和 S 的广义笛卡尔积是一个有$(n+m)$列的元组的集合。每个元组的前 n 列来自 R 的一个元组，后 m 列来自 S 的一个元组，记为 $R\times S$。

根据笛卡尔积的定义：有 n 元关系 R 及 m 元关系 S，它们分别有 p、q 个元组，则关系 R 与 S 经笛卡尔积记为 $R\times S$，该关系是一个 $n+m$ 元关系，元组个数是 $p\times q$，由 R 与 S 的有序组组合而成。

(5) 在关系型数据库管理系统中，基本的关系运算有选择、投影与联接三种操作。

例题：有两个关系 R 和 S，分别进行并、差、交和广义笛卡尔积运算，如图 6-25 所示。

R

A	B	C
a1	b1	c1
a1	b2	c2
a2	b2	c1

(a)

S

A	B	C
a1	b2	c2
a1	b3	c2
a2	b2	c1

(b)

$R\cup S$

A	B	C
a1	b1	c1
a1	b2	c2
a2	b2	c1
a1	b3	c2

(c)

$R-S$

A	B	C
a1	b1	c1

(d)

$R\cap S$

A	B	C
a1	b2	c2
a2	b2	c1

(e)

$R\times S$

R. A	R. B	R. C	S. A	S. B	S. C
a1	b1	c1	a1	b2	c2
a1	b1	c1	a1	b3	c2
a1	b1	c1	a2	b2	c1
a1	b2	c2	a1	b2	c2
a1	b2	c2	a1	b3	c2
a1	b2	c2	a2	b2	c1
a2	b2	c1	a1	b2	c2
a2	b2	c1	a1	b3	c2
a2	b2	c1	a2	b2	c1

(f)

图 6-25　并、差、交和广义笛卡尔积示例

四、数据库的设计与管理

（一）数据库的设计阶段及任务

数据库的设计阶段包括需求分析、概念设计、逻辑设计、物理设计等几个阶段。

（1）需求分析阶段主要是收集和分析用户需求，这一阶段收集到的基础数据和数据流图是下一步设计概念结构的基础。

（2）概念设计阶段主要分析数据间内在语义关联，在此基础上建立一个数据的抽象模型，即形成E-R图。

（3）逻辑设计阶段是将E-R图转换成指定RDBMS中的关系模式。

（4）物理设计阶段是对数据库内部物理结构作调整并选择合理的存取路径，以提高数据库访问速度及有效利用存储空间。

（二）数据库的管理

数据库的管理由数据库管理员（DBA）来实现。数据库的管理一般包括数据库的建立、数据库的调整、数据库的重现、数据库的安全性控制与完整性控制、数据库的故障恢复和数据库的监控。

任务实现

生活中的数据库

（1）图书馆图书管理数据库系统。这类型的数据库友好的界面让读者能及时了解自己的借书记录、还书记录、查阅搜索自己需要的书籍等，有些还提供即将到期还书的提醒功能，为读者提供了方便。对于管理者来说，能及时了解图书在图书馆的实时库存量，对读者进行系统地管理，还能了解到读者对图书馆的意见。

（2）学生管理数据库系统。这类型的数据库储存了学生的基本资料，例如，姓名、学号、班别、专业、成绩等资料。学生可以通过这个系统查询学习成绩，修改个人资料等。学校可以通过这个系统了解到学生的学习情况和学生的各种方面的信息等。这种系统提高了学校的管理效率。

（3）银行柜员机数据库系统。这种数据库系统可以让储户24小时自助办理银行的部分业务，例如，取款、存款、转账等业务。这种数据库系统还有故障恢复功能。例如，若用户在取款时，在做好相关操作等待柜员机时，突然停电了，数据库会自己恢复之前的数据，保障了用户的利益。

我国自主研发的数据库

我国的神通数据库和OceanBase支持标准SQL语法及标准的JDBC、ECI（类OCI）、ODBC等数据访问接口。产品具备PB级的结构化数据处理能力，具有良好的扩展性。神通数据库是神舟通用公司具有自主知识产权的大型通用关系型数据库产品，目前广泛应用于航天、政府、军工、电信、电力等行业。神通KSTORE产品是以公司多年大型数据库领域的研发实力和行业应用经验为基础，集成多项先进技术，为满足遥测遥控、电信、电力、互联网、金融等行业海量历史数据存储和快速查询应用需求而打造的先进数据存储访问软件；神通ClusterWare是为满足航天、政府、金融、电信、电力等行业的海量数据分析统计需求而打造的数据库分布式计算集群软件，神通ClusterWare兼容神通数据库和神通KSTORE产品，支持标准的 SQL 语句,提供标准的 ODBC 和 JDBC 数据访问接口。

2019 年 10 月 2 日,权威机构国际事务处理性能委员会发布,OceanBase 在全球主流计算机硬件厂商、数据库厂商公认的权威标准 TPC-C 基准测试中,打破了由美国公司 Oracle 保持了 9 年之久的世界纪录,成为首个登顶该榜单的中国数据库产品。

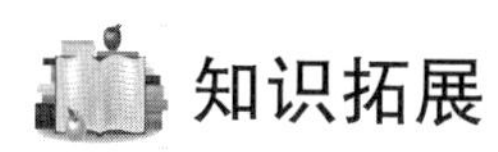

知识拓展

常见数据库管理系统

(1) Oracle 是甲骨文公司的关系数据库管理系统。它是在数据库域一直处于先地位的产品。可以说 Oracle 数据库系统是目前世界上流行的关系数据库管理系统,系统可移植性好、使用方便、功能强。它是种效率高、可靠性好、适应高吞吐量。

(2) Sybase 是一种典型的 UNIX 或 WindowsNT 平台上 C/S 环境下的大型关系型数据库系统。Sybase 提供了套应用程序编程接口和库,可以与非 Sybase 数据源及服务器集成,允许在多个数据库之间复制数据,适于创建多层应用。系统具有完备的触发器、存储过程、规则以及完整性定义,支持优化查询,具有较好的数据安全性。

(3) Informix 和 DB2 两个数据库都由 IBM 出品。作为集成解决方案,Informix 被定位为作为 IBM 在线事务处理(OLTP)旗舰数据服务系统。DB2 产品是基于 UNIX 的系统和个人计算机操作系统。这两个数据库产品都互相吸取对方的技术优势。

(4) Microsoft SQLServer 是 Microsoft 公司推出的关系型数据库管理系统。具有使用方便可伸缩性好与相关软件集成程度高等优点,是一个全面的数据库平台。

(5) Microsoft Office Access 是由微软发布的关系数据库管理系统,是 Microsoft Office 的系统程序,在包括专业版和更高版本的 Office 版本里面被单独出售。

(6) MySQL 大多应用在 Web 方面,由瑞典 MySQLAB 公司开发,目前属于 Oracle 旗下公司。MySQL 所使用的 SQL 语言是用于访问数据库的常用标准化语言。软件采用了双授权政策,分为社区版和商业版,由于其体积小、速度快、总体拥有成本低,搭配 PHP、Linux 和 Apache 可组成良好的开发环境,称为 LAMP。

任务训练

(1) 在三级模式之间引入两层映象,其主要功能之一是(　　)。

A. 使数据与程序具有较高的独立性　　B. 使系统具有较高的通道能力

C. 保持数据与程序的一致性　　D. 提高存储空间的利用率

(2) 下列有关数据库的描述,正确的是(　　)。

A. 数据库设计是指设计数据库管理系统

B. 数据库技术的根本目标是要解决数据共享的问题

C. 数据库是一个独立的系统,不需要操作系统的支持

D. 数据库系统中,数据的物理结构必须与逻辑结构一致

(3) 下列模式中,能够给出数据库物理存储结构与物理存取方法的是(　　)。

A. 内模式　　B. 外模式　　C. 概念模式　　D. 逻辑模式

(4) 数据库系统在其内部具有 3 级模式,用来描述数据库中全体数据的全局逻辑结构和特性的是(　　)。

A. 外模式　　B. 概念模式　　C. 内模式　　D. 存储模式

(5) 下列选项中，不属于数据库管理的是(　　)。

A. 数据库的建立　　B. 数据库的调整

C. 数据库的监控　　D. 数据库的校对

(6) 下列选项中，不属于数据管理员的职责是(　　)。

A. 数据库维护　　B. 数据库设计

C. 改善系统性能，提高系统效率　　D. 数据类型转换

(7) 将 E-R 图转换到关系模式时，实体与联系都可以表示成(　　)。

A. 属性　　B. 关系　　C. 记录　　D. 码

(8) 数据库系统的核心是(　　)。

A. 数据模型　　B. 软件开始　　C. 数据库设计　　D. 数据库管理系统

(9) 在数据库管理技术的发展中，数据独立性最高的是(　　)。

A. 人工管理　　B. 文件系统　　C. 数据库系统　　D. 数据模型

(10) 关系模型允许定义 3 类数据约束，下列不属于数据约束的是(　　)。

A. 实体完整性约束　　B. 参照完整性约束

C. 属性完整性约束　　D. 用户自定义的完整性约束

(11) 关系表中的每一行记录称为一个(　　)。

A. 字段　　B. 元组　　C. 属性　　D. 关键码

(12) 设有如表 6-4 所示关系。

表 6-4

R				*S*				*T*		
A	B	C		A	B	C		A	B	C
4	5	6		4	5	6		4	5	6
5	6	4		10	9	4				
7	8	9								

则下列操作正确的是(　　)。

A. $T=R/S$　　B. $T=R*S$　　C. $T=R\cap S$　　D. $T=R\cup S$

(13) 对关系 S 和关系 R 进行集合运算，结果中既包含关系 S 中的所有元组也包含关系 R 中的所有元组，这样的集合运算称为(　　)。

A. 并运算　　B. 交运算　　C. 差运算　　D. 除运算

(14) 设 R 是一个 2 元关系，有 3 个元组，S 是一个 3 元关系，有 3 个元组。如 $T=R\times S$，则 T 的元组的个数为(　　)。

A. 6　　B. 8　　C. 9　　D. 12

(15) 下列关系运算中，不改变关系表中的属性个数但能减少元组个数的是(　　)。

A. 并　　B. 交　　C. 投影　　D. 除

(16) 在数据库设计中，将 E-R 图转换成关系数据模型的过程属于(　　)。

A. 需求分析阶段　　B. 概念设计阶段

C. 逻辑设计阶段　　D. 物理设计阶段

(17) 数据库设计的四个阶段是:需求分析、概念设计、逻辑设计和(　　)。

A. 编码设计　　B. 测试阶段　　C. 运行阶段　　D. 物理设计

综合训练

综合训练 6-1　团队作业

(1) 分小组介绍在互联网中收集到的与本任务相关的学习材料。

(2) 上网查找资料,分小组制作一份长文档和 PPT,并上讲台演示及介绍。每小组从以下主题中选取一个。

① 我国三大名片之一——超级计算机。

② 我国的量子芯片。

③ 本源司南——国产量子操作系统。

④ ENIAC 设计团队中的中国人——朱传榘。

综合训练 6-2　简答题

(1) 请简述冯·诺依曼"存储程序"的思想(冯·诺依曼原理)

(2) 什么是 ALU？请简述其功能。

(3) 什么是 CU？请简述其功能。

(4) 请简述计算机执行程序的过程。

(5) 什么是总线?计算机中总线分为哪几类?

(6) 为什么外设一定要通过设备接口与 CPU 相连?

(7) 请简述内存储器的分类。

(8) 什么是 Cache？Cache 一般用什么芯片实现?Cache 按功能分为哪几类?

(9) 请简述显卡和声卡的作用。

(10) 请画出本书所述计算机硬件结构图

(11) 为什么"100.28.5.256"不是正确的 IP 地址?计算机中的数据是用二进制表示的,但为什么 IP 地址写成类似"100.28.5.116"的形式,并且 IP 地址中的数字为什么不能超过 255?

(12) Wi-Fi 是什么?NFC 是什么?蓝牙是什么?

(13) 为什么运算器做 ALU?为什么 ALU 中有加法器法和累加器?

综合训练 6-3　研究分析以下问题,体会计算思维的应用

(1) 计算机中汉字的处理与汉字区位码表。

(2)"猜生肖"游戏背后的知识。

(3) 条形码和二维码原理。

(4) 布尔代数与计算机。

(5) 汉诺塔问题与递归算法。

(6) 挑稍重的球与"二分法"。

(7) 懂算法才能打算法战。

(8) 用数据库实现"教学管理系统"。

综合训练 6-4　制作并美化本任务的思维导图

制作并美化本任务的思维导图。

任务 7

信息素养与社会责任

学习情境

王晓红了解到：面对数字社会(信息社会)，我们要具有一定的信息素养。

了解信息及信息素养在现代社会中的作用与价值，主动地寻求恰当的方式捕获、提取和分析信息，以有效的方法和手段判断信息的可靠性、真实性、准确性和目的性，对信息可能产生的影响进行预期分析，自觉地充分利用信息解决生活、学习和工作中的实际问题，具有团队协作精神，善于与他人合作、共享信息，实现信息的更大价值。

在现实世界和虚拟空间中都能遵守相关法律法规，信守信息社会的道德与伦理准则；具备较高的信息安全意识与防护能力，能有效维护信息活动中个人、他人的合法权益和公共信息安全；关注信息技术创新所带来的社会问题，对信息技术创新所产生的新观念和新事物，能从社会发展、职业发展的视角进行理性的判断和负责的行动。

因此，王晓红准备系统地了解一些这方面的知识。

学习目标

➢ **知识目标**

1. 了解信息素养的基本概念及主要要素。
2. 了解信息技术发展史及知名企业的兴衰变化过程，树立正确的职业理念。
3. 了解信息安全及自主可控的要求。
4. 掌握信息伦理知识，了解相关法律法规与职业行为自律的要求。
5. 了解个人在不同行业内发展的共性途径和工作方法。

➢ **能力目标**

1. 了解相关法律法规并自觉遵守。
2. 了解伦理道德准则，规范日常信息行为。
3. 具备信息安全意识和相关防护能力，能有效辨别虚假信息。

➢ **素养目标**

1. 遵守信息活动相关的法律法规、伦理道德准则，尊重知识产权，能遵纪守法、自我约束，识别和抵制不良行为。

2. 具备信息安全意识，在信息系统应用过程中，遵守保密要求，注意保护信息安全，不侵犯他人隐私。

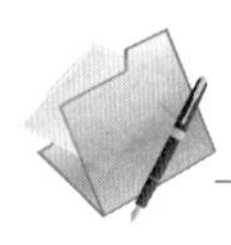

任务7.1　关于信息素养

任务描述

大学生要具备怎样的信息素养

王晓红在阅读了很多资料后，了解到：早在1974年，信息素养(information literacy)的概念就出现了，这是由美国信息产业协会(ILA)主席保罗·泽考斯基(Paul Zurkowski)在当时图书馆检索技术的背景下提出的。信息素养概念一经提出，便得到广泛传播和使用。世界各国纷纷围绕如何提高信息素养展开了广泛和深入的研究，对信息素养概念的界定、内涵和评价标准等提出了各自的见解。王晓红越来越感到困惑了：在今天这个数字时代，我们大学生要具备怎样的信息素养呢?

任务分析

本子任务涉及对信息素养的全面认知。通过本子任务的学习，我们将了解信息素养的概念；大学生具备信息素养的重要意义；了解信息素养的主要要素，包括信息意识、信息知识、信息能力、信息伦理。

知识讲解

一、信息素养的概念与意义

（一）信息素养的概念

1974年，保罗·泽考斯基在给美国图书馆与信息科学国家委员会(National Commission on Libraries and Information Science，NCLIS)提交的计划中首次提出信息素养这一名词且定义为："经培训以后能够在工作中运用信息的人，即认为具备了信息素养，他们在掌握了信息工具的使用及熟悉主要信息源的基础上，能够解决实际问题。组织信息用于实际的应用，将新信息与原有的知识体系进行融合以及在批判思考和问题解决的过程中使用信息。"

2003年，联合国教科文组织(UNESCO)资助召开了国际信息素养专家会议，来自世界7大洲23个国家的40位代表对信息素养展开了讨论，会议发表了"布拉格宣言：走向信息素养社会"。会议将信息素养定义为："确定、查找、评估、组织和有效地生产、使用和交流信息来解决问题的能力。并宣布信息素养是终身学习的一种基本人权。"

2021年3月，我国教育部印发《高等学校数字校园建设规范（试行）》中提到："信息素养是个体恰当利用信息技术来获取、整合、管理和评价信息，理解、建构和创造新知识，发现、分析和解决问题的意识、能力、思维及修养。"

（二）大学生具备信息素养的重要意义

习近平总书记在国庆70周年大会上发表的重要讲话中指出，“青年是整个社会力量中最积极、最有生气的力量，国家的希望在青年，民族的未来在青年”。大学生是青年群体中的中坚力量，肩负民族复兴的重任，而担当这一重任的基础之一就是具备信息素养。

1. 大学生具备信息素养是把我国建设成为现代化强国的需要

大学生只有努力提升信息素养，才能够激发自己的创新意识，掌握更多的知识，积极投身到把我国建设成为现代化强国的事业中。

2. 大学生具备信息素养是大学生具有创新能力的基本要求

创新在我国现代化建设中处于重要的地位，我国也在不断完善国家创新体系、提升企业创新能力、激发人才创新活力。

创新能力的培养，必须以信息素养提升为前提，没有良好的信息素养，就不可能实现创新。所有的创新，如理论创新、技术创新等都必须在了解现状并深入考察已有技术、理论等的基础上才能实现，而做这些，需要我们具备良好的信息素养。

3. 大学生具备信息素养是大学生自我发展的需要

今天，大量新知识、新技能需要通过自学来获取，终身学习是数字时代生存的前提。

具备良好的信息素养是培养自学能力的基础，不断学习的过程也就是信息的不断获取与利用的过程，如何把握学习方向，涉猎、鉴别、选取、索取、利用知识实质上是个信息素养的问题。可见，具备信息素养是当代大学生自我发展的需要。

二、信息素养的主要要素

具体来说，信息素养包含四个要素，即信息意识、信息知识、信息能力、信息伦理。它们之间关系是：信息意识是先导，信息知识是基础，信息能力是核心，信息伦理是保证。

（一）信息意识

信息意识是指人对信息的感受力、判断力和洞察力，是人对自然界和社会的各种现象、行为、理论、观点等的理解、感受和评价。

信息意识的表现形式有如下三种：一是对信息具有敏锐的感受力，二是对信息具有持久的注意力，三是对信息价值具有判断力。

（二）信息知识

信息知识是指与开展信息获取、评价、利用等活动所需要的知识，包括传统文化素养、信息的理论知识、现代信息技术及外语能力等。无论是信息理论知识还是信息技术知识，都是以传统文化基础知识为基础的。

（三）信息能力

信息能力包括信息检索与获取能力、信息分析能力、信息鉴别与评价能力以及信息应用与创新能力。人们只有在掌握了一定的信息检索技能前提下，学会鉴别、评价信息，再通过对有价值的信息的整合，才能有效地开展各种信息活动，从而创造信息并充分发挥信息的价值。

（四）信息伦理

信息伦理（也称信息道德）是指涉及信息开发、信息传播、信息管理和信息利用等方面的伦理要求、伦理准则、伦理规约，以及在此基础上形成的、新型的伦理关系。信息伦理是调整人们之间以及个人和社会之间信息关系的行为规范的总和。其内容可概括为两个方面（主观方面和客观方面），三个层次（信息道德意识、信息道德关系、信息道德活动）。

任务实现

王晓红在本任务描述中提出的问题的答案，我们可以从2021年3月教育部印发的《高等学校数字校园建设规范（试行）》中找到，现摘录如下。

信息素养是个体恰当利用信息技术来获取、整合、管理和评价信息，理解、建构和创造新知识，发现、分析和解决问题的意识、能力、思维及修养。信息素养培育是高等学校培养高素质、创新型人才的重要内容。

高等学校应推进学生信息素养教育的普及与深化，系统性、有针对性地提升学生的综合信息素养水平。

高等学校应鼓励教师积极开展信息素养嵌入式教学，促进信息素养知识与专业课或通识课教学内容有机融合，提升学生的专业素质。

7.2　信息素养组成要素

7.2.1　信息意识

7.2.2　信息知识

7.2.3　信息应用能力

7.2.4　信息伦理与安全

知识拓展

网络素养教育

2010年全国两会上15名全国政协委员联名提案：要大力加强对未成年人的网络素养教育。我们可以这样来看：网络素养是对未成年人提出来的信息素养。

1. 网络素养的定义

网络素养，Digital Literacy，又译作数位素养，是运用计算机及网络资源的能力来定位、组织、理解、估价和分析信息。

作为一种基本能力，网络素养是一种适应网络时代的基本能力。在信息技术和网络不停地高速发展的当下，网络素养是一种应对互联网时代的基本能力。

作为一种综合能力，网络素养是网络相关能力的综合体现，从通晓基本的互联网工具，如搜索引擎、电子邮箱，到能分类、整理和对比互联网信息，再到参与互联网共建。不仅是一种基本的技能，也包含了具备技能后在一定意识下做出的复杂行为。

2. 网络素养框架内容

网络素养框架内容包含了工具、识别、参与、协作、智慧网络5个层级。

3.《中华人民共和国未成年人保护法》新增“网络保护”专章

2021年6月1日起，新修订的《中华人民共和国未成年人保护法》，首次明确规定应当加强未成年人网络素养宣传教育。条例摘录如下。

第六十四条　国家、社会、学校和家庭应当加强未成年人网络素养宣传教育，培养和提高未成年人的网络素养，增强未成年人科学、文明、安全、合理使用网络的意识和能力，保障未成年人在网络空间的合法权益。

第七十一条　未成年人的父母或者其他监护人应当提高网络素养，规范自身使用网络的行为，加强对未成年人使用网络行为的引导和监督。

美国高等教育信息素养能力标准

任务训练

（1）请谈谈大学生具备信息素养的重要性？

（2）请谈谈信息素养包含的要素及其相互关系。

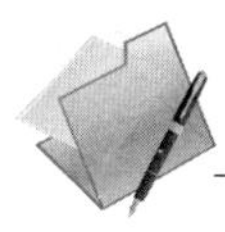

任务7.2　信息技术及IT企业的发展

任务描述

北斗导航系统将成新一代信息技术核心要素

王晓红偶然看到国务院新闻办公室网站2012年12月26日发布的如下一则消息。

《经济参考报》记者日前在天津滨海新区举行的战略性新兴产业国际论坛上获悉，北斗卫星导航系统自试运行以来，功能不断健全，在区域服务中发挥的作用越来越大，未来将成为新一代信息技术核心要素。

北斗卫星导航系统是由我国自主建设、独立运行，并与世界其他卫星导航系统兼容共用的全球卫星导航系统，可在全球范围内全天候、全天时为各类用户提供高精度、高可靠的定位、导航、授时服务。

“北斗卫星导航系统已成为我国重大的空间和信息化基础设施。”中国卫星导航定位协会咨询中心主任说，它是现代化大国地位和国家综合信息竞争力的重要标志，在保障经济安全、国防安全和公共安全等方面，发挥了重大技术支撑和战略威慑作用。

他表示，北斗所提供的时间、空间信息参量是信息的主体，也是当今所有智能运行和实现泛在服务的基础，是连接新一代信息技术诸多系统的核心纽带。大部分智能产业都与时空信息密切相关。

“今后美国GPS在区域能实现的，北斗也能实现。”中国工程院院士许其风说，“北斗导航系统最终形成全球服务能力将在2020年。按照北斗系统组网发射计划，今年还将发射多颗卫星，基本形成覆盖亚太大部分地区的能力。”

王晓红想了解我国北斗卫星导航系统的建设历程和如今的发展状况。

任务分析

本子任务涉及信息技术发展及知名企业的兴衰过程。通过本子任务的学习，我们将了解到信息技术的发展简况和几家信息技术企业的发展情况。同时我们可以了解信息技术的发展和品牌培育脉络，以便树立正确的职业理念。

知识讲解

一、信息技术发展简述

（一）语言的产生与应用

语言的产生与使用是人类的第一次信息技术革命，发生在距今 35000～50000 年前，语言使得信息能够利用声波进行传递、能够在人脑中存储和加工。

远古时期，人们就通过简单的语言、壁画等方式交换信息；几千年来，人们一直使用语言、图符、钟鼓、烽火狼烟传递信息，在现代社会，这些古老的通信方式还在延续，如交通警的指挥手语、航海中的旗语等。这是依靠人的视觉、听觉的通信方式。

（二）文字的发明和应用

文字的发明和应用是人类的第二次信息技术革命，发生在大约公元前 3500 年。这使得信息的存储和传递超越了时间和空间的局限，如古人用竹简、纸书来存储信息，古人用飞鸽传信、驿马邮递等方式来传递信息。

在语言和文字符号的作用下，信息就能详细交流和分享，由文字和更复杂的语言组成的信息技术进一步推动了人类向前发展。

通过文字和语言的传承，使下一代的能力越来越强。人类的聚居数量随之不断扩大，先掌握足够知识的族群就会率先发展起来。

（三）造纸术及活字印刷术的发明和应用

造纸术及活字印刷术的发明和应用是人类的第三次信息技术革命，发生在大约在公元 1040 年，这使得信息可以大量生产，扩大了信息交流的范围。

当纸张发明出来后，自东汉开始，疆域和统治人口进一步扩大，到了宋朝的印刷技术普及后，普通人也可以方便地获得知识，增加了平民阶级参与政治的机会。在此基础上，我国通过丝绸之路和海路与东南亚及中东各国开始频繁地进行商品交易和文化交流。

（四）电报、电话、广播及电视的发明和应用

电报、电话、广播及电视的发明和应用是人类的第四次信息技术革命，发生在 19 世纪中叶，这使信息传递效率发生了质的飞跃。欧洲国家正是凭借着先进的船队、有线电报、无线电等技术，不断从国内协作扩大为欧洲协作，再扩大到全球协作。

到了工业化时代，随着国际电报等渠道的发展，信息交流更加方便快捷，国际协作也急剧发展，英美法等国家开始推进全球协作的产业链。从全世界采集原料，加工成产品后通过轮船和火车，销售到全世界。

如波音飞机，就是由全世界几十个国家的几万家企业进行协作生产，供应零配件。这种协作的复杂程度和信息量之大前所未有，必须有高效率的信息渠道才能实现。所以，逐步发展成熟的电话、视频、光缆等信息技术，就成为大规模国际经济协作的基础。

（五）计算机、现代通信技术和互联网的应用

计算机、现代通信技术和互联网的应用是人类的第五次信息技术革命，始于 20 世纪

60年代，这使得信息的处理速度、传递速度得到了惊人提高。

互联网技术让国际经济协作网不断扩大，不仅是生产，而且连社交、教育、医疗等都可以全世界进行协作。工业方面的协作也在细化，协作范围在扩大。现在不但生产波音飞机这种复杂的工业品开展全球协作，连很简单的衣服、日用品都会开展全球协作。从设计到生产到销售到售后到数据采集分析，都是可以由不同的国家和企业完成的。一个前所未有的复杂的协作体系正在因信息技术的发展而不断完善和提升效率。

（六）新一代信息技术

“新一代信息技术”是国务院确定的七个战略性新兴产业之一。新一代信息技术，是以物联网、云计算、大数据、人工智能为代表的新兴技术，它既是信息技术的纵向升级，也是信息技术的横向渗透融合。新一代信息技术无疑是当今世界创新最活跃、渗透性最强、影响力最广的领域，正在全球范围内引发新一轮的科技革命，并以前所未有的速度转化为现实生产力，引领科技、经济和社会日新月异。

二、IT企业举例

1986年8月25日，北京时间11点11分24秒，中国科学院高能物理研究所从北京发往瑞士的E-mail，被认为是中国发出的第一封国际电子邮件，标志着中国应用Internet的开始。1995年，当时的邮电部正式向国内全面开放互联网服务，催生了一批互联网企业，其中一些今天仍然活跃，有一些在激烈的竞争中退出了人们的视线，一些后起之秀成为了领头羊。

IT企业发展变化

1. 华为

华为技术有限公司成立于1987年，总部位于广东省深圳市龙岗区。华为公司专注于信息与通信技术(ICT)领域，提供ICT解决方案、产品和服务。华为公司的产品和解决方案已经应用于全球170多个国家，服务全球运营商50强中的45家及全球1/3的人口。

2. 京东

作为自营式电商企业的京东，是我国线上线下最大的零售集团之一，于2004年创立。旗下设有京东商城、京东金融、拍拍网、京东智能、O2O及海外事业部等。

3. 思科

思科系统公司成立于1984年12月，是全球领先的网络解决方案供应商。可以说，依靠自身的技术和对网络经济模式的深刻理解，思科成为了网络应用的成功实践者之一。

4. 8848网站

以珠穆朗玛峰的高度命名的8848网站，于1999年5月在北京成立，曾经是中国电子商务企业的旗舰、中国电子商务的标志性企业。8848曾被业界称为“中国电子商务领头羊”。但从2004年开始，8848逐步退出了市场。

任务实现

北斗导航系统于2020年7月31日正式开通，习近平主席出席当天在北京举行的北斗三号全球卫星导航系统的建成暨开通仪式上宣布北斗三号全球卫星导航系统正式开通。

我国高度重视北斗系统建设发展，自 20 世纪 80 年代开始探索适合国情的卫星导航系统发展道路，形成了“三步走”发展战略。

第一步，建设北斗一号系统。1994 年，启动北斗一号系统工程建设；2000 年，发射 2 颗地球静止轨道卫星，建成系统并投入使用，为中国用户提供定位、授时、广域差分和短报文通信服务；2003 年，发射第 3 颗地球静止轨道卫星，进一步增强系统性能。

第二步，建设北斗二号系统。2004 年，启动北斗二号系统工程建设；2012 年年底，完成 14 颗卫星（5 颗地球静止轨道卫星、5 颗倾斜地球同步轨道卫星和 4 颗中圆地球轨道卫星）发射组网。北斗二号系统在兼容北斗一号系统技术体制基础上，增加无源定位体制，为亚太地区用户提供定位、测速、授时和短报文通信服务。

第三步，建设北斗三号系统。2009 年，启动北斗三号系统建设；2018 年年底，完成 19 颗卫星发射组网，完成基本系统建设，向全球提供服务；2020 年，完成 30 颗卫星发射组网，全面建成北斗三号系统。北斗三号系统继承北斗有源服务和无源服务两种技术体制，能为全球用户提供基本导航（定位、测速、授时）、全球短报文通信、国际搜救服务，中国及周边地区用户还可享有区域短报文通信、星基增强、精密单点定位等服务。

秉承“中国的北斗、世界的北斗、一流的北斗”的发展理念，大力弘扬“自主创新、开放融合、万众一心、追求卓越”的新时代北斗精神，2035 年前将建成更加泛在、更加融合、更加智能的国家综合定位导航授时体系，为未来智能化、无人化发展提供核心支撑，持续推进系统升级换代，融合新一代通信、低轨增强等新兴技术，大力发展量子导航、全源导航、微 PNT 等新质能力，构建覆盖天空地海、基准统一、高精度、高智能、高安全、高效益的时空信息服务基础设施。服务全球，造福人类！

知识拓展

华为鸿蒙系统

1. 研发简况

鸿蒙 OS（Harmony OS，意为和谐）是华为公司开发的一款基于微内核、耗时 10 年、4000 多名研发人员投入开发、面向 5G 物联网、面向全场景的分布式操作系统。它的诞生将改变操作系统全球格局，将成为继安卓、iOS 之后的全球第三大系统。

2019 年 8 月 9 日，在华为开发者大会（HDC. 2019）上，华为正式发布鸿蒙系统。并且宣布，鸿蒙 OS 实行开源。至 2023 年 8 月 4 日，已升级至了 Harmony OS 4.0 版本。

2. 技术框架

Harmony OS 可按需扩展，实现更广泛的系统安全，主要用于物联网，特点是低时延。鸿蒙 OS 实现模块化耦合，对应不同设备可弹性部署，鸿蒙 OS 有三层架构，第一层是内核，第二层是基础服务，第三层是程序框架。

Harmony OS 不是安卓系统的分支或由安卓系统修改而来的，它是与安卓系统、iOS 系统不一样的操作系统。而且 OpenHarmony 已不兼容安卓。

鸿蒙 OS 架构中的内核会把之前的 Linux 内核、鸿蒙 OS 微内核与 LiteOS 合并为一个鸿蒙 OS 微内核。由于鸿蒙系统微内核的代码量只有 Linux 宏内核的千分之一，其受攻击概率也大幅降低。

3. HarmonyOS 与开放原子开源基金会

HarmonyOS 是华为基于开源项目 OpenHarmony 开发的面向多种全场景智能设备的

商用版本。

华为已于2020年、2021年分两次把鸿蒙操作系统的基础能力全部捐献给开放原子开源基金会。该基金会是致力于推动全球开源产业发展的非营利机构，由阿里巴巴、百度、华为、浪潮、360、腾讯、招商银行等多家龙头科技企业联合发起，于2020年6月登记成立，“立足中国，面向世界”，是我国在开源领域的首个基金会。

OpenHarmony是由开放原子开源基金会孵化及运营的开源项目，目标是面向全场景、全连接、全智能时代，基于开源的方式，搭建一个智能终端设备操作系统的框架和平台。

华为鸿蒙OS是华为公司自主研发的一个面向全场景、全终端的操作系统，而OpenHarmony是鸿蒙OS的一个开源版本。OpenHarmony供全球开发者开源免费使用，旨在打造一个跨终端、全场景适配的开源操作系统生态。

4. 推广应用

手机、计算机、平板电脑、电视、工业自动化控制、无人驾驶、车机设备、智能穿戴等都可以使用Harmony OS，并且该系统是面向下一代技术而设计的。

2020年，华为已与美的、九阳、老板等家电厂商达成合作，这些品牌将发布搭载鸿蒙操作系统的全新家电产品。

2021年10月27日，Eclipse基金会发布公告，宣布推出基于开源鸿蒙OpenHarmony的操作系统Oniro。Oniro是一个连接大小消费设备的分布式操作系统。

2021年10月，网易云音乐和QQ音乐相继宣布加入鸿蒙生态系统。

任务训练

(1) 请谈谈我国华为公司的产品。

(2) 请谈谈我国北斗导航系统的“三步走”发展战略。

(3) 什么是Harmony OS? 什么是OpenHarmony?

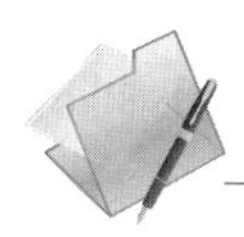

任务7.3 了解信息安全与培养信息安全意识

任务描述

“网络安全宣传周”的举办情况

王晓红最近在学习有关网络安全知识时，了解到2019年9月，习近平主席对网络安全宣传周作出重要指示：“举办网络安全宣传周、提升全民网络安全意识和技能，是国家网络安全工作的重要内容。国家网络安全工作要坚持网络安全为人民、网络安全靠人民，保障个人信息安全，维护公民在网络空间的合法权益。要坚持网络安全教育、技术、产业融合发展，形成人才培养、技术创新、产业发展的良性生态。要坚持促进发展和依法管理相统一，既大力培育人工智能、物联网、下一代通信网络等新技术新应用，又积极利用法律法规和标准规范引导新技术应用。要坚持安全可控和开放创新并重，立足于开放环境维护网络安全，加强国际交流合作，提升广大人民群众在网络空间的获得感、幸福感、安全感。”

王晓红想了解“网络安全宣传周”的举办情况。

任务分析

本子任务涉及对信息安全的认知和信息安全意识的养成。通过本子任务的学习，我们将了解国家安全、信息安全、网络安全的概念，要求同学们培养自己的信息安全意识，掌握对常见信息安全问题的防护。

知识讲解

一、从国家安全到信息安全

国家安全、网络安全、信息安全是紧密相关的。

（一）国家安全

国家安全是指国家政权、主权、统一和领土完整、人民福祉、经济社会可持续发展和国家其他重大利益相对处于没有危险和不受内外威胁的状态，以及保障持续安全状态的能力。在《中华人民共和国国家安全法》中，将国家安全概括为12个方面：政治安全、国土安全、军事安全、经济安全、文化安全、社会安全、科技安全、信息安全、生态安全、资源安全、核安全、生物安全。

（二）网络安全、信息安全

“网络安全”与“信息安全”这两个概念，目前越来越趋于一致，中央网络安全和信息化领导小组成立后，已经基本将这两个概念统一为“网络安全”了。《中华人民共和国国家安全法》中使用的“信息安全”“网络与信息安全”，基本上指的也就是“网络安全”。

但在知识领域，有时候“网络安全”与“信息安全”的内涵会有区别。

1. 网络安全

网络安全，通常即指计算机网络安全。网络安全在不同的应用环境下有不同的理解。

狭义的网络安全是针对网络中一个运行系统信息处理和传输安全。它包括硬件系统、操作系统、应用软件和数据库系统的安全，电磁信息泄露的防护等。

广义的网络安全包括网络硬件资源和信息资源的安全。硬件资源包括通信线路、通信设备（交换机、路由器等）、主机等；信息资源包括维持网络服务运行的系统软件和应用软件，以及在网络中存储和传输的用户信息数据等。信息资源的保密性、完整性、可用性、真实性等是网络安全的重要内容。

换种说法，网络安全包括两个方面：一是网络的物理安全，指网络系统中各通信、计算机设备及相关设施等有形物品的保护；二是网络的逻辑安全，包含信息完整性、保密性以及可用性等。物理安全和逻辑安全都是非常重要的。

《中华人民共和国网络安全法》第七章附则中第七十六条，定义了网络和网络安全。

网络是指由计算机或者其他信息终端及相关设备组成的按照一定的规则和程序对信息进行收集、存储、传输、交换、处理的系统。

网络安全是指通过采取必要措施，防范对网络的攻击、侵入、干扰、破坏和非法使用以及意外事故，使网络处于稳定可靠运行的状态，以及保障网络数据的完整性、保密性、可用性的能力。

2. 信息安全

狭义的信息安全指的是信息的保密性、完整性、可用性、可控性和不可否认性五个安全目标。而广义的信息安全很多情况与网络安全的范畴相同，如《中华人民共和国国家安全法》中涉及的“信息安全”“网络与信息安全”其实与我们通常所说的“网络安全”包含的内容是一致的。

第二十五条　国家建设网络与信息安全保障体系，提升网络与信息安全保护能力，加强网络和信息技术的创新研究和开发应用，实现网络和信息核心技术、关键基础设施和重要领域信息系统及数据的安全可控；加强网络管理，防范、制止和依法惩治网络攻击、网络入侵、网络窃密、散布违法有害信息等网络违法犯罪行为，维护国家网络空间主权、安全和发展利益。

二、具备信息安全意识

（一）网络生活已经成为现代生活的一部分

网络从多方面改变着我们的生活方式，全方面影响着人类社会的决策模式和生活质量。以新一代信息技术为引领的各种技术的广泛应用更将极大地改变人们传统的生活模式；教育、医疗、交通、金融等都将通过网络融合，智能家庭、智慧社区、智慧城市将成为现代社会运行的基本单元；人们的生活将呈现数字化、信息化、网络化与智能化的特征。因此，就像现实生活中，我们应该具备各方面的安全意识一样，我们在网络生活中也必须具备信息安全意识。

（二）网络生活挑战着现实生活规则

一方面，网络生活方式会催生新兴产业和新生事物，给社会发展、行业创新和个人生活带来机遇；另一方面，网络道德失范、网络行为失范等负面产物也随之而来。面对网络环境下的潜在危害，需要从法律上加以规范、从制度上加以约束、从源头上加以根治、从行为上加以制止，使网络生活健康、有序、和谐地开展，而且这也已经成为国家网络治理的重大挑战。

（三）网络生活亟待信息安全保驾护航

网络生活健康、有序、安全地开展，直接关系到国家网络空间的主权、安全和发展。

(1) 要优化网络治理体系。坚持依法治网、用法护网。将现实社会中已有且适当的法规政策及时应用到网络空间；要加快网络基础设施建设和信息安全保障的发展；加强信息安全测评、认证和安全审查制度。

(2) 要跨越发展信息安全产业。网络生活孕育着巨大的市场需求和产业发展机遇，要抓住机遇，促进以信息安全产业为核心的社会各行各业的跨越发展。

(3) 要规范网络社会行为。实现政府部门、社会团体和公司企业在权责方面的有序担当，形成规范网络行为的整体合力。

(4) 要明确网络社会生活。提高全民信息安全保障意识，让信息安全保障的“权”与“责”融入现实生活的方方面面。

三、常见信息安全问题及防护

（一）常见信息安全问题

常见信息安全问题主要有以下几种。

（1）信息泄露：是指信息被泄露给非授权的实体；或信息的完整性被破坏，在未授权的情况下数据被增删、修改。

（2）拒绝服务：是指停止服务或阻止对信息或其他资源的合法访问。

（3）非授权访问：是指没有预先经过同意而使用网络或计算机。

（4）授权侵犯：是指利用授权将权限用于非法目的，也称作“内部攻击”。

（5）业务流分析：是指通过长期非法监听，利用统计分析方法对诸如通信频度、通信的信息流向，通信总量的变化等进行研究，从中发现有价值的信息。

（6）窃听：是指借助于相关设备和技术手段窃取系统中的信息资源和敏感信息。

（7）物理侵入：是指侵入者绕过物理控制而获得对系统的访问。

（8）恶意代码：是指计算机病毒、木马等恶意代码，它们能破坏计算机系统或窃取计算机中的敏感数据。

（9）假冒和欺诈：是指通过欺骗系统（或用户）使得非法用户冒充成为合法用户，或者权限小的用户冒充成为权限大的用户。

（10）抵赖：是指否认自己曾经发布过的消息，伪造对方来信等。

（11）媒体废弃：是指从废弃的存储介质或打印过的存储介质中获得敏感信息。

（12）人员不慎：是指授权的人为了各种利益或由于粗心，将信息泄露给未授权的人。

（二）常用信息安全技术

现有的信息安全技术可以归纳为5类：核心基础安全技术（主要包括密码技术）、安全基础设施技术（包括标识与认证技术、特权与访问控制技术等）、基础设施安全技术（包括主机系统安全技术、网络系统安全技术等）、应用安全技术（包括网络与系统安全攻击技术、网络与系统安全防护与响应技术、安全审计与责任认定技术、代码检测与防范技术等）、支撑安全技术（包括信息安全键评技术、信息安全管理技术等）。

任务实现

网络安全周主题

“网络安全宣传周”即“中国国家网络安全宣传周”，以“共建网络安全，共享网络文明”为主题，围绕金融、电信、电子政务、电子商务等重点领域和行业网络安全问题，针对社会公众关注的热点问题，举办网络安全体验展等系列主题宣传活动，营造网络安全人人有责、人人参与的良好氛围。

知识拓展

《中华人民共和国网络安全法》简介

了解《中华人民共和国网络安全法》

为了保障网络安全，维护网络空间主权和国家安全、社会公共利益，保护公民、法人和其他组织的合法权益，促进经济社会信息化健康发展，2016年11月7日，第十二届全国人民代表大会常务委员会第二十四次会议通过了

《中华人民共和国网络安全法》。

任务训练

(1) 请上网查找《中华人民共和国网络安全法》,并全文学习。

(2) 请了解九部委关于加强互联网信息服务算法综合治理的发文。

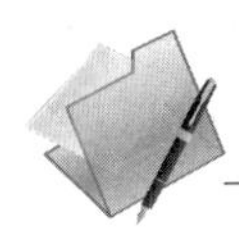

任务 7.4 信息伦理与信息行为自律

任务描述

兼职刷单——是违法行为!

非法刷单案例

随着电子商务的发展,不少手机用户经常收到招揽兼职刷单的广告短信,如:“想足不出户、动动手指就赚钱吗? 诚邀您兼职刷单,按条结算,日入百元不封顶,轻松赚钱无风险。”曾经有段时间,有关兼职刷单的发帖数很多,不少发帖来自家庭主妇、没有稳定收入来源的年轻人。不限时间地点、活儿轻松、能挣零花钱,这吸引了很多年轻人。

那么,刷单违法吗? “刷客”负有法律责任?

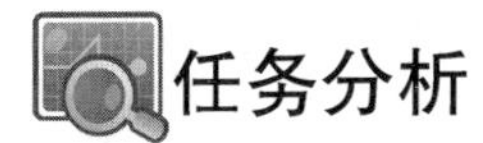

本子任务涉及对信息伦理的认知与信息行为的自律。在本子任务里我们将了解信息伦理包含的个人信息道德(主观方面)、社会信息道德(客观方面)、信息道德意识、信息道德关系、信息道德活动等方面;了解日常行为自律;了解职业行为自律;了解与信息相关的法律法规及信息社会责任,特别地,我们要了解“中国网络文明大会”。

知识讲解

现代信息技术的深入发展和广泛应用,深刻改变着人们的工作方式和社会交往方式,深刻影响着人们的思维方式、价值观念和道德行为。在“5.1.2 信息素养的主要要素”一节中,我们已经谈到了信息伦理包括主观和客观两个方面,包含信息道德意识、信息道德关系和信息道德活动三个层次。下面我们进一步具体地讨论这些问题以及信息行为自律的问题。

一、信息伦理

(一) 个人信息道德(主观方面)

个人信息道德指人类个体在信息活动中,表现出来的道德观念、情感、行为和品质。例如知识产权问题。我们在网络上下载各种资料,要注意尊重他人的知识成果,不能剽窃和仿冒他人的研究成果，在引用他人的研究成果时，应该指明出处等。

（二）社会信息道德(客观方面)

社会信息道德指社会信息活动中人与人之间的关系以及反映这种关系的行为准则与规范。例如，网络社会中诚信缺失问题比较突出。造成这一问题的原因主要有：网络具有数字化、虚拟化、开放性等特点，在网络上，人与人之间的交流呈现出符号化、跨地域、隐匿性等特征。这让人际交往似乎进入一个互不熟识、缺少监督的“陌生人社会”，从而使一些人放松或忽视了诚信自律，做出失信行为。又如，从利益驱动层面看，少数门户网站、自媒体重经济效益轻社会效益，为最大程度获取经济利益而不惜当“标题党”，甚至传递虚假信息，恶意透支社会信用。

（三）信息道德意识

信息道德意识包括与信息相关的道德观念、道德情感、道德意志、道德信念、道德理想等。它是信息道德行为的深层心理动因，集中体现在信息道德原则、规范和范畴之中。如：新一代信息技术尤其是人工智能技术必须是安全、可靠、可控的，要确保民族、国家、企业和各类组织的信息安全、用户的隐私安全以及与此相关的政治、经济、文化安全。

（四）信息道德关系

信息道德关系包括个人与个人的关系、个人与组织的关系、组织与组织的关系。这种关系是建立在一定的权利和义务的基础上，并以一定信息道德规范形式表现出来的。例如联机网络条件下的资源共享，网络成员既有共享网上资源的权利(尽管有级次之分)，也要承担相应的义务，遵循网络的管理规则。成员之间的关系是通过大家共同认同的信息道德规范和准则维系的。又如：在重要公共场所安装高清摄像头，配置人脸识别技术，有效维护、巩固和增进以诚信为基础的主流伦理道德。

（五）信息道德活动

信息道德活动包括信息道德行为、信息道德评价、信息道德教育和信息道德修养等，主要体现在信息道德实践中。信息道德行为是根据人们在信息交流中所采取的有意识的、经过选择的行动。根据一定的信息道德规范对人们的信息行为进行善恶判断即为信息道德评价。按一定的信息道德理想对人的品质和性格进行陶冶就是信息道德教育。信息道德修养则是人们对自己的信息意识和信息行为的自我解剖、自我改造。

二、日常信息行为自律

（一）抵制非法网络公关行为

近年来，有些人受雇于某些网络公关公司为他人发帖、回帖、造势，形成所谓的“网络水军”，另外还出现了“网络推手”“灌水公司”“删帖公司”“投票公司”“代骂公司”等形式的非法机构及个人，通过网络手段进行非法公关行为。

非法网络公关行为肆意侵犯公民的知情权，引发互联网信任危机，破坏社会的诚信文明。对此我们要予以谴责，从业单位和广大网民要共同抵制这些非法行为。

（二）尊重知识产权

由于网络环境过于开放，免费获取所有信息的方式正在使知识变得廉价，限制了知识的正常发展，也反过来降低了网络信息的质量。

在传统的知识传播途径中，我们非常注重对原创者的保护，版权、版税、合约等相关问题都有具体而明确的规范。因此，对传统知识的尊重也应延伸到网络，保护网络知识产权。

（三）加强个人信息保护

对网络隐私权的侵犯主要表现在：非法获取、传输、利用用户的个人数据资料、非法侵入用户的私人空间、干扰私人活动、非法买卖个人信息、破坏用户个人网络生活的安宁和秩序等方面。对此，我国于2021年11月1日起施行《中华人民共和国个人信息保护法》确立了以“告知—同意”为核心的个人信息处理一系列规则，明确了国家机关对个人信息的保护义务，全面加强了对个人信息的法律保护。

（四）识别诈骗信息

近年来，以电信网络诈骗为代表的新型网络违法犯罪时有发生，贷款诈骗、刷单诈骗、冒充客服诈骗等案件多发高发，严重危害人民群众的财产安全和合法权益。为此，国家反诈中心组建工作专班，开展集群“战役”，实施集中打击整治。

2021年2月1日，国家反诈中心正式入驻人民日报客户端、微信视频号、新浪微博、抖音、快手五家新媒体平台，开通官方政务号。

2021年6月17日，公安部推出了国家反诈中心App和宣传手册。

（五）遵守保密要求

为了做好网络信息日常保密工作，要注意以下几个方面：计算机离开即锁屏；涉密文件不得随意保存；涉密文件不得私自留存；涉密文件不得随意打印；涉密文件不得带到个人住所中处理；涉密文件不得通过普通邮政、快递等方式邮寄；涉密计算机不得与任何网络相连接，不得连接使用任何具有无线功能的信息设备；涉密介质、敏感信息介质不能直接与上互联网或其他公共信息网的计算机相连接；一般工作介质不得与涉密计算机相连接；手机的使用要遵守保密守则。

（六）提高自我约束能力

我们要正确对待网络虚拟世界，合理使用互联网，增强对不良信息的辨别能力，主动拒绝不良信息。作为大学生，我们应不浏览、不制作、不传播不良信息，不浏览不健康网站，不玩不良网络游戏，防止网络沉迷、自觉抵制网络不良信息。

（七）要防止网络沉迷

未成年人、大学生甚至成年人沉迷于网络的事情时有发生，这也使一些人成绩下降、工作懈怠，严重者甚至走上了违法犯罪的道路。尤其是未成年人沉迷网络直播和短视频平台，产生巨额消费，最后无法追回，对家庭造成严重财产损失的新闻也屡见不鲜。

为此，教育部等六部门2021年10月29日发布《教育部办公厅等六部门关于进一步加强预防中小学生沉迷网络游戏管理工作的通知》，其中提到：“严格落实网络游戏用户账号实名注册和登录要求。所有网络游戏用户提交的实名注册信息，必须通过国家新闻出版署网络游戏防沉迷实名验证系统验证。验证为未成年人的用户，必须纳入统一的网络游戏防沉迷管理。网络游戏企业可在周五、周六、周日和法定节假日每日20时至21时，向中小学生提供 1 小时网络游戏服务，其他时间不得以任何形式向中小学生提供网络游戏服务。”

三、职业信息行为自律

（一）良好的职业态度

互联网行业是一个充满年轻气息、活力与激情的行业，在从业过程中，我们不仅要自主创新、知识更新，也要大力提倡文明与诚信，培育良好的职业态度。

(1) 避免急功近利，要讲道德与诚信。因为互联网行业的虚拟性、技术的专业性强，使其很多业务和产品价格没有固定的行业标准。

(2) 避免欺骗用户。不能利用信息的不对称，夸大宣传国外的品牌、将高科技神秘化来欺骗国内的用户。

(3) 要有合同意识、信守承诺。与传统公司一样，互联网公司为客户服务，也要签订合同，信守合同。

(4) 要诚实宣传产品。在推销公司产品时，不能夸大产品的功能和特点，夸大产品给客户能带来的回报。

(5) 不能巧立名目欺骗客户。如不能把本应给客户提供的服务分离出来、变化新花样，以此来谋取更多的利润。

(6) 要做好售后服务，并保证质量。不能出现售后服务“闲时有、忙时差”的状况。

（二）端正的职业操守

职业操守是人们在职业活动中所遵守的行为规范的总和。它既是对从业人员在职业活动中的行为要求，又是对社会所承担的道德、责任和义务。一个人无论从事何种职业，都必须具备良好的职业操守，否则将一事无成。端正的职业基本要求如下。

(1) 诚信的价值观：在工作中要守法诚信，这种价值观体现在员工的言行中。

(2) 遵守公司法规：即遵守与公司业务有关的法律法规。

(3) 确保资产安全：包括公司电话、设备、办公用品、专有的知识产权、技术资料等。

(4) 诚实制作报告：要诚实制作工作记录、述职报告或报销票据等文件信息。

（三）维护企业的商业秘密

商业秘密是指不能从公开渠道直接获取的，能为权利人带来经济利益、具有实用性，并经权利人采取保密措施的信息。通常，商业秘密能为企业带来较大的经济效益，对企业发展具有非常重要的作用。

一般来说，企业可以根据法律规定或双方约定，限制并禁止员工在本单位任职期间同时兼职于业务竞争单位，因为员工在本单位任职期间，其工作权、生存权已有保障；企业也可以根据法律规定或双方约定，限制并禁止员工在离职后在与原单位有竞争关系或其他利害关系的其他单位任职，因为这很可能会侵犯原企业商业秘密。

（四）规避产生个人不良记录

我们要警惕以下细节可能会产生个人不良记录：信用卡持卡人出现连续多次逾期还款、拖欠电费、网购恶意差评、实名手机欠费、春运抢票刷单、学历学籍造假等。

四、信息相关法规与信息社会责任

(一)信息相关法规

随着网络普及与发展,我国与网络相关法律法规以及相关的规范性文件在不断修改与完善,建立健康安全的网络环境是每个网民的义务,我们要在网络生活中积极履行自己的义务,严格遵守网络安全法律法规,共建和谐网络环境。以下是部分法律法规:《中华人民共和国保守国家秘密法》《中华人民共和国国家安全法》《中华人民共和国电子签名法》《计算机信息系统国际联网保密管理规定》《涉及国家秘密的计算机信息系统分级保护管理办法》《非经营性互联网信息服务备案管理办法》《计算机信息网络国际联网安全保护管理办法》《中华人民共和国计算机信息系统安全保护条例》等。

(二)信息社会责任

1. 企业需要履行社会责任

互联网企业是网络信息服务提供者,对互联网信息内容管理负有主体责任。保障信息安全、规范传播秩序、维护良好生态,携手共建清朗网络空间,是互联网企业社会责任的直接表现。互联网企业要依法加强网络空间治理、加强网络内容建设、保护未成年人健康成长。

2. 个人也要履行信息社会责任

2006 年 4 月,中国互联网协会发布《文明上网自律公约》,号召互联网从业者和广大网民从自身做起,在以积极态度促进互联网健康发展的同时,承担起应负的社会责任,始终把国家和公众利益放在首位,坚持文明办网,文明上网。公约全文如下。

自觉遵纪守法,倡导社会公德,促进绿色网络建设;
提倡先进文化,摒弃消极颓废,促进网络文明健康;
提倡自主创新,摒弃盗版剽窃,促进网络应用繁荣;
提倡互相尊重,摒弃造谣诽谤,促进网络和谐共处;
提倡诚实守信,摒弃弄虚作假,促进网络安全可信;
提倡社会关爱,摒弃低俗沉迷,促进少年健康成长;
提倡公平竞争,摒弃尔虞我诈,促进网络百花齐放;
提倡人人受益,消除数字鸿沟,促进信息资源共享。

(三)中国网络文明大会

2021 年 11 月 19 日,以“汇聚向上向善力量,携手建设网络文明”为主题的首届中国网络文明大会在北京国家会议中心举办。习近平主席向首届中国网络文明大会致贺信,信中说到:“网络文明是新形势下社会文明的重要内容,是建设网络强国的重要领域。”

任务实现

刷单行为属于商业中的不正当竞争行为,是违法行为。从一些典型案例来看,刷单方式花样多变,欺骗、误导消费者,损害公平竞争的市场秩序。如因刷单造成消费者损失,刷客还负有连带赔偿等法律责任,甚至有可能构成共同犯罪。

案例1分析：消费者在网购时往往依赖"内容评判"对商品或服务的优劣进行判断，从而决定自己是否选择该商品或服务，所以有些商家通过不正当的手段增加评论。一些商家"直播带货"的粉丝量、观看量、点赞量都是刷出来的，通过营造直播间的"虚假繁荣"，诱导消费者。

案例2分析：一些不法经营者为逃避监管执法，通过寄送小赠品、礼品代替下单商品，形成"拍A发B"交易模式。与"自刷"或者雇佣"刷手"的刷单模式不同，从表面上来看，这种模式接近正常购物行为，具有很强的迷惑性、隐蔽性，但其本质仍构成虚假交易违法行为。

案例3分析：一些不法分子控制着多个兜售快递空包的网站，贩卖大量的快递单号，有时通过快递物流平台空转，有时通过线下物流渠道"寄空包"，为不法商家提供虚假物流信息。在"刷手"和物流的同步配合下，将空包裹投递或是在空包裹中放入小礼品，造假交易全过程。这类手段隐蔽性强，是监管部门重点打击的违法行为。

对于来路不明的到付快递，我们务必要提高警惕、谨慎签收，遇到可疑快递，尽量当场验货，非自己购买的商品应当拒绝签收。

知识拓展

常见诈骗手法

（1）冒充公检法诈骗：骗子会自称是电信运营商、某地公安局或刑警办案部门，谎称事主发送违法短信、个人信息泄露或者涉案等，向事主发送虚假证件及法律文书（通缉令、逮捕令等）骗取信任，然后以"配合调查""资金审查"为由诱骗事主转账或骗取事主的个人支付信息、密码及验证码，实施诈骗。

（2）冒充熟人诈骗手法主要为：骗子通过非法途径获取受骗者的手机号或通过社交软件盗号、仿号冒充亲友、同学、领导老师等关系人，用关心、熟络的口吻联系以降低事主的防备之心，随后以各种紧急理由（急事借钱、受伤急需做手术、送礼、交学杂费、代买机票等）要求向指定账号汇款。事主往往在被催着转账后察觉可疑，经其他途径核实才发现被骗。

（3）冒充电商平台客服诈骗手法主要为：骗子冒充电商平台客服，来电告知事主网购商品存在质量问题，需退款理赔；或是因错误操作将事主列入批发代理商、VIP会员等将被定期扣费，要求事主加微信、QQ或共享手机屏幕等方式指引操作办理理赔或取消身份绑定，进而诱骗事主在陌生网页链接填写银行账号、密码、验证码等个人信息（随后盗转银行卡资金），或以各种理由诱骗其贷款转账。

任务训练

（1）搜索并阅读《中华人民共和国个人信息保护法》，增强个人信息保护意识。

（2）请阅读并分析以下反诈骗案例。另外，请再举例说明并分析其他的诈骗手法。

案例一：事主在QQ上收到同学的信息，对方称其朋友车祸入院，急需手术费，向事主求助借钱，事主轻信，向其转账2800元。随后对方又称住院需要押金，事主再次向其转账5000元。次日事主得知，其同学的QQ密码被盗，经核实事主发现被骗，共损失7800元。

案例二：事主收到自称是其亲戚的好友添加申请，对方称其正在开会，并称要转一笔款项给亲友，要求事主代收款项并帮其转至指定银行账号，事主轻信。对方发来一张42万元的转账截图（实则是伪造），并问其是否收到款项。事主称并未收到，对方辩称转账需24小时到账。随后，对方又称因其亲友急需用钱，让事主帮其垫付，事主便向指定账号转账11万元。事后，事主打电话告知亲戚，发现被骗。

案例三：事主的孩子将于9月入读某幼儿园，其新班级群里有自称班主任的人发布一则开学缴费通知，要求家长向指定银行账号转账3700元并截图发班级群里。随后事主看到群里陆续有家长转账后发截图，事主便跟着操作缴纳学费。两小时后，事主发现班级群里有家长发信息告知大家“发布缴费通知的是骗子”，经与班主任核实，发现被骗。

案例四：事主接到自称某网购平台客服的电话，告知其早前网购的商品存在质量问题，要求为其办理退款理赔手续，并指引事主下载某网络会议App进入指定网络会议室、开启手机屏幕共享协助完成理赔操作。骗子发来伪造的理赔网页链接，让事主填写账号、密码等信息，并谎称需要刷流水以激活售后通道，诱导其在多个贷款平台借贷并向指定银行账号转账，事主多次转账后发现被骗，损失12万余元。

案例五：事主接到自称某网购平台客服的电话，告知其因工作人员失误将其列入代理商身份，将每月扣除500元代理商费用，因系统不能直接帮其撤销，将电话直接转接至“银行客服”办理。“客服”谎称要向指定银行账号转账才能撤销代理商身份，办理成功后资金会原路返回其账户。事主轻信，并根据客服指引向指定银行账号多次转账，直至其用于转账的银行卡所属银行来电询问转账原因时，事主说明原因后，银行提醒其是诈骗，这才醒悟，共损失13万余元。

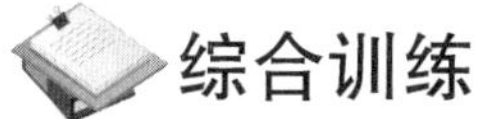

综合训练

综合训练7-1　团队作业

分小组介绍在互联网中收集到的与本任务相关的学习材料。

综合训练7-2　简答题

(1) 什么是信息素养？请简述信息素养的主要要素。

(2) 请简述信息技术发展。

(3) 什么是国家安全？什么是信息安全？什么是网络安全？

(4) 坚持健康安全的网络生活，从你的角度来看应该怎么做？

(5) 什么是信息伦理？请简述信息伦理的两个方面和三个层次。

(6) 你了解的与网络相关法律法规有哪些？

综合训练7-3　熟悉“国家反诈中心App”

下载并安装“国家反诈中心App”，谈谈其主要功能，并介绍一个该App分析的典型诈骗案例。

综合训练7-4　关注并熟悉公众号：“广州反诈服务号”

介绍该公众号介绍的“广州反诈中心提醒”中的一些内容。

综合训练7-5　小论文：“某知名IT企业的发展历程”

小论文：请以“某知名IT企业的发展过程”为题撰写一篇1000字左右的小论文，并谈谈自己的职业理念。

综合训练7-6　案例分析：“搜狗正式并入腾讯”

案例分析：请搜索并阅读新闻“搜狗正式并入腾讯”了解在信息技术发展过程中，这两家企业的发展变化历程：“2021年7月13日，国家市场监管总局批准腾讯收购搜狗公司股权；此后，搜狗于9月24日发布公告，宣布将完成私有化退市，成为腾讯全资子公司。此次交接意味着腾讯收购搜狗正式宣告完成。……”

综合训练7-7　制作并修饰本任务的思维导图

制作并修饰本任务的思维导图。

参考文献

[1] 未来教育中心.全国计算机等级考试一本通二级MS Office高级应用[M].北京：人民邮电出版社，2018.

[2] 未来教育中心.全国计算机等级考试真题汇编与专用题库二级 MS Office 高级应用[M].北京：人民邮电出版社，2017.

[3] 杨明.兼顾人工智能应用和隐私保护[R/OL]. https://baijiahao.baidu.com/s?id=1638808657632766166&wfr=spider&for=pc.(2019-07-12)[2022-08-01].

[4] 曾建平.信息化带来伦理挑战[R/OL].https://theory.gmw.cn/2019－07/13/content_32996015.html.(2019-07-13)[2022-07-15].

[5] 宋超鹏.谈谈 IT 行业的道德与诚信[R/OL].http://www.bjwmb.gov.cn/zxgc/wmpl/t20091230_280291.html(2009-012-30)[2022-07-13].

[6] 李德胜.高校信息素养实用教程[M].大连：大连理工大学出版社，2019.

[7] 刘于辉.信息素养[M].北京：北京理工大学出版社，2020.

[8] 眭碧霞.信息技术基础[M].2 版.北京：高等教育出版社，2022.

[9] 吕廷杰.信息技术简史[M].北京：电子工业出版社，2018.

[10] 王玉龙.计算机导论[M].4 版.北京：中国工信出版集团，2017.

[11] 陈禹.计算机应用基础[M].北京：外语教学与研究出版社，2014.

[12] 董荣胜.计算思维的结构[M].北京：人民邮电出版社，2017.

[13] 陆汉权.数据与计算：计算机科学基础[M].3 版.北京：中国工信出版集团，2017.

[14] 战德臣.大学计算机：计算思维与信息素养[M].北京：高等教育出版社，2019.

[15] 柴洪峰，马小峰.区块链导论[M].北京：中国科学技术出版社，2020.

[16] 何宝宏.读懂区块链[M].北京：中共中央党校出版社，2020.

[17] 熊辉.党员干部新一代信息技术简明读本[M].北京：人民出版社，2020.

[18] 李效伟，杨义军.虚拟现实开发入门教程[M].北京：清华大学出版社，2021.

[19] 帕尔默.虚拟现实开发实战[M].北京：机械工业出版社，2021.

[20] 淘 VR.虚拟现实：从梦想到现实[M].北京：电子工业出版社，2017.